"十二五"职业教育国家规划教材
经全国职业教育教材审定委员会审定

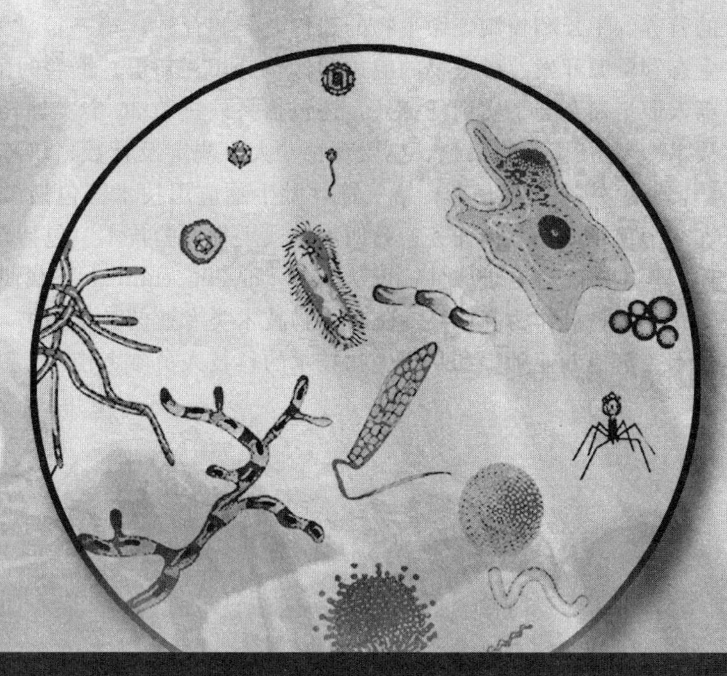

微生物学及实验实训技术

（第二版）

陈 玮 叶素丹 主编

化学工业出版社

·北京·

本教材分为上、下两卷，其中上卷的微生物学基础知识部分除绪论外共分成三篇八章。第一篇“认识微生物”，包括原核微生物、真核微生物、非细胞生物的主要特征、形态结构和繁殖以及微生物分类与鉴定和专利保护等基础知识；第二篇“培养微生物”，包括微生物的营养、生长和控制，微生物的遗传变异和育种；第三篇“开发应用微生物”，包括微生物生态和资源开发、微生物的应用和检验等相关知识。下卷的微生物实验实训技术部分除第一篇入职培训及2个实训任务外，还包括另外三篇30个实训任务，第二篇“微生物常规实验技术”，包括微生物染色、显微观察、大小测定及计数、培养基配制、分离纯化、菌种保藏4个项目18个实训任务；第三篇“微生物应用技术”包括微生物育种技术、微生物发酵技术2个项目7个实训任务；第四篇“微生物检验技术”包括食品中细菌总数检验等5个实训任务。本书配有电子课件，可从 www.cipedu.com.cn 下载使用。

本教材可作为高职高专院校生物技术类专业的教学用书，也可供食品类专业、药品生物技术等其他专业师生和从事生物技术的科技人员参考使用。

图书在版编目（CIP）数据

微生物学及实验实训技术/陈玮，叶素丹主编．—2版．北京：化学工业出版社，2017.6（2019.4重印）
“十二五”职业教育国家规划教材
ISBN 978-7-122-29533-0

Ⅰ.①微… Ⅱ.①陈… ②叶… Ⅲ.①微生物学-实验-高等职业教育-教材 Ⅳ.①Q93-33

中国版本图书馆CIP数据核字（2017）第086850号

责任编辑：李植峰 迟 蕾 张春娥　　装帧设计：张 辉
责任校对：宋 玮

出版发行：化学工业出版社（北京市东城区青年湖南街13号 邮政编码100011）
印 装：高教社（天津）印务有限公司
787mm×1092mm 1/16 印张 22¼ 字数565千字 2019年4月北京第2版第2次印刷

购书咨询：010-64518888　　售后服务：010-64518899
网 址：http://www.cip.com.cn
凡购买本书，如有缺损质量问题，本社销售中心负责调换。

定 价：45.00元

《微生物学及实验实训技术》（第二版）编写人员

主　　编 陈　玮　叶素丹

副 主 编 潘春梅　李翠华

参编人员（按姓名汉语拼音排列）

陈　玮（三门峡职业技术学院）

黄蓓蓓（三门峡职业技术学院）

李翠华（东营职业学院）

潘春梅（河南牧业经济学院）

吴俊琢（濮阳职业技术学院）

徐砺瑜（浙江经贸职业技术学院）

徐启红（漯河职业技术学院）

叶素丹（浙江经贸职业技术学院）

张　浩（郑州职业技术学院）

前言

《微生物学及实验实训技术》是为高等职业技术院校专科层次学生编写的教材，适用于生物技术类专业的教学，也可以供食品科学、生物工程等其他专业师生和从事生物技术的科技人员参考使用。

在第二版修订工作中，我们坚持将微生物的必备知识及应用技能全面地介绍给学生，在贯彻这一宗旨的过程中突显以下几项特色。

1. 彰显高职特色

高等职业教育的目标是面向生产、建设、管理、服务第一线，培养实用型的高等技术专门人才。因此在编写修订本教材的过程中，我们注重学生应用能力的培养，在进一步强调教材基础性的同时注重应用性，增加微生物形态分类的介绍，删除抽象晦涩的微生物代谢遗传的部分内容，加强微生物与工业、农业、环境以及技术应用相关的内容，同时加大微生物实验实训的力度，选取与企业生产一线联系紧密的综合实训项目，尽量与生产应用实践保持同步。教材内容的理论与实训达到高度融合，突出微生物学的实用性和实践性，在版式和内容上独具高等职业教育特色。

2. 突出职业性

坚持“必需、够用”原则，在修订过程中对微生物教学内容进行重新取舍和排序。在微生物的形态学方面，原核微生物、真核微生物以及非细胞微生物均增加了各种分类介绍，拓展广度而深度不变，同时把微生物的分类鉴定紧接其后以方便学习，增添了相关专利申请和保护方面的知识，尤其注意将微生物学科的新知识、新技术和新进展在教材中有所体现。特别是在实训部分，内容选择上按照从事微生物相关工作的职业领域，设计为三篇 32 个实训任务；形式上按照行动导向教学思维设计每一个实训任务，留给学生充分自学、分析、判断、思考的空间，以真正实现训练学生分析问题、解决问题的综合职业能力的目的。突出职业性，使学生获得完整的微生物基本理论知识和形成实际操作能力。

3. 注重创新性

通过本次修订，本教材实现了教学内容和教学形式的双重创新。一方面能帮助学生建立清晰的微生物学观点和科学的思维方式；另一方面使学生系统地掌握微生物独特的结构特点、生长、遗传规律，微生物主要类群及其在整个生物界中的分类地位和对人类生产实践的重要意义。尤其是这次重点修订的实验实训部分，融入最新的职教理念，按照职业能力的形成过程分模块组织实训项目，从入职训练起步，由简单到复杂，由基础到综合，精心设计实践环节，分步骤进行实验操作，让学生掌握必备的微生物实验研究技术，为以后的学习和工作打下坚实的基础。

本次二版修订的教材由陈玮、叶素丹担任主编，潘春梅、李翠华担任副主编。全书共分为两大卷。其中基础知识部分的绪论和第一章由陈玮编写，第二章由陈玮、吴俊琢编写，第三章、第四章由张浩编写，第五章由李翠华和吴俊琢编写修订，第六章由黄蓓蓓编写，第七章由徐启红编写，第八章由叶素丹编写。实验实训技术部分第一篇由潘春梅编写，第二篇由徐砺瑜编写，第三篇由黄蓓蓓编写，第四篇由叶素丹编写，附录由吴俊琢编写。

限于作者的知识水平和能力，书中疏漏之处在所难免，敬请同行和广大师生多加批评指正。谢谢！

编者

2017 年 7 月

第一版前言

《微生物学及实验实训技术》是为高等职业技术院校专科层次学生编写的教材，适用于生物技术类专业的教学，也可以供食品科学、生物工程等其他专业师生和从事生物技术的科技人员参考使用。

将微生物的必备知识及应用技能介绍给学生，是我们编写这部教材的主要宗旨。为此，在编写过程中贯穿了以下指导思想。

1. 突出高职特色。高等职业教育的目标是面向生产和服务第一线，培养实用型的高级专门人才。因此，我们注重学生应用能力的培养，在编写本教材的过程中，适当地降低理论知识的深度而增加其广度，并与实际生产和操作相结合，体现微生物学的应用性和实践性。

2. 坚持“必需、够用”原则，对微生物教学内容进行编排和取舍。微生物学是一门应用性很强的学科，微生物学的实际应用就是微生物理论知识的实践。在编写过程中，我们力求反映微生物学科的新知识、新技术和新进展。在进一步强调教材的基础性、应用性的同时，还加强了微生物与工业、农业、环境等人类生活密切相关的内容，尽量与生产应用实践保持同步，可以使学生获得较完整的微生物学基本理论知识和实践能力。

3. 注重启发性，培养学生的创新和开拓精神。本教材注重选择一些具有启发性的发现和发明重点介绍给学生，力争学生得到反向思维和多向思维的启示，以便于学生活学活用，不因循守旧，勇于创新。

本教材的每章均有知识要点、课后小结、复习思考题目等，有利于学生知识的掌握和巩固，还增加一些相关的阅读材料，拓展学生的知识面。通过本课程的学习，一方面使学生建立清晰的微生物学观点和科学的思维方式；另一方面使学生系统地掌握微生物独特的结构特点、遗传代谢规律，微生物主要类群及其在整个生物界中的分类地位和对人类生产实践的重要意义；最后帮助学生了解微生物学发展的新理论，以及在高新生物技术研究中的重要作用，并且掌握必备的微生物研究技术，为以后的学习和工作实践打下坚实的基础。

本教材由陈玮、董秀芹主编，叶素丹、李振勇副主编。全书共分为两大篇。其中第一章、第二章由陈玮编写，第三章由陈玮、吴俊琢共同编写，第四章、第八章由徐启红编写，第五章由李翠华编写，第六章由吴俊琢编写，第七章由陈玮、董秀芹编写，第九章由李振勇编写，第十章由叶素丹编写。第二篇的实验实训项目由董秀芹、黄蓓蓓、韩明共同编写，附录由吴俊琢编写。

由于作者水平有限，书中还可能存在疏漏之处，敬请同行和广大师生多批评指正。

编者

2007 年 5 月

目 录

上卷 微生物学基础知识

下卷　微生物实验实训技术

上卷　微生物学基础知识

绪论　走进微生物世界

第一节　微生物与人类

一、微生物与人类生活

微生物形态微小、种类繁多、繁殖迅速，在自然界分布广泛，和人类生活紧密联系。大多数微生物对人类和动植物是有益的，对工农业生产、人类的生活环境和健康卫生有极大的影响。

首先，微生物为人类生活带来了许多益处，覆盖工业、农业、环保、食品、医疗等众多领域。在工业方面，微生物产生的某些特殊酶可以参与皮革脱毛、冶金、采油采矿等生产过程，甚至可以直接作为洗衣粉等的添加剂；在农业方面，某些微生物的代谢产物可以作为天然的微生物杀虫剂广泛应用于农业生产中，还有一些固氮菌则可被用于生物固氮，减少农田氮肥的使用；在环境保护方面也有诸多应用，部分微生物能够降解塑料、甲苯等有机物，某些微生物能处理工业废水中的磷酸盐、含硫废气以及进行土壤的改良，同时某些微生物也能够分解纤维素等物质，并促进资源的再生利用；在食品方面，人类对微生物的利用可以追溯到公元前16世纪到公元前11世纪，那时我国人民就能利用微生物酿酒。食品微生物的利用给人类的口味带来了更多的新鲜和享受，通过食品的生产给人们的生活带来很多的乐趣，使用酵母菌、曲霉以及乳酸菌、醋酸菌等微生物制成的食品包括酒精饮料（如蒸馏酒、黄酒、果酒、啤酒等）、乳制品（如酸奶、酸性奶油、马奶酒、干酪等）、豆制品（如豆腐乳、豆豉、纳豆等）、发酵蔬菜（如泡菜、酸菜等）、调味品（如醋、黄酱、酱油、甜味剂和味精等）等。其次，微生物也是人类生存环境中必不可少的成员，有了它们，地球上的物质循环才能正常进行，否则所有生命都将无法繁衍下去。再者，以基因工程为代表的现代生物技术的发展及其美好的前景也是微生物对人类做出的又一重大贡献。

微生物也是一把锋利的双刃剑，它们在给人类带来巨大利益的同时也带来了“残忍”的破坏性，有时甚至是毁灭性的灾难。微生物可以通过变质的食物产生毒素，或者微生物自身进入人体，对人体产生毒害作用。微生物对于人类生命健康的威胁最明显的表现就是导致传染病的流行，在人类疾病中有50%是由病毒引起。1347年的一场由鼠疫杆菌引起的瘟疫几乎摧毁了整个欧洲，有1/3的人（约2500万人）死于这场灾难，在此后的80年间，这种疾病一再肆虐，实际上消灭了大约75%的欧洲人口，一些历史学家认为这场灾难甚至改变了欧洲文化。当今，一种新的瘟疫——艾滋病（AIDS）也正在全球蔓延；许多已被征服的传染病（如肺结核、疟疾、霍乱等）也有“卷土重来”之势。而且随着环境污染日趋严重，一些以前从未见过的新的疾病（如军团病、埃博拉病毒病、霍乱O139新菌型、O157以及疯牛病等）又给人类带来了新的威胁。

因此，人类要更好地认识各类微生物的特性，研究微生物及其生命活动的规律，以便更好地开发微生物资源，利用微生物创造更多的财富，充分利用其对人类生活有利的方面，控制有害方面，使之为社会经济建设服务，从而造福于人类。

二、什么是微生物

微生物并不是一个分类学上的名词，它是对所有肉眼看不见或者看不清楚的微小生物的总称。微生物个体非常微小，小到必须用微米（μm，10^{-6}m）甚至纳米（nm，10^{-9}m）来作计量单位。如空气、水和土壤中就存在着大量各式各样的微生物，但是必须借助于光学显微镜或者电子显微镜才能看到其真面目。微生物的个体结构也非常简单，大多数微生物是单细胞生物，即一个细胞就是一个可以独立生活的个体。少数微生物是多细胞，还有一些微生物甚至连一个细胞都不是，而仅仅是由蛋白质和核酸组成的大分子生物。

综上所述，微生物是所有形体微小，具有单细胞或简单的多细胞结构，或没有细胞结构的一群低等生物的总称。

三、微生物的特点

微生物作为生物，具有与其他生物的共同点，例如遗传信息都是由 DNA 链上的基因所携带，除少数特例外，其复制、表达与调控都遵循中心法则；初级代谢途径如蛋白质、核酸、多糖、脂肪酸等大分子物质的合成途径基本相同；能量代谢都以 ATP 作为能量载体等。此外，微生物还具有自身的特点及其独特的生物多样性。

1. 体积小，比表面积大

微生物的细胞大小以微米和纳米计量，需用显微镜进行观察，但比表面积（表面积/体积）很大，单细胞、简单多细胞、非细胞的低等生物都如此。任何一定体积的物体，如果从三个方向对它进行切割，则切割的次数越多，所得到的颗粒就越多，每个颗粒的体积必然越小。可是，对它们的面积逐一相加后，则其总面积就变得十分庞大。

如果一个人的比表面积/体积比等于 1 的话，那么一个鸡蛋的比表面积/体积是 1.5；而一个乳酸杆菌的比表面积/体积约等于 120000，一个大肠杆菌的比表面积/体积则等于 300000。巨大的比表面积特别有利于微生物和周围环境进行物质、能量和信息的交换，同时也意味着微生物有着一个巨大的营养吸收、代谢废物排泄和环境信息接受面，微生物的其他很多属性都和这一特点密切相关。这也是微生物与一切大型生物相区别的关键性的一个特点。

2. 食谱广，转化快

微生物获取营养的方式多种多样，其食谱之广是动植物完全无法相比的。纤维素、木质素、几丁质、角蛋白、石油、甲醇、甲烷、天然气、塑料、酚类、氰化物以及各种有机物均可被微生物作为食粮。

微生物对食物的吸收转化很快，例如在身体重量相同的情况下：乳酸菌 1h 可分解其体重 1000～10000 倍的乳糖，而人在 2.5×10^5h 方能消耗自身体重 1000 倍的乳糖。这一特性为微生物高速生长繁殖和产生大量代谢物提供了充分的物质基础，从而使微生物在自然界和人类活动中能更好地发挥“活的化工厂”的作用。

3. 生长旺，繁殖快

微生物的生长旺盛，繁殖速度极快。细菌比植物繁殖速度快 530 倍，比动物繁殖速度快 2000 倍。一头 500kg 的食用公牛，24h 仅可以生产 0.5kg 蛋白质，而同样重量的酵母菌，以质量较次的糖液（如糖蜜）和氨水为原料，24h 就可以生产 50000kg 优质蛋白质。目前，被人类研究得较为透彻的生物大肠杆菌，在合适的生长条件下，细胞分裂 1 次仅需 12.5～20min。若按平均 20min 分裂 1 次计，则 1h 可分裂 3 次，每昼夜可分裂 72 次，这时，原初的一个细菌已产生了 4.72×10^4 亿个后代，总重约可达 4722t，若将细菌平铺在地球表面，能将地球表面覆盖。微生物这个特征对人类既有利又有弊。对有益微生物来说，生长旺、繁殖快的特点可提高生产效率，但对有害微生物如人、畜或植物的病原菌来说，则会给人类带来严重的危害。

4. 代谢类型多，活性强

由于微生物具有极高的表面积和体积比（比表面积），因此它们能够在有机体与外界环境之间迅速交换。微生物的生理代谢类型之多，是动、植物所大大不及的。例如，分解地球上储量最丰富的初级有机物——天然气、石油、纤维素、木质素的任务为微生物所垄断；微生物有着多种多样的产能方式，诸如细菌的光合作用、化能合成作用、各种厌氧产能途径等；微生物还有生物固氮作用；微生物能够合成各种次生代谢产物；微生物拥有极强地抵抗极端环境的能力；微生物还有分解氰、酚、多氯联苯等有毒和剧毒物质的能力等，从单位质量看，微生物的代谢强度比高等动物的大几千倍，因此微生物具有很强的生命活力。

5. 种类多，分布广

微生物的生理代谢类型和代谢产物种类都很多，微生物的种数更“多”。迄今为止，人类已描述过的生物种类总数约 200 万种。据估计，微生物的总类数大约在 50 万～600 万种之间，其中已记载的仅约 20 万种，包括原核生物 3500 种、病毒 4000 种、真菌 9 万种、原生动物和藻类 10 万种；随着人类对微生物的不断开发、研究和利用，这些数字还在急剧增长。

微生物因其体积小、重量轻、数量多以及食谱广等特点，可以到处传播以致达到“无孔不入”的地步，只要条件合适，它们就可“随遇而安”。地球上除了火山的中心区域等少数地方外，从土壤圈、水圈、大气圈至岩石圈，植物、动物、人体内到处都有微生物的踪迹。有高等生物的地方均有微生物生活，动植物不能生活的极端环境也有微生物存在。由此可见，微生物在自然界中的分布是极其广泛的。

6. 易变异，适应性强

微生物的个体一般都是单细胞、简单多细胞甚至非细胞的，它们具有繁殖速度快、数量多及与环境直接接触等特点，即使自然变异的频率十分低（一般为 10^{-10}～10^{-5}），也可在短时间内出现大量变异的后代。人们利用微生物易变异的特点进行菌种选育，可以在短时间内获得优良菌种，提高产品质量。例如，青霉素生产菌，野生型菌株发酵每毫升发酵液中只有几十个单位的青霉素，现菌种经诱变处理后可提高到几万个单位。微生物也因为这个特点而成为人们研究生物学基本问题的理想实验材料之一。

同时，微生物的变异性也使其具有极强的适应能力，如抗热性、抗寒性、抗盐性、抗氧性、抗压性、抗毒性等能力，其惊人的适应力被誉为“生物界之最”。

除以上特点外，微生物还有起源最早、生存极限宽泛的特点，微生物横跨了生物六界系统中无细胞结构生物病毒界和有细胞结构生物中的原核生物界、原生生物界、菌物界，除了动物界、植物界外，其余各界都是为微生物而设立的，范围极为宽广。当然，关于微生物的系统分界以及微生物在生物系统发育中的地位，也有一个漫长的认识过程。

四、微生物在生物界的地位

人类在发现和研究微生物之前，把一切生物分成截然不同的两大界——动物界和植物界。从 19 世纪中期起，随着人们对微生物认识的逐步深入，生物的分界历经二界系统、三界系统、四界系统、五界系统甚至六界系统，直到 20 世纪 70 年代后期，美国人 Woese 等发现了地球上的第三生命形式——古菌，才导致了生命三域学说的诞生。该学说认为，生命是由古菌域、细菌域和真核生物域所构成（图 0-1），除动物和植物以外，其他绝大多数生物都属微生物范畴。

图 0-1 生物界系统发育总览显示出三个主要的生物区域：真细菌、古细菌和真核生物。

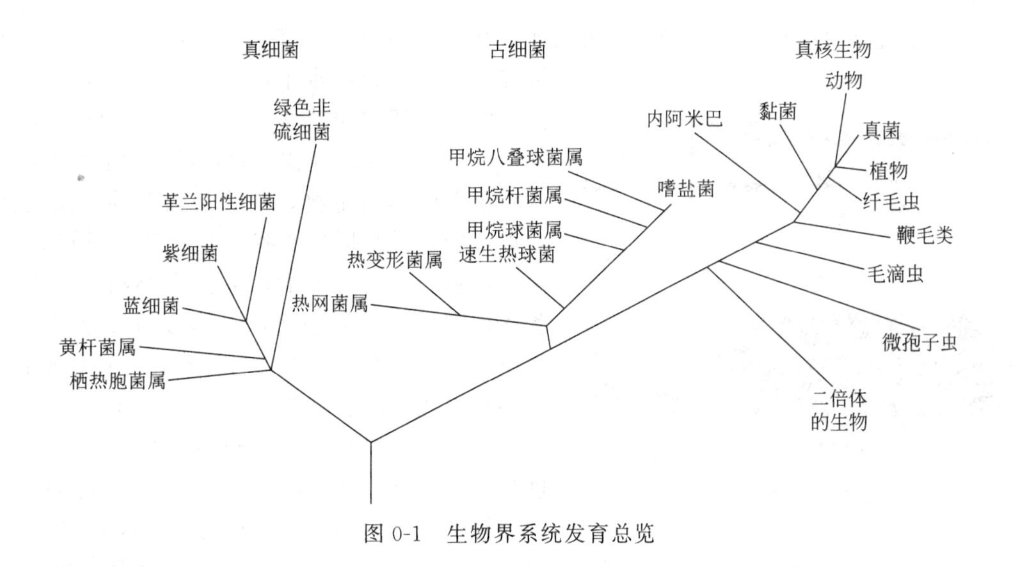

图 0-1　生物界系统发育总览

古细菌域包括嗜泉古菌界、广域古菌界和初生古菌界；真细菌域包括细菌、放线菌、蓝细菌和各种除古菌以外的其他原核生物；真核生物域包括真菌、原生生物、动物和植物。

从上述各种生物界级分类系统的发展历史来看，除早已确立的动物界和植物界之外，其余各界都是随着人类对微生物的深入研究和认识后才出现和发展起来的。这就充分说明，人类对微生物的认识水平是生物界级分类的核心，微生物在所有界级中具有最宽的领域，在生物界级分类中占据着特殊重要的地位。

五、微生物界的成员

微生物的种类繁多，通常包括无细胞结构的病毒、亚病毒（类病毒、拟病毒、朊病毒），此类微生物没有典型的细胞结构，亦无产生能量的酶系统，只能在活细胞内生长繁殖；具有原核细胞结构的真细菌、古生菌，此类微生物细胞核分化程度低，仅有原始核质，没有核膜与核仁；细胞器不很完善；以及具真核细胞结构的真菌（酵母菌、霉菌、蕈菌等）、原生动物和单细胞藻类等，这些微生物细胞核的分化程度较高，有核膜、核仁和染色体，胞质内有完整的细胞器（如内质网、核糖体及线粒体等）。

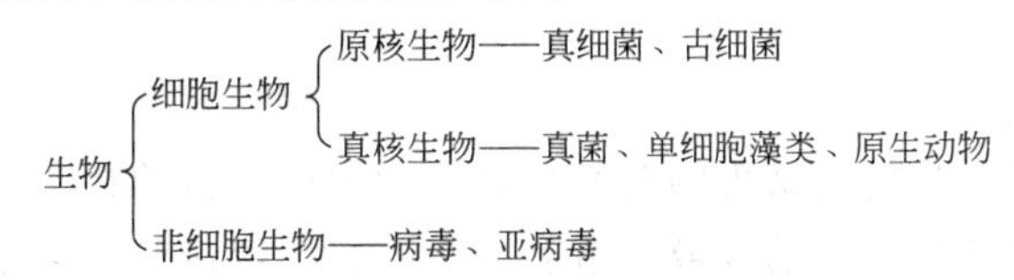

第二节　微生物的发现和微生物学

一、微生物的发现

人类在真正看到微生物之前，实际上已经感觉到它们的存在。16 世纪古罗马医生 G. Fracastoro 就明确提出疾病是由肉眼看不见的生物引起的。早在明末（1641 年），我国医生吴又可也提出“戾气”学说，认为传染病的病因是一种看不见的“戾气”，其传播途径以口、鼻为主。

微生物学作为一门学科诞生于 1676 年。当时一个荷兰商人安东·列文虎克（1632—1723）用一个经过他精心打磨的玻璃镜片去观察一滴雨水，其实这就是简单的单片放大镜

(图 0-2)，透过这个简单的放大镜，他发现水滴中有许多奇形怪状的小生物在蠕动，而且数量惊人。在一滴雨水中，这些小生物要比当时全荷兰的人数还多出许多倍。后来，在给伦敦皇家学会的信中，他这样描述自己的所见："（镜片下有）很多微小的生物，一些是圆形的，而其他大一点儿的是椭圆形的。我看见在近头部的部位有两个小腿，在身体的后面有两个小鳍。另外的一些比椭圆形的还大一些，它们移动得很慢，数量也很少。这些微生物有各种颜色，一些白而透明；一些是绿色的带有闪光的小鳞片；还有一些中间是绿色、两边是白色的；还有灰色的。大多数的这些微生物在水中能自如运动，向上或向下，或原地打转儿。它们看上去真是太奇妙了。"

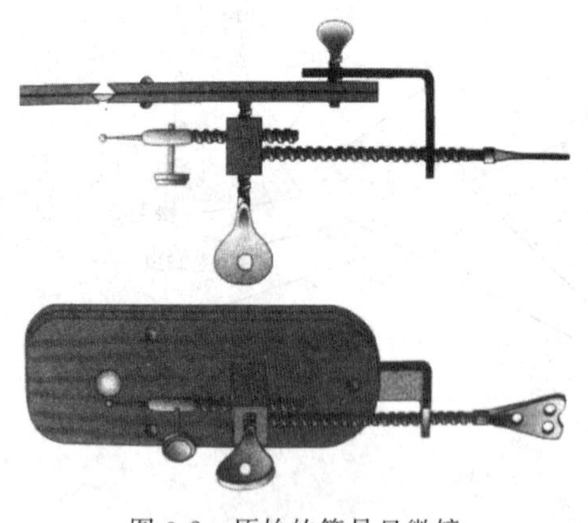

图 0-2 原始的简易显微镜

安东·列文虎克是第一个看到细菌和原虫的人，另一个英国的微生物学家罗伯特·胡克(1635—1703) 则是第一个看到真菌的人。在 1665 年，他发表了关于真菌的描述，他叫它们"微小的蘑菇"。他对样本的描述非常精确以至后来被确认为面包霉。胡克也描述了如何制作显微镜，它和十年后列文虎克制作的显微镜很相近。因为列文虎克和胡克几乎同时发现了微生物世界，因此他们在人类科学史上这个伟大的发现中享有同等的崇高荣誉。

二、微生物学及其研究内容

1. 微生物学及其分支学科

微生物学是生物学的一个分支，是研究微生物及其生命活动规律和应用的科学。它的研究内容主要涉及微生物的形态结构、营养特点、生理生化、生长繁殖、遗传变异、分类鉴定、生态分布以及微生物在工业、农业、医疗卫生、环境保护等各方面的应用。

随着研究范围的日益扩大和深入，微生物学又逐渐形成了许多分支，着重研究微生物学基本问题的有普通微生物学、微生物分类学、微生物生理学、微生物生态学、微生物遗传学、分子微生物学等；按研究对象可分为细菌学、真菌学、病毒学等；按研究和应用领域可分为农业微生物学、工业微生物学、医学微生物学、兽医微生物学、食品微生物学、海洋微生物学、土壤微生物学等。

2. 微生物学的任务

微生物学的主要任务是研究微生物及其生命活动规律，目的在于充分发掘、利用、改善和保护有益微生物，以及控制、消灭或改造有害微生物，使这些微小生物更好地贡献于人类文明。

微生物学是现代生命科学的带头学科之一，处于整个生命科学发展的前沿；同时微生物学、生物化学和遗传学相互渗透，促进了分子生物学、分子遗传学的形成，深刻地影响了生命科学的各个方面；在探索生命的活动规律、生命起源与生物进化等方面都有重要的意义。

三、微生物学的发展简史

1. 感性认识阶段——史前时期

史前时期是指人类还未见到微生物个体尤其是细菌细胞前的一段漫长的历史时期，大约在距今 8000 年前一直到 1676 年间。在史前期，人类已经在很多方面利用了微生物，世界各国人民在自己的生产实践中都积累了丰富的利用有益微生物和防治有害微生物的经验。早在4000 多年前的龙山文化时期，我们的祖先已能用谷物酿酒。殷商时代的甲骨文上也有酒、醴（甜酒）等的记载。在古希腊的石刻上，记有酿酒的操作过程。在很早以前，我们的祖先就在狂犬病、伤寒和天花等的流行方式和防治方法方面积累了丰富的经验。例如，在公元4世纪就有如何防治狂犬病的记载；又如，在10世纪的《医宗金鉴》中，有种人痘预防天花的记载，这种方法后来相继传入俄国、日本、英国等，1796年，英国人詹纳发明了牛痘苗，为免疫学的发展奠定了基础。

2. 形态学发展阶段——初创时期

在真正看到微生物之前，人类在生活中就已经和微生物间形成了千丝万缕的联系，无处不在的微生物影响并改造着人类的生活。1676年，荷兰人列文虎克用自制的简单显微镜观察牙垢、雨水、井水和植物浸液后，发现其中有许多运动着的“微小动物”，并用文字和图画科学地记载了人类最早看见的“微小动物”——细菌的不同形态（球状、杆状和螺旋状等）。由于他的贡献，把人类带进了一个前所未有的微观世界，在微生物学的发展史上具有划时代的意义。1680年，列文虎克被选为英国皇家学会会员。

继列文虎克发现微生物世界以后的近200年时间内，人们对微生物的研究基本停留在形态描述和分门别类阶段，对它们的生理活动及其与人类实践活动的关系却未加研究，因此微生物学作为一门学科在当时并未形成。

3. 生理学发展阶段——奠基时期

从19世纪60年代开始，以法国巴斯德和德国科赫为代表的科学家将微生物学的研究推进到生理学阶段，并为微生物学的发展奠定了坚实的基础。

(1) 巴斯德——微生物学的奠基人　他在微生物学研究领域的贡献主要集中在以下几方面。

① 彻底否定了“自然发生说”　1857年他利用曲颈瓶试验，彻底否定了生命的自然发生说。巴斯德自制了一个具有细长而弯曲颈的玻璃瓶，其中盛有有机物水浸液，经加热灭菌后，瓶内可一直保持无菌状态，有机物不发生腐败，因为弯曲的瓶颈阻挡了外面空气中的微生物直达有机物浸液内，一旦将瓶颈打断，瓶内浸液中才有了微生物，有机质发生腐败（图0-3）。

② 免疫学——预防接种　1877年，巴斯德研究了鸡霍乱，发现将病原菌减毒可诱发免疫性，以预防鸡霍乱病。其后他又研究了牛、羊炭疽病和狂犬病，并首次制成狂犬疫苗，证实其免疫学说，为人类防病、治病做出了重大贡献。

③ 证实发酵是由微生物引起的　巴斯德证实酒精发酵是由酵母菌引起的，还发现乳酸发酵、醋酸发酵和丁酸发酵都是由不同细菌所引起。这些成果奠定了初步的发酵理论，并为进一步研究微生物的生理生化奠定了基础。

④ 其他贡献　一直沿用至今的巴氏消毒法（65℃加热30min，再迅速冷却到10℃以下）和家蚕软化病问题的解决也是巴斯德的重要贡献。他不仅在实践上解决了当时法国酒变质和家蚕软化病的实际问题，而且也推动了微生物病原学说发展，并深刻影响医学的发展。

巴斯德在微生物学各方面的研究成果，促进了医学、发酵工业和农业的发展。

(2) 科赫——细菌学的奠基人　与巴斯德同时代的科赫对医学微生物学做出了巨大贡献，他在病原菌的研究及微生物学实验方法的建立等方面做出了突出的贡献。

① 病原菌研究方面的主要贡献

a. 具体证实了炭疽病菌是炭疽病的病原菌；

b. 发现了肺结核病的病原菌，这是当时死亡率极高的传染性疾病，因此科赫获得了诺贝尔奖；

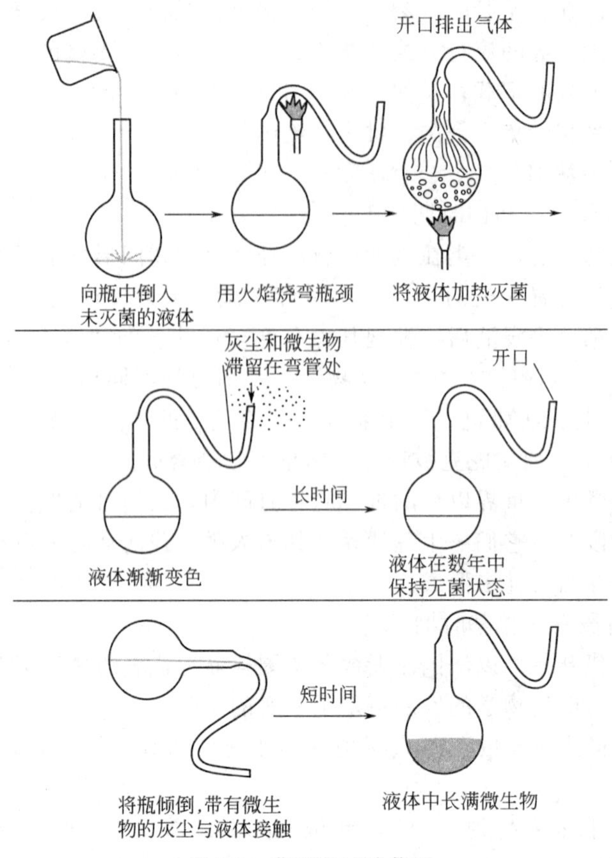

图 0-3 曲颈瓶试验装置

c. 提出了证明某种微生物是否为某种疾病病原体的基本原则——科赫法则。

② 微生物基本操作技术方面的贡献　科赫除了在病原菌研究方面的伟大成就外，在微生物基本操作技术方面的贡献更是为微生物学的发展奠定了技术基础，这些技术包括：a. 配制培养基；b. 利用固体培养基分离纯化微生物的技术；这两项技术不仅是具有微生物学研究特色的重要技术，而且也为当今动植物细胞的培养做出了重要的贡献。

巴斯德与科赫的杰出工作，使得微生物学作为一门独立的学科开始形成，并出现以他们为代表而建立的各分支学科，例如细菌学（巴斯德、科赫等）、消毒外科技术（李斯特）、免疫学（巴斯德、梅奇尼柯夫、埃利希、贝林等）、土壤微生物学（Beijernck M.、维诺格拉茨基等）、病毒学（伊万诺夫斯基、Beijerinck 等）、植物病理学和真菌学（Bary、Berkeley 等）、酿造学（汉森、Jorgensen 等）以及化学治疗法（埃利希等）等。微生物学的研究内容日趋丰富，使得微生物学发展更加迅速。

4. 生物化学发展阶段——发展时期

20 世纪以来，随着生物化学和生物物理学的不断渗透，再加上电子显微镜的发明和同位素示踪原子的应用，推动了微生物学向生物化学阶段发展。

1949 年，德国学者毕希纳发现，酵母菌的无细胞提取液与酵母菌一样，可将糖液转化为酒精，从而确认了酵母菌酒精发酵的酶促过程，将微生物的生命活动与酶化学结合起来。一些科学家用大肠杆菌为材料所进行的一系列研究，都阐明了生物体的代谢规律和控制代谢的基本过程。进入 20 世纪以后，人们开始利用微生物进行乙醇、甘油、各种有机酸、氨基酸等的工业化生产。

1929年，弗莱明发现点青霉能够抑制葡萄球菌的生长，从而揭示出微生物间的拮抗关系，并发现了青霉素。此后，陆续发现的抗生素越来越多。抗生素除医用外，也用于动植物病害及杂草防治和食品保藏等方面。

在发展期中，微生物学研究有以下几个特点：①进入微生物生化水平的研究；②应用微生物的分支学科更为扩大，出现了抗生素等学科；③开始寻找各种有益微生物代谢产物；④普通微生物学开始形成；⑤各相关学科和技术方法相互渗透、相互促进，加速了微生物学的发展。

5. 分子生物学发展阶段——成熟时期

20世纪50年代初，随着电镜技术和其他高新技术的出现，对微生物的研究进入到分子生物学水平。

1953年，沃森和克里克在研究微生物DNA时，提出了DNA分子的双螺旋结构模型。1953年4月25日他们在英国的《自然》杂志上发表关于DNA结构的双螺旋模型，此举不仅意味着整个生命科学进入了分子生物学研究的新阶段，同时也是微生物学发展史上成熟期到来的标志。1961年，加古勃和莫诺德提出了操纵子学说，指出了基因表达的调节机制和其局部变化与基因突变之间的关系，即阐明了遗传信息的传递与表达的关系。1977年，C. Woese等在分析原核生物16S rRNA和真核生物18S rRNA序列的基础上，提出了可将自然界的生命分为细菌、古菌和真核生物三域，揭示了各生物之间的系统发育关系，使微生物学进入到成熟时期。在成熟时期，基础研究从三大方面深入到分子水平来研究微生物的生命活动规律：

① 研究微生物大分子的结构和功能，即研究核酸、蛋白质、生物合成、信息传递、膜结构与功能等。

② 在基因和分子水平上研究不同生理类型微生物的各种代谢途径和调控、能量产生和转换，以及严格厌氧和其他极端条件下的代谢活动等。

③ 在分子水平上研究微生物的形态构建和分化、病毒的装配以及微生物的进化、分类和鉴定等，在基因和分子水平上揭示微生物的系统发育关系。

近年来，应用现代分子生物技术手段，将具有某种特殊功能的基因作出了组成序列图谱，以大肠杆菌等细菌细胞为工具和对象进行了各种各样的基因转移、克隆等开拓性研究。在应用方面，开发菌种资源、发酵原料和代谢产物，利用代谢调控机制和固定化细胞、固定化酶发展发酵生产和提高发酵经济的效益，应用遗传工程组建具有特殊功能的“工程菌”，把研究微生物的各种方法和手段应用于动植物和人类研究的某些领域。这些研究使得微生物学研究进入到一个崭新的时期，更有效地推动了人类的进步。

四、微生物学的研究现状

19世纪中期到20世纪初，微生物研究作为一门独立的学科已经形成并取得发展，但在20世纪早期还未与生物学的主流相汇合。当时大多数生物学家的研究兴趣是有关高等动植物细胞的结构和功能、生态学、繁殖和发育、遗传以及进化等；而微生物学家更关心的是感染疾病的因子、免疫、寻找新的化学治疗药物以及微生物代谢等。到了20世纪40年代，随着生物学的发展，许多生物学难以解决的理论和技术问题十分突出，特别是遗传学上的争论问题，使得微生物这样一种简单而又具完整生命活动的小生物成了生物学研究的“明星”，微生物学很快与生物学主流汇合，并被推到了整个生命科学发展的前沿，获得了迅速的发展，在生命科学的发展中做出了巨大的贡献。

1. 多学科交叉促进微生物学全面发展

微生物学走出了独自发展、以应用为主的狭窄研究范围，与生物学发展的主流汇合、交叉，获得全面、深入的发展。而首先与之汇合的是遗传学、生物化学，1941 年比得勒和塔图姆用粗糙脉孢菌分离出一系列生化突变株，将遗传学和生物化学紧密结合起来，不仅促进微生物学本身向纵深发展，形成了新的基础研究学科——微生物遗传学和微生物生理学，而且也推动了分子遗传学的形成。与此同时，微生物的其他分支学科也得到迅速发展，如细菌学、真菌学、病毒学、微生物分类学、工业微生物学、土壤微生物学、植物病理学、医学微生物学及免疫学等。还有 20 世纪 60 年代发展起来的微生物生态学、环境微生物学等。这些都是原来独立的学科相互交叉、渗透而形成的。微生物的一系列生命活动规律，包括遗传变异、细胞结构和功能，微生物的酶及生理生化等的研究逐渐发展起来，到了 20 世纪 50 年代微生物学全面进入分子研究水平，并进一步与迅速发展起来的分子生物学理论和技术以及其他学科汇合，使微生物学成为生命科学领域内的一门发展最快、影响最大、体现生命科学发展主流的前沿科学。

微生物学应用性广泛，进入 20 世纪，特别是 40 年代后，微生物的应用也获得重大进展。抗生素的生产已成为现代化大企业的常规作业之一；微生物酶制剂已广泛用于农、工、医各方面；微生物的其他产物，如有机酸、氨基酸、维生素、核苷酸等，都利用微生物菌体进行大量生产。微生物的利用已成为一项新兴的发酵工业，并逐步朝着人为有效控制的方面发展。80 年代初，在基因工程的带动下，传统的微生物发酵工业已从多方面发生了质的变化，成为现代生物技术的重要组成部分。

2. 微生物学推动生命科学的发展

生命科学由整体或细胞研究水平进入分子水平，取决于许多重大理论问题的突破，其中微生物学起到了重要甚至关键的作用，特别是对分子遗传学和分子生物学的影响最大。我们知道“突变”是遗传学研究的重要手段，但是只有在 1941 年比得勒和塔图姆用粗糙脉孢菌进行的突变实验，才使基因和酶的关系得以阐明，提出了“一个基因一个酶”的假说。有关突变的性质和来源（自发突变）也是由于卢里亚和德尔布吕克（1943 年）利用细菌进行的突变所证实。长期争论而不能得到解决的“遗传物质的基础是什么?”的重大理论问题，只有在以微生物为材料进行研究所获得的结果才无可辩驳地证实：核酸是遗传信息的携带者，是遗传物质的基础。这一重大突破也为 1953 年沃森、克里克 DNA 双螺旋结构的提出起到了战略性的决定作用，从而奠定了分子遗传学的基础。此外，基因的概念——遗传学发展的核心，也与微生物学的研究息息相关，例如，著名的“断裂基因”的发现来源于对病毒的研究；所谓“跳跃基因”（可转座因子）的发现虽然首先来源于麦克林托克对玉米的研究，但最终得到证实和公认是由于对大肠杆菌的研究。基因结构的精细分析、重叠基因的发现，以及最先完成的基因组测序等都与微生物学发展密不可分。

以研究生命物质的物理、化学结构及其功能为己任的分子生物学，如果没有遗传密码的阐明，不知道基因表达调控的机制，那将是“无源之水，无本之木”。正是微生物学的研究和发展为之奠定了基础。20 世纪 60 年代，尼伦伯格等通过研究大肠杆菌无细胞蛋白质合成体系及多聚尿苷酶，发现了苯丙氨酸的遗传密码，继而完成了全部密码的破译，为人类从分子水平上研究生命现象开辟了新的途径。雅各伯等通过研究大肠杆菌诱导酶的形成机制而提出的操纵子学说，阐明了基因表达调控的机制，为分子生物学的形成奠定了基础。此外，DNA、RNA、蛋白质的合成机制以及遗传信息传递的“中心法则”的提出等都涉及到微生物学家所做出的卓越贡献。

3. 微生物学对生命科学研究技术的诸多贡献

微生物学的建立虽然比高等动植物学晚，但其的发展却十分迅速。动植物由于结构的复杂性及技术方法的限制而发展相对缓慢，特别是人类遗传学的限制更大。20 世纪中后期由于微生物学的消毒灭菌、分离培养等技术的渗透和应用的拓宽及发展，动植物细胞也可以像微生物一样在平板或三角瓶中培养，可以在显微镜下进行分离，甚至可以像微生物的工业发酵一样，在发酵罐中进行生产。今天的转基因动物、转基因植物的转化技术也源于微生物转化的理论和技术。

20 世纪 70 年代，由于微生物学的许多重大发现，包括质粒载体、限制性内切酶、连接酶、反转录酶等，才导致了 DNA 重组技术和遗传工程的出现，使整个生命科学翻开了新的一页，终将使人类定向改变生物、根治疾病、美化环境的梦想成为现实。

总之，当今的微生物学一方面在与其他学科的交叉和相互促进中获得了令人瞩目的发展；另一方面也为整个生命科学的发展做出了巨大的贡献，并在生命科学的发展中占有重要的地位。

4. 我国微生物学的发展

我国是具有五千年文明史的古国，是最早对微生物认识并加以利用的国家之一。特别是在制酒、酱油、醋等微生物产品以及用种痘、麦曲等进行防病治疗等方面具有卓越的贡献。但将微生物进行研究且作为一门科学，在我国起步相对较晚。我国学者开始从事微生物学研究是在 20 世纪初，那时一批到西方留学的中国科学家开始较系统地介绍微生物学知识，从事微生物学研究。1910～1921 年间伍连德用近代微生物学知识对鼠疫和霍乱病原的探索和防治，在中国最早建立起卫生防疫机构，培养了第一支预防鼠疫的专业队伍，在当时这项工作居于国际先进地位。20 世纪 20～30 年代，我国学者开始对医学微生物学有了较多的实验研究，其中汤飞凡等在医学细菌学、病毒学和免疫学等方面的某些领域做出过较高水平的成就，例如沙眼病原体的分离和确证是具有国际领先水平的开创性工作。30 年代开始在高等学校设立酿造科目和农产制造系，以酿造为主要课程，创建了一批与应用微生物学有关的研究机构，魏岩寿等在工业微生物方面做出了开拓性工作，戴芳澜和俞大绂等是我国真菌学和植物病理学的奠基人；张宪武和陈华癸等对根瘤菌固氮作用的研究开创了我国农业微生物学的先河；高尚荫创建了我国病毒学的基础理论研究和第一个微生物学专业。但总的说来，在 1949 年之前，我国微生物学的力量较弱且分散，未形成我国自己的队伍和研究体系，也没有属于我国自己的现代微生物工业。

1949 年以后，微生物学在我国有了迅速的发展，一批主要进行微生物学研究的单位相继建立了起来，一些重点大学创设了微生物学专业。现代化的发酵工业、抗生素工业、生物农药和菌肥工作已经形成一定规模，特别是改革开放以来，我国微生物学无论在应用和基础理论研究方面都取得了重要的成果，例如我国抗生素的总产量已跃居世界首位，我国的两步法生产维生素 C 的技术居于世界先进水平。近年来，我国学者瞄准世界微生物学科发展前沿，进行微生物基因组学的研究，现已完成痘苗病毒天坛株的全基因组测序，最近又对我国的辛德毕斯毒株（变异株）进行了全基因组测序。1999 年又启动了从我国云南省腾冲地区热海沸泉中分离得到的泉生热袍菌全基因组测序，目前取得可喜进展。我国微生物研究进入了一个全面发展的新时期。但从总体来说，我国的微生物学发展水平除个别领域或研究课题达到国际先进水平，为国外同行承认外，绝大多数领域与国外先进水平相比，尚有相当的差距。因此，如何发挥我国传统应用微生物技术的优势，紧跟国际发展前沿，赶超世界先进水平，还需作出艰苦的努力。

五、微生物学的未来

1. 微生物基因组学研究将全面展开

基因组学至今已经发展成为一个专业的学科领域，包括基因组的序列分析、功能分析和比较分析，是结构、功能和进化基因组学交织的学科。

21 世纪微生物基因组学将不断进步与完善，基因组研究将成为一个常规的研究方法，可帮助我们从本质上认识微生物以及利用和改造微生物产生质的飞跃，也将带动分子微生物学等基础研究学科的发展。

2. 微生物的研究将全面深入

以了解微生物之间、微生物与其他生物、微生物与环境的相互作用为研究内容的微生物生态学、环境微生物学、细胞微生物学等，将在基因组信息的基础上获得长足发展，为人类的生存和健康发挥积极的作用。

3. 微生物生命现象的特性和共性将更加受到重视

微生物具有其他生物不具备的生物学特性、代谢途径和功能，微生物生命现象的特性和共性也有其独特性，具体表现如下。

① 微生物具有其他生物不具备的生物学特性，例如可在其他生物无法生存的极端环境下生存和繁殖，具有其他生物不具备的代谢途径和功能，如化能营养、厌氧生活、生物固氮和不释放氧的光合作用等，反映了微生物极其丰富的多样性。

② 微生物具有其他生物共有的基本生物学特性：生长、繁殖、代谢、共用一套遗传密码等，甚至其基因组上含有与高等生物同源的基因，充分反映了生物高度的统一性。

③ 易操作性：微生物具有个体小、结构简单、生长周期短，易大量培养、易变异、重复性强等优势，十分易于操作。

微生物的这些生命现象的特性和共性，将使它成为今后进一步解决生物学重大理论问题和实际应用问题最理想的材料之一，如生命起源与进化、物质运动的基本规律、新的微生物资源的开发利用等。

4. 与其他学科实现更广泛的交叉，获得新的发展

微生物学将进一步向地质、海洋、大气、太空渗透，形成新的边缘学科，使更多的边缘学科得到发展。

5. 微生物产业将呈现全新的局面

随着微生物研究的不断发展，微生物产业除了更广泛地利用和挖掘不同生境的自然资源微生物外，基因工程菌将形成一批强大的工业生产菌，生产外源基因表达的产物，特别是药物的生产将出现前所未有的新局面。

总之，随着我国社会主义经济建设的不断发展，生物科学将占据越来越重要的地位，未来微生物学的发展将会比过去和现在更加辉煌。

第一篇　认识微生物

第一章　原核微生物

学习目标

1. 掌握细菌形态、结构、繁殖特点及其菌落等特征。

2. 掌握放线菌的结构特点及其菌落特征。

3. 理解细菌细胞革兰染色的方法和机理。

4. 了解常用的细菌、放线菌和其他的原核微生物，简单介绍蓝细菌、立克次体、支原体、衣原体以及古生菌的形态结构特点和生长特性。

原核微生物是指一大类只有原始细胞核（和细胞质并没有分明界限的核区或核质体）的单细胞生物。由于原核生物个体极小，因此必须用光学显微镜才能观察。测量它们大小的单位是微米（μm）。

第一节　细　　菌

细菌是一类形态微小、结构简单、种类繁多、主要以二分裂方式繁殖的单细胞原核微生物。细菌也是自然界中分布最广、数量最大，与人类关系极为密切的微生物。在温暖、潮湿和富含有机物质的地方，都有大量的细菌活动。它们在大自然物质循环中处于极为重要的地位。

一、细菌的形态和大小

1. 细菌细胞的形态和排列方式

细菌细胞有球状、杆状、螺旋状三种基本形态（图 1-1），分别称为球菌、杆菌和螺旋菌，其中以杆状最为常见，球状次之，螺旋状较为少见。仅有少数细菌或一些细菌在培养不正常时为其他形状，如丝状、三角形、方形、星形等。

（1）球菌　球菌（图 1-2）单独存在时，细胞呈球形或近球形，一般直径为 0.5～2μm，根据其繁殖时的细胞分裂方向及分裂后的排列方式可分为单球菌、双球菌、链球菌、四联球菌、八叠球菌和葡萄球菌。

单球菌是指细胞沿一个平面进行分裂，子细胞分散而独立存在，如尿素微球菌；双球菌则是指细胞沿一个平面分裂，子细胞成双排列，如褐色固氮菌；四联球菌是指细胞按两个互相垂直的平面分裂，子细胞呈田字形排列，如四联微球菌；八叠球菌是指细胞按三个互相垂直的平面分裂，子细胞呈立方体排列，如尿素八叠球菌；链球菌是指细胞沿一个平面分裂，子细胞成链状排列，如溶血链球菌；葡萄球菌是指细胞分裂无定向，子细胞呈葡萄状排列，如金黄色葡萄球菌。

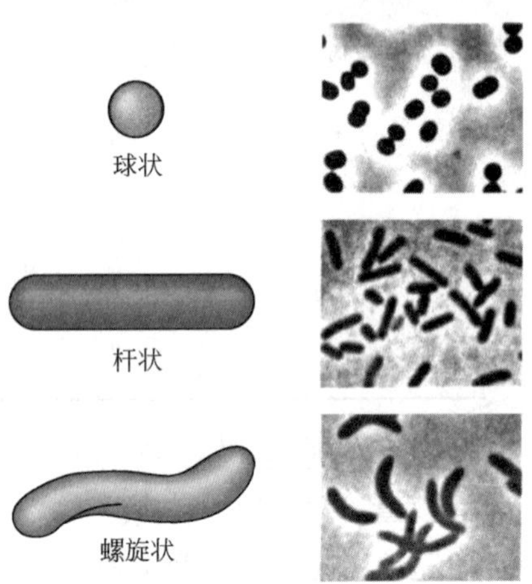

图 1-1　细菌的三种基本形态

（左为模式图，右为照片）

细菌细胞的形态与排列方式在细菌的分类鉴定上具有重要意义。但某种细菌的细胞不一定全部都按照特定的排列方式存在，只是特征性的排列方式占优势。

（2）杆菌　杆菌细胞呈杆状或圆柱状，长 1～8μm、宽 0.5～1.0μm，径长比不同，短粗或细长，形态多样，是细菌中种类最多的。根据细胞分裂后是否相连或其排列方式的不同，分为单杆菌、双杆菌和链杆菌（见图 1-3）。不同杆菌其长短、粗细差别较大，有短杆或球杆状（长宽非常接近），如甲烷短杆菌属；有长杆或棒杆状（长宽相差较大），如枯草芽孢杆菌。不同杆菌的端部形态各异，有的两端钝圆，如蜡状芽孢杆菌；有的两端平截，如炭疽芽孢杆菌；有的两端稍尖，如梭菌属；也有的杆菌稍弯曲而呈月亮状或弧状，如脱硫弧菌属。有的杆菌能产芽孢，称为芽孢杆菌，如枯草芽孢杆菌。

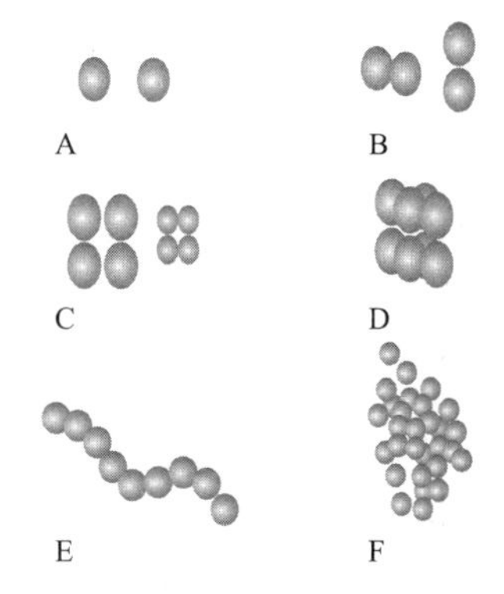

图 1-2　球菌的形态及排列方式

A—单球菌；B—双球菌；C—四联球菌；D—八叠球菌；E—链球菌；F—葡萄球菌

（3）螺旋菌　细胞呈弯曲杆状的细菌统称为螺旋菌，常以单细胞分散存在。根据其长度、螺旋数目和螺距等差别，分为弧菌、螺菌、螺旋体三种。

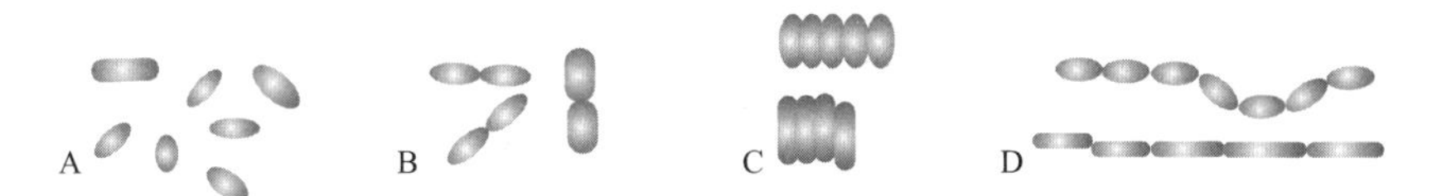

图 1-3　杆菌的形态及排列

A—单杆菌；B—双杆菌；C—栅栏状排列的菌；D—链杆菌

菌体呈弧形或逗号状，螺旋不足一周的称为弧菌，如脱硫弧菌。这类菌与略弯曲的杆菌较难区分（图 1-4）。菌体坚硬、回转如螺旋状，螺旋满 2～6 周的称为螺菌，如迂回螺菌。菌体柔软、回转如螺旋状，螺旋超过 6 周的称为螺旋体，如紫硫螺旋菌。

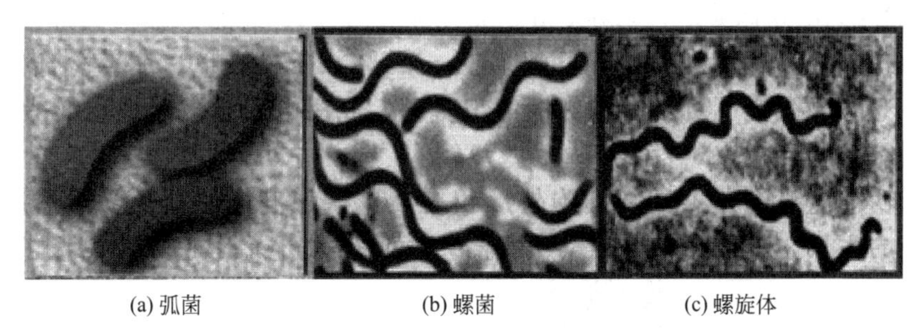

(a) 弧菌　(b) 螺菌　(c) 螺旋体

图 1-4　螺旋菌的形态

在正常生长条件下，不同种的细菌形态是相对稳定的。但如果培养的时间、温度、pH 值以及培养基的组成与浓度等环境条件改变，均能引起细菌形态的改变。

（1）畸形　即因为营养不良以及理化因素刺激等，阻碍细胞发育引起的形态异常。如巴氏醋杆菌常为杆状，因为温度改变，成为纺锤状、丝状或链状。

（2）衰颓形　即由于培养时间长，细胞衰老，营养缺乏，或排泄物积累过多引起的形态异常。这种菌体的繁殖能力丧失，形成的液泡着色能力弱，有的菌体尚存，实际已经死亡。

2. 细菌细胞的大小

细菌细胞大小的常用度量单位是微米（μm），而细菌亚细胞结构的度量单位是纳米

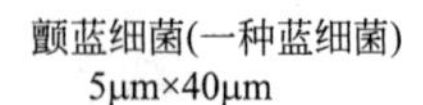

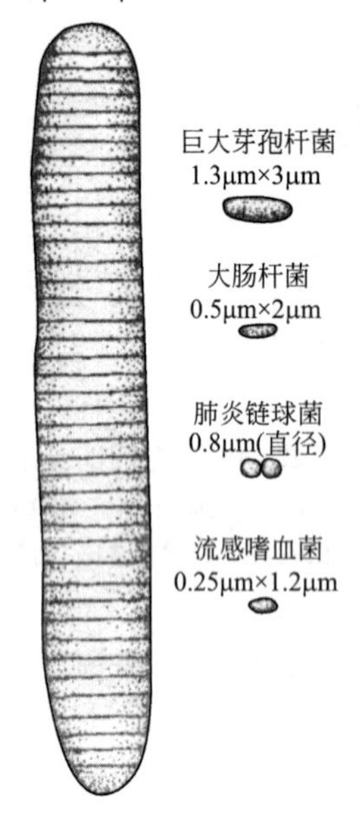

图 1-5 几种细菌大小的比较

(nm)。不同细菌的大小相差很大（图 1-5），一个典型细菌的大小可用大肠杆菌作为代表，它的细胞的平均长度为 2μm、宽为 0.5μm。迄今为止所知的最小细菌是纳米细菌，其细胞直径仅有 50nm，甚至于比最大的病毒还要小。而最大的细菌是纳米比亚硫黄珍珠菌，它的细胞直径为 0.32～1.00mm，肉眼清楚可见。

细菌细胞微小，采用显微镜测微尺能较容易、较准确地测量它们的大小；也可通过投影法或照相制成图片，再按照放大倍数测算。

球菌大小以直径表示，一般为 0.5～1μm；杆菌和螺旋菌都是以宽×长表示，一般杆菌为（0.5～1）μm×（1～5）μm、螺旋菌为（0.5～1）μm×（1～50）μm。但螺旋菌的长度是菌体两端点间的距离，而不是真正的长度，它的真正长度应按其螺旋的直径和圈数来计算。

在显微镜下观察到的细菌大小与所用固定染色的方法有关。经干燥固定的菌体比活菌体的长度，一般要缩短 1/4～1/3；若用衬托菌体的负染色法，其菌体往往大于普通染色法的菌体大小甚至比活菌体还大。具有荚膜的细菌中最容易出现这种现象。此外，影响细菌形态变化的因素同样也影响细菌的大小。除少数例外，一般幼龄菌比成熟的或老龄的细菌大得多。例如枯草芽孢杆菌，培养 4h 比培养 24h 的细胞长 5～7 倍，但是宽度变化不明显。细菌大小随菌龄而变化，与细胞自身的代谢废物积累有关，培养基中渗透压增加也会导致细胞变小。

每个细菌细胞的质量级为 10^{-13}～10^{-12}g，大约 10^9 个 *E. coli* 细胞才有 1mg 重。

二、细菌细胞的结构

典型的细菌细胞的构造可分为基本结构和特殊结构（图 1-6）。

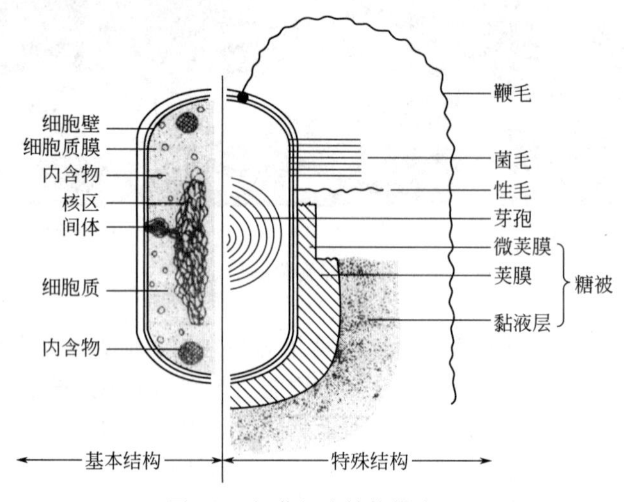

图 1-6 细菌细胞结构模式图

细菌的基本结构是指为所有的细菌细胞所共有的，而可能为生命所绝对必需的细胞构造，包括细胞壁、细胞膜、细胞质及其内含物和核区。细菌的特殊构造是指某些细菌所特有的，可能具有某些特殊功能的细胞构造，如芽孢、糖被、鞭毛、菌毛等。

1. 基本结构

（1）细胞壁　细胞壁是包围在菌体最外层的、较坚韧而富有弹性的薄膜。其重量约占细胞干重的10%～25%。通过染色、质壁分离或制成原生质体后在光学显微镜下可观察到细菌细胞壁。

① 细胞壁的主要功能

a. 固定细胞外形和提高机械强度，使其免受渗透压等外力的损伤；b. 为细胞的生长、分裂和鞭毛运动所必需；c. 阻拦大分子有害物质（某些抗生素和水解酶）进入细胞；d. 赋予细菌特定的抗原性、致病性（如内毒素）以及对抗生素和噬菌体的敏感性。

② 细胞壁的结构与革兰染色　经革兰染色可把细菌分为革兰阳性菌（G^+）和革兰阴性菌（G^-）两大类，前者染色后呈蓝紫色，后者染色后呈红色。革兰染色是重要的细菌鉴别法。

G^+细菌的细胞壁厚，结构简单，其化学组成以肽聚糖为主，这是原核微生物所特有的成分，占细胞壁物质总量的40%～90%。肽聚糖是一个大分子复合物，是由大量小分子单体聚合而成，每一个肽聚糖单体含有双糖单位、短肽“尾”以及肽“桥”三个组成部分。75%的肽聚糖亚单位纵横交错连接，形成编织紧密、质地坚硬和机械性强度很大的多层重叠的三维空间网格结构。除肽聚糖外，G^+细菌细胞壁还含有磷壁酸和少量的脂肪。磷壁酸又称垣酸，也是大多数G^+菌所特有的成分，与肽聚糖混居在一起，它是磷酸核糖醇或磷酸甘油的重复单位通过磷酸二酯键连接而成的聚合体。磷壁酸可分为壁磷壁酸和膜磷壁酸两类。

G^-细菌的细胞壁很薄，其结构较复杂，分为内壁层和外壁层，主要成分为脂多糖、磷脂、脂蛋白、肽聚糖。内壁层紧贴细胞膜，由肽聚糖组成，但含量很少，仅占细胞壁干重的5%～10%，由于它们只有30%的肽聚糖亚单位彼此交织联结，故其网状结构不及G^+细菌的坚固，显得比较疏松。外壁层又分为三层：最外层为脂多糖层，中间为磷脂层，内层为脂蛋白层。脂多糖为G^-细胞壁的主要成分，也是G^-细菌特有的成分，其化学组成因种而有一定的差别。脂多糖位于G^-细菌细胞壁的最外层，它有保护细胞的作用，同时脂多糖也是G^-细菌的主要表面抗原和噬菌体的吸附位点，也是一些致病菌内毒素的物质基础。G^+细菌和G^-细菌细胞壁的组成和结构见表1-1和图1-7。

表1-1　G^+细菌与G^-细菌细胞壁成分的比较

细菌	壁厚度/nm	肽聚糖含量/%	磷壁酸/%	蛋白质	脂多糖	脂肪/%
G^+	20～80	40～90	含量较高(<50%)	约20%	—	1～4
G^-	10	10	0	约60%	+	11～22

③ 革兰染色的方法与机制　革兰染色法是由丹麦医生C. Gram于1884年创立的。其简单操作分初染、媒染、脱色和复染4步（表1-2）。两种细菌经结晶紫溶液初染后，分别染上了紫色，经碘液媒染，结晶紫与碘分子形成一个分子量较大的染色较牢固的复合物。接着用95%乙醇脱色，这时凡已染上的紫色易被乙醇洗脱者，则又成为无色的菌体（A菌），反之，则仍为紫色（B菌）。最后，再用红色染料——番红复染。结果B菌仍保持最初染上的紫色，而A菌则被复染而显红色，B菌称革兰阳性菌，简称G^+菌，A菌则称为革兰阴性菌，简称G^-菌。

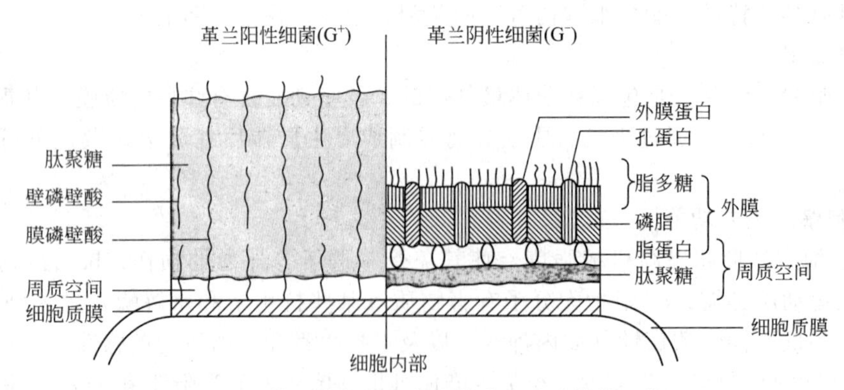

图 1-7 革兰染色阳性菌阴性菌细胞壁结构比较

表 1-2 革兰染色程序和结果

步　骤	方　法	结　果	
		阳性(G⁺)	阴性(G⁻)
初　染	结晶紫 30s	紫　色	紫　色
媒染	碘液 30s	仍为紫色	仍为紫色
脱　色	95%乙醇 10～20s	保持紫色	脱去紫色
复　染	番红(或复红)30～60s	仍显紫色	红　色

现在已知细菌革兰染色的阳性或阴性与细菌细胞壁的构造和化学组成有关。一般认为，在革兰染色过程中，细菌细胞内形成了一种不溶性的深紫色的结晶紫-碘的复合物，这种复合物可被乙醇从 G^- 细菌中浸出，但不易从 G^+ 细菌中浸出。这是由于 G^+ 细菌细胞壁较厚，肽聚糖含量较高，网格结构紧密，含脂量又低，当它们被乙醇脱色时，肽聚糖网孔由于缩水会明显收缩，从而阻止了结晶紫-碘复合物的逸出，故菌体呈深紫色。而 G^- 细菌细胞壁薄，肽聚糖含量低，且网格结构疏松，故遇乙醇后，其网孔不易收缩，加上 G^- 细菌的脂类含量高，当乙醇脱色时，脂类物质溶解，细胞壁透性增大，因此结晶紫-碘的复合物就容易被浸出，故菌体呈红色。

（2）细胞膜　细胞膜又称细胞质膜、原生质膜或质膜，是紧贴在细胞壁内侧而包围细胞质的一层柔软而富有弹性的半透性薄膜。其化学组成主要是蛋白质（60%～70%）和磷脂（30%～40%）。

① 细胞膜的结构　细胞膜的结构如图 1-8 所示，它是由磷脂呈双层平行排列，亲水基（头部）排列在膜的内外两个表面，疏水基（尾部）排列在膜的内侧，从而形成一个磷脂双分子层。据目前所知，磷脂双分子层通常呈液态，蛋白质无规则地结合在膜的表面或镶嵌于其间，具有不同功能的周边蛋白和整合蛋白可在磷脂双分子层表面或内侧作侧向运动，从而使膜结构具有流动性。

② 细胞膜的功能　细胞膜的功能主要为：a. 控制细胞内外的物质（营养物质和代谢废物）的运送与交换；b. 合成细胞壁各种组分（LPS、肽聚糖、磷壁酸）和荚膜等大分子的场所；c. 维持细胞内正常渗透压的屏障；d. 进行氧化磷酸化或光合磷酸化的产能基地；e. 许多酶（β-半乳糖苷酶、细胞壁和荚膜的合成酶及 ATP 酶等）和电子传递链的所在部位；f. 鞭毛的着生点和提供其运动所需的能量等。

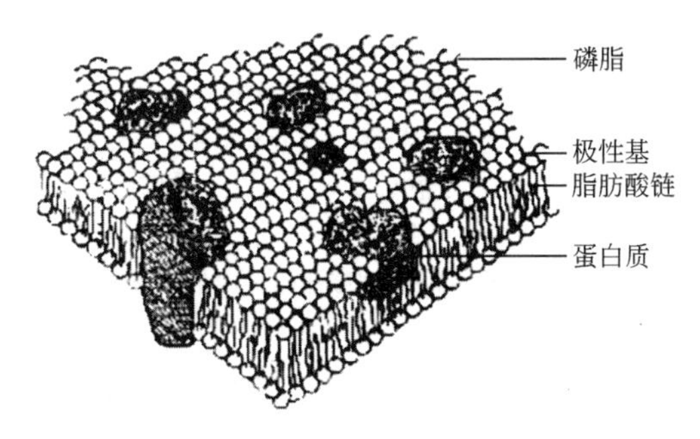

图 1-8 细胞膜结构模式图

(3) 核质体和质粒

① 核质体　核质体是原核生物所特有的无核膜结构的原始细胞核，又称原始核或拟核。核质体位于细胞中部，多呈球形、棒状或哑铃状。除多核丝状菌体外，在正常情况下 1 个细胞只含有 1 个原核。核质体结构简单，由一条大型环状的双链 DNA 分子高度折叠缠绕而成。以大肠杆菌为例，菌体长度仅为 1～2μm，而其 DNA 长度可达 1100μm。核质体携带了细菌绝大多数的遗传信息，是细菌生长发育、新陈代谢和遗传变异的中心。

② 质粒　很多细菌存在着染色体以外的遗传物质，能独立复制，为共价闭合环状双链 DNA 分子，称为质粒。每个菌体可以含有 1 个到多个质粒，每个质粒的分子质量比染色体小，通常在 (1～100) $\times 10^6$Da，含有几个到上百个基因。质粒不仅携带部分遗传信息，具有各种特定的表型效应，对微生物本身具有重要意义，而且在遗传工程研究中是外源基因的重要载体，许多天然或经人工改造的质粒已成为基因克隆、转化、转移及表达的重要工具。因此，细菌质粒在分子遗传学和遗传工程的研究中占有重要的地位。

(4) 细胞质及内含物　细胞质是细胞膜以内、除核物质以外的无色透明的黏稠胶体。其化学成分为蛋白质、核酸、脂类、多糖、无机盐和水。幼龄菌的细胞质稠密、均匀，富含核糖核酸 (RNA)，嗜碱性强，易被碱性染料着染，且着色均匀；老龄菌因缺乏营养，RNA 被细菌用作 N 源、P 源而降低含量，使细胞着色不均匀，故可通过染色是否均匀来判断细菌的生长阶段。细胞质中含有核糖体、气泡和其他颗粒状内含物。

① 核糖体　核糖体是由约 60%的 RNA 和 40%的蛋白质组成的以核蛋白的形式存在的一种颗粒状结构，是合成蛋白质的场所。每个细菌约有一万个核糖体。高速离心时，细菌核糖体沉降系数为 70S，由大 (50S)、小 (30S) 两个亚基组成。真核生物细胞质中核糖体的沉降系数为 80S。链霉素、四环素、氯霉素都对 70S 的核糖体起作用，对 80S 的核糖体没有影响。所以这些抗生素可用来防治由细菌引起的疾病，并在一定浓度范围内对人体无害。

② 气泡　在许多光合细菌和某些水生性细菌的细胞质内常含有为数众多的充满气体的小泡囊，称为气泡。气泡的膜外表亲水、内侧疏水，故气泡不透水，不透溶质，只能透气，具有调节细胞比重以使其漂浮在合适水层中的作用。紫色光合细菌和一些蓝细菌含有气泡，借以调节浮力。

③ 贮藏物　细菌生长到成熟阶段，当某些营养物质过剩时，就会形成一些贮藏颗粒，如异染粒、聚 β-羟基丁酸、硫粒、肝糖粒、淀粉粒等，当营养缺乏时，这些贮藏颗粒又被分解利用。贮藏颗粒的多少随菌龄及培养条件不同有很大差异。

- 贮藏物
  - 碳源及能源类
    - 糖原：大肠杆菌、克雷伯菌、芽孢杆菌和蓝细菌等
    - 聚β-羟丁酸(PHB)：固氮菌、产碱菌和肠杆菌等
    - 硫粒：紫硫细菌、丝硫细菌、贝氏硫杆菌等
  - 氮源类
    - 藻青素：蓝细菌
    - 藻青蛋白：蓝细菌
  - 磷源(异染粒)：迂回螺菌、白喉棒杆菌、结核分枝杆菌

2. 特殊结构

(1) 荚膜　荚膜是某些细菌在一定条件下分泌于细胞壁表面的一层松散、透明的黏液状物质，其化学组成因种而异，主要是水和多糖（亦称糖被）。荚膜不易着色，可用负染法（也称衬托法）染色。先用染料使菌体着色（如用番红或孔雀绿将菌体染成红色或绿色），然后用黑色素将背景涂黑，即可衬托出菌体和背景之间的透明区，这个透明区就是荚膜（图 1-9）。

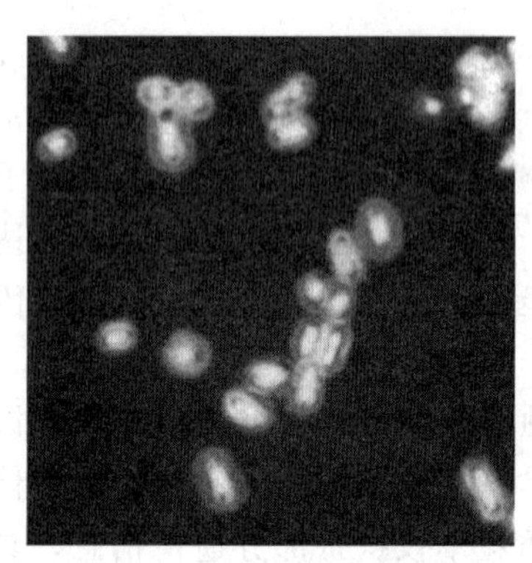

图 1-9　细菌负染色显微镜图

荚膜有几种类型：具有一定外形，厚约 200nm，相对稳定地附着于细胞壁外的称为荚膜或大荚膜；厚度在 200nm 以下的称为微荚膜；无明显边缘，疏松地向周围环境扩散的称为黏液层。有些细菌的荚膜物质可互相融合，连成一体，组成共同的荚膜，其中包含多个菌体，称为菌胶团。菌胶团的形状有球形、蘑菇形、椭圆形等，在活性污泥中常见。

荚膜的主要功能有：①保护作用。可保护细菌免于干燥；防止化学药物毒害；能保护菌体免受噬菌体和其他物质（如溶菌酶和补体等）的侵害；能抵御吞噬细胞的吞噬。②贮藏养料。当营养缺乏时，可被细菌用作碳源和能源。③堆积某些代谢废物。④致病功能。糖被为主要表面抗原，是有些病原菌的毒力因子，如 S 型肺炎链球菌靠其荚膜致病，而无荚膜的 R 型为非致病菌。

产荚膜细菌常给人类带来一定的危害，除了上述的致病性外，还常常使糖厂的糖液以及酒类、牛乳等饮料和面包等食品发黏变质，给制糖工业和食品工业等带来一定的损失。但也可使它转化为有益的物质，例如，肠膜状明串珠菌的葡聚糖糖被已被用于代血浆成分——右旋糖酐和葡聚糖的生产。从野油菜黄单胞菌糖被提取的黄原胶可用作石油开采中的井液添加剂，也可用于印染、食品工业；产生菌胶团的细菌用于污水处理。此外，还可利用糖被物质的血清学反应来进行细菌的分类鉴定。产生荚膜是细菌的一种遗传特性，还可作为鉴定细菌的一种依据。

(2) 鞭毛　鞭毛是从细胞质膜和细胞壁伸出细胞外面的蛋白质组成的丝状体结构，使细菌具有运动性，鞭毛与细菌的趋化性和趋渗性等有关。鞭毛的主要化学成分是蛋白质，有少量的多糖或脂类。鞭毛易脱落，非常纤细，其直径仅为 10～20nm，长度往往超过菌体的若干倍，经特殊染色法可在光学显微镜下观察到。

大多数球菌（除尿素八叠球菌外）不生鞭毛，杆菌中有的生鞭毛、有的不生鞭毛，螺旋菌一般都生鞭毛。根据细菌鞭毛的着生位置和数目，可将具鞭毛的细菌分为 5 种类型（图 1-10）。

① 偏端单生鞭毛菌：在菌体的一端只生一根鞭毛，如霍乱弧菌；

② 两端单生鞭毛菌：在菌体两端各生一根鞭毛，如鼠咬热螺旋体；

③ 偏端丛生鞭毛菌：菌体一端生出一束鞭毛，如荧光假单胞菌；

④ 两端丛生鞭毛菌：菌体两端各生出一束鞭毛，如红色螺菌；

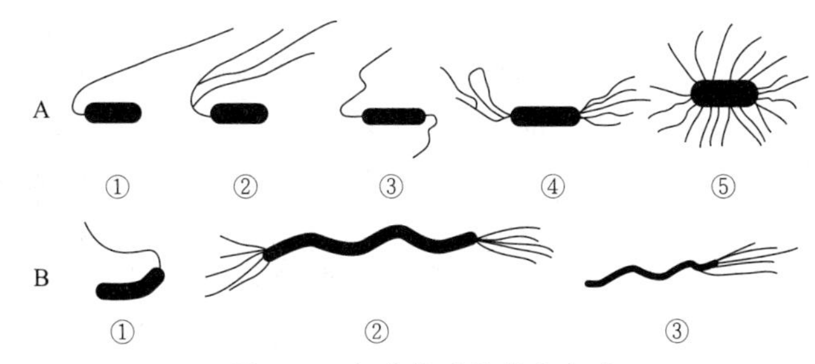

图 1-10　细菌鞭毛的着生方式

A—杆菌：①极端生；②亚极端生；③两端单生；④两端丛生；⑤周生

B—弧菌：①单根端生；②两端丛生；③一端丛生

⑤ 周生鞭毛菌：菌体周身都生有鞭毛，如大肠杆菌、枯草杆菌等。

鞭毛的着生位置和数目是细菌种的特征，具有分类鉴定的意义。

(3) 芽孢　某些细菌在其生长发育后期，在细胞内形成的一个圆形或椭圆形、厚壁、折光性强、含水量低、抗逆性强的休眠构造，称为芽孢。因在细胞内形成，故又称为内生孢子。它们是由细菌的 DNA 和外部多层蛋白质及肽聚糖包围而构成，芽孢对干燥和热具有高度抗性。

芽孢结构相当复杂，最里面为核心，含核质、核糖体和一些酶类，由核心壁所包围；核心外面为皮层，由肽聚糖组成；皮层外面是由蛋白质所组成的芽孢衣；最外面是芽孢外壁。一般含内生芽孢的细菌总称为孢子囊(图 1-11)。芽孢的结构组成特点为含水量低，平均含水量为 40%；芽孢壁致密，由肽聚糖和吡啶-2,6-二羧酸钙组成。

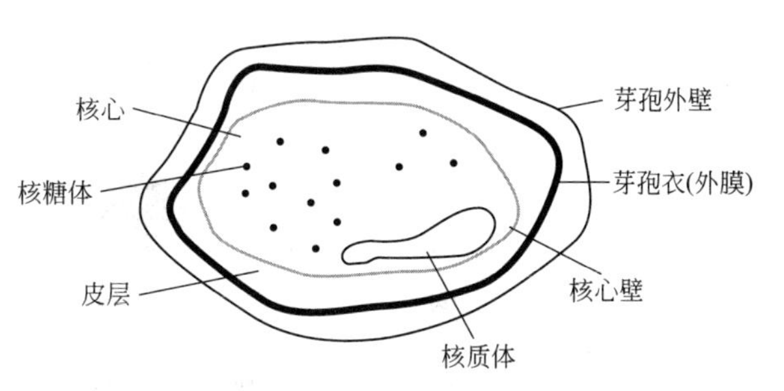

图 1-11　细菌芽孢模式图

芽孢无繁殖功能，为抗逆性休眠体。在光学显微镜下用特殊的芽孢染色(如孔雀绿染色)或通过相差显微镜能够观察到芽孢。由于芽孢有许多层包围细菌遗传物质的结构，使得芽孢具有惊人的、对所有类型环境应力的抗性，例如热、紫外线辐射、化学消毒剂和干燥等。肉毒梭状芽孢杆菌的芽孢在 100℃沸水中要经过 5.0～9.5h 才能被杀死，至 121℃时，平均也要 10min 才能杀死。芽孢的休眠能力更为突出，在常规条件下，一般可存活几年甚至几十年，据文献记载，有些芽孢杆菌甚至可以休眠数百年、数千年甚至更久。

芽孢的大小、形状、位置等随菌种而异，有重要的鉴别意义。能产生芽孢的细菌主要是芽孢杆菌属和梭状芽孢杆菌属的种类。此外，脱硫肠状菌属、芽孢八叠球菌属和芽孢弧菌属的细菌也能形成芽孢。芽孢的存在有利于菌种的筛选和保藏，还可以代表灭菌的程度。

三、细菌的繁殖与群体培养特征

1. 细菌的繁殖

(1) 无性繁殖　无性繁殖是指不经两性细胞的配合便产生新的个体的一种生殖方式。细菌细胞一般进行无性繁殖。绝大多数类群在分裂时产生大小相等、形态相似的两个子细胞，称同形裂殖。但有少数细菌在陈旧培养基中却分裂成两个大小不等的子细胞，称为异形裂殖。

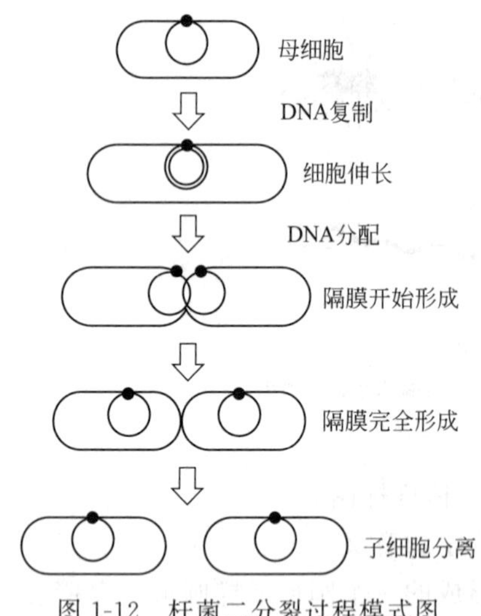

图 1-12 杆菌二分裂过程模式图
（图中 DNA 均为双链）

细菌二分裂的过程为：首先从核区染色体 DNA 的复制开始，形成新的双链，随着细胞的生长，每条 DNA 各形成一个核区，同时在细胞赤道附近的细胞膜由外向中心作环状推进，然后闭合在两核区之间产生横隔膜，使细胞质分开。进而细胞壁也向内逐渐伸展，把细胞膜分成两层，每一层分别形成子细胞膜。接着横隔壁亦分成两层，并形成两个子细胞壁，最后分裂为两个独立的子细胞（图 1-12）。

（2）有性繁殖 除无性繁殖外，经电子显微镜观察及遗传学研究，已验证在埃希菌属、志贺菌属、沙门菌属等细菌中还存在着有性接合。不过细菌的有性接合频率很低，大量、普遍地仍以无性的二分分裂方式进行繁殖。

2. 细菌的群体培养特征

（1）菌落 细菌在固体培养基上的培养特征即菌落特征。所谓菌落，是由一个细菌繁殖的具有一定形态特征的子细菌群体。不同细菌的菌落特征不同，可以从菌落的表面形状（圆形、不规则形、假根状）、隆起形状（扁平、脐状、凸透镜状等）、边缘情况（整齐、波状、裂叶状、锯齿状）、表面状况（光滑、皱褶）、表面光泽（闪光、金属光泽、无光泽）、质地（硬、软、黏、油脂状、膜状）以及菌落的大小、颜色、透明程度等方面进行观察描述（图 1-13）。

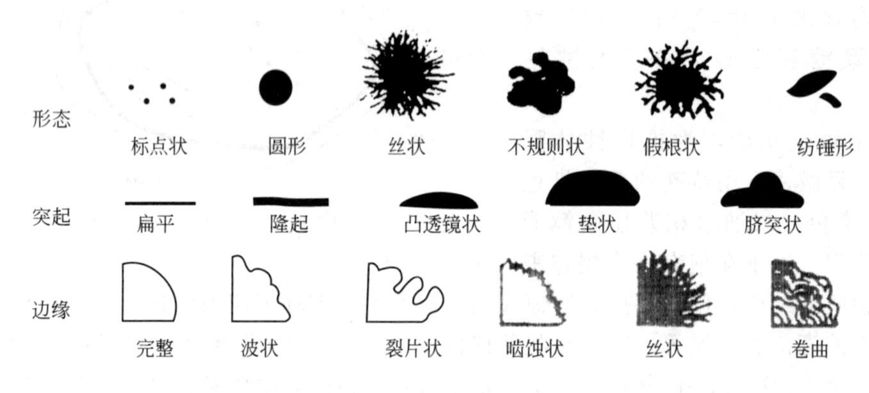

图 1-13 细菌菌落的特征

细菌的菌落有其自己的特征，诸如湿润、较光滑、较透明、较黏稠、易挑取、质地均匀以及菌落正反面或边缘与中央部位的颜色一致等。由于菌落就是微生物的巨大群体，因此，个体细胞形态上的种种差别，必然会极其密切地反映在菌落的形态上，这对产鞭毛、荚膜和芽孢的种类尤为明显。例如，对无鞭毛、不能运动的细菌尤其是各种球菌来说，随着菌落中个体数目的剧增，只能依靠“硬挤”的方式来扩大菌落的体积和面积，因而就形成了较小、较厚及边缘极其圆整的菌落。又如，对长有鞭毛的细菌来说，其菌落就有大而扁平、形态不规则和边缘多缺刻的特征，运动能力强的细菌还会出现树根状甚至能移动的菌落。前者如蕈状芽孢杆菌，后者如普通变形杆菌。再如，有荚膜的细菌，其菌落往往十分光滑，并呈透明的蛋清状，形状较大。

同一种细菌在不同条件下形成的菌落特征会有差别，但在相同的培养条件下形成的菌落特征是一致的。所以，菌落的形态特征对菌种的分类鉴定具有重要的意义。菌落还常用于微生物的分离、纯化、鉴定、计数及选种与育种等工作中。

（2）其他培养特征

① 菌苔　当菌体在固体培养基表面密集生长时，多个菌落互相连接成一片，称为菌苔。

② 液体培养　在液体培养基中，细菌的流动性较大，一般分散在整个培养基中。不同的细菌在液体培养基中表现不一，有的形成均匀一致的浑浊液；有的在表面形成菌环、菌醭；有的产生沉淀；有的还产生气泡、分泌色素等。

③ 半固体琼脂穿刺　用穿刺接种技术将细菌接种在含0.3%～0.5%琼脂的半固体培养基中培养，可根据细菌的生长状态判断细菌的呼吸类型和鞭毛有无以及能否运动。如果细菌在培养基的表面及穿刺线的上部生长者为好氧菌。沿整条穿刺线生长者为兼性厌氧菌，在穿刺线底部生长的为厌氧菌。如果只在穿刺线上生长的为无鞭毛、不运动的菌；在穿刺线上及穿刺线周围扩散生长的为有鞭毛、能运动的细菌（图1-14）。

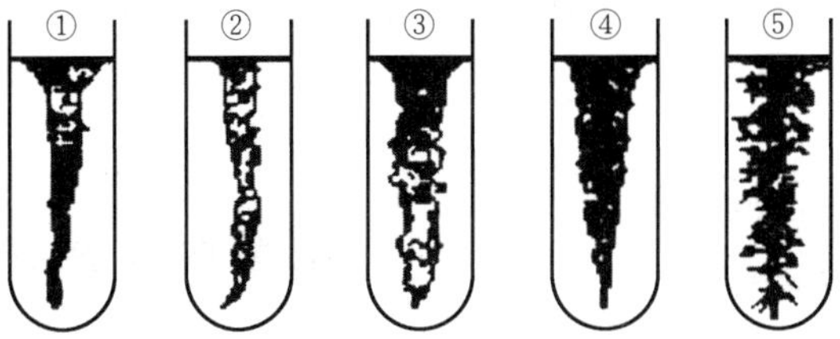

图1-14　细菌在半固体培养基中的生长特征
①丝状；②念珠状；③乳头状；④绒毛状；⑤树状

四、常用的细菌简介

1. 枯草芽孢杆菌

营养细胞杆状，大小一般为（0.7～0.8）μm×（2～3）μm。菌体半圆形，单个或呈短链。在细胞中央部位形成芽孢，芽孢为椭圆形，大小为（0.6～0.7）μm×（1.0～1.5）μm。细胞侧生鞭毛，能运动。革兰染色阳性。

在固体培养基上为圆形或不规则形，较厚，呈乳白色。表面粗糙，不透明，边缘整齐。在水分多的培养基上，菌落易扩散，可能较光滑，薄而透明。在肉汁培养基内，稍浑浊或不浑浊，产生醭。它能液化明胶，胨化牛奶，还原硝酸盐，水解淀粉。它的一些亚种（变种）主要用于生产蛋白酶和淀粉酶。

2. 醋酸杆菌

菌体从椭圆至杆状，单个、成对或成链，革兰染色阴性，运动或不运动，不生芽孢。好气性，在液体培养基上生成皮膜。可氧化乙醇为醋酸，也可氧化乙酸盐和乳酸盐为水和二氧化碳。在含糖、乙醇和酵母膏的培养基上生长良好，在肉汁胨培养基上生长不良。

醋酸杆菌可用于生产食醋，生产多种有机酸如醋酸、酒石酸、葡萄糖酸等，还可以制备葡萄糖异构酶用于生产高果糖浆，以及生产山梨糖等。

3. 乳酸杆菌

细胞杆状至球状。常生长成链，大多不运动，能运动者为周身鞭毛。无芽孢。正常菌落粗糙。革兰染色阳性。常用的德氏乳酸杆菌为杆状，大小为（0.5～0.8）μm×（2.0～9.0）μm。在麦芽糖化液内，繁殖特别旺盛。菌体肥壮，产酸力特别强。在固体培养基上，菌落微小；在肉汁培养基内略带浑浊。

乳酸杆菌的生长温度为45～50℃，能发酵碳水化合物，85%以上的产物为乳酸。厌氧或兼性厌氧。乳酸杆菌可用于食品的保存和调整食品的风味。在酱油酿造过程中，它也起了良好的作用。

4. 固氮菌

固氮菌生活在土壤或水中，一般为革兰染色阴性，好氧性以及有机营养型的细菌；细胞卵圆形或长杆状，会运动或不运动；能固定空气中的氮气，并将它转化为铵，进一步合成氨基酸和蛋白质。它在生活中需要有机质（淀粉或糖类），但土壤及水中有机质的供应常常不足，因此它的固氮效能得不到充分的发挥。尽管如此，日积月累，长期下来，对土壤中氮素的增加还是有些补益。

5. 硝化细菌

硝化细菌是一种比较特殊的细菌。它既不能行光合作用，也不需要有机质营养。它是靠氧化铵为亚硝酸及硝酸，从中取得能量，使二氧化碳还原为有机物以组成它的细胞。这种生活方式在高等生物中是没有的，称为化能无机营养型或化能自养型。硝化细菌是革兰染色阴性、会运动的小杆菌，在土壤中普遍存在。加入土壤中的铵盐，很快变成硝酸盐，就是由于硝化细菌的作用。

细菌中重要的鉴别染色法

革兰染色法被称为鉴别染色法，因为通过这种染色方法，可将细菌分为阳性细菌和阴性细菌两大类。另一个重要的鉴别染色法是抗酸染色法，此法将分枝杆菌属菌种和其他细菌分开。所有细菌接受石炭酸品红初染，然后滴加盐酸乙醇液，除分枝杆菌属外，所有细菌脱色变为无色透明。接着加美蓝染液复染，这些细菌染成蓝色，而分枝杆菌属的细菌保持石炭酸品红的红色。分枝杆菌属的某些种可以引起结核病和麻风病，这种染色法是有用的诊断学工具。

第二节 放线菌

放线菌是一类主要呈菌丝状生长和以孢子繁殖的、陆生性较强的革兰阳性原核微生物，它是介于细菌和真菌之间的单细胞微生物。放线菌菌落中的菌丝常从一个中心向四周辐射状生长，并因此而得名。

放线菌在自然界分布广泛，尤以含水量较少、有机质丰富的微碱性土壤中最多，每克土壤中其孢子数一般可高达10^7个。放线菌多为腐生，少数为寄生，与人类关系十分密切。

一、放线菌的形态和构造

放线菌种类繁多，下面以种类最多、分布最广、形态特征最为典型的链霉菌属为例阐述其形态构造。

链霉菌的细胞呈丝状分枝，菌丝直径1μm左右（与细菌相似），菌丝内无隔膜，故呈多核的单细胞状态。其细胞壁的主要成分是肽聚糖，也含有胞壁酸和二氨基庚二酸，不含几丁质或纤维素。

放线菌的菌丝由于形态和功能不同，一般可分为基内菌丝、气生菌丝和孢子丝三类（图1-15）。

1. 基内菌丝

基内菌丝又称基质菌丝、营养菌丝或初级菌丝，生长在培养基内或表面。基内菌丝较细，分枝繁茂，一般颜色浅。基内菌丝可以分泌和形成各种具有抗菌作用或者特殊生理活性

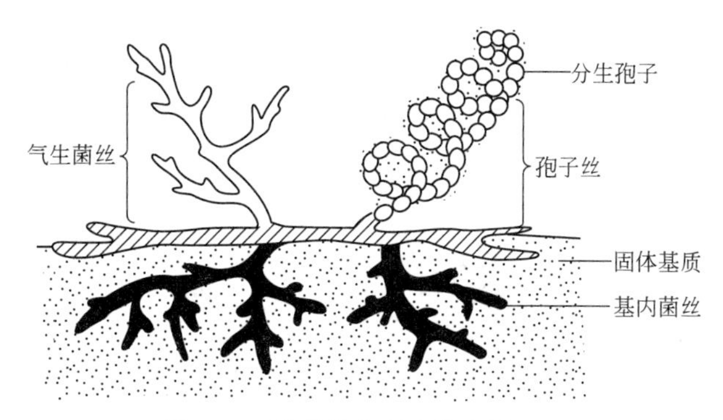

图 1-15　链霉菌的形态构造模式图

的物质，有的还能产生水溶性或脂溶性色素而使培养基或菌落呈现黄、绿、橙、红、紫、蓝、褐、黑等各种颜色，可以成为鉴定菌种的重要依据。基内菌丝的主要功能是吸收营养物质和排泄废物。

2. 气生菌丝

气生菌丝又称二级菌丝，它是基内菌丝生长到一定时期长出培养基表面伸向空中的菌丝。气生菌丝较基内菌丝粗，一般颜色较深，有的也可以产生色素。其形状有直形或弯曲状，有的有分枝。气生菌丝的主要功能是传递营养物质和繁殖后代。

3. 孢子丝

放线菌生长发育到一定阶段，在其气生菌丝上分化出可形成孢子的菌丝，该菌丝称为孢子丝。孢子丝的形状和在气生菌丝上的排列方式随菌种而异，有直形、波曲、螺旋状等。孢子丝发育到一定阶段可形成各种各样形态不一的分生孢子，孢子可呈现球形、椭圆形、杆状、瓜子状等（图 1-16）。由于孢子含有不同色素，成熟的孢子堆也表现出特定的颜色，而且在一定条件下比较稳定。故孢子丝的形态与排列上的差异以及孢子的颜色均可作为鉴定菌种的重要依据。

二、放线菌的繁殖方式

放线菌主要通过形成无性孢子的方式进行繁殖，也可借菌体断裂片段繁殖。放线菌产生的无性孢子主要有分生孢子和孢囊孢子。

大多数放线菌（如链霉菌属）生长到一定阶段，一部分气生菌丝形成孢子丝，孢子丝成熟便分化形成许多孢子，称为分生孢子。放线菌孢子的形成有以下几种方式：

1. 横隔分裂　横隔分裂有两种形式可以进行。一个是孢子丝的细胞膜内陷，由外向内逐渐收缩形成横隔膜，将孢子丝分割成许多分生孢子，链霉菌孢子的形成多属于此种类型；另外一种是孢子丝的细胞壁和质膜同时内陷，再逐渐向内缢缩，将孢子丝缢裂成连串的分生孢子，例如诺卡菌就是以这种方式形成孢子。

2. 形成孢子囊　有些放线菌可在菌丝上形成孢子囊，在孢子囊内形成孢囊孢子，孢子囊成熟后，释放出大量孢囊孢子。孢子囊可在气生菌丝上形成（如链孢囊菌属），也可在基内菌丝上形成（如游动放线菌属），或二者均可生成。

3. 形成小单孢　有些放线菌如小单孢菌及其孢子的形成是在营养菌丝上作单轴分支再生出直而短的特殊分支，分支还可继续分支，每个枝杈的顶端形成单个圆形、椭圆形或者长圆形分生孢子。

借菌丝断裂的片段形成新菌体的繁殖方式常见于液体培养中，如工业化发酵生产抗生素

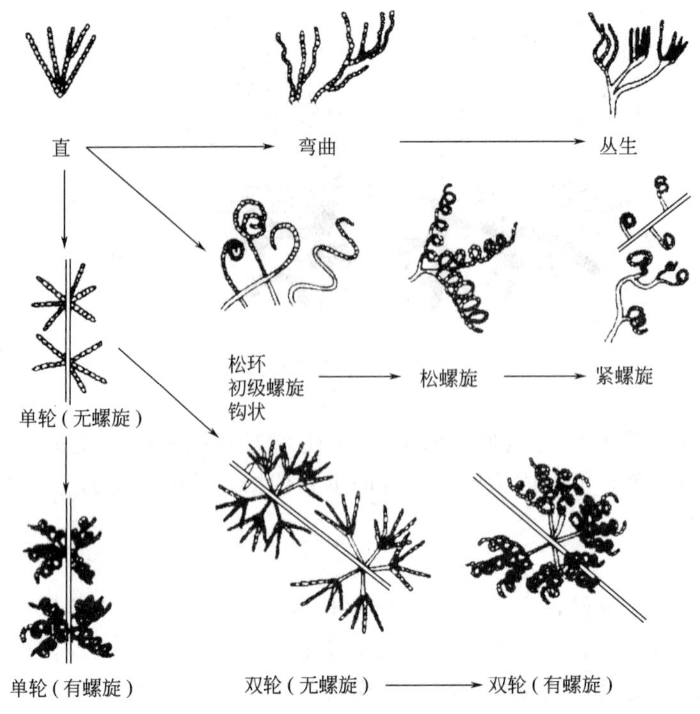

图 1-16 放线菌的各种孢子丝形态

时，放线菌就以此方式大量繁殖。

三、放线菌的菌落特征

放线菌的菌落由菌丝体组成，一般为圆形、平坦或有许多皱褶和地衣状。

放线菌的菌落特征随菌种而不同。一类是产生大量分枝的基内菌丝和气生菌丝的菌种，如链霉菌，其菌丝较细，生长缓慢，菌丝分枝相互交错缠绕，所以形成的菌落质地致密，表面呈较紧密的绒状或坚实，干燥，多皱，菌落较小而不延伸；其基内菌丝伸入基质内，菌落与培养基结合较紧密而不易挑取或挑起后不易破碎。菌落表面起初光滑或如发状缠结，产生孢子后，则呈粉状、颗粒状或絮状。气生菌丝有时呈同心环状。另一类是不产生大量菌丝体的菌种，如诺卡菌，这类菌的菌落黏着力较差，结构成粉质，用针挑取则粉碎。菌丝和孢子常含有色素，使菌落正面和背面呈现不同颜色。正面是气生菌丝和孢子的颜色，背面是基内菌丝或所产生色素的颜色。

将放线菌接种于液体培养基内静置培养，能在瓶壁液面处形成斑状或膜状菌落，或沉降于瓶底而不使培养基浑浊；若振荡培养，常形成由短小的菌丝体所构成的球状颗粒。

四、放线菌的代表属

1. 链霉菌属

链霉菌属大多生长在含水量较低、通气较好的土壤中。其菌丝无隔膜，基内菌丝较细，直径为 0.5～0.8μm，气生菌丝发达，较基内菌丝粗 1～2 倍，成熟后分化为呈直形、波曲形或螺旋形的孢子丝，孢子丝发育到一定时期产生出成串的分生孢子。链霉菌属是抗生素工业所用放线菌中最重要的属。已知链霉菌属有 1000 多种。许多常用抗生素，如链霉素、土霉素、井冈霉素、丝裂霉素、博来霉素、制霉菌素、红霉素和卡那霉素等，都是链霉菌产生的。放线菌产生的抗生素 99%是由链霉菌属产生的。

2. 诺卡菌属

诺卡菌属主要分布在土壤中。其菌丝有隔膜，基内菌丝较细，直径为0.2～0.6μm。一般无气生菌丝。基内菌丝培养十几个小时形成横隔，并断裂成杆状或球状孢子。菌落较小，表面多皱，致密干燥，边缘呈树根状，颜色多样，一触即碎。有些种能产生抗生素，如利福霉素、蚁霉素等；也可用于石油脱蜡及污水净化中脱氰等。

3. 放线菌属

放线菌属菌丝较细，直径小于1μm，有隔膜，可断裂呈V形或Y形。不形成气生菌丝，也不产生孢子，一般为厌氧或兼性厌氧菌。本属多为致病菌，如引起牛颚肿病的牛型放线菌，引起人的后颚骨肿瘤病及肺部感染的衣氏放线菌。

4. 小单孢菌属

小单孢菌属分布于土壤及水底淤泥中。基内菌丝较细，直径为0.3～0.6μm，无隔膜，不断裂，一般无气生菌丝。在基内菌丝上长出短孢子梗，顶端着生单个球形或椭圆形孢子。菌落较小。多数好氧，少数厌氧。有的种可产抗生素，如绛红小单孢菌和棘孢小单孢菌都可产庆大霉素，有的种还可产利福霉素。此外，还有的种能产生维生素B_{12}。

5. 链孢囊菌属

链孢囊菌属特点是气生菌丝可形成孢囊和孢囊孢子。孢囊孢子无鞭毛，不能运动。本属菌也有不少菌种能产生抗生素，如粉红链孢囊菌产生多霉素、绿灰链孢囊菌产生绿霉素等。

多肽类抗生素——更生霉素

放线菌素D（Dactinomycin D）又称更生霉素，是从土壤中链霉菌属的细菌分离出来的一种多肽类抗生素。其分子中含有一个苯氧环结构，通过它连接两个等位的环状肽链。此肽链可与DNA分子的脱氧鸟嘌呤发挥特异性相互作用，使放线菌素D嵌入DNA双螺旋的小沟中，与DNA形成复合体，阻碍RNA多聚酶的功能，抑制RNA的合成，特别是mRNA的合成。放线菌素D属于周期非特异性药物。一次静脉注射给药后，很快从血浆消除，多数药物以原形经胆汁和尿液排出。

第三节　其他原核生物

一、蓝细菌

蓝细菌也叫蓝藻或蓝绿藻，是一类进化历史悠久、革兰阴性、无鞭毛、含叶绿素（但不形成叶绿体），能进行产氧性光合作用的大型原核生物。

1. 形态

蓝细菌形态差异极大，有单细胞和丝状体两类形态。细胞的直径从0.5～1μm到60μm，丝状体的长度差异很大。多个个体聚集在一起，可形成肉眼可见的很大的群体。在水体中繁茂生长时，可使水体颜色随菌体而发生变化。

2. 细胞生理特性

蓝细菌属于原核生物，细胞壁与G^-细菌相似，由肽聚糖等多黏复合物组成，并含有二氨基庚二酸，革兰阴性，细胞壁可以分泌许多胶黏物质使一群群的细胞或丝状细胞链结合在一起形成胶团或胶鞘；细胞核无核膜，没有有丝分裂器；细胞质中有气泡，可使细胞漂浮。

蓝细菌具有它所特有的结构——光合器，光合器有两种不同的构型，一是位于细胞膜的外膜下面呈一连续层；但大多数是位于类囊体的膜层中。光合器中含有光合作用色素，有叶绿素 a、藻胆素和类胡萝卜素。蓝细菌可进行光合作用。

有的蓝细菌具有异形胞，是蓝细菌进行固氮作用的场所，异形胞内有固氮酶系统，它可利用 ATP 和还原性物质来还原自由态的氮成为氨。光合作用的产物从邻近的营养细胞向异形胞转移，而固氮作用产物则移向营养细胞。

3. 常见的蓝细菌类群

根据蓝细菌的形态特征（见图 1-17）可把它们分成五群，前两群为单细胞或其团状聚合体，后三群则呈丝状聚合体。

（1）色球蓝细菌群　细胞呈球状或杆状，可单生或长成聚合体。细胞间有荚膜或黏液；通过二分裂或出芽方式进行繁殖。本群的代表有黏杆蓝菌属、黏球蓝菌属等。

（2）厚球蓝细菌群　通过多分分裂来进行繁殖的单细胞蓝细菌。本群的代表有厚球蓝菌属、皮果蓝菌属等。

（3）无异形胞丝状蓝细菌群　丝状体单纯由营养细胞组成，例如颤蓝菌属、螺旋蓝菌属等。

（4）有异形胞丝状蓝细菌群　当缺乏充足的氮源时，它们会分化出异形胞，有时也会形成厚壁孢子。例如念珠蓝菌属和鱼腥蓝菌属等。

（5）细胞多平面分裂具异形胞的丝状蓝细菌群　本群的丝状体的细胞可以进行多平面方向分裂。代表属如费氏蓝菌属。

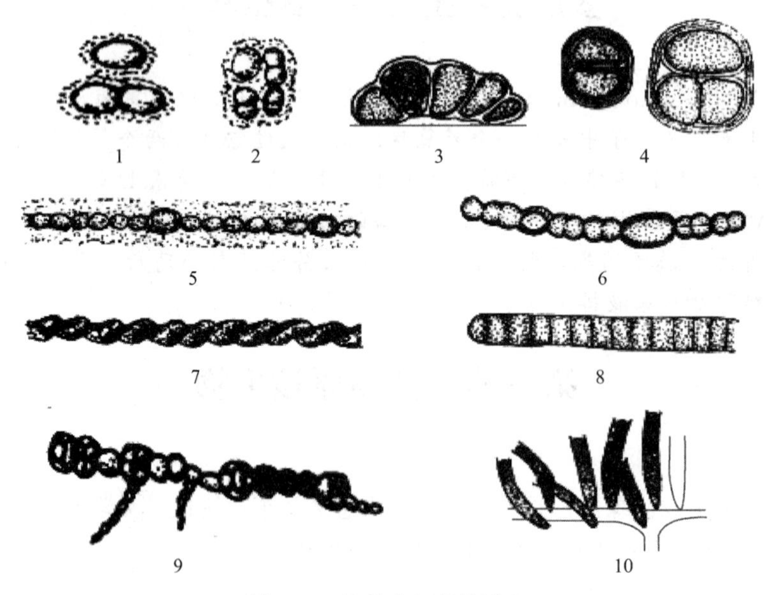

图 1-17　几种蓝细菌的形态

1—黏杆蓝菌属；2—黏球蓝菌属；3—皮果蓝菌属；4—色球蓝菌属；5—念珠蓝菌属；6—鱼腥蓝菌属；7—螺旋蓝菌属；8—颤蓝菌属；9—费氏蓝菌属；10—管孢蓝菌属

二、支原体

支原体是一类无细胞壁的原核生物（见图 1-18），是整个生物界中能独立营养的最小生物。

支原体对人类的害处明显大于益处。许多支原体能引起动物（如牛、绵羊、山羊、猪、禽及人类等）的病害；类支原体则可引起桑、稻、竹和玉米等的矮缩病、黄化病及丛枝病；一些腐生的支原体常常分布在污水、土壤或堆肥中；在受污染的组织培养液中，也常发现支原体的踪迹。

支原体的特点为：①支原体的直径为150～300nm，一般为250nm左右，介于细菌、立克次体之间，因此在光学显微镜下属勉强可见；②缺乏细胞壁，并由此引起一系列的其他特性，例如，细胞呈革兰染色阴性反应，多形，易变，有滤过性，对渗透压敏感，对表面活性剂（如肥皂、新洁尔灭等）和醇类敏感，以及对抑制细胞壁合成的青霉素、环丝氨酸等抗生素不敏感等；③菌落小，直径一般仅为0.1～1.0mm，并呈特有的“油煎蛋”状；④一般以二等分裂方式进行繁殖；⑤能在含血清、酵母膏或胆甾醇等营养丰富的人工培养基上独立生长；⑥具有氧化型或发酵型的产能代谢，在好氧或厌氧条件下生长；⑦对能与核糖体结合、抑制蛋白质生物合成的四环素、红霉素以及毛地黄皂苷等破坏细胞膜结构的表面活性剂都极为敏感，由于细胞膜上含有甾醇，故对两性霉素、制霉菌素等多烯类抗生素也十分敏感。

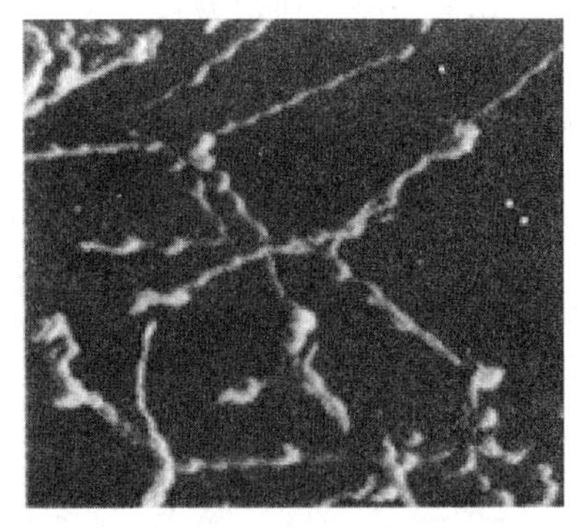
图1-18 支原体扫描电镜图（×10000）

三、衣原体

衣原体是一类能通过细菌滤器，在细胞内寄生，有独特发育周期的原核细胞性微生物。过去认为衣原体是病毒，现归属细菌范畴。衣原体广泛寄生于人类、鸟类及哺乳动物。能引起人类疾病的有沙眼衣原体、肺炎衣原体、鹦鹉热肺炎衣原体等。

衣原体有以下8个与病毒截然不同的特点：①有细胞构造，体积大于病毒，约250～500nm，在光学显微镜下可以查见；②细胞内同时含有DNA和RNA两种核酸；③有革兰阴性细菌的特征细胞壁；④细胞内有核糖体；⑤有不完整的酶系统，尤其缺乏产能代谢的酶系统，因此须进行严格的细胞内寄生；⑥以二等分裂方式进行繁殖；⑦对抑制细菌的一些抗生素和药物（例如青霉素和磺胺等）敏感（但鹦鹉热衣原体对磺胺具有抗性）；⑧在实验室中，衣原体可培养在鸡胚卵黄囊膜、小白鼠腹腔及组织培养细胞上。

四、立克次体

立克次体是一类只能寄生在真核细胞内的革兰阴性原核微生物，它有细胞壁，不能进行独立生活，其细胞较大，无滤过性，合成能力较强，且不形成包涵体。

立克次体一般具有以下特点：①细胞大小一般为（0.3～0.6）μm×（0.8～2）μm，介于细菌、病毒之间，因此在光学显微镜下清晰可见；②细胞形态多变，自杆状至球状、双球状或丝状等；③有细胞壁，呈革兰阴性反应；④在真核细胞内营专性寄生（个别例外），其宿主一般为虱、蚤、蜱、螨等节肢动物，并可传至人或其他脊椎动物（如啮齿动物）；⑤以二等分裂方式进行繁殖；⑥对四环素、青霉素等抗生素敏感；⑦有不够完整的产能代谢途径，大多只能利用谷氨酸产能而不能利用葡萄糖产能；⑧一般可用鸡胚、敏感动物或合适的组织培养物来培养立克次体；⑨对热敏感，一般在56℃以上经30min即可杀死。

立克次体可使人患斑疹伤寒、恙虫热或Q热等传染病，病原往往由虱、蚤、蜱、螨等节肢动物所携带。

五、古细菌

古细菌是近年来发现的一类特殊的细菌，它们仍然具有原核生物的基本性质，但在某些细胞结构的化学组成以及许多生化特性上都不同于真细菌。真细菌包括细菌、蓝细菌、放线菌、支原体、衣原体和立克次体。古细菌的细胞形态就有真细菌所没见过的扁平、直角几何形状，见图1-19。

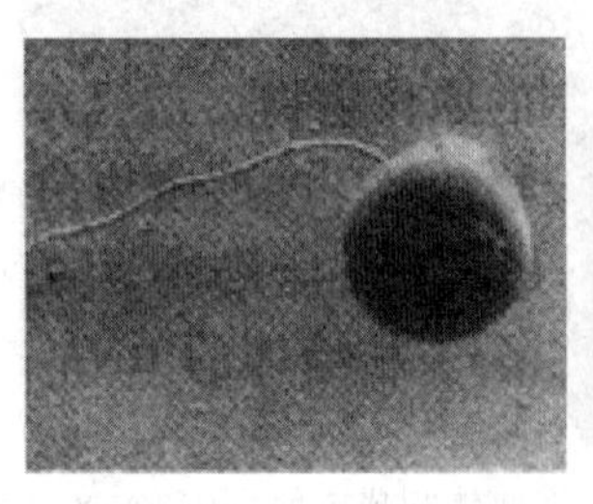
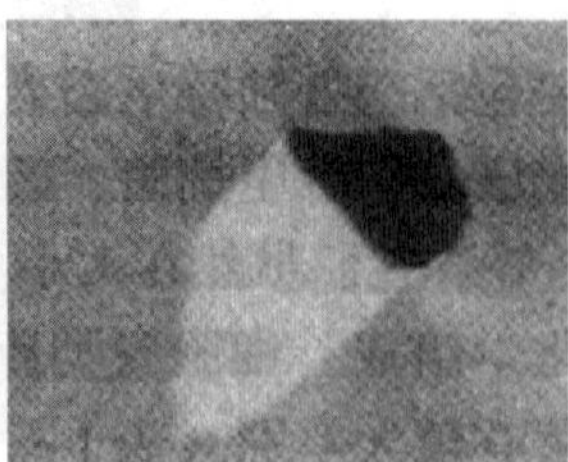

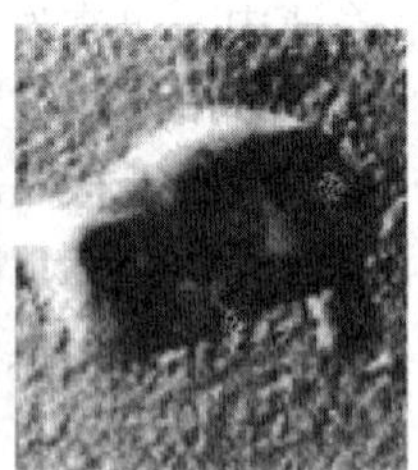

图1-19 古生菌的细胞形态

1. 古细菌的细胞结构特点

绝大多数古细菌都有细胞壁，但其化学组成不同。古细菌细胞壁中没有肽聚糖。根据化学组成可将古细菌的细胞壁分为两大类：一类是由假肽聚糖或酸性杂多糖组成的；另一类是由蛋白质或糖蛋白亚单位组成的。有的古细菌的细胞壁则兼有假肽聚糖和蛋白质外层。

古细菌的细胞膜中脂类的性质不像真细菌的脂类由酯键连接甘油，和真核生物一样由醚键连接甘油，它们的脂类也是长链和分支的脂肪酸。这也是古细菌的鉴别性特征之一。

古细菌的DNA与真细菌的染色体相似，由不含核膜的单个环状DNA分子构成，但大小通常小于大肠杆菌的DNA。

古细菌的核糖体和真细菌的核糖体同样大小，但在某些特性上，它们与真核生物的核糖体相似，如对抗生素链霉素和氯霉素的抗性及对白喉毒素的敏感性。

2. 真细菌和古细菌的差异

古细菌是在地球开始形成的那种恶劣环境下形成的一种原始生命，现在也主要生活在地球的一些极端恶劣的环境下，而真细菌主要生活在一般生命条件下；严格厌氧是古细菌的主要呼吸类型，但绝大多数真细菌是可以进行有氧呼吸的。真细菌和古细菌之间细胞结构的化学组成以及许多生化特性上的一些差异见表1-3。

表1-3 真细菌和古细菌间的差异

特征	真细菌	古细菌
细胞壁	有胞壁酸	无胞壁酸
脂类	酯键连接	醚键连接
甲烷生成过程	没有	可能有
RNA多聚酶	一个	几个
起始tRNA	甲酰甲硫氨酸	甲硫氨酸
核糖体	对链霉素和氯霉素敏感 对白喉毒素具有抗性	对链霉素和氯霉素具有抗性 对白喉毒素敏感

3. 古细菌的类群和生长环境

古细菌包括极端厌氧的产甲烷菌、极端嗜盐菌以及在低pH值和高温环境中生活的嗜热嗜酸菌。它们大多生活在极端环境中，主要生活在火山温泉里面、海底深处、盐度很浓的地方以及强酸、强碱的地方。

海底神秘的古生菌

全世界的海洋包含40亿吨神秘的微生物古生菌，大约相当于全世界鱼类的总重量。古生菌非常神秘，其独特的生活状态直到1977年才被科学家所认识。大海里充满了各种不可见的生命体，每天上亿吨重的鱼类、哺乳动物、植物和其他海洋生物体死在海里，随着它们的腐烂，会释放出大量气体氨，海洋里氨如果太多将相当于剧毒，但是海洋里的氨不会堆积到有害的程度。是什么清除了氨，如果假定微生物是其中一员，究竟是哪些微生物呢？海洋里有上百万种不同类型的微生物，只有少数会消耗氨。美国马里兰大学环境科学研究中心的科学家艾莉森·桑托洛认为某种未知的古生菌物种可能在氨刚形成时就迅速消耗了它，并将其转化为其他化学物质，这些古生菌甚至可能是第二个神秘之谜的关键所在——大量一氧化二氮气体的来源，每年海洋里有近200万吨一氧化二氮进入大气层，成为温室气体，它比二氧化碳吸收更多的太阳光，并且更大程度地加热了大气层。在实验室培养微生物，DNA测试显示大多数玻璃瓶里的微生物在无食物供给后18个月后消失了，存活下来的主要是缓慢生长的古生菌。虽然通过化学印证，桑托洛培育的古生菌与海洋里产生的一氧化二氮并不匹配，但它的成分与后者非常相似，这暗示着古生菌而非细菌，产生了主要的海洋一氧化二氮。因此这种古生菌不仅以氨为食，还释放了大量温室气体。

目前，科学家了解到古生菌无处不在，不仅在海洋里，也在干燥的陆地，甚至生活在人们的内脏里。科学家甚至争论古生菌是否会影响我们的胖瘦。最新数据并不支持古生菌影响体重的观点，但它的确提供了证据表明古生菌能够帮助消化食用纤维。

本章小结

1. 原核微生物包括真细菌和古生菌两大类群。细菌、放线菌、蓝细菌、支原体、立克次体和衣原体等都属于真细菌。

2. 细菌个体微小，其基本形态有球状、杆状、螺旋状三种；典型细菌细胞的构造可分为基本构造和特殊构造，基本构造包括细胞壁、细胞膜、细胞质及其内含物和核区；特殊构造包括芽孢、糖被、鞭毛、菌毛等。通过革兰染色法可把细菌分成革兰阳性菌和革兰阴性菌两大类。裂殖是细菌的主要繁殖方式。细菌的菌落特征多样，对细菌的分类鉴定有重要意义。

3. 放线菌的菌丝分为基内菌丝、气生菌丝和孢子丝三种。其繁殖主要是通过形成无性孢子的方式，也可借菌体断裂片段繁殖。放线菌的菌落特征与细菌不同。放线菌中，种类最多、分布最广、形态特征最典型的是链霉菌属。

4. 支原体、衣原体、立克次体均为致病性原核微生物，而蓝细菌、古细菌则与人类生存的地球环境有很多联系。

复习思考题

一、名词解释

细菌　菌落　放线菌　鞭毛　荚膜　蓝细菌　古细菌

二、问答题

1. 细菌有哪些基本结构和特殊结构?
2. 细菌的形态和大小是否会因培养条件（如培养浓度、温度、pH 值）等的变化而发生改变?
3. 什么是荚膜? 其化学成分如何? 有何生理功能?
4. 什么是芽孢? 为什么芽孢具有极强的抗逆性?
5. 试述革兰染色机理。
6. 细菌鞭毛有何特点? 其着生的方式有几类? 请举例说明。
7. 放线菌的菌丝有哪几种类型? 各自的主要功能是什么?
8. 细菌和放线菌是如何进行繁殖的?
9. 试述细菌和放线菌的菌落特征。
10. 举例说明几种其他的原核微生物，并说明各有什么特点。
11. 简述真细菌和古细菌两者的差异。

第二章　真核微生物

学习目标

1. 掌握酵母菌形态、结构、繁殖特点及其菌落等特征。
2. 掌握霉菌的结构特点及其菌落特征。
3. 理解大型真菌的分类和应用。
4. 了解酵母菌、霉菌的主要应用类型。

真核微生物是细胞核具有核膜、核仁，能进行有丝分裂，细胞质中存在线粒体或同时存在叶绿体等多种细胞器的一类微生物。它的特点是细胞中有明显的核，核的最外层有核膜将细胞核和细胞质明显分开，其个体一般较原核微生物大。真核微生物包括真菌、单细胞藻类、黏菌和原生动物，其中真菌又分为酵母菌、丝状真菌（霉菌）和大型真菌（蕈菌）三类。由于单细胞藻类和原生动物已在植物和动物中介绍，本章重点介绍真菌。

真菌在自然界分布广泛，类群庞大，约有十几万种，其形态、大小差异极大；菌体小至显微镜下才能看见的单细胞酵母菌，大至肉眼可见的分化程度较高的灵芝等蕈菌的子实体。真菌主要靠形成无性孢子和有性孢子的方式进行繁殖。

第一节　酵　母　菌

酵母菌不是分类学上的名称，它是一类非丝状真核微生物，是一类以出芽繁殖为主的单细胞真菌。酵母菌通常以单细胞状态存在而不形成菌丝体，细胞壁常含甘露聚糖，以芽殖或裂殖进行无性繁殖，能发酵糖类产能。

酵母菌在自然界分布很广，主要分布于偏酸性含糖环境中，如水果、蔬菜、蜜饯的表面和果园土壤中，故有“糖菌”之称。大多数为腐生，有的酵母菌与动物共生，例如球拟酵母属存在于昆虫的肠道或其他动物内脏之中。石油酵母则多分布于油田和炼油厂周围的土壤中。

一、酵母菌的形态和构造

1. 酵母菌的形状与大小

大多数酵母菌为单细胞，形状因种而异。其基本形态为球形、卵圆形、圆柱形或香肠形。不同形态的酵母菌以及在不同的条件下，细胞的形态会发生变化。如假丝酵母在马铃薯琼脂培养基上培养可以进行一连串的芽殖，长大的子细胞与母细胞并不立即分离，其间仅以极狭小的接触面相连，形成藕节状的细胞串称之为假菌丝。还有孢汉逊酵母可呈柠檬形，膜毕赤酵母呈圆筒形，而三角酵母呈三角形。

酵母菌的细胞直径约为细菌的 10 倍，其直径一般为 2～5μm，长度为 5～30μm，最长可达 100μm。每一种酵母菌的大小因生活环境、培养条件和培养时间长短而有较大的变化。最典型和最重要的酿酒酵母细胞大小为 (2.5～10)μm×(4.5～21)μm。

2. 酵母菌的细胞构造

酵母菌的细胞与其他真菌的细胞构造基本相同，主要由细胞壁、细胞膜、细胞质、细胞核、液泡和线粒体等构成（图 2-1），现分述如下。

（1）细胞壁　酵母菌细胞壁厚约 25～70nm，占细胞干重的 25%。其结构类似三明治，具三层结构——外层为甘露聚糖和磷酸甘露聚糖，内层为葡聚糖，中间层是一层蛋白质分子，占 5%～10%（图 2-2）。葡聚糖和甘露聚糖都是复杂的分枝状聚合物，占细胞壁干重的 75%以上。葡聚糖是维持细胞壁强度的主要物质；此外，细胞壁上还含有少量类脂和几丁质。

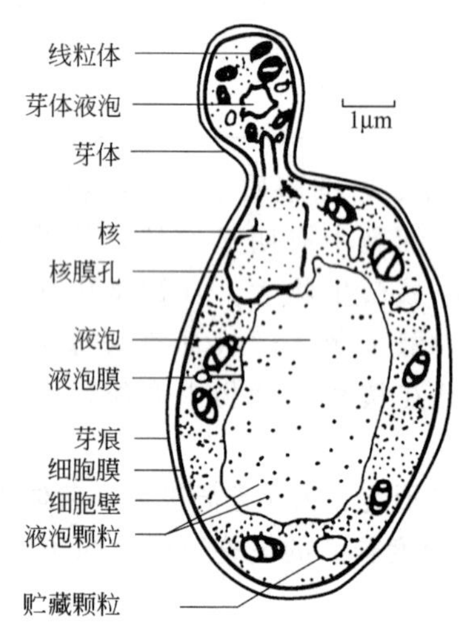

图 2-1　酵母菌细胞构造的模式图

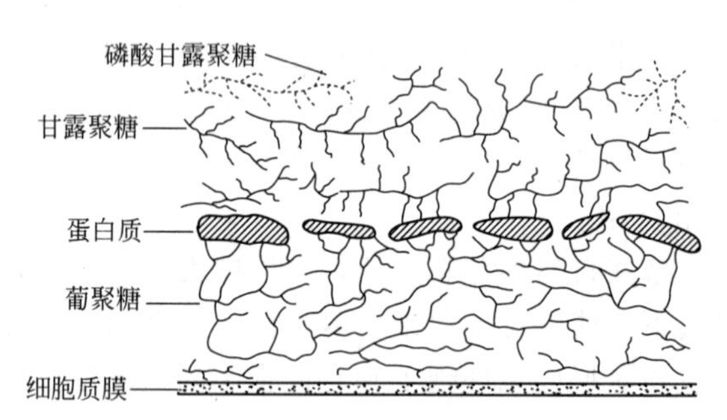

图 2-2　酵母细胞壁中主要成分的排列

细胞壁决定着细胞和菌体的形状，具有抗原性、保护细胞免受外界不良因子损伤以及是某些酶的结合位点等作用。

（2）细胞膜　酵母菌的细胞膜厚约 7.5nm，其结构与原核微生物基本相同，外表光滑。主要由蛋白质和类脂以及少量的糖类组成。在化学组成中，真菌细胞的质膜中具有甾醇，而在原核生物的质膜中很少或没有甾醇。细胞膜的功能主要是控制内外细胞物质的交换，参与细胞壁和部分酶的合成。

（3）细胞核　酵母菌为真核微生物，其细胞核是由双层核（被）膜包围的真核。

（4）细胞质　酵母菌的细胞质是细胞进行新陈代谢的场所，也是代谢物储存和运输的环境。它是一种透明、黏稠、流动的胶状体。

（5）其他细胞结构　酵母细胞除以上几部分主要结构外，还有液泡、线粒体、内质网和异染颗粒等，有些种还有荚膜、菌毛等。

① 液泡　液泡由单位膜分隔，其形态、大小因细胞年龄和生理状态而变化，一般在老龄细胞中液泡大而明显。液泡不仅有维持细胞渗透压、贮存营养物等功能，而且还有溶酶体的功能，因为它可以把蛋白酶等水解酶与细胞隔离，防止细胞损伤。它的主要作用是起营养物和水解酶贮库的作用，还可调节渗透压。

② 线粒体　线粒体通常呈杆状，线粒体是含有 DNA 的细胞器。线粒体是氧化磷酸化作用和 ATP 形成的场所。

③ 核糖体　核糖体是合成蛋白质的场所，其沉降系数为 80S，由 60S 和 40S 两个大小亚基组成。

④ 内质网　内质网是存在于细胞质中折叠的膜系统。内质网沟通着细胞的各个部分，

它与细胞质膜、细胞核、线粒体等都有联系。内质网是细胞中各种物质运转的一种循环系统，同时内质网还供给细胞质中所有细胞器的膜。

二、酵母菌的繁殖和生活史

酵母菌具有无性繁殖和有性繁殖两种繁殖方式，大多数酵母以无性繁殖为主。无性繁殖包括芽殖、裂殖和产生无性孢子，有性繁殖主要是产生子囊孢子。繁殖方式对酵母菌的鉴定极为重要。

1. 无性繁殖

（1）芽殖　芽殖是酵母菌最普遍的一种无性繁殖方式。当酵母细胞成熟时，先由细胞表面产生一个小芽，接着母细胞的细胞核伸长并分裂成两个核，其中一个留在母细胞内，另一个进入小芽中，小芽长大后即自行脱落，如此循环往复进行出芽生殖。子代新酵母细胞从母细胞上脱落后可在母细胞上留下一个芽痕。酵母菌的芽殖方式有四种：单端出芽、两端出芽、三边出芽和多边出芽。

如果在条件适宜，酵母菌生长又旺盛的情况下，酵母菌出芽形成的子细胞尚未自母细胞脱离前，又在子细胞上长出新的芽体，如此继续出芽，可形成串生细胞称假菌丝，有的酵母菌可以形成极为发达的假菌丝，如产朊假丝酵母。出芽过程见图 2-3。

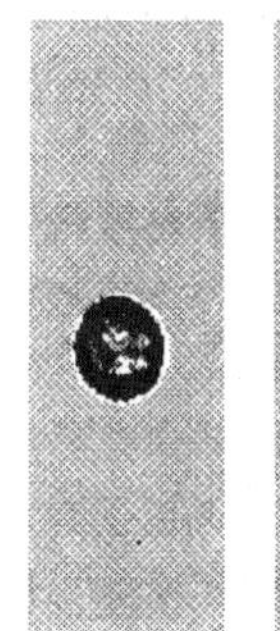

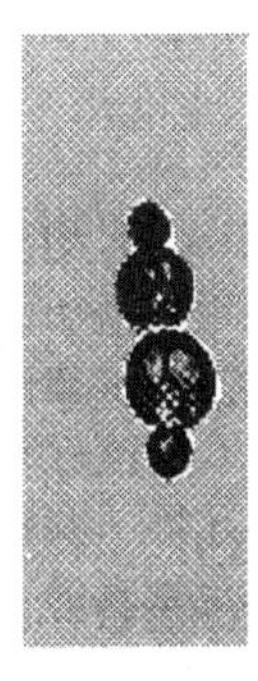
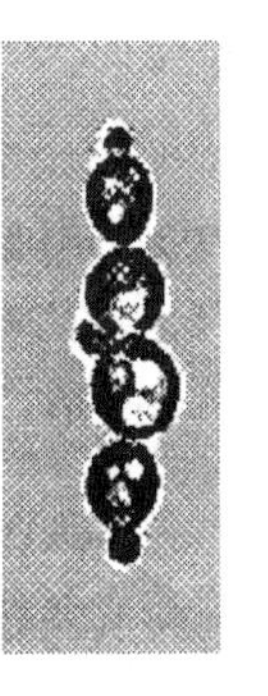

图 2-3　酵母菌出芽过程

（2）裂殖　酵母菌的裂殖与细菌裂殖相似，是借细胞横向分裂而繁殖，这是少数种类酵母菌如裂殖酵母属所进行的另一种无性繁殖方式。进行裂殖的酵母种类很少，裂殖酵母属的八孢裂殖酵母就是其中一种。

（3）产生无性孢子　少数酵母菌如掷孢酵母可以产生无性孢子。掷孢酵母可在卵圆形营养细胞上生出小梗，其上产生掷孢子。掷孢子成熟后通过特有的喷射机制射出。用倒置培养器培养掷孢酵母时，器盖上会出现掷孢子发射形成的酵母菌落的模糊镜像。有的酵母菌如白假丝酵母等还能在假菌丝的顶端产生具有厚壁的厚垣孢子。

2. 有性繁殖

酵母菌以形成子囊和子囊孢子的方式进行有性繁殖。其过程是通过邻近的两个性别不同的具有单倍体核的酵母营养细胞互相接触，各伸出一根管状原生质突起，相互接触、融合并形成一个通道，两个细胞的细胞质由通道结合进行质配，两个单倍体核也在此通道内结合进行核配，从而形成具有双倍体核接合子细胞。二倍体接合子可以出芽方式形成二倍体营养细胞，进行多代的生长繁殖。在合适条件下，接合子的核进行减数分裂，形成 4 个或 8 个子核，每一子核和其周围的原生质浓缩在核的表面形成孢子壁而成为孢子。原来的接合子称为子囊，子囊内的孢子称为子囊孢子。子囊破裂，子囊孢子可以被释放出来，子囊孢子可萌生为单倍体营养细胞。因此，酵母菌在其生活周期中存在单倍体营养细胞和双倍体

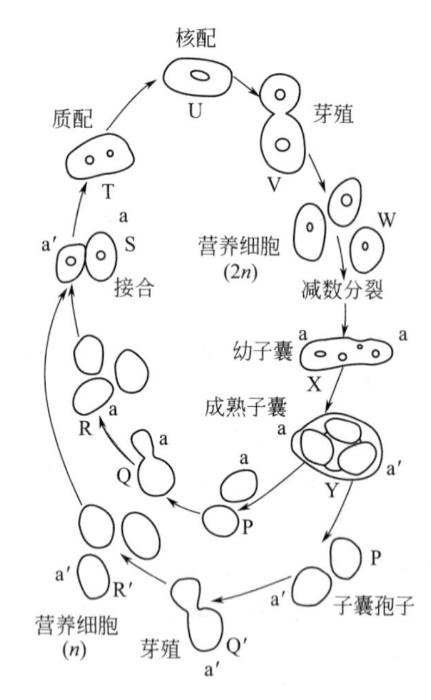

图 2-4 啤酒酵母菌的生活史

P，P′—子囊孢子；Q，Q′—单倍体营养细胞芽殖；R，R′—单倍体营养细胞；S—单倍体营养细胞接合；T—质配；U—核配；V—二倍体营养细胞芽殖；W—二倍体营养细胞；X—幼子囊；Y—成熟子囊；a，a′—不同单倍体细胞

营养细胞两种类型（图 2-4）。酵母菌的子囊和子囊孢子形状因菌种不同而异，这是酵母菌分类鉴定的重要依据之一。

三、酵母菌的菌落特征

大多数酵母菌是单细胞，在固体培养基上形成的菌落形态特征与细菌相似，但比细菌大而厚，湿润。酵母菌的菌落表面光滑，多数不透明，黏稠，菌落颜色单调，多数呈乳白色，少数呈红色，个别呈黑色。酵母菌生长在固体培养基表面，容易用针挑起，菌落质地均匀，正反面及中央与边缘的颜色一致。不产生假菌丝的酵母菌菌落更加隆起，边缘十分圆整；形成大量假菌丝的酵母，菌落较平坦，表面和边缘粗糙。酵母菌菌落特征是分类鉴定的重要依据。

酵母菌在液体培养基中的生长情况也不相同，有的在液体中均匀生长，有的在底部生长并产生沉淀，有的在表面生长形成菌膜。菌膜的表面状况及厚薄也不相同，有假菌丝的酵母菌所形成的菌膜较厚，有些酵母菌所形成的菌膜很薄，干而皱。菌膜的形成与特征对分类也具有意义。

四、常见常用酵母菌简介

1. 酵母属

细胞呈圆形、椭圆形，少数腊肠形，多边出芽，假菌丝在少数种中产生，产生子囊孢子1～4 个。本属酵母具有强烈的发酵作用，能发酵多种糖类而生成乙醇和二氧化碳，但不能发酵乳糖、高级烃类和硝酸盐。生长适温为25～26℃。

本属酵母在发酵调味品工业上占有重要地位，几乎所有用于酿造的酵母都在本属内，其中最著名的有啤酒酵母（包括通常所说的面包酵母与酒精酵母）、葡萄汁酵母和鲁氏酵母，主要用于酿造啤酒、酒精、葡萄酒、绍兴酒、高粱酒及其他饮料酒，还可以发制面包。由于菌体内包含有丰富的维生素和蛋白质，故既可供食用、药用或作饲料酵母，还可提取核酸、麦角醇、谷胱甘肽、凝血质等，用于制药。生活中也可引起水果、蔬菜和含水量高的粮食及其制品发酵变质，产生酒味。

啤酒酵母在麦芽汁琼脂培养基上菌落为乳白色，有光泽，平坦，边缘整齐。无性繁殖以芽殖为主。能发酵葡萄糖、麦芽糖、半乳糖和蔗糖，不能发酵乳糖和蜜二糖。

鲁氏酵母是最常见的嗜高渗透压酵母，其特点是既能在含糖量极高的物料中生长，又能在含 18%的食盐基质中繁殖，故可引起高糖类食品如果酱、蜜饯类变质。如在酱油中生长，少量即可生成糠醇（是使酱油产生香味的成分之一），大量繁殖则会使酱油液面形成灰白色的粉状皮膜，变褐色后不能食用。

2. 假丝酵母属

细胞呈圆形、卵形、圆筒形，多边芽殖，能形成假菌丝。本属中的产朊假丝酵母（又称产蛋假丝酵母）、解脂假丝酵母分解脂肪和蛋白质能力强，可用作人造肉和饲料的生产菌。

产朊假丝酵母的细胞呈圆形、椭圆形或腊肠形，大小为（3.5～4.5）μm×（7～13）μm。液体培养不产醭，管底有菌体沉淀。在麦芽汁琼脂培养基上，菌落呈乳白色，软而平滑，有或无光泽，培养久时菌落变硬并呈现出菌丝。在加盖片的玉米粉琼脂培养基上，形成原始假菌丝或不发达的假菌丝，或无假菌丝；能发酵葡萄糖、蔗糖、棉子糖，不发酵麦芽糖、半乳糖、乳糖和蜜二糖。不分解脂肪，能同化硝酸盐。产朊假丝酵母的蛋白质含量和B族维生素含量均高于啤酒酵母，可进行综合利用，生产出人、畜食用的菌体蛋白。

近来发现解脂假丝酵母、热带假丝酵母和白色假丝酵母等，能够以烃作为单一的碳源而生长，既可使石油脱蜡，降低馏分凝固点，提高石油质量，又可利用石油发酵制取蛋白质、柠檬酸、赖氨酸和维生素等。

3. 赤酵母属

细胞呈圆形、卵形或圆筒形，多边芽殖。菌落黏稠常呈红色，在麦芽汁中有菌环。

本属酵母菌具有积聚高量脂肪的能力，细胞内的脂肪可达干物质的60%，能由菌体中提取大量脂肪，但蛋白质含量低，故称脂肪酵母。由于一些种类能产生黄色至红色的类胡萝卜素，常在粮食和食品上形成红色斑点而造成污染，如深红酵母、橘红酵母等。还有几种红酵母是人和动物的致病菌。

4. 毕赤酵母属

细胞形状多样，多边出芽，能形成假菌丝。每个子囊通常含有1～4个孢子，子囊容易破裂而释放孢子。子囊孢子球形、帽形或星形，常有一油滴在其中。子囊孢子表面光滑，有的有痣点。本属分解糖的能力弱，仅能发酵葡萄糖和半乳糖。不同化硝酸盐。此属菌对正癸烷、十六烷的氧化能力强，可用石油和农副产品或工业废料培养毕赤酵母来生产蛋白质。

本属中粉状毕赤酵母是发酵调味品中的常见有害菌，可使饮料酒表面生成白色干燥菌醭。在酱油中生长，消耗酱油中糖分，使酱油表面生白花，颜色变褐，并产生沉淀。

5. 汉逊酵母属

细胞呈球形、卵形、圆柱形，常形成假菌丝。子囊孢子1～4个，常为帽形、球形等。

本属为产膜酵母，在液面上形成白色膜，使液体浑浊。对糖有强发酵作用，主要产物不是酒精，而是乙酸乙酯。由于能利用酒精作碳源，使酒精生成多种酯，故常为酒类及其饮料的有害菌。常见的有汉逊酵母及其变种以及土星汉逊酵母及其变种。

异常汉逊酵母产生乙酸乙酯，故常在食品的风味中起一定作用。如无盐发酵酱油的增香；以薯干为原料酿造白酒时，经浸香和串香处理可酿造出味道更为醇厚的酱油和白酒。该菌种氧化烃类能力强，可以煤油和甘油作碳源。培养液中它还能累积游离L-色氨酸。

发酵之母

酵母菌本领非凡，它们可以把果汁或麦芽汁中的糖类（葡萄糖）在缺氧的情况下，分解成酒精和二氧化碳，使糖变成酒。它能使面粉中游离的糖类发酵，产生二氧化碳气体，在蒸煮过程中，二氧化碳受热膨胀，于是馒头就变得松软，所以被称为发酵之母。

酵母菌浑身是“宝”，它们的菌体中含有一半以上的蛋白质。有人证明，每100千克干酵母所含的蛋白质相当于500kg大米、217kg大豆或250kg猪肉的蛋白质含量。第一次世界大战期间，德国科学家研究开发食用酵母，样子像牛肉和猪肉，被称为“人造肉”。第二次世界大战爆发后，德国再次生产食用酵母，随后，英国、美国和北欧的很多国家群起仿效。这种新食品的开发和利用，被认为是第二次世界大战中继发明原子能和青霉素之后的第三个伟大成果。酵母菌还含有多种维生素、矿物质和核酸等。家禽、家畜吃了用酵母菌发酵的饲料，不但肉长得快，而且抗病力和成活率都会提高。酵母菌在自然界分布很广，但它们既怕过冷又怕过热，所以市场上出售的鲜酵母一般要保存在10～25℃之间。

第二节 霉 菌

霉菌是菌丝体比较发达而又不产生大型子实体的真菌，它不是分类学上的一个名词，而是一些丝状真菌的通称。霉菌在自然界分布十分广泛，只要有有机物存在的地方就会有霉菌的踪迹。

一、霉菌的形态与结构

1. 霉菌的形态

霉菌的营养体由菌丝构成，菌体在培养基表面产生很多分支，许多菌丝交织在一起，形成菌丝体。菌丝的宽度为3～10μm，比放线菌菌丝粗几倍到几十倍，而其长度却可以无限延伸。

霉菌菌丝分为有隔菌丝和无隔菌丝两种。无隔菌丝为长管状单细胞，细胞质内含有多个细胞核，如根霉、毛霉、犁头霉等的菌丝属于此种形式［图2-5(a)］。有隔菌丝中都有隔膜，隔膜将菌丝分为一个个细胞。整个菌丝体由很多细胞组成。每个细胞中含有一个或多个细胞核。隔膜上有一个或多个小孔，有利于细胞间细胞质的自由流通，进行物质交换。一旦菌丝断裂或是菌丝中有一个细胞死亡，膜小孔立即封闭，避免活细胞细胞质外流或死细胞的分解产物流入活细胞中，影响活细胞正常的生命活动。大多数霉菌菌丝属于这一类，如青霉菌、曲霉菌、白地霉等的菌丝均属此类［图2-5(b)］。

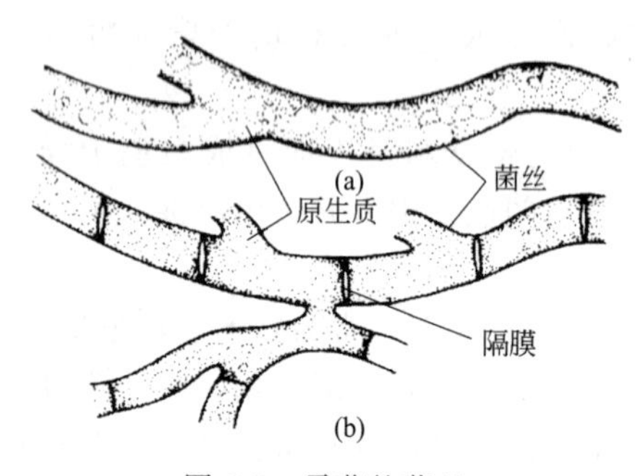

图2-5 霉菌的菌丝

(a) 无隔菌丝；(b) 有隔菌丝

在固体培养基上霉菌菌丝在生理功能上有一定程度的分化（图2-6）。深入培养基内吸收养料的菌丝，称为基内菌丝或营养菌丝。伸出基质外伸展到空间生长的菌丝称为气生菌丝。气生菌丝中有一部分菌丝能形成生殖细胞或生殖细胞的保护组织或者其他组织，故又称为繁殖菌丝。气生菌丝可形成各种形态的子实体。有些霉菌菌丝会产生色素，呈现不同的颜色，有的色素也可分泌到细胞外。为了适应外界环境，霉菌菌丝会形成许多特化结构，如营养菌丝为了增加其吸收营养的表面积，很多菌丝可集聚在一起并分化形成各种疏松或紧密的特殊组织，会形成吸器、假根、子座、菌核、菌索、菌网、匍匐菌丝等特化结构。

2. 霉菌的结构

霉菌细胞的基本构造与酵母菌十分相似，有细胞壁、细胞膜、细胞核、内质网、线粒体等，比原核细胞复杂。细胞壁厚度约100～250mm。除少数霉菌细胞壁中含有纤维素外，大多数霉菌的细胞以几丁质为主。细胞膜厚约为7～10nm。细胞核有完整的核结构，直径为

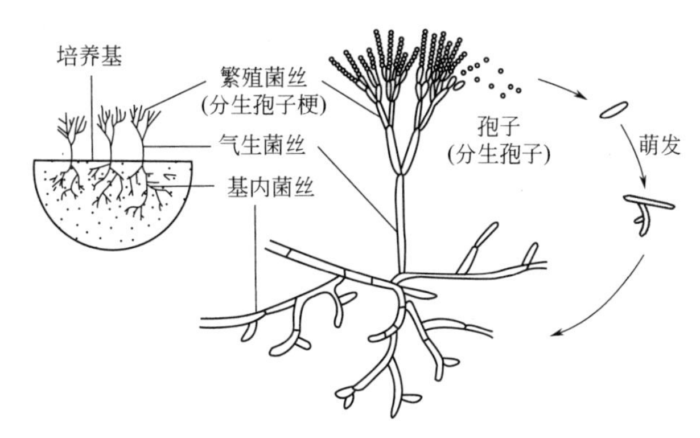

图 2-6　霉菌的营养菌丝、气生菌丝和繁殖菌丝

0.7～3μm，具核膜，核内有多条染色体，并有核仁。霉菌细胞质内还有丰富的膜状结构（内质网）、核蛋白体、线粒体和大量的酶，以及各种贮藏物质，如肝糖、脂肪滴、异染颗粒等。幼龄细胞原生质分布均匀，老龄细胞则有大的液泡。

二、霉菌的繁殖和菌落特征

1. 霉菌的繁殖

霉菌的繁殖能力一般都很强，而且繁殖方式多样（图 2-7）。菌丝片段伸长，产生分支即断裂增殖。此外，菌丝还可以通过无性或是有性的方式产生多种孢子。霉菌的孢子一般小、轻、干、多，而且休眠期长、抗逆性强。

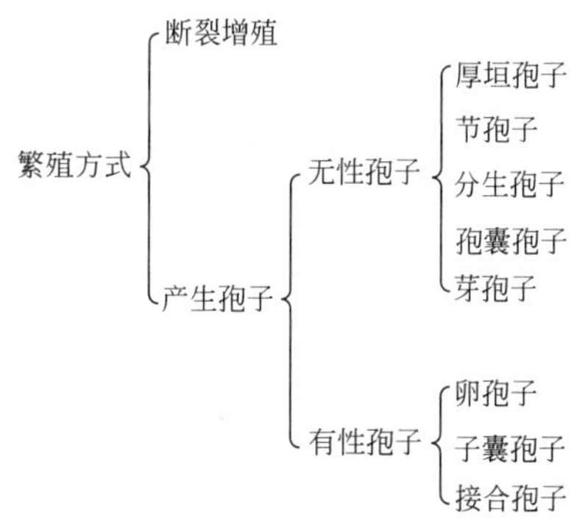

图 2-7　霉菌的繁殖方式

（1）无性孢子繁殖　霉菌的无性孢子繁殖主要是通过产生无性孢子的方式来实现的。无性孢子不经两性细胞的结合，仅由营养细胞的分裂或是营养菌丝的分化而形成。常见的无性孢子有：孢囊孢子、分生孢子、厚垣孢子、节孢子、芽孢子等（图 2-8）。

① 孢囊孢子　孢囊孢子又称孢子囊孢子，是一种内生孢子，形成于囊状结构的孢子囊中，故称为孢囊孢子。孢囊孢子为藻状菌纲的毛霉、根霉、犁头霉等所具有。孢囊孢子有两种类型，一种生有鞭毛、能游动的叫游动孢子，如绵霉属；另一种是不生鞭毛、不能游动的叫静孢子，如根霉属。孢囊及孢囊孢子的形成过程为：菌丝发育到一定阶段，气生菌丝的顶端细胞膨大成圆形、椭圆形或犁形孢子囊，然后膨大部分与菌丝间形成隔膜，囊内原生质形成许多原生质小团（每个小团内包含 1～2 个核），每一小团的周围形成一层壁，将原生质包围起来，形成孢囊孢子。孢子囊下方的菌丝叫孢子囊梗，孢子囊和孢子囊梗之间的横隔是突起的，使孢子囊梗伸入到孢子囊内部，把伸进孢子囊内的这一膨大部分称为囊轴。孢子囊成熟后破裂，散出孢囊孢子。该孢子遇适宜环境发芽，形成菌丝体。

② 分生孢子　分生孢子生于细胞外，是一种外生孢子，它是霉菌中最常见的一类无性孢子。分生孢子由菌丝顶端或分生孢子梗出芽或缢缩形成，其形状、大小、颜色、结构以及着生方式因菌种不同而异，如红曲霉和交链孢霉，其分生孢子着生在菌丝或其分枝的顶端，单生、成链或成簇，具有无明显分化的分生孢子梗；曲霉和青霉，具有明显分化的分生孢子梗，它们的分生孢子着生于分生孢子梗的顶端，壁较厚。

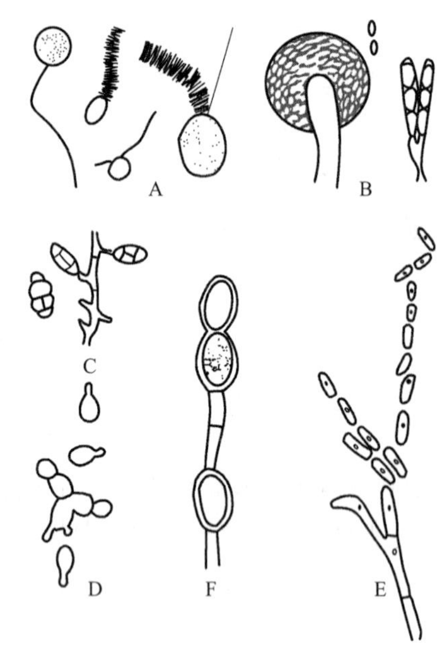

图 2-8 霉菌的无性孢子类型
A—游动孢子；B—孢囊孢子；C—分生孢子；D—芽孢子；E—节孢子；F—厚垣孢子

③ 厚垣孢子 厚垣孢子具有很厚的壁，因此又名厚壁孢子，为外生孢子。它是由菌丝顶端或中间的个别细胞膨大，原生质浓缩，变圆，细胞壁加厚形成的球形或纺锤形的结构。厚垣孢子是霉菌的休眠体，寿命较长，对外界环境有较强的抵抗力。霉菌菌丝死亡后，上面的厚垣孢子还活着，当所处环境适宜时，能萌发成菌丝。厚垣孢子的形态、大小和产生位置各种各样，常因霉菌种类不同而异，如总状毛霉往往在菌丝中间形成厚垣孢子。

④ 节孢子 节孢子也称粉孢子，是由菌丝断裂形成的外生孢子。当菌丝长到一定阶段，出现许多横隔膜，然后从横隔膜处断裂，产生许多孢子。孢子是成串的短柱状、筒状或两端钝圆的细胞。

⑤ 芽孢子 菌丝细胞像发芽一样产生小突起，再经过细胞壁紧缩而成为一种耐久体，形似球形。如毛霉、根霉在液体培养基中形成的酵母型细胞属芽孢子。

(2) 有性孢子繁殖 两个不同的性细胞结合而产生新个体的过程称为有性繁殖。霉菌的有性繁殖过程复杂且多变，一般可以分为以下三个阶段：第一个阶段是质配，就是指两个性细胞接触，其细胞质发生融合，使两核共存于一个细胞中，形成双核细胞，但两个核并不立刻结合，因此每个核的染色体数目仍然都是单倍的（即 $n+n$）；第二个阶段是核配，是指双核细胞中的两个核发生融合，形成二倍体接合子，核的染色体数目是双倍的（即 $2n$）；第三个阶段为减数分裂，是指核配后进行的减数分裂，使染色体数目减为单倍（即 n）。霉菌的有性孢子主要有卵孢子、接合孢子和子囊孢子。

① 卵孢子 卵孢子是由两个大小形状不同的配子囊结合后发育而成的有性孢子。其小型配子囊称为雄器，大型的配子囊称为藏卵器。藏卵器中原生质与雄器配合以前，往往收缩成一个或数个原生质小团，即卵球。雄器与藏卵器接触后，雄器生出一根小管刺入藏卵器，并将细胞核与细胞质输入到卵球内。受精后的卵球生出外壁，发育成双倍体的厚壁卵孢子（图 2-9）。

② 接合孢子 接合孢子是由菌丝生出形态相同或略有不同的配子囊接合而成。当两个邻近的菌丝相遇时，各自向对方生长出极短的侧支，称为原配子囊。两个原配子囊接触后，各自的顶端膨大，并形成横隔，融成一个细胞，称为配子囊。相接触的两个配子囊之间的横隔消失，细胞质和细胞核互相配合，同时外部形成厚壁，即为接合孢子。接合孢子主要分布在接合菌类中，如高大毛霉和黑根霉产生的有性孢子为接合孢子。接合孢子形成过程如图 2-10 所示。

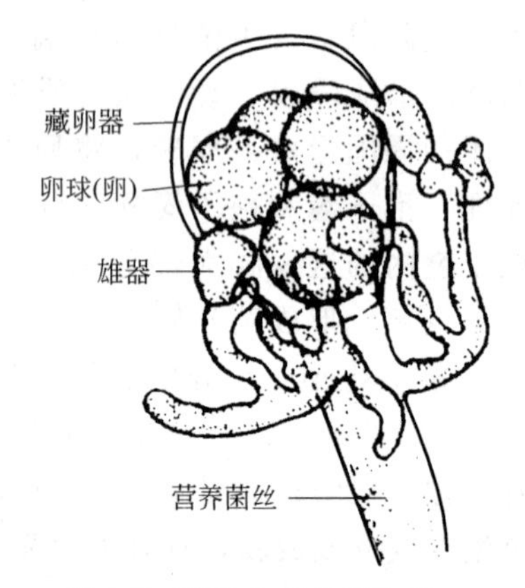

图 2-9 滨海水霉的卵孢子

根据产生接合孢子的菌丝来源或亲和力不同，真菌性细胞的接合可分为同宗配合和异宗配合。同宗配合是指菌体自身可孕，不需要别的菌体帮助而能独立进行有性生殖。当同一菌体的两根菌丝甚至同一菌丝的分支相互接触时，便可产生接合孢子。异宗配合则是指菌体自身不孕，需要借助别的可亲和菌体的不同交配型来进行有性生殖。即它需要两种不同菌系的菌丝相遇才能形成接合孢子。这两种不同菌系的菌体在形态、大小上一般无区别，但生理上有差别，常用“+”和“-”来表示。如果一种菌系或配子囊为“+”，那么，凡是能与之接合而形成接合孢子的另一菌系或配子囊为“-”。

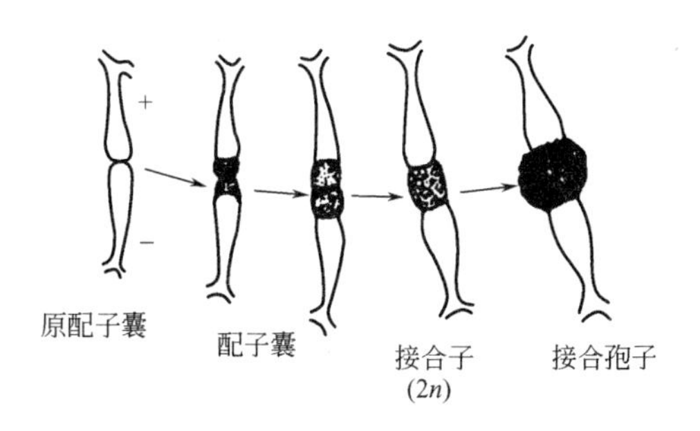

图 2-10 根霉接合孢子的发育过程

③ 子囊孢子 子囊孢子产生于子囊中。子囊是一种囊状结构，有圆球形、棒形或圆筒形，还有的为长方形。一个子囊内通常含有 2～8 个孢子。一般真菌产生子囊孢子的过程相当复杂，但是酵母菌有性过程产生的子囊孢子相对简单。大多数子囊包在由很多菌丝聚集而形成的特殊的子囊果中（图 2-11)。子囊孢子、子囊及子囊果的形态、大小、质地和颜色等随菌种而异，在分类上有重要意义。

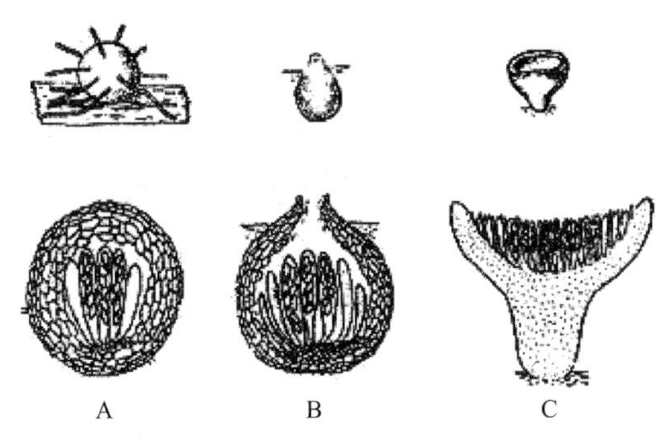

图 2-11 子囊果的类型

A—闭囊壳；B—子囊壳；C—子囊盘

(3) 霉菌的生活史 霉菌的生活史是指霉菌从一个孢子开始经过一定的生长发育，到最后又产生孢子的过程。它包括霉菌的无性世代和有性世代。无性世代就是指霉菌的菌丝在适宜条件下产生无性孢子，无性孢子又萌发成菌丝体的整个过程；有性世代就是指在霉菌生长的后期，菌丝形成配子囊，从而发生质配、核配形成双倍体的接合子细胞，接着发生减数分裂，形成单倍体孢子的整个过程。

2. 霉菌的菌落特征

霉菌的菌落有明显的特征，外观上观察霉菌的菌落较大，质地疏松，干燥，不透明，呈现或松或紧的蛛网状、绒毛状、棉絮状或毡状；霉菌的菌落与培养基的连接紧密，不易挑取，菌落正面与反面的颜色、构造以及边缘与中心的颜色、构造常不一致等。菌落的这些特征都是细胞特征在宏观上的反映。由于霉菌的细胞呈丝状，在固体培养基上生长时又有营养菌丝和气生菌丝的分化，所以霉菌的菌落与细菌或酵母菌不同，较接近放线菌。

菌落正反面颜色呈现明显差别，是因为气生菌丝分化出来的子实体和孢子的颜色，往往比深入在固体基质内的营养菌丝深；而菌落中心与边缘的颜色、结构不同的原因是越接近菌落中心的气生菌丝其生理年龄越大，故颜色比菌落边缘的气生菌丝要深。

在液体培养基中进行培养时，如果是静置培养，霉菌往往在表面上生长，液面上形成菌膜，而培养液不浑浊。如果是振荡培养，菌丝有时相互缠绕在一起形成菌丝球，菌丝球可能均匀地悬浮在培养液中或沉于培养液底部。

三、常见常用霉菌简介

1. 毛霉属

毛霉属是属于接合菌亚门的低等真菌，它的菌丝发达，像毛发一样很长，颜色是白色

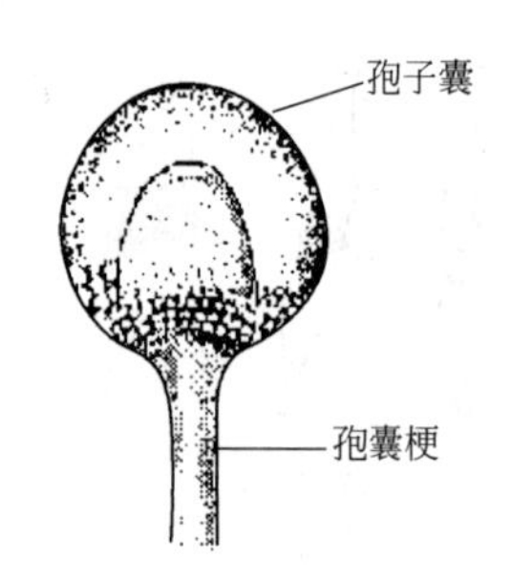

图 2-12 毛霉的形态示意图

的，所以称之为毛霉属。毛霉属的真菌菌丝是无隔菌丝且多核，为单细胞真菌。有性孢子是接合孢子，无性孢子是孢囊孢子。其代表菌种有高大毛霉、总状毛霉和梨形毛霉等（图 2-12）。

毛霉属的分布很广，一般在蔬菜、水果、土壤以及富含淀粉的食品上特别多，它会使各种食品、药品、纺织品、皮革等发霉变质。

毛霉的用途很广，能产生蛋白酶，具有很强的蛋白质分解能力，多用于制作腐乳、豆豉。有的可产生淀粉酶，把淀粉转化为糖。在工业上常用作糖化菌或生产淀粉酶。有些毛霉还能产生柠檬酸、草酸等有机酸，有的也可用于甾体转化。

2. 根霉属

根霉属的真菌和毛霉属相似，它们都属于接合菌纲毛霉目。根霉菌丝无隔膜且多核，白色，菌落多呈絮状。常分布于土壤、空气中，常见于淀粉食品上，可引起霉腐变质和水果、蔬菜的腐烂。也会引起食物、药品的发霉、变质。代表种有米根霉和黑根霉等。

根霉的应用很广，它能产生一些酶类，如淀粉酶、果胶酶、脂肪酶等，是生产这些酶类的菌种。在酿酒工业上常用作糖化菌；有些根霉还能产生乳酸、延胡索酸等有机酸；有的也可用于甾体转化。毛霉属和根霉属的形态特征比较见表 2-1。

表 2-1 毛霉属和根霉属的形态特征比较

特 征	毛 霉 属	根 霉 属
菌丝	一种(无匍匐枝和假根)	两种菌丝(匍匐枝和假根)
孢子囊梗着生部位	任何地方	只在假根和匍匐枝处
孢子囊梗的形状	长而纤细	短、粗、坚硬
孢囊孢子的飞散	不易	易随风飞散,常引起实验室污染
减数分裂	在接合孢子休眠期之前	在接合孢子发芽时

3. 曲霉属

多数属于子囊菌亚门，少数属于半知菌亚门。该属霉菌的菌丝发达，有分支，菌丝有隔膜，为多细胞真菌。它的无性孢子是分生孢子，分生孢子梗由特化了的厚壁而膨大的菌丝细胞（足细胞）上垂直生出；分生孢子头状如“菊花”。曲霉的分生孢子有绿、黄、棕、黑、白等各种颜色，它们的颜色具有重要的鉴别意义。曲霉广泛分布于土壤、空气和谷物上，可引起食物、谷物和果蔬的霉腐变质，有的可产生致癌性的黄曲霉毒素。其代表种有黑曲霉（图 2-13）、黄曲霉等。

曲霉是制酱、酿酒、制醋的主要菌种；也可以用于生产酶制剂（蛋白酶、淀粉酶、果胶酶等）；还可以用于生产有机酸（如柠檬酸、葡萄糖酸等）；同时曲霉在农业上可以用作生产糖化饲料的菌种。

4. 青霉属

多数属于子囊菌亚门，少数属于半知菌亚门。与曲霉类似，菌丝也是由有隔菌丝且多核的多细胞构成。但青霉无足细胞，分生孢子梗从基内菌丝或气生菌丝上生出，有横隔，顶端生有扫帚状的分生孢子头（图 2-14）。分生孢子多呈蓝绿色。扫帚枝有单轮、双轮和多轮，对称或不对称。青霉广泛分布于土壤、空气、粮食和水果上，可引起病害或霉腐变质。其代表菌有产黄青霉和展青霉等。

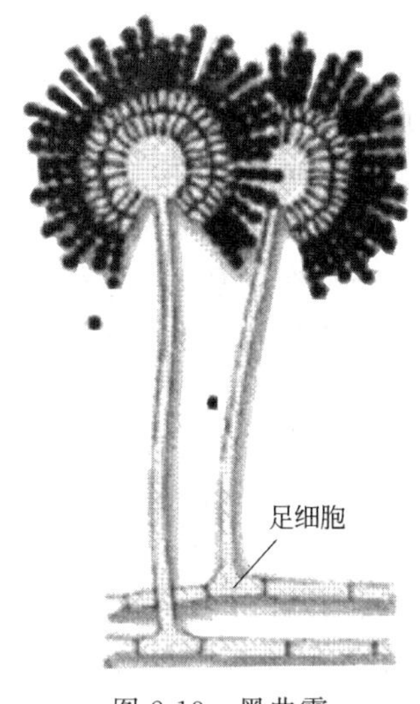

图 2-13　黑曲霉

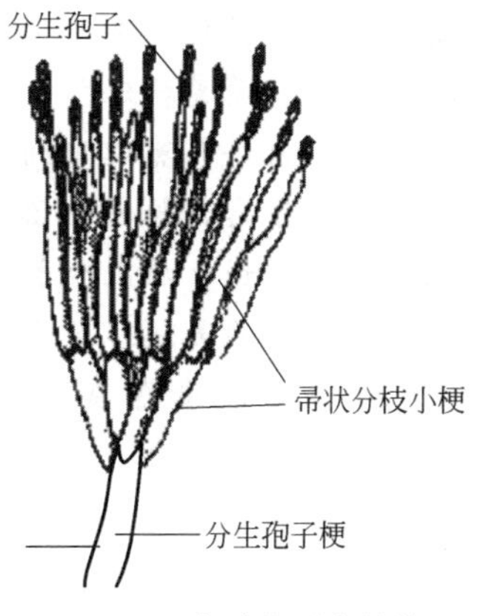

图 2-14　青霉的形态结构

青霉是生产抗生素的重要菌种，如产黄青霉和点青霉都能生产青霉素。青霉还可以用于生产有机酸，如葡萄糖酸、柠檬酸等。

5. 链孢霉属

链孢霉属又称红色面包霉，隶属子囊菌亚门。其菌丝透明，有分支，具隔膜，疏松呈网状，无色、白色或灰色。有气生菌丝，能产生分支，多呈黄色或橙红色、红色。链孢霉属种类多，主要有橙色链孢霉、粗糙链孢霉、好食链孢霉等。链孢霉多为腐生，有许多种是植物的病原菌。链孢霉菌在污染过程中靠气流传播，传播力极强，蔓延快，危害很大，一旦发生，难以治理，一般进行掩埋或焚烧。

6. 赤霉属

在真菌分类中属于核菌纲，球壳菌目，肉座霉科。其有性繁殖产生子囊和子囊孢子。子囊壳球状，光滑，呈蓝色。子囊长棒形，内含 8 枚子囊孢子，排列成两个不规则的行，子囊孢子直而狭长。

自然环境和人工培养条件下都很少产生有性世代，一般按其无性分生孢子世代进行鉴定，其菌落为棉絮状，白色或有色。菌丝有隔膜，分支，呈无色或有色。分生孢子梗分支或不分支。其无性世代产生的分生孢子有两种类型，一种为小型分生孢子，为单细胞，有圆形、卵形到长柱形。另一类型为大型分生孢子，由多个细胞组成，有隔膜，孢子呈镰刀形或长柱形。两种类型的孢子都在菌丝顶端串生或集聚成团，呈无色或有各种颜色。

赤霉属包括许多寄生植物的病原菌。有的赤霉可引起水稻秧苗的疯长，水稻秧苗变黄，瘦弱。因此，赤霉菌又叫水稻恶苗病菌。在研究这种病菌时发现，水稻秧苗的疯长是由于赤霉菌所产生的赤霉素的作用，赤霉素是赤霉菌的代谢产物，是一种激素，除能刺激植物生长以外，还能打破种子和块茎器官的休眠，对蔬菜，特别是叶菜类蔬菜的增产有一定的作用。

青霉素的发现

1928年9月的一天早晨，英国伦敦圣玛丽医院的细菌学家弗莱明像往常一样，来到了实验室。在实验室里一排排的架子上，整整齐齐排列着很多玻璃培养器皿，上面分别贴着的标签写着：链状球菌、葡萄状球菌、炭疽菌、大肠杆菌等。这些都是有毒的细菌，弗莱明来到架子前，逐个检查着培养器皿中细菌的变化。突然发现一个贴有葡萄状球菌标签的培养器里所盛放的培养基发了霉，长出一团青色的霉花。弗莱明仔细观察后，发现在青色霉菌的周围，有一小圈空白的区域，原来生长的葡萄状球菌消失了。又放到了显微镜下进行观察。结果发现，青霉菌附近的葡萄状球菌已经全部死去，只留下一点枯影。

弗莱明立即决定，把青霉菌放进培养基中培养。几天后，青霉菌明显繁殖起来。于是，他进行了试验：用一根线蘸上溶了水的葡萄状球菌，放到青霉菌的培养器中，几小时后，葡萄状球菌全部死亡。接着，他分别把带有白喉菌、肺炎菌、链状球菌、炭疽菌的线放进去，这些细菌也很快死亡。但是放入带有伤寒菌和大肠杆菌等的线，这几种细菌照样繁殖。

为了试验青霉菌对葡萄状球菌的杀灭能力有多大，弗莱明把青霉菌培养液加水稀释，先是一倍、两倍……最后以800倍水稀释，结果它对葡萄状球菌和肺炎菌的杀灭能力仍然存在。这是当时人类发现的最强有力的一种杀菌物质了。可是这种青霉菌液体对动物是否有害呢？弗莱明小心地把它注射进了兔子的血管，然后紧张地观察它们的反应，结果发现兔子安然无恙，没有任何异常反应。这证明这种青霉菌液体没有毒性。

1929年6月，弗莱明把他的发现写成论文发表。他进行了一番研究，证实这种绿色霉是杀菌的有效物质，他给这种物质起名叫青霉素。有了这个发现，人类又从死神的手里夺回许多的生命！

第三节 蕈　　菌

这类真菌的菌体大小约在（3～18）cm×（4～20）cm，个别的更大。大型真菌在分类上分属于子囊菌纲和担子菌纲，包括食用菌和药用菌，如蘑菇、木耳、灵芝等，其中多数是食用菌。食用菌中大约有90%属于担子菌，少数属于子囊菌。

一、子囊菌

在我国，子囊菌分别隶属于6个科，即麦角菌科、盘菌科、马鞍菌科、羊肚菌科、地菇科和块菌科。尽管子囊菌中的食用菌种类不多，但其中的一些种类却具有很高的研究和开发利用价值。如麦角菌科中的冬虫夏草是著名的补药，因其能补肾益肺、止血化痰、提高白细胞及人体免疫机能，故有极高的经济价值，售价已高达每千克干品1万余元。块菌科中的黑孢块菌、白块菌、夏块菌等种类，因其独特的食味和营养保健价值，在欧美被誉为“厨房里的钻石”、“地下的黄金”，在国际市场上的价格更是惊人，每千克鲜品高达2000～3000美元。在我国已陆续发现块菌科中的一些种类。羊肚菌科的许多种类如羊肚菌、尖顶羊肚菌等，都是十分美味可口的食用菌，多年来深受国际市场的青睐。地菇科的网孢地菇、瘤孢地菇也是鲜美可口的食用菌。

尽管子囊菌中的一些种类价值很高，但到目前为止还不能完全商业化地进行人工栽培。

广泛栽培的二十多种食用菌中，还没有一种属于子囊菌。因此，做好这些食用菌的野生驯化、半人工栽培及人工栽培具有十分重要的意义。

二、担子菌

担子菌为真菌门中最高等的一类。通常见到的绝大多数食用菌和药用菌都是担子菌。在我国它们隶属于40个科，大致可以分为四大类群，即耳类、非褶菌类、伞菌类和腹菌类。

1. 担子菌的特征

担子菌菌体均由分枝、有隔的菌丝组成。其主要特征是具有担子。担子是提供核配和减数分裂的构造，通过分裂常生出4个外生的担孢子（也有2个、6个、8个甚至更多的）。某些担子菌为同宗结合，但大多数为异宗结合。大多数担子菌的无性过程不发达甚或不发生。担子菌的子实体由菌丝组织形成。食用菌中的伞菌、多孔菌等都属于担子菌。

（1）担子菌的营养体　绝大多数担子菌有发达的菌丝体，并具桶状隔膜。在其生活史中可出现三种不同类型的菌丝。

① 初生菌丝　初生菌丝由担孢子萌发产生，初期是无隔多核，不久产生横隔将细胞核分开而成为单核菌丝。

② 次生菌丝　次生菌丝是由性别不同的两初生菌丝只进行质配而不进行核配所形成的双核菌丝。具有双核的次生菌丝细胞常以锁状联合的方式来增加细胞的个体。锁状联合的过程（图2-15）如下：双核细胞开始分裂之前，在两核之间生出一个钩状分枝；细胞中的一个核进入钩中，另一个仍留在细胞下部。两个核同时分裂，形成四个核。分裂后，钩状突起中的两个核的一个仍留在钩中，另一核进入菌丝细胞前端。而原来留在菌丝细胞中的核分裂后，一核向前移，另一核留在后面。钩向下弯曲与原来的细胞融合壁接触，接触的地方壁溶化而沟通，同时在钩的基部产生一个隔膜。最后钩中的核向下移，在钩的垂直方向产生一个隔膜，一个细胞分成两个细胞。每一个细胞具有双核，锁状联合完成。次生菌丝占据生活史的大部分时期。它常可形成菌索、菌核等结构。

③ 三生菌丝　三生菌丝是次生菌丝特化形成的。特化后的三生菌丝形成各种子实体。

（2）担孢子的形成过程　子实体的双核菌丝发展到一定时期，顶端细胞膨大。在膨大的顶细胞内，两核结合，形成一个二倍体核，此核经过二次分裂，其中一次为减数分裂，产生四个单倍体的子核，这时顶细胞膨大变成担子。然后担子生出四个小梗，小梗顶端稍微膨大，四个小核分别各自进入四个小梗内，此后每核发育成一个孢子，即担孢子（图2-16）。

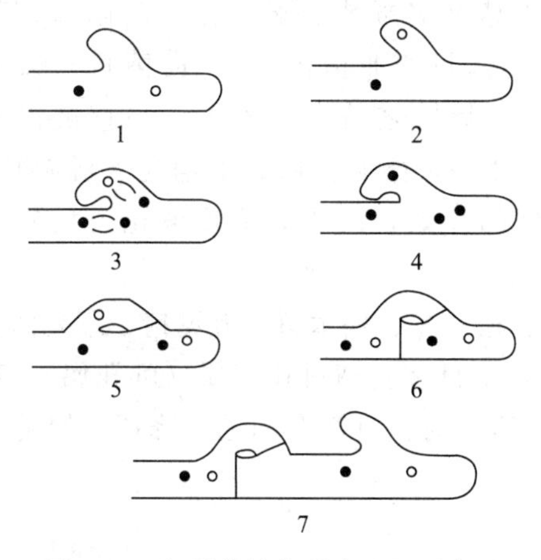

图2-15　担子菌锁状联合过程示意图

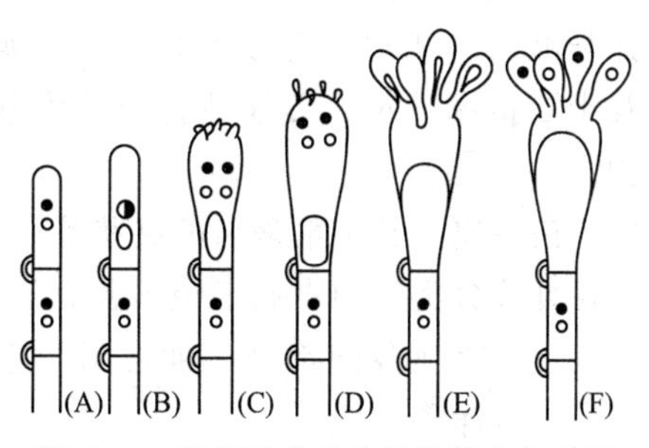

图2-16　担子形成的连续阶段和担孢子

2. 常见种类

(1) 木耳属 木耳属的担子果呈杯状、耳状或叶状，全部为胶质或仅子实层为胶质。子实层平滑，有皱褶或网格。担子圆柱形，有3个横隔，将担子隔成4个细胞，每个细胞上产生一个小梗，小梗上生担孢子。

本属在我国最常见的是木耳，亦即黑木耳。黑木耳是一种营养丰富的食用菌，并且还有药用价值，是保健食品。黑木耳在我国的分布很广，北自黑龙江，南到海南岛，西自甘肃，东至福建和台湾都可生长和栽培。

黑木耳是一种木材腐朽菌，能分解纤维素和木质素。由于它是一种腐生性很强的真菌，故只在死了的木头上才能生长、吸取养分。

(2) 银耳属 银耳属最常见的是银耳，其子实体为胶质，纯白色半透明，光滑富有弹性。耳基鹅黄色，耳片由5～14枚薄而波曲的瓣片组成，呈鸡冠状，大小不一。

(3) 蘑菇属 蘑菇属的菌盖肉质，菌盖腹面有辐射状的菌褶，在菌褶内形成担子和担孢子。菌柄肉质，容易与菌盖分离开，有菌环。孢子卵圆形或椭圆形。本属有几十个种，生于田野和林中土壤，大部分的种可食用，少数有毒。最普遍的栽培种是洋蘑菇(双孢蘑菇)。

(4) 香菇属 香菇属的担子果木生，半肉质至革质，坚韧，干时收缩，湿润时恢复原状。菌盖不规则，菌柄偏生或近中生。本属经济价值最大的为香菇，子实体单生、丛生或群生。菌盖直径4～15cm，早期呈扁半球形，后逐渐平展，淡褐色、茶褐色至深褐色，常有淡褐色或褐色鳞片，呈辐射状排列，有时有菊花状龟裂露出菌肉。菌盖边缘初期内卷，后渐伸展，幼时菌盖边缘有白色至淡褐色的菌膜，后逐渐消失，以小薄片残留于盖缘。菌肉白色，质韧，干后有特殊香味。菌褶白色，基部与柄相连，孢子无色，光滑。菌柄中生或偏生。

(5) 灵芝属 灵芝属的担子果一年生或多年生，木质或木栓质，有柄或无柄。菌盖表面有坚硬的皮壳，它的柄或菌盖从下端到上端都覆盖着一层坚硬的像漆一样有光泽的物质。菌盖腹面多管孔，管孔内生担子和担孢子。本属真菌是分解纤维素、木质素能力较强的一类真菌，在各种阔叶树林、针阔叶混交林的腐木上或木桩上可以找到。有的种类是重要药材，如灵芝、紫芝等，用于临床治疗神经衰弱、冠心病、老年慢性支气管炎等。

(6) 猴头菌属 其中最著名的是猴头菇。猴头菇又名猴头、猴头菌、阴阳蘑、刺猬菌，隶属于真菌门中的担子菌亚门、层菌纲、多孔菌目（非褶菌目）、齿菌科（猴头菌科）、猴头菌属。野生猴头菇数量较少，因此在人工栽培之前十分珍贵，一直被视为珍品，并与燕窝、熊掌、海参齐名。其子实体味甘、性平，能利五脏、助消化、滋补抗癌，对胃及十二指肠溃疡、萎缩性胃炎等疾病均有较好的疗效，已成为治疗消化道疾病的主要药物之一。

(7) 茯苓属 其中最著名的是茯苓，又名玉苓、松茯苓、松木薯、万灵精、不死曲、茯龟等，在真菌分类学中隶属于担子菌亚门层菌纲多孔菌目多孔菌科茯苓属（卧孔属）。茯苓在我国以及东南亚各国都是一种常用的重要药材，其浸剂、煎剂有利尿、降压、镇静、健脾、安神、生津等功能。

抗癌真菌研究开发新进展

真菌为大自然中的一大类群，属于低等植物（与藻类、地衣同属一类）。自然界的真菌种类极其繁多，其中担子菌科的一些腐生菌为人们熟知的食物（如香蕈、蘑菇、金针菇、竹荪、猴头菇、银耳与茯苓等）。过去20年来，国内外学者对真菌的药用价值进行了深入研究并开发出一大批真菌类药物与保健品，其中来自真菌的抗癌剂尤其令人注目。

据研究，香菇等真菌普遍含有多糖类物质。在灵芝等木质化真菌中多糖含量竟占其干重的30%左右。含多糖最多的“巨大锐孔菌”含量高达38%。真菌所含的多糖大多属于$\beta(1\rightarrow3)$与$\beta(1\rightarrow6)$两种链状葡萄糖分子结构。动物实验证实，真菌所含的多糖具有出色的抑癌作用。

猴菇菌（旧称“猴头菌”）是一种美味可口的食用真菌。早在40年前日本学者即已发现：猴菇菌具有出色的抗胃癌作用。不久前日本学者从猴菇菌提取物中分离出两种酚类物质（即“猴菇酮A”与“猴菇酮B”）。试管实验表明，只要加入极微量（几十微克每毫升）的这两种猴菇菌提取物即可令胃癌细胞停止生长。香菇多糖则是主要通过刺激人体免疫系统分泌γ干扰素而达到抗癌、抑癌的效果。灵芝在中国有着悠久的药用历史。据日本、美国两国学者研究，灵芝醇提取物中的三萜类物质可阻止癌细胞的转移（防扩散作用），故今后灵芝可望开发成为抗肿瘤新药。帝王蘑系一种个体硕大的食用菌，主要分布在巴西共和国的原始林区。科学研究表明，帝王蘑所含的多糖物质，其结构不同于香菇多糖和灵芝多糖之类已知多糖。将少量帝王蘑提取物注入实验鼠腹膜内可抑制癌细胞的生长，提示该产品可望开发成为抗癌（尤其肝癌）新药。

真菌在我国有着悠久的药用史（如灵芝、茯苓、云芝、猪苓、冬虫夏草和马勃等均为常用中药材），加速开发真菌类提取物抗癌新制剂意义重大，市场前景广阔。

本章小结

1. 酵母菌是单细胞真菌，一般呈卵圆形、圆形、圆柱形或柠檬形。细胞结构包括细胞壁、细胞膜、细胞质、细胞核以及细胞器等。繁殖方式可分为两大类：无性繁殖和有性繁殖。无性繁殖包括芽殖和裂殖；有性繁殖主要是产生子囊孢子。属于腐生型微生物，可用于发酵工业生产食品、单细胞蛋白、食品添加剂、核酸等。工业上常用的酵母有啤酒酵母、热带假丝酵母、毕赤酵母、异常汉逊酵母等。

2. 霉菌是丝状真菌，细胞构造和酵母菌相似。菌丝有的有隔膜，有的无隔膜。菌丝可分为营养菌丝、气生菌丝和繁殖菌丝，还可以形成各种特化的构造。无性繁殖主要是产生孢囊孢子、分生孢子、厚垣孢子、节孢子等；有性孢子主要有卵孢子、接合孢子、子囊孢子。工业上常用的霉菌主要有毛霉、根霉、曲霉、青霉、木霉、白地霉等。

3. 食用菌都属大型真菌，主要包括担子菌和子囊菌中的一些种类。食用菌中大约有90%属于担子菌，少数属于子囊菌。

复习思考题

一、名词解释

霉菌　蕈菌　假根　子实体　吸器

二、问答题

1. 什么是真菌？其有何特点？
2. 试述酵母菌的主要结构特征。
3. 试比较酵母菌和霉菌的菌落特征。
4. 简述酵母的繁殖方式。
5. 放线菌与霉菌都属于丝状微生物，请问如何区分放线菌与霉菌？
6. 霉菌有哪几种无性孢子？有哪几种有性孢子？
7. 举例说明工业上常用的酵母与霉菌。
8. 常见的食用菌和药用菌有哪些种类？

第三章　病毒和亚病毒

学习目标

1. 了解病毒的发现和研究历史。
2. 掌握病毒的特征和分类。
3. 掌握病毒的特殊繁殖过程。
4. 掌握亚病毒的种类特征。
5. 了解病毒的危害和应用。

非细胞生物包括病毒和亚病毒，它们的发现比细胞生物要晚得多，而且人类认识病毒和亚病毒往往是从它们的致病性开始的。

1892 年，俄国学者伊万诺夫斯基首次发现烟草花叶病的感染因子能够通过细菌滤器，病叶汁液的滤过液能感染健康烟草发病。1898 年，荷兰生物学家贝依林克进一步发现可以用酒精将烟草花叶病的致病因子从悬液中沉淀下来而不失去其感染力，而且能够在琼脂凝胶中扩散，但用培养细菌的方法却培养不出来。贝依林克给这种致病因子起名为"病毒"，随后其他一些可通过细菌滤器的致病因子被陆续分离出来，人们便称之为"滤过性病毒"。1935 年，美国生物学家斯坦莱从烟草花叶病病叶中提取出了病毒结晶，并证实该结晶具有致病力。斯坦莱也因此而荣获诺贝尔奖。随后鲍顿和皮里证明了病毒含蛋白质和核酸两种成分，而且只有核酸具复制和感染能力。

1971 年，Diener 发现了一种只含小分子量 RNA 而不含蛋白质的类病毒，说明自然界中存在着比病毒更简单的致病因子。1981～1983 年，又发现在四种多面体 RNA 病毒颗粒中伴随存在一种与类病毒相似的 RNA 分子，其复制和衣壳化都需要依赖于辅助病毒，被称为卫星病毒或拟病毒。1982 年，Prusiner 发现引起羊瘙痒病的病原体是一种分子量约为 27kDa 的蛋白质（不包含核酸），称为朊病毒。类病毒、拟病毒、朊病毒的发现，极大地丰富了非细胞生物的内容，也使人们对非细胞生物的本质又有了新的认识。

第一节　病　　毒

一、病毒的特征

病毒是一类超显微的、结构极其简单的、专性活细胞内寄生、在活体外能以无生命的化学大分子状态长期存在并保持其侵染活性的非细胞生物。与其他生物相比，病毒具有以下几个重要的基本特征：①形体微小（超显微结构）；②缺乏细胞结构；③主要成分为蛋白质和核酸（DNA 或 RNA）；④特殊的繁殖方式；⑤缺乏完整的酶和能量系统；⑥绝对寄生；⑦体外以化学大分子存在；⑧对抗生素不敏感，但对干扰素敏感。

二、病毒的形态结构

1. 病毒的形态

病毒的形态大小是病毒分类鉴定的标准之一。其形态多种多样，有球形、卵圆形、砖形、杆状、丝状、蝌蚪状、子弹状等（图 3-1）。病毒的形态大致可分为 5 类：①球形或近球形，人、真菌或动物病毒多为球形，如腺病毒、脊髓灰质炎病毒等。②杆状或丝状，许多植物病毒多呈杆状，如烟草花叶病毒、苜蓿花叶病毒呈直杆状。③砖形，常见大病毒如痘病毒、天花病毒等。④子弹状，如植物弹状病毒、水泡性口膜炎病毒、狂犬病毒等。⑤蝌蚪形，为大多数噬菌体的典型形态，如T偶数噬菌体。

测量病毒大小的单位是纳米（nm）。各种病毒的大小相差很大（图3-2），小的病毒如口蹄疫病毒直径约为22nm，其大小与血红素蛋白质分子接近；大的病毒如痘病毒有300nm×250nm；大多数病毒的直径在150nm以下。

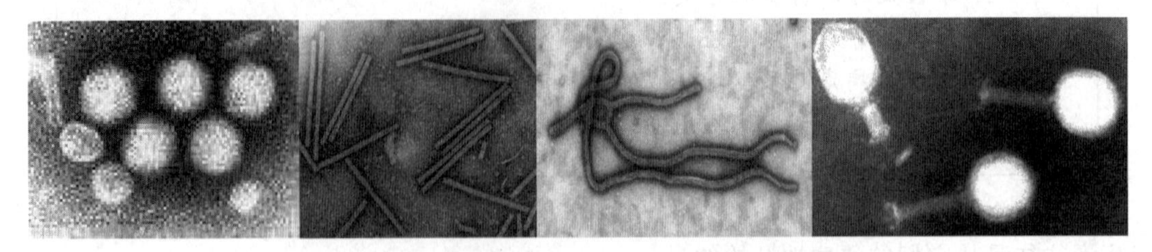

图3-1 病毒的形态（球状、杆状、丝状、子弹状）

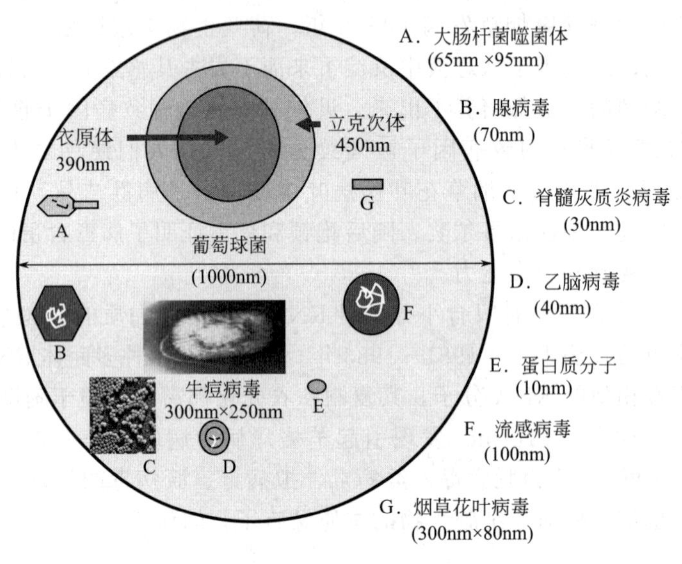

图3-2 病毒的大小

2．病毒的结构

病毒粒子是指一个结构和功能完整的病毒颗粒。病毒粒子主要由核酸和蛋白质组成，核酸位于病毒粒子的中心，构成了它的核心；蛋白质包围在核心周围，构成了病毒粒子的衣壳。核心和衣壳合称为核衣壳，构成了病毒的基本结构。最简单的病毒就是裸露的核壳体，有些较为复杂的病毒还具有包膜、刺突等辅助结构（图3-3）。

病毒粒子的基本化学成分是核酸和蛋白质，有的病毒还具有脂类、糖类等其他成分。

（1）病毒的核心　病毒的核心是病毒粒子的内部中心结构。核心内有单链或双链的核酸（DNA或RNA），还有少量功能蛋白质（病毒核酸多聚酶和转录酶）。其共同特点是任何一种病毒粒子核心内只含有一种类型的核酸，即DNA或RNA。DNA或RNA构成病毒的基因组，携带着病毒的全部遗传信息，决定着病毒的遗传特性。

（2）病毒的衣壳　病毒的衣壳是包围在病毒核心外面的一层蛋白质结构，由一定数量的蛋白质亚单位（衣壳粒）按一定排列程序组合而成，彼此呈对称型排列。衣壳不仅能保护核

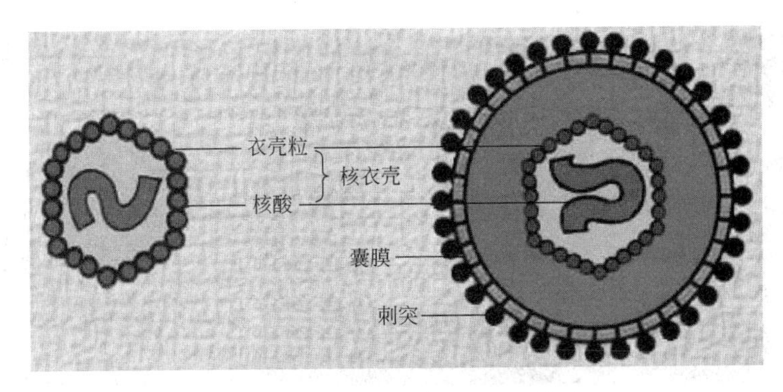

图 3-3 病毒粒子的结构断面（模式）

左：无包膜的病毒粒子；右：带包膜病毒粒子

心内的病毒核酸免受外界环境中不良因素（如 DNA 酶和 RNA 酶）的破坏，还对宿主细胞具有特别的亲和力，同时又是该病毒的特异性抗原。

3. 病毒的对称性

由于衣壳粒排列组合的方式不同，使病毒粒子呈现出不同的构型和形状。

（1）螺旋对称 这类病毒的衣壳粒和核酸呈螺旋对称排列，衣壳形似一中空柱。螺旋对称病毒的典型代表为烟草花叶病毒，在病毒学发展史上有其独特的地位，是发现最早、研究最深入和了解最清楚的一种病毒。

如图 3-4 所示，单股 RNA 分子位于由螺旋状排列的衣壳所组成的沟槽中，完整的病毒粒子呈杆状，长约 300nm，直径 18nm，由 2130 个完全相同的呈皮鞋状的蛋白亚基（衣壳粒）组成 130 个螺旋，每圈螺旋有 49 个氨基酸，螺距为 2.3nm。衣壳蛋白占 95%，ssRNA 占 5%。

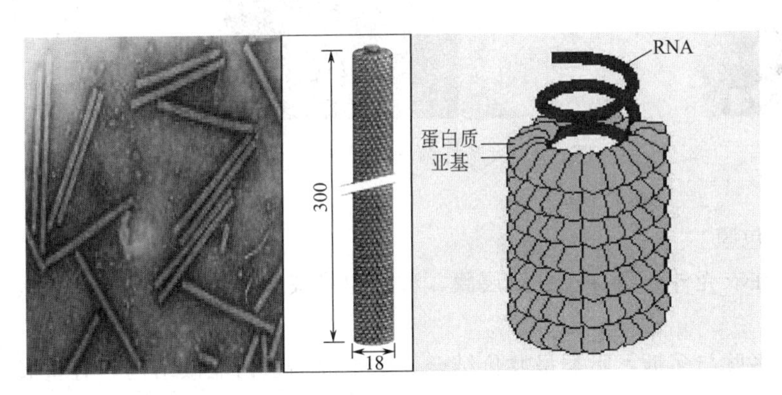

图 3-4 烟草花叶病毒的形态构造（单位：nm）

（2）多面体对称型 这类病毒的核衣壳是由不同数量的衣壳粒按一定方式排列成的对称体。这些衣壳粒，最常见的多面体是二十面体，它由 12 个顶角、20 个面（等边三角形）和 30 条棱组成。由于多面体的角很多，看起来像个圆球，所以有时也称球状病毒。

二十面体对称病毒的典型代表是腺病毒，如图 3-5 所示，没有包膜，在其顶角上突出一根末端带有顶球的蛋白纤维，即刺突。

（3）复合对称型 这类病毒的衣壳是由两种结构组成的，既有螺旋对称部分，又有多面体对称部分，故称复合对称。如蝌蚪状的大肠杆菌 T_4 噬菌体即为复合对称的典型代表。

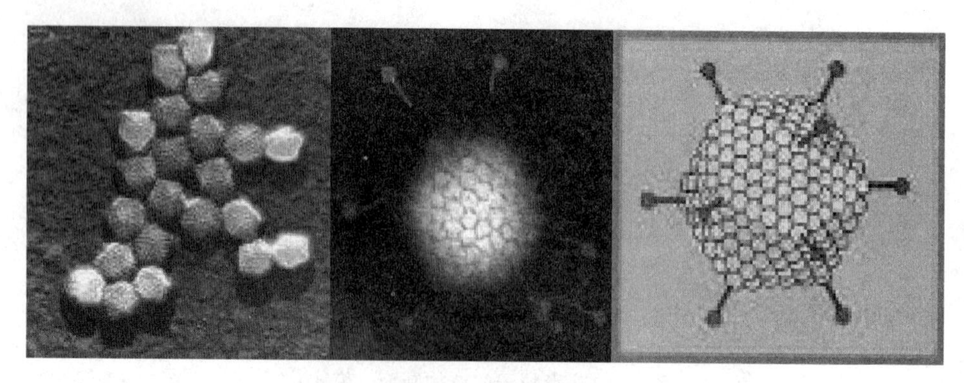

图 3-5 腺病毒模式图

如图 3-6 所示，T_4噬菌体由头、颈和尾三部分构成。头部是二十面体对称，头部内的核心是线状双链 DNA；头尾相连处为颈部，有 6 根颈须自盘状的颈环上发出，其功能是裹住吸附前的尾丝；尾部是螺旋对称，外围是尾鞘，中为一空髓，尾部的基板（基片）与颈环一样，由六角形盘状物构成，中空，其上着生尾丝和刺突，尾部的作用是附着到宿主细胞，利用尾部所具有的特异性酶，穿破细胞壁，注入噬菌体核酸。

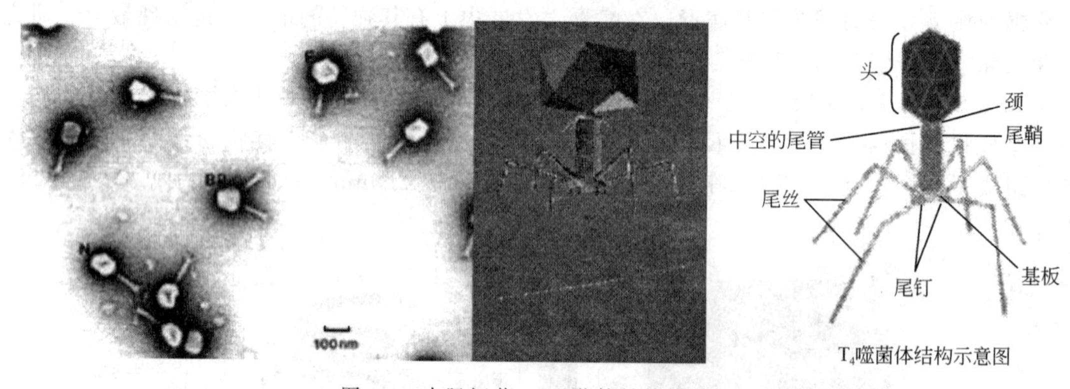

图 3-6 大肠杆菌 T_4 噬菌体结构模式图

4．病毒的包膜

有些病毒在衣壳外面附有一种双层膜，称为包膜或囊膜，其主要成分为蛋白质、多糖和脂类。

包膜上的多肽与多糖、脂类呈共价结合，常组成糖蛋白亚微结构。有些嵌附在脂质层中向外突出，称为包膜粒。另外，有某些病毒，例如腺病毒，在病毒体外壳二十面体的各个顶角上有触须样纤维突起，顶端膨大，它能凝集某些动物的红细胞和毒害宿主细胞。这些突起与病毒的包膜粒一起称做刺突。

病毒的包膜具有维系病毒粒结构，保护病毒核衣壳的作用。特别是病毒的包膜糖蛋白，具有多种生物学活性，与病毒的吸附和穿入宿主细胞有关。

三、病毒的分类及其繁殖方式

病毒的分类方法很多，在早期分类中，由于病毒的专性寄生，常侧重于按宿主范围、传播方式和致病性来命名或分类，将病毒分为动物病毒、植物病毒和细菌病毒（噬菌体）三大类，这种分类方法有其实用性，从而沿用至今。随着电镜技术的发展以及分离、提纯病毒新方法的应用，逐渐转向对病毒本身的结构特征、化学组成进行研究，使病毒的分类朝着自然系统的方向发展。目前病毒分类的依据主要有：①基因组的性质与结构；②衣壳对称性；③有无包膜；④病毒粒子的大小、形状；⑤对理化因素的敏感性；⑥病毒脂类、碳水化合物、结构蛋白和非结构蛋白的特征；⑦抗原性等。

为了实际的应用和介绍的方便，在此仅以宿主范围将病毒分为动物病毒、植物病毒和微生物病毒三大类。

1. 植物病毒

植物病毒种类繁多，大多是单链 RNA 病毒。其基本形态有三种类型：杆状、线状或近球形的多面体，少数病毒有包膜。

昆虫是植物病毒在自然条件下进行传播的主要媒介，有的病毒是通过带病植株的汁液接触无病植株伤口而感染，有的则通过嫁接传染。

2. 动物病毒

(1) 脊椎动物病毒　脊椎动物病毒由于寄生于人体和其他脊椎动物细胞内，常引起人和动物多种疾病，其危害程度远远超过其他微生物引起的传染病。

(2) 昆虫病毒　无脊椎动物病毒主要在昆虫中发现，大多数昆虫病毒可在宿主细胞内形成包涵体，根据包涵体的有无及包涵体在细胞中的位置、形状，一般将昆虫病毒分为以下四类。

① 核型多角体病毒　该类病毒粒子呈杆状，在宿主细胞核内增殖，具有蛋白质包涵体。其在昆虫病毒中的数量是最多的。

② 质型多角体病毒　该类病毒粒子呈球状，在细胞质内增殖，具有蛋白质包涵体。主要在昆虫肠道中增殖，昆虫感染后不能取食，因饥饿而萎缩。家蚕细胞的质型多角体病毒为该类病毒的典型代表。利用此类病毒防治松毛虫取得了较好的效果。

③ 颗粒体病毒　该类病毒粒子呈杆状，具有蛋白质包涵体，每个包涵体内一般仅含一个病毒粒子，颗粒体多为圆形、椭圆形。其主要感染鳞翅目昆虫的真皮、脂肪组织及血细胞等。

④ 无包涵体病毒　该类病毒粒子呈球状，不形成包涵体，宿主范围广泛。

3. 动植物病毒繁殖

动植物病毒的复制周期为：吸附、侵入、脱壳、生物合成和装配与释放。

(1) 吸附　即病毒粒子与敏感细胞表面特异性受体的接触、结合，分两类：

① 可逆吸附：是由随机碰撞、布朗运动、静电引力引起。

② 不可逆吸附：病毒粒子与敏感细胞表面特异性的化学组分形成牢固的结合，病毒体结构随之发生改变，则吸附病毒不再感染。

(2) 侵入

① 动物病毒

a. 内吞作用：吞入的病毒在吞噬小泡中与溶酶体结合后释放。

b. 受体介导的内吞作用：受体与病毒（脊髓灰质炎病毒）多价的相互作用引起病毒结构变化，病毒直接穿入，又称为移位。

c. 与细胞膜融合：由包膜病毒具有的细胞融合活性的包膜糖蛋白介导，核衣壳进入。

② 植物病毒

a. 携带病毒的介体在植物上取食（具吸吮口器的昆虫）。

b. 自然或人为地造成植物细胞壁破损（如摩擦接种）。

c. 经植物细胞的胞外连丝进入，增殖后经胞间连丝扩散。

(3) 脱壳　多为受体介导，温度为 35～38℃时，在宿主细胞水解酶和热裂解酶作用下，于细胞质内完成。有 4 种情况：

① 经溶酶体酶的作用脱壳，如包膜病毒和内吞进入的病毒；

② 病毒自己合成脱壳酶脱壳，如痘苗病毒；

③ 对蛋白酶敏感脱壳，如壳体变形破损的病毒；

④ 个别病毒不完全脱壳，如呼肠孤病毒。

(4) 生物合成　利用宿主的 RNA 聚合酶合成病毒 mRNA，再在细胞质中进行转译并合成蛋白质。病毒生物合成是分期进行的：病毒基因组早期基因的表达，病毒基因组的复制，病毒基因组晚期基因的表达。

(5) 装配与释放　在释放过程中有三种情况：有包膜 DNA 病毒，有包膜 RNA 病毒，无包膜病毒。

4. 微生物病毒

病毒还可寄生于细菌、真菌、单细胞藻类等细胞体内，其中细菌病毒和放线菌病毒称为噬菌体，即原核生物病毒，包括噬细菌体、噬放线菌体和噬蓝细菌体等。噬菌体具有其他病毒的共同特性：体积小，结构简单，有严格的寄生性，必须在活的易感宿主细胞内增殖。噬菌体分布广、种类多，目前已成为研究分子生物学的一种重要实验工具。

(1) 噬菌体的繁殖　噬菌体的繁殖和其他病毒的增殖过程一样，是病毒基因组在宿主细胞内复制与表达的结果，它完全不同于其他微生物的繁殖方式，又称为病毒的复制。病毒由于缺乏完整的酶系统，不能单独进行物质代谢，必须在易感的活细胞中寄生。由宿主细胞提供病毒合成的原料、能量和场所。噬菌体的繁殖一般可分为五个阶段，即吸附、侵入、增殖、装配和释放。现以 T_4 噬菌体为例介绍其增殖过程。

① 吸附　吸附是噬菌体的吸附器官与受体细胞的特殊位点的接触与结合，是噬菌体感染宿主细胞的第一步，具有高度的专一性。当噬菌体由于随机碰撞或布朗运动与宿主细胞表面接触时，尾丝的尖端附着在受体上，从而使刺突、基板固着于细胞表面（图 3-7）。

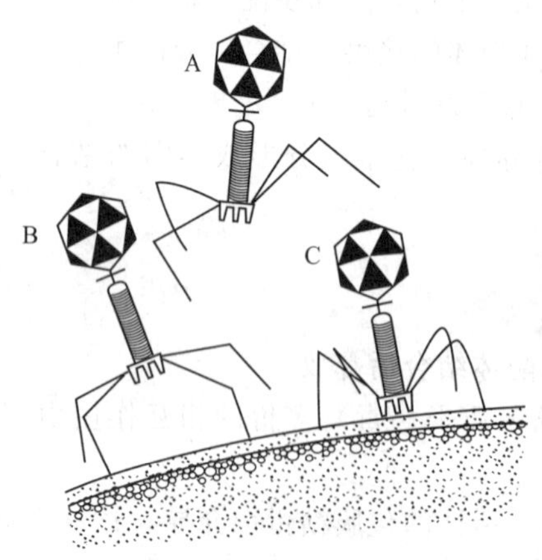

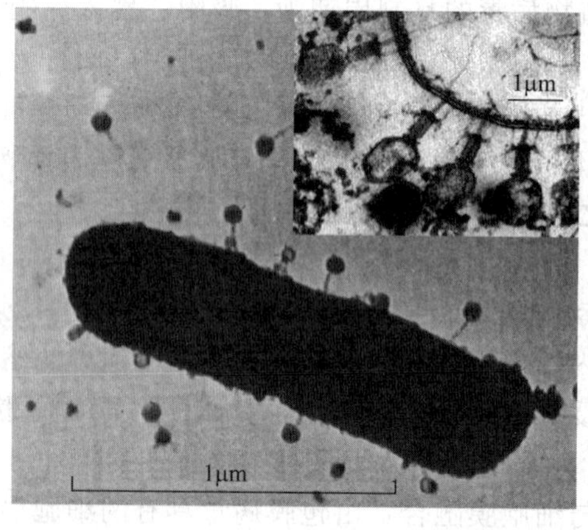

图 3-7　T_4 噬菌体的吸附过程图解

该过程受许多内外因素的影响，如噬菌体的数量、阳离子、辅助因子、pH 值、温度等。工业生产中可利用这些因子对吸附的促进作用和抑制作用来防止噬菌体的污染。

② 侵入　噬菌体核酸物质进入受体细胞的过程即侵入。吸附在易感细胞上的噬菌体，尾鞘中的亚基发生移位，引起收缩。尾髓端携带的溶菌酶将局部细胞壁中的肽聚糖溶解，头部的核酸注入到宿主细胞中，而将蛋白质衣壳留在细胞壁外（图 3-8）。不同病毒从吸附到脱壳所需的时间从数分钟到数小时不等。

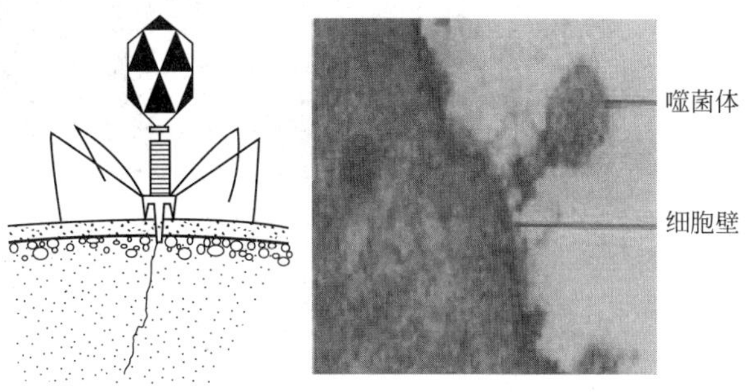

图 3-8　T_4 噬菌体的侵入过程图解

③ 增殖　噬菌体的增殖过程包括核酸的复制和蛋白质的生物合成。噬菌体进入宿主细胞后，经过“适应”、“调整”后便利用宿主细胞内的各种氨基酸、核糖体、tRNA、ATP、酶等，按照病毒的“指令”，首先转录出噬菌体自己的 mRNA，然后再合成大量的子代噬菌体所必需的核酸和蛋白质。

④ 装配　子代噬菌体所需的核酸和蛋白质合成完成以后，便进入装配阶段。在大肠杆菌 T_4 噬菌体装配过程中，约有 30 个不同的蛋白质和不少于 47 个基因参与。其过程如图 3-9 所示：a. DNA 分子缩合，衣壳包裹形成头部；b. 尾丝与尾部其他部件独立装配完成；c. 头尾结合；d. 装配尾丝。装配完毕，就形成了一个新的病毒粒子。

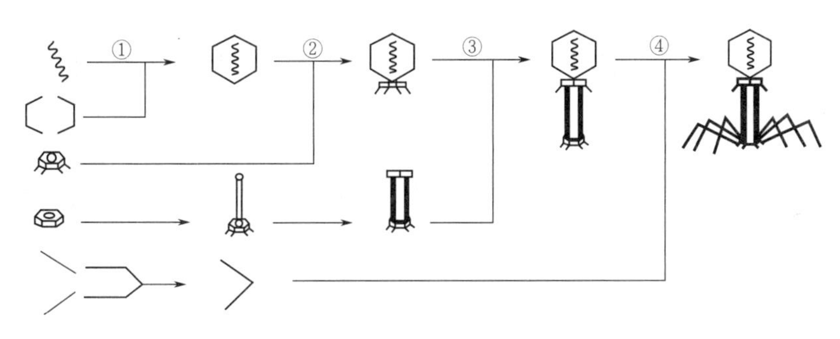

图 3-9　噬菌体的装配过程图解

⑤ 释放　当细胞内大量子代噬菌体成熟后，使得细胞内的机械压力增大，又由于溶菌酶的作用，促进了细胞的裂解，从而被释放出来。如图 3-10 所示。

(2) 烈性噬菌体和温和性噬菌体　噬菌体感染细菌后可产生两种后果：其一是裂解细菌，完成溶菌周期；其二是细菌感染了噬菌体后两者建立溶源状态。

① 烈性噬菌体　凡能在敏感细菌中增殖并使之裂解的噬菌体，称烈性噬菌体。从噬菌体侵入细菌开始到引起菌体裂解并释放子代噬菌体，为一个增殖周期，一般需 15～20min。

定量描述烈性噬菌体增殖规律的实验曲线是一步生长曲线（图 3-11），一步生长曲线包括以下三个重要阶段：

a. 潜伏期　指噬菌体的核酸侵入宿主细胞后至第一个噬菌体粒子装配前的一段时间，故整段潜伏期中没有一个成熟的噬菌体粒子从细胞中释放出来。潜伏期又可分为两段：隐晦期和胞内累积期。在隐晦期后，噬菌体开始装配，在电镜下可观察到已初步装配好的噬菌体粒子。

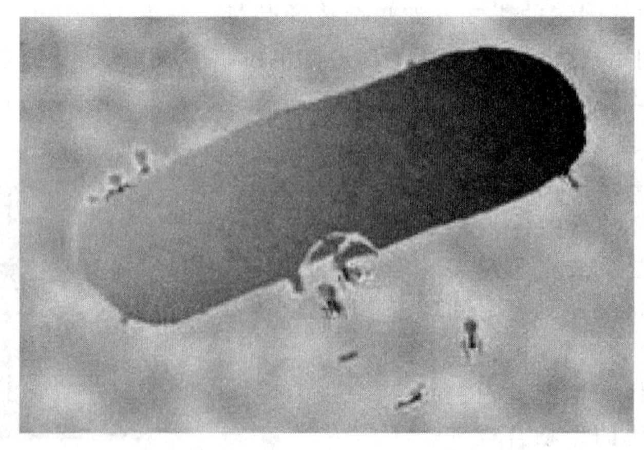

图 3-10 噬菌体的释放过程

b. 裂解期 紧接在潜伏期后，宿主细胞迅速裂解、溶液中噬菌体粒子急剧增多的一段时间。噬菌体或其他病毒因没有个体生长，再加上其宿主细胞裂解的突发性，因此从理论上分析，裂解期应是瞬时的，但事实上因为细菌群体中各个细胞的裂解不可能是同步的，故实际的裂解期较长。

c. 平台期 指感染后的宿主已全部裂解，溶液中噬菌体效价达到最高点后的时期。

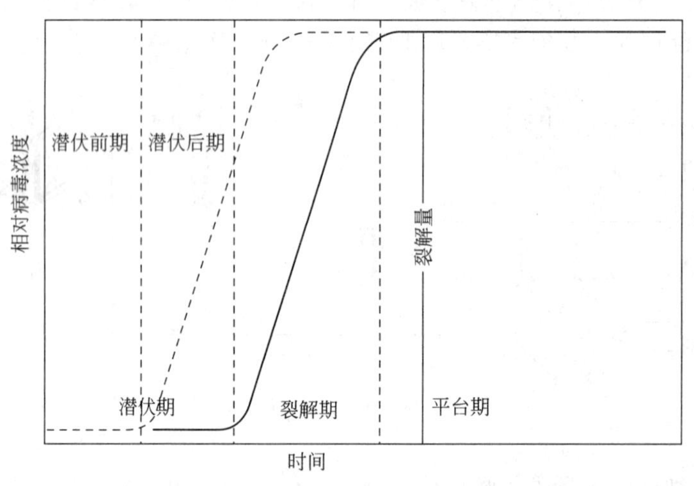

图 3-11 T_4噬菌体的一步生长曲线

② 温和性噬菌体 温和性噬菌体（图 3-12）是指吸附并侵入细胞后并不增殖，而是将其 DNA 整合在宿主基因组中，随宿主基因组的复制而复制。当细菌分裂时，噬菌体的基因也随之分布到子代细菌的基因中。因而在一般情况下不进行增殖，也不引起宿主细胞裂解。温和性噬菌体的核酸类型多为单链 DNA，具有整合能力和同步复制能力。

人们把温和噬菌体侵入宿主细菌细胞所引起的这种特性叫做溶源性。带有噬菌体基因组的细菌称溶源性细菌；整合在细胞核上的噬菌体核酸，称原噬菌体。

（3）噬菌斑 将少量噬菌体与大量敏感菌混合培养在营养琼脂中，在平板表面布满宿主细胞的菌苔上，可以用肉眼看到一个个透明的不长菌的小圆斑，称为噬菌斑（图 3-13）。

只要噬菌体稀释倍数足够高，就可以保证每一个噬菌斑是由一个噬菌体粒子形成。噬菌斑的形成与菌落的形成有些相似，不同的是噬菌斑像是一个负菌落。噬菌斑可用于检出、分

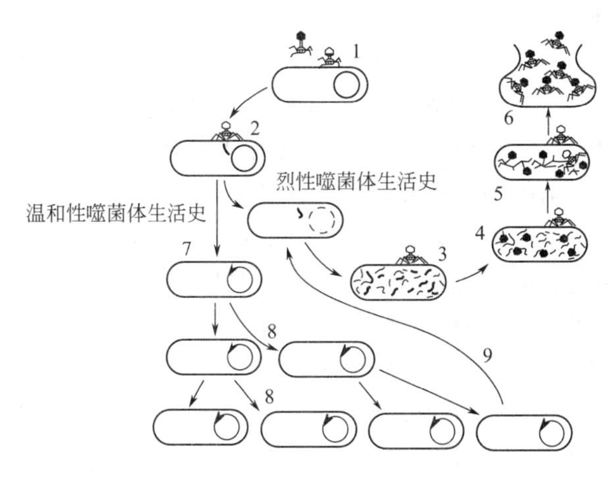

图 3-12　烈性噬菌体与温和性噬菌体的生活史

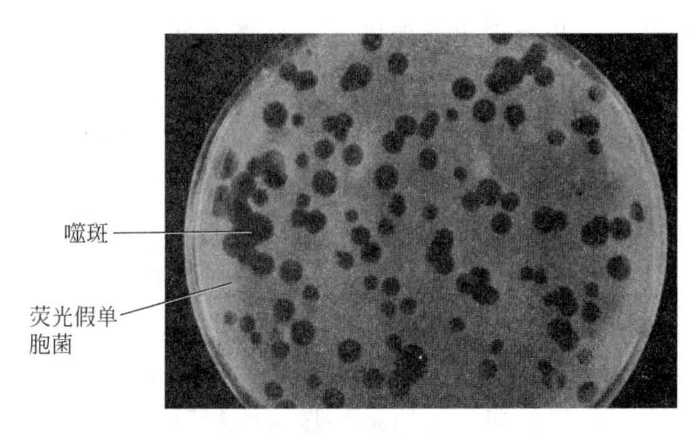

图 3-13　噬菌斑

离、纯化噬菌体和进行噬菌体计数。

四、病毒的危害及应用

1. 植物病毒的危害

绝大多数种子植物均易发生病毒病，植物患病毒病后，常出现以下几种不同的症状：①引起花叶、黄化和红化，其主要原因是病毒破坏了叶绿体或使之不能形成叶绿素；②引起植物矮化、畸形等；③形成枯斑、坏死。

植物病毒的防治，要综合考虑其流行规律、环境因素和病毒本身的特性，如防治昆虫传播、使用杀虫剂，选育抗病毒作物品种，人工诱变病毒弱毒株等。

2. 动物病毒的危害

据估计占人类传染病的 80%是由脊椎动物病毒引起的，如流行性感冒、麻疹、肝炎、艾滋病等，具有传染性强、流行范围广、死亡率高的特点，而且至今还缺乏有效的防治及控制措施。

家禽和其他哺乳动物中的病毒病如鸡新城疫、禽流感、口蹄疫等也极为普遍。

一般感染后昆虫的食欲减退、血液变成乳白色而死亡。我国已研制出菜粉蝶颗粒体病毒制剂用于生物防治。

用昆虫病毒防治农林害虫具有毒力大、后效久、专一性高、扩散强等优点，并且使用方便，人畜安全，是一种有着广阔前景的病毒农药，也是生物防治的主要措施。

3．微生物病毒的危害

噬菌体在工业生产上有一定的危害性，工业生产上应用的菌种一旦被噬菌体污染会造成巨大的损失。具体表现为：①发酵周期明显延长；②碳源消耗缓慢；③发酵液变清，镜检时，有大量异常菌体出现；④发酵产物的形成缓慢或根本不形成；⑤用敏感菌作平板检查时，出现大量噬菌斑；⑥用电子显微镜观察时，可见到有无数噬菌体粒子存在。因此，对发酵工业、制药工业等是一个很大的威胁。而且目前对已污染噬菌体的发酵菌液还无法阻止其溶菌作用，故只有预防其感染，建立“防重于治”的观念。

预防噬菌体污染的措施主要有：①加强灭菌；②严格保持环境卫生；③认真检查斜面、摇瓶及种子罐所使用的菌种，坚决废弃任何可疑菌种；④空气过滤器要保证质量并经常进行严格灭菌，空气压缩机的取风口应设在30～40m高空；⑤绝不排放或随便丢弃活菌液，摇瓶菌液、种子液、检验液和发酵后的菌液绝对不能随便丢弃或排放；正常发酵液或污染噬菌体后的发酵液均应严格灭菌后才能排放；⑥不断筛选抗性菌种，并经常轮换生产菌种。

若发现噬菌体污染时，要及时采取合理措施，主要有以下几项：①及时改用抗噬菌体生产菌株；②使用药物抑制，目前防治噬菌体污染的药物还很有限，在谷氨酸发酵中，加入某些金属螯合剂（如0.3%～0.5%草酸盐、柠檬酸铵）可抑制噬菌体的吸附和侵入；加入1～2μg/mL金霉素、四环素或氯霉素等抗生素或0.1%～0.2%的“吐温-60”、“吐温-20”或聚氧乙烯烷基醚等表面活性剂均可抑制噬菌体的增殖或吸附；③尽快提取产品，如果发现污染时发酵液中的代谢产物含量已较高，即应及时提取或补加营养并接种抗噬菌体菌种后再继续发酵，以挽回损失。

噬菌体常用的检测方法有载片快速检测法、双层平板法和单层平板法。

（1）载片快速检测法　载片快速检测法是将噬菌体和敏感的宿主细胞与适量的琼脂培养基（约含0.5%～0.8%琼脂，事先融化）充分混合，涂布在无菌载玻片上，经短期培养后，即可在低倍显微镜或扩大镜下计数，但其精确度相对较差。

（2）双层平板法　双层平板法是一种被普遍采用并能精确测定效价的方法。由于试样中一般噬菌体粒子含量较高，故应先对试样进行梯度稀释，然后再测定。

双层平板法的步骤如下：预先分别配制含2%琼脂的底层培养基和1%琼脂的上层培养基。先用前者在培养皿上浇一层平板，再在后者（需先融化并冷却到45℃以下）中加入较浓的对数期敏感菌和一定体积的待测噬菌体样品，于试管中充分混匀后，立即倒在底层平板上铺平待凝，然后保温。一般经十余个小时后即可进行噬菌体计数。

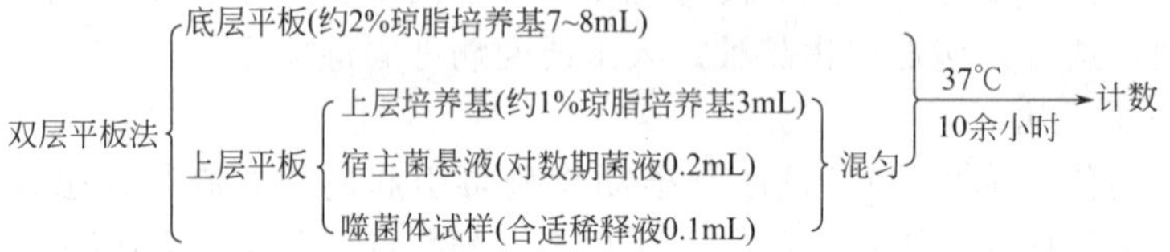

双层平板法
- 底层平板(约2%琼脂培养基7~8mL)
- 上层平板
  - 上层培养基(约1%琼脂培养基3mL)
  - 宿主菌悬液(对数期菌液0.2mL)
  - 噬菌体试样(合适稀释液0.1mL)
  - 混匀

→ 37℃ 10余小时 → 计数

双层平板法的优点是定量性好，由于上层培养基中琼脂较稀，故形成的噬菌斑较大，容易计数；而且全部噬菌体斑都接近处于同一平面上，因此边缘清晰，无上、下噬菌斑的重叠现象。其缺点是费时、麻烦。

（3）单层平板法　单层平板法省略了底层，但所用培养基与双层平板法相比浓度高，加的量也多。此法虽较简便，但由于全部噬菌体斑不在同一平面上，彼此重叠，实验效果较差。

禽流感病毒“来袭”

禽流感病毒（AIV）属甲型流感病毒（图 3-14）。流感病毒属于 RNA 病毒的正黏病毒科，分甲、乙、丙 3 个型。其中甲型流感病毒多发于禽类，一些甲型也可感染猪、马、海豹和鲸等各种哺乳动物及人类；乙型和丙型流感病毒则分别见于海豹和猪的感染。

甲型流感病毒呈多形性，其中球形直径为 80～120nm，有囊膜。基因组为分节段单股负链 RNA。依据其外膜血凝素（H）和/神经氨酸酶（N）蛋白抗原性的不同，目前可分为 16 个 H 亚型（H1～H16）和 9 个 N 亚型（N1～N9）。感染人的禽流感病毒亚型主要为 H5N1（图 3-15）、H9N2、H7N7，其中感染 H5N1 的患者病情重，病死率高。研究表明，原本为低致病性禽流感病毒株（H5N2、H7N7、H9N2），可经 6～9 个月禽间流行的迅速变异而成为高致病性毒株（H5N1）。

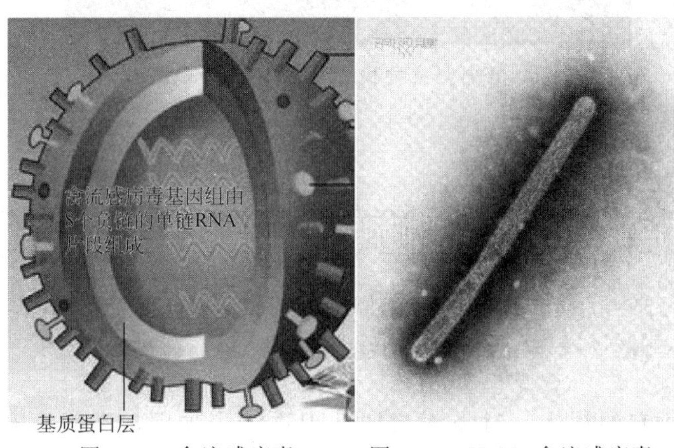

图 3-14　禽流感病毒　　图 3-15　H5N1 禽流感病毒

一般来说，禽流感病毒与人流感病毒存在受体特异性差异，禽流感病毒是不容易感染给人的。个别造成人感染发病的禽流感病毒可能是发生了变异的病毒。变异的可能性一是两种以上的病毒进入同一细胞进行重组。

禽流感主要经呼吸道传播，通过密切接触感染的禽类及其分泌物、排泄物，受病毒污染的水等，以及直接接触病毒毒株被感染。在感染水禽的粪便中含有高浓度的病毒，并通过污染的水源由粪便-口途径传播流感病毒。目前还没有发现人感染的隐性带毒者，尚无人与人之间传播的确切证据。

一般认为任何年龄均具有易感性，但 12 岁以下儿童发病率较高，病情较重。与不明原因病死家禽或感染、疑似感染禽流感家禽密切接触人员为高危人群。

第二节　亚　病　毒

亚病毒是在核酸和蛋白质两种成分中，只含其中之一的分子病原体。亚病毒分为类病毒、拟病毒和朊病毒。

一、类病毒

1971 年，瑞士学者 T. O. Diener 发现马铃薯纺锤形块茎病（图 3-16）的病原是一种只有侵染性小分子 RNA 而无蛋白质的感染因子，称为类病毒（viroid）——马铃薯纺锤形块茎类病毒（PSTV）。提纯后的 PSTV 在电镜下观察（脲展层）：长 50nm 的棒状 dsRNA 分子，由 2 个互补的半体组成，一个含 179 个核苷酸，另一个含 180 个核苷酸，两者间有 70%的碱基以氢键方式结合，形成 122 个碱基对，整个棒状结构中有 27 个内环，最大的螺旋含 8 个碱基对，最大的内环含有 12 个核苷酸（图 3-17）。

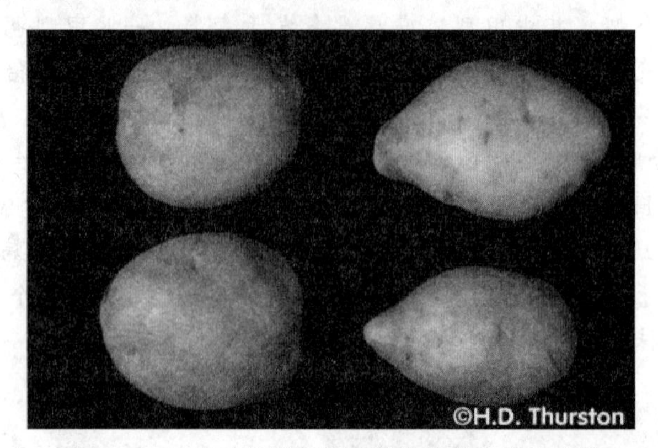

图 3-16 正常马铃薯和纺锤形块茎病马铃薯比较

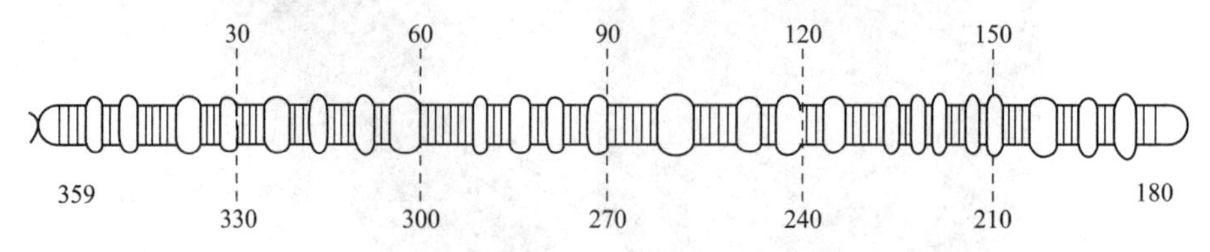

图 3-17 马铃薯纺锤形块茎病毒（PSTV）的结构模型

随着对类病毒研究的深入，对类病毒的认识进一步加深，类病毒有如下特征：很小（200～400nt），杆状 RNA 分子，有二级结构；无衣壳或包膜；在核内增殖，严格细胞内寄生；多与植物疾病相关（参见表 3-1）。

表 3-1 某些引起巨大经济损失（植物疾病）的类病毒

类 病 毒	核苷酸数目
柑橘裂(剥)皮病类病毒(CEV)	371
菊花矮缩病类病毒(CSV)	354
椰子死亡病类病毒(CCCV)	246
黄瓜苍白病类病毒(CPFV)	303
啤酒花矮化病类病毒(HSV)	297
马铃薯纺锤块茎病类病毒(PSTV)	359

二、拟病毒

1976 年，美国科学家 Kaper 等在 CMV 中首先发现：一种小病毒是伴随病毒复制的低分子量（300～400b）线状小 RNA，不能独立复制，完全依赖于特定辅助病毒，它与病毒 RNA 无序列同源性；CMV 的 RNA 由 335 个核苷酸组成，复制依赖于辅助病毒，但又干扰辅助病毒 RNA 的复制，降低病毒的致病能力，并改变寄主植物的症状表现；既是侵染病毒的RNA，又是亚病毒之一。小病毒能作为黄瓜花叶病毒病的生防因子。

科学家就把这一类被包裹在植物病毒粒体内部的类病毒称为拟病毒。拟病毒含有两种RNA分子，一种和一般病毒中的类似，另一种RNA分子与类病毒有相似的理化性质和结构，也是环状的。拟病毒又称类类病毒、壳内类病毒、病毒卫星，是指包裹在真病毒粒中的有缺陷的类病毒。其宿主为辅助病毒，拟病毒为辅助病毒的卫星。

拟病毒具有较高的研究价值：探索核酸的结构与功能，探索RNA2和RNA1间的关系，组建弱毒疫苗，探索病毒本质和生命起源。

三、朊病毒

1982年，美国动物病毒学家Prusiner研究羊的瘙痒病（Scrapie）病原（核酸酶、蛋白酶、紫外线和其他化学因子处理）时发现的一种对人有侵染性的蛋白质颗粒，称“Prion”（Protein infection的缩写）或“Virion”，译为“朊病毒”，或“毒朊”（图3-18）。Prusiner 1997年因此获得诺贝尔生理和医学奖。2004年Prusiner证明，将提纯的朊病毒注射到基因工程小鼠的脑中时，可以引起脑病，该项研究发表于2004年7月30日“Science”。

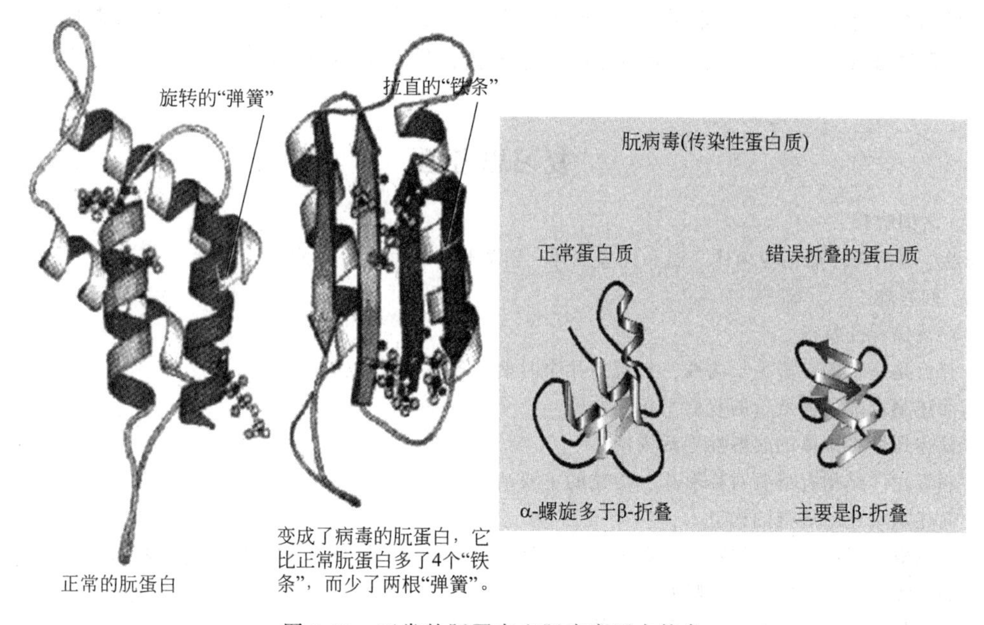

图3-18 正常的朊蛋白和朊病毒蛋白构象

朊病毒又称蛋白质侵染因子。朊病毒是一类能侵染动物并在宿主细胞内复制的小分子无免疫性疏水蛋白质。除最初的羊瘙痒病之外，现在已经发现与朊病毒有关的疾病有貂脑病、人的库鲁病（震颤病）和克-雅病。有人还推测人类的一些慢性退化性紊乱疾病，像早老年痴呆、帕金森病、糖尿病、风湿性关节炎和红斑狼疮等疾病也可能是由朊病毒引起的。

小病毒，大疯牛

疯牛病实际是牛海绵状脑病的俗称。1985年在英国阿什福德的一个农场发现了第一个病例。1986年英国Weybridge中心兽医实验室的两个工程师最早确诊这种病，并于1987年做了首次报道。到1989年年底一个月发生1200例疯牛病，1995年已证实在英国有10万～15万例。引起疯牛病的病原称为疯牛病因子，归属于朊病毒。已有实验证实上述因子是一类有传染性的蛋白颗粒，其结构单位是分子量为27000～30000的朊病毒蛋白（图3-18）。

一般认为单个的朊病毒蛋白无侵袭力，但三个朊病毒蛋白结合后即具有高侵袭力。已在患有羊瘙痒的羊脑组织中发现有1000个朊病毒蛋白构成的100～200nm的纤维状物，称为痒疫相关纤维。

本章小结

1. 病毒生理生化特征明显，形态特征多样。

2. 病毒分为动物病毒、植物病毒和微生物病毒三大类。噬菌体的繁殖分为吸附、侵入、增殖、装配和释放。

3. 病毒的危害非常大，影响深刻。在工业生产中对病毒污染的防治应建立“防重于治”的观念，同时，在农业和医药领域已能用某些病毒来生产杀虫剂和弱毒性疫苗。

4. 亚病毒是一类只有蛋白质或核酸的分子病原体，亚病毒分为类病毒、拟病毒和朊病毒。

复习思考题

一、名词解释

病毒　噬菌斑　烈性噬菌体　温和性噬菌体　溶源性　亚病毒　拟病毒

二、问答题

1. 简述病毒的特征。
2. 什么是病毒的一步生长曲线？它包括几个时期？各有何特点？
3. 简述测定噬菌体效价的双层平板法。
4. 简述烈性噬菌体的裂解性生活周期。
5. 病毒壳体结构有哪些对称形式？毒粒的主要结构类型有哪些？
6. 简述烟草花叶病毒的构造。
7. 某发酵工厂的生产菌株疑为溶源菌，试设计一个鉴定该菌株是否为溶源菌的实验方案。
8. 病毒和生产实际的关系有哪些？
9. 什么是亚病毒因子？亚病毒种类间的主要区别是什么？

第四章　微生物的分类、鉴定及专利保护

学习目标

1. 掌握有关微生物分类学基本概念。
2. 理解分类鉴定特征的分类学意义。
3. 掌握微生物分类鉴定的测定方法。
4. 了解“伯杰氏手册”的分类概况。
5. 了解微生物技术专利申请和保护制度。

微生物种类繁多，为了认识、了解它们之间的亲缘关系，进一步研究、利用、控制和改造微生物，必须掌握有关微生物分类的知识。

微生物分类学是一门按微生物的相似和相互关系等特征对其进行等级划分的学科，可按照等级关系把它们划分成各种分类单元或分类群。分类学的主要任务是分类、鉴定和命名。其中微生物的分类是根据微生物的表型特征相似性或者系统发育相关性对其进行分群归类、特征描述，以作为微生物鉴定的依据；命名是根据国际命名法则，对一个类群给出专有名称；鉴定是借助于微生物分类系统，对于未知或新发现的微生物通过特征测定进行归类的过程。

第一节　微生物的分类和命名

一、通用分类单元及等级

分类单元是指具体的分类群，如原核生物界、肠杆菌科、枯草芽孢杆菌等分别代表一个分类单元。

微生物分类单元也分为7个基本的分类等级或分类阶元，最基本的分类单元（单位）是种（Species），其上依次是属（Genus）、科（Family）、目（Order）、纲（Class）、门（Phylum）和界（Kingdom）（图4-1）。但分类单元的等级（阶元）只是分类单元水平的概括，它并不代表具体的分类单元。在分类过程中，如果这些分类单元等级不足以反映某些分类单元之间的差异时，可以增加亚等级，即亚界、亚门……亚种等。

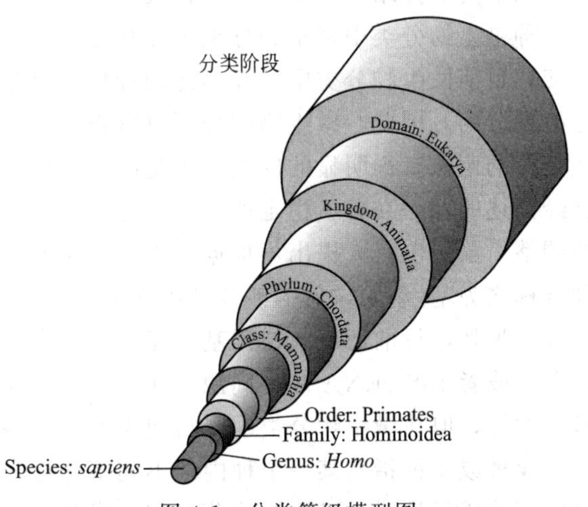

图4-1　分类等级模型图

除上述国际公认的分类单元等级外，在微生物分类实际工作中，需要使用一些非正式的类群术语，例如亚种以下常用培养物、菌株、居群和型；种以上常用群、组、系等类群名称。这些亚种以下类群名称，虽然是非法定的，但却是普遍使用的习惯用语，其含义相对而言较明确。另外要注意，亚种在不同场合，也常有不同的含义，可以是种水平上的类群，也可以代表属以上的分类单元的集合。如《伯杰氏

系统细菌学手册》第一版中，主要根据表型特征将全部原核生物分为33组，将假单胞菌属内的90个种分为5组。因此，在阅读文献时应注意区别。

近年伍斯还在界上使用域，他把全部生物分为古生菌域、细菌域和真核生物域。域下面再分界，域作为分类单元的最高级，这样就将七级分类变成了八级分类单元。表4-1列出了细菌分类单元的等级系统及分类单元的学名。

表4-1 细菌分类单元的等级系统及分类单元的学名

分类等级			分类单元	
中文名称	英文名称	拉丁语名称	学名词尾	举例，根据《伯杰氏系统细菌学手册》新版第一卷(1984)
界	Kingdom	*Regnum*		Procaryotae(原核生物界)
亚界	Subkingdom	*Subregnum*		
门	Division	*Divisio*		Procaryotae(薄壁菌门)
亚门	Subdivision	*Subdivisio*		
纲	Class	*Classis*		Scotobacteria(暗细菌纲)
亚纲	Suborder	*Subclassis*		
目	Order	*Ordo*	-ales	Rackettsiaceae(立克次体目)
亚目	Suborder	*Subordo*	-ineae	
科	Family	*Familia*	-aceae	Rickettsiaceae(立克次体科)
亚科	Subfamily	*Subfamilia*	-oideae	
(族)	Tribe	Tribus	-eae	Rickettsieae(立克次体族)
(亚族)	Subtribe	*Subtribus*	-inae	
属	Genus	*Genus*		*Rickettsia*(立克次体属)
亚属	Subgenus	*Subgenus*		
种	Species	*Species*		*Rickettsia prowazekii*(普氏立克次体)
亚种	Subspecies	*Subspecies*		

以下简要介绍亚种以上等级正式分类的含义和一些常用的类群术语。

种是生物分类中基本的分类单元和分类等级。在原核生物中，由于缺乏严格意义的有性杂交，目前微生物分类中已经描述的种仍主要是根据各种特征（其中主要是表型特征）综合分析划分的。因此，微生物的种可以看作是具有高度特征相似性的菌株群，这个菌株群与其他类群的菌株有很明显的区别。正是由于微生物种的划分缺乏统一的客观的标准，分类学上已经描述的种潜在着不稳定性，有的种可能会随着认识的深入、分种依据的变化而进行必要的调整。虽然也有人提出可根据能否通过转导、转化、接合等途径进行基因物质交换来确定种（称之为基因种），但因涉及基因交换机制的各种障碍，仅根据这个标准确定种存在许多问题。另外，目前还有人根据基因序列资料来确定种，如把DNA杂交同源性在60%～70%以上，或者16S rRNA序列同源性达97%以上的菌株确定为一个种。这一确定种标准虽有其科学性，但在微生物分类中，目前尚难以普遍采用。

亚种或变种指当某一个种内的不同菌株存在少数明显而稳定的变异特征或遗传性而又不足以区分成新种时，可将这些菌株细分成两个或更多的小分类单元，是正式分类单元中地位最低的分类等级。变种是亚种的同义词，在《国际细菌命名法规》(1976年修订本) 发表以前，变种是种的亚等级，因“变种”一词易引起词义上的混淆，1976年后，细菌中的亚等级一律采用亚种，而不再使用变种。

属是介于种（或亚种）与科之间的分类等级，也是微生物分类中的基本分类单元。通常是把具有某些共同特征或密切相关的种归为一个高一级的分类单元。在系统分类中，任何一个已命名的种都归于某一个属。当某一个种与其他相关属的种具有重要的区别时，也可以鉴定为只有一个种的属。一般而言，不同属之间的差异比较明显，但其划分也没有客观标准。因此，属水平上的分类也会随着分类学的发展而变化，属内所含种的数目也会由于新种的发现或种的分类地位的改变而变化。

对于属以上等级分类单元，像属的划分一样，把具有某些共同特征或相关的属归为更高一级的分类单元称为科；再把科归为目，依此类推。值得提出的是：在一个完整的分类系统中，每一个已命名的种都应该归属到某一个属、科、目、纲、门、界中。但实际上，在许多微生物类群中，其科、目等级的分类学关系还不明确，所以有相当一部分微生物的属未能归入相应的科、目中。至于纲、门、界的划分，目前也主要处于积累资料的研究探讨阶段，所以微生物的分类迄今未能建立一个完善的分类系统。

培养物是指一定时间、空间内微生物的细胞群或生长物。如微生物的斜面培养物、摇瓶培养物等。如果某一培养物是由单一微生物细胞繁殖产生的，就称之为该微生物的纯培养物。

菌株指从自然界分离得到的任何一种微生物的纯培养物，是微生物分类和研究工作中基础的操作实体。由于同种或同一亚种中不同菌株之间，可能存在某些不同的生物学特征，因此在实际工作中，除了注意菌株的种名外，还要注意菌株的名称。菌株名称常用数字编号、字母、人名、地名等表示，如枯草杆菌 ASI. 398 和枯草杆菌 BF7658 分别代表枯草杆菌的两个菌株，前者可用于生产蛋白酶，后者则可用于生产 α-淀粉酶。

居群一词也有人译为群体、种群或群丛等，是指一定空间中同种个体的组合。每一个物种在自然界中的存在，都有一定的空间结构，在其分散的、不连续的居住场所或分布区域内，形成不同的群体单元，这些群体单元称为居群。

型指亚种以下的分类小单元，当同种或同亚种不同菌株之间的性状差异不足以分为新的亚种时，可以将其再分为不同的型。例如，按抗原特征的差异分为不同的血清型；按对噬菌体裂解反应的差异分为不同的噬菌型等。由于 type 一词既代表型又可代表模式，为避免混淆，现在对表示型的词作了修改，用-var 代替-type。现将较常用的型的含义及其表达方式列于表 4-2 中。

表 4-2 常用型的属术语及其含义

中文译名	推荐使用的名称	以前使用的同义词	应用于只有下列性状的菌株
生物型	biovar	biotype	特殊的生理生化性状
血清型	serovar	serotype	不同的抗原特征
致病型	pathovar	pathotype	对宿主致病性的差异
噬菌型	phagovar	phagotype，lysotype	对噬菌体溶解反应的差异
形态型	morphovar	morphotype	特殊的形态学特征

二、微生物的命名

微生物名称分为俗名和学名。俗名具有区域性，通俗易懂，例如一个国家或地区使用、便于记忆的俗称，但其缺点是具有局限性，不便于国际间的学术交流。为了避免学术交流中的障碍，需要制定一个国际生物命名法规，管理生物分类单元。与其他生物一样，微生物的学名是按照《国际细菌命名法规》命名、国际学术界公认并通用的正式名字。命名原则是双名法，由瑞典林奈提出，即学名＝属名＋种名＋首次定名人＋现名定名人＋定名年份，出现在分类学文献中的学名，往往还加上首次定名人（外加括号）、现名定名人和现名定名年份，但在一般使用时，这几个部分总是省略的。

1. 分类单元的命名

所有正式分类单元（包括亚种和亚种以上等级的分类单元）的学名，必须用拉丁词或其他词源经拉丁化的词命名。

（1）属名　拉丁词、希腊词或拉丁化的其他外来词所构成为名词。表示该属的特征，有时可用人名或地名。例如 *Bacillus*（芽孢杆菌属），拉丁词，原意为小杆菌，因为该属有芽孢而翻译为“芽孢杆菌属”。当前后有两个或更多的学名连排在一起时，若它们的属名相同，则后面的一个或几个属名可缩写成一个、两个或三个字母，在其后加上一个点。举例如：*Streptococcus pneumoniae*（肺炎链球菌），*S. salivarius*（唾液链球菌）。

（2）种名　拉丁语中的形容词，也可用人名或地名表示。种的学名由属名和种名加词两部分组合而成。第一个词为属名，首个字母大写；第二个词为种名加词，其形容词性与属名一致，或用人名、地名、病名或其他主格名词或所属格形式，种名加词首字母不大写。例如，*Pseudomonas aeruginosa*（铜绿假单胞菌），*Pseudomonas* 是属名（假单胞菌属）（阴性），*aeruginosa* 是种名加词，是拉丁语形容词（阴性），原意为“铜绿色的”；*Mycobacterium tuberculosis*（结核分枝杆菌），*Mycobacterium* 是属名（分枝杆菌属），系希腊词源的复合词（中性），*tuberculosis* 是种名加词，是希腊词和拉丁词缀合成的名词所属格形式，意为“结核病的”；*Bacillus thuringiensis*（苏云金芽孢杆菌），*thuringiensis* 是种名加词，它是德国地名 Thuringia 的拉丁语所属格形式。当泛指某一属细菌而不特指该属中任何一个种（或未定种名）时，可在属名后加 sp. 或 spp.，例如 *Streptococcus* sp.。

（3）亚种或多种　属名＋种名＋subsp. 或 var. ＋ 种（或复种）的加词。例如 *Alcaligenes denitrificans* subsp. *xylosoxydans*，依次为属名（产碱杆菌属）、种名加词（反硝化的）、subspecies 缩写（亚种）和亚种名加词（氧化木糖的），因此，该亚种名可译为反硝化产碱杆菌氧化木糖亚种。

（4）某属中有一个种或几个种时，属后加 sp. 或 spp.　下面列举几个微生物命名：可使许多科的植物产生肿瘤的土壤杆菌属细菌称为根癌土壤杆菌，学名为 *Agrobacterium tumefaciens*（Smith&Townsend）Conn 1942；寄居于温血动物肠道下部的埃希菌属细菌称为大肠埃希菌（简称大肠杆菌），其学名为 *Escherichia coli*（Migula）Castellani&Chalmers 1919；葡萄球菌属呈金黄色的称为金黄色葡萄球菌，学名为 *Staphylococcus aureus* Rosenbach 1884，呈铜绿色的假单胞菌称为铜绿假单胞菌（即绿脓杆菌），学名为 *Pseudomonas aeruginosa*（Schroeter）Migula 1920。

变种或亚种的学名按“三名法”命名。例如，有一种芽孢杆菌，能产生黑色素，其余特征与典型的枯草杆菌完全符合，该菌学名为 *Bacillus subtilis* var. *niger*（枯草芽孢杆菌黑色变种）。

（5）属级以上分类单元的名称　亚科、科以上分类单元的名称，是用拉丁或其他词源拉丁化的阴性复数名词（或当作名词用的形容词）命名，首字母都要大写。其中细菌目、亚目、科、亚科、族和亚族等级的分类单元名称都有固定的词尾（后缀），其词尾的构成及例子见表4-1。此外，在分类单元名称的后面还可以附上命名人的姓名和命名年号。例如 *Staphylococcus aureus* Rosenbach 1884，这表明该菌（金黄色葡萄球菌）是由Rosenbach于1884年命名的。属、种和亚种等级的分类单元的学名在正式出版物中应用斜体字印刷，以便识别。

2. 命名模式及其指定

由于微生物分类单元的划分缺乏一个易于操作的统一标准，为了减少因采用不同标准界定分类单元所造成的混乱，微生物系统分类也像其他生物分类一样采用"模式概念"。即根据命名法规要求，正式命名的分类单元应指定一个命名模式（简称模式）作为该分类单元命名的依据。种和亚种指定模式菌株；亚属和属指定模式种；属以上至目级分类单元指定模式属。因此，当某一菌株被鉴定为一个新种或新的亚种时，该菌株就应指定为该种或该亚种的模式菌株；如果有几个菌株同时被鉴定为一个新种或亚种，则必须指定一个较有代表性的菌株作为该种或亚种的模式菌株。模式菌株应送交菌种保藏机构保藏，以便查考和索取。模式种和模式属的确定也大体如此。

3. 新名称的发表

根据细菌命名法规的规定，有效发表新的细菌名称应在公开发行的刊物上进行，在菌种目录、会议记录、会议论文摘要上公布的名称均不能视为有效发表。此外，若新名称是在国际系统细菌学杂志（IJSB）以外的其他杂志上发表的，要取得国际上承认和学名优先权，还必须经过新名称的合格化发表，即将有效发表的英文附本送交IJSB审查，被认为合格后，在该杂志上定期公布，命名日期即从公布之日算起，否则不算合格发表，也不能取得国际上的承认。发表新名称时，应在新名称之后加上所属新分类等级的缩写词，如新目"ord. nov."、新属"gen. nov."、新种"sp. nov."等。例如，*Pyrococcus furiosus* sp. nov. 表明该菌（猛烈火球菌）是一个新发表的种。

三、微生物分类方法

鉴于微生物形体微小、结构简单等特点，微生物分类不仅要利用传统的形态学、生理学和生态特征，还必须利用不同层次（细胞、分子）、不同学科（化学、物理学、遗传学、免疫学、分子生物学等）的技术方法对微生物进行分类，下面分别介绍微生物（包括细菌和真菌）的分类方法。

1. 原核微生物伯杰氏分类系统

20世纪60年代以前，国际上不少细菌分类学家都曾对细菌进行过全面的分类，提出过一些在当代有影响的细菌分类系统。但70年代以后，对细菌进行全面分类的、影响最大的是《伯杰氏系统细菌学手册》(以下简称《伯杰氏手册》)，由于越来越广泛地吸收了国际上的细菌分类学家参加编写（如1974年第八版，撰稿人多达130多位，涉及15个国家；现行版本撰稿人多达300多人，涉及近20个国家)，所以它的近代版本反映了出版年代细菌分类学的最新成果，因而逐渐确立了在国际上对细菌进行全面分类的权威地位。该手册所提出的分类系统已被各国普遍采用。

《伯杰氏手册》自1923年第一版以来，相继于1925年，1930年，1934年，1939年，1948年和1957年出版了第二版至第七版，几乎每一版均吸取了许多分类学家的经验，其内容经过不断地扩充和修改。《伯杰氏手册》第七版包括从纲到种、亚种的全面分类大纲和相应的检索表以及各分类单位的描述，将细菌列于植物界原生植物门的第二纲——裂殖菌纲。《伯杰氏手册》第七版的分类方法基本上处于经典分类法阶段，即以形态特征为主结合生理生化特性为分类依据。第八版（1974 年）没有从纲到种的分类系统，而着重于属、种的描述和比较，它也没有分类大纲，而是根据形态、营养型等分成 19 个部分，把细菌、放线菌、黏细菌、螺旋体、支原体和立克次体等 2000 多种微生物归于原核生物界细菌门。《伯杰氏手册》第八版的分类方法也有了改进，除采用经典分类法外，还增加了细胞化学、遗传学和分子生物学等方面的新鉴定方法，对某些属、种应用了数值分类法。1994 年，《伯杰氏手册》第九版出版。该手册根据表型特征把细菌分为四个类别，35 群。《伯杰氏手册》第九版与过去的版本相比较，具有以下特点：①该书的目的只是为了鉴别那些已被描述和培养的细菌，并不把系统分类和鉴定信息结合起来；②其内容的编排严格按照表型特征，所选择的排列是实用的，为了有利于细菌的鉴定，并不试图提供一个自然分类系统；③《伯杰氏手册》抽取了《伯杰氏系统细菌学手册》四卷的表型信息，并包括了尽可能多的新的分类单元，其有效发表的截止日期是 1991 年 1 月。

在 1984～1989 年间，“手册”的出版者出版了《伯杰氏系统细菌学手册》。该手册与《伯杰氏细菌学鉴定手册》有很大不同，首先是在各级分类单元中广泛采用细胞化学分析、数值分类方法和核酸技术，尤其是 16S rRNA 寡核苷酸序列分析技术，以阐明细菌的亲缘关系，并对第八版手册的分类作了必要的调整。例如，“系统细菌学手册”根据细胞化学、比较细胞学和 16S rRNA 寡核苷酸序列分析的研究结果，将原核生物界分为四个门。由于这个手册的内容包括了较多的细菌系统分类资料，定名《伯杰氏系统细菌学手册》，反映了细菌分类从人为的分类体系向自然的分类体系所发生的变化。为使发表的材料及时反映新进展，并考虑使用者的方便，该手册分四卷出版。第一卷（1984 年）内容为一般、医学或工业的革兰阴性细菌，第二卷（1986 年）为放线菌以外的革兰阳性细菌，第三卷（1989 年）为古细菌和其他的革兰阴性细菌，第四卷（1989 年）为放线菌。2000 年，Bergey’s Manual of Systematic Bacteriology 第二版编辑完成并分成 5 卷陆续出版。在此第二版中，细菌域分为 16 门，26 组，27 纲，62 目，163 科，814 属，收集了 4727 个种；古菌域分为 2 门，5 组，8 纲，11 目，17 科，63 属，收集了 208 个种；共收集进原核微生物 4935 个种（表 4-3）。

表 4-3 《伯杰氏系统细菌学手册》第二版分类纲要

分类群	代表属
一、古生菌、蓝细菌、光合细菌和最早分支的属	
嗜泉古生菌界(Crenarchaeota)	
1 组　热变形菌、硫化叶菌和嗜压菌(*Thermoprotei*、*Sulfolobi*、*Barophiles*，21 属 36 种)	热变形菌属(*Thermoproteus*)、硫化叶菌属(*Sulfolobus*)
广古生菌界(Euryarchaeota)	
2 组　产甲烷菌(*Methanogens*，21 属 97 种)	甲烷杆菌属(*Methanobacterium*)
3 组　盐杆菌(*Halobacteria*，14 属 50 种)	盐杆菌属(*Halobacterium*)、盐球菌属(*Halococcus*)
4 组　热原体(*Thermoplasma*，2 属 4 种)	热原体属(*Thermoplasma*)等
5 组　热球菌(*Thermococci*，5 属 19 种)	古生球菌属(*Archaeoglobus*)、热球菌属(*Thermococcus*)
真细菌(Bacteria)	
6 组　产液菌(*Aquifex*)和有关细菌(3 属 5 种)	产液菌属(*Aquifex*)、氢杆菌属(*Hydrogenobacter*)
7 组　热袍菌和地袍菌(*Thermotoga* 和 *Geotogas*，9 属 22 种)	热袍菌属(*Thermotoga*)、地袍菌属(*Geotoga*)、热脱硫杆菌属(*Thermodesulfobacterium*)

续表

分类群	代表属
8组 异常球菌(*Deinococci*,1属8种)	异常球菌属(*Deinococcus*)
9组 栖热菌(*Thermi*,10属21种)	栖热菌属(*Thermus*)、磁杆菌属(*Magnetobacterium*)
10组 产金色菌(*Chrysiongenes*,1属2种)	产金色菌属(*Chrisiogenes*)
11组 绿屈挠菌和滑柱菌(*Chloroflexi* 和 *Herpetosiphons*,5属11种)	绿屈挠菌属(*Chloroflexus*)、滑柱菌属(*Herpetosiphon*)
12组 热微菌(*Thermomicrobia*,1属2种)	热微菌属(*Thermomicrobium*)
13组 蓝细菌(*Cyanobacteria*,69属73种)	原绿蓝细菌属(*Prochloron*)、聚球蓝细菌属(*Synechococcus*)、颤蓝细菌属(*Oscillatoria*)、鱼腥蓝细菌属(*Anabaena*)、念珠蓝细菌属(*Nostoc*)、真枝蓝细菌属(*Stigonema*)等
14组 绿菌(*Chlorobia*,6属17种)	绿菌属(*Chlorobium*)、暗网菌属(*Pelodictyon*)
二、变形杆菌	
细菌	
变形杆菌界(Proteobacteria)	
15组 α-变形杆菌(*α-Proteobacteria*,117属392种)	红螺菌属(*Rhodospirillum*)、立克次体属(*Rickettsia*)、柄杆菌属(*Caulobacter*)、根瘤菌属(*Rhizobium*)、布鲁菌属(*Brucella*)、硝化杆菌属(*Nitrobacter*)、甲基杆菌属(*Methylobacterium*)等
16组 β-变形杆菌(*β-Proteobacteria*,53属204种)	奈瑟菌属(*Neisseria*)、产碱杆菌属(*Alcaligenes*)、亚硝化单胞菌属(*Nitrosomonas*)、嗜甲基菌属(*Methylophilus*)、硫杆菌属(*Thiobacillus*)、伯克霍尔德菌属(*Burkholderia*)等
17组 γ-变形杆菌(*γ-Proteobacteria*,150属854种)	着色菌属(*Chromatium*)、亮发菌属(*Leucothrix*)、军团菌属(*Legionella*)、假单胞菌属(*Pseudomonas*)、固氮菌属(*Azotobacter*)、弧菌属(*Vibrio*)、埃希菌属(*Escherichia*)、克雷伯菌属(*Klebsiella*)、变形杆菌属(*Proteus*)、沙门菌属(*Salmonella*)、志贺菌属(*Shigella*)、伊尔森菌属(*Yersinia*)、嗜血杆菌属(*Haemophilus*)
18组 δ-变形杆菌 (*δ-Proteobacteria*,39属128种)	脱硫弧菌属(*Desulfovibrio*)、蛭弧菌属(*Bodellovibiro*)、黏球菌属(*Myxococcus*)、多囊菌属(*Polyangium*)
19组 ε-变形杆菌 (*ε-Proteobacteria*,6属56种)	弯曲杆菌属(*Campylobacter*)、螺杆菌属(*Helicobacter*)
三、低G+C含量的革兰阳性细菌	
20组 梭菌(*Clostridia*)和相关细菌(73属403种)	梭菌属(*Clostridium*)、消化链球菌属(*Peptostreptococcus*)、真杆菌属(*Eubacterium*)、脱硫肠状菌属(*Desulfotomaculum*)、韦荣菌属(*Veillonella*)等
21组 柔膜菌(*Mollicutes*,10属191种)	支原体属(*Mycoplasma*)、尿原体属(*Ureaplasma*)、螺原体属(*Spiroplasma*)、无胆甾原体属(*Acholeplasma*)

续表

分类群	代表属
22 组　芽孢杆菌和乳杆菌（*Bacilli* 和 *Lactobacilli*，55 属 535 种）	芽孢杆菌属（*Bacillus*）、显核菌属（*Caryophanon*）、类芽孢杆菌属（*Paenibacillus*）、高温放线菌属（*Thermoactinomyces*）、乳杆菌属（*Lactobacillus*）、链球菌属（*Streptococcus*）、肠球菌属（*Enterococcus*）、葡萄球菌属（*Staphylococcus*）、利斯特菌属（*Listeria*）
四、高 G+C 含量的革兰阳性细菌	
23 组　放线杆菌纲（*Actinobacteria*，117 属 1371 种）	放线菌属（*Actinomyces*）、微球菌属（*Micrococcus*）、节杆菌属（*Arthrobacter*）、棒杆菌属（*Corynebacterium*）、分枝杆菌属（*Mycobacterium*）、诺卡菌属（*Nocardia*）、游动放线菌属（*Actinoplanes*）、丙酸杆菌属（*Propionibacterium*）、链霉菌属（*Streptomyces*）、高温单孢菌属（*Thermomonospora*）、弗兰克菌属（*Frankia*）、马杜拉放线菌属（*Actinomadure*）、双歧杆菌属（*Bifidobacterium*）等
五、浮霉状菌、螺旋体、丝杆菌、拟杆菌和梭杆菌	
24 组　浮霉状菌、衣原体（*Planctomycetes* 和 *Chlamydia*，5 属 14 种）	浮霉状菌属（*Planctomyces*）、衣原体属（*Chlamydia*）
25 组　螺旋体（*Spirochaetes*，13 属 92 种）	螺旋体属（*Spirochaeta*）、疏螺旋体属（*Borrelia*）、密螺旋体属（*Treponema*）、小蛇菌属（*Serpulina*）、钩端螺旋体属（*Leptospira*）
26 组　丝状杆菌（*Fibrobacters*，3 属 5 种）	丝状杆菌属（*Fibrobacter*）
27 组　拟杆菌（*Bacteriode*，20 属 130 种）	拟杆菌属（*Bacteriodes*）、卟啉单胞菌属（*Porphyromonas*）、普雷沃菌属（*Prevotella*）
28 组　黄杆菌（*Flavobacteria*，15 属 72 种）	黄杆菌属（*Flavobacterium*）
29 组　鞘氨醇杆菌（*Sphingobacteria*，22 属 76 种）	鞘氨醇杆菌属（*Sphingobacterium*）、屈挠杆菌属（*Flexibacter*）、噬纤维菌属（*Cytophaga*）
30 组　梭杆菌（*Fusoforms*，6 属 29 种）	梭杆菌属（*Fusobacterium*）
31 组　疣微菌和相关细菌（*Verrucomicrobium*，2 属 5 种）	

第二版的系统细菌学手册，更多地采用核酸序列资料对分类群进行新的调整，无疑这是细菌系统发育分类的重大进展。但另一方面在某些类群中，由于序列特征与某些重要的表型特征相矛盾，这将给主要按表型特征进行细菌鉴定带来新的困难，如何解决这些问题，有待进一步研究。

2. 真菌的分类方法和安·贝氏菌物词典（Ainsworth and Bisby's dictionary of the fungi）

真菌在地球上存在了多长时间至今还不清楚，对真菌的起源也没有确切的结论。真菌的有些特点和植物相似，然而在某些方面又和动物有相似之处。近年来根据营养方式的比较研究得出，真菌既不是植物也不是动物，而是一个独立的生物类群——真菌界。

（1）当前重要的分类系统　自 1943 年安·贝氏菌物词典第一版发行后，到 1971 年已经发行至第六版，尤其是进入分子生物学时期后，分类学的研究呈现出异常活跃的状态。自 Ainsworth 系统 1973 年发表后，将近有十多个重要的分类系统发表，呈现众家纷纭的状态。到 2001 年由 P. M. Kirk、P. F. Cannon、J. C. David & J. A. Stalpers 编著了《Ainsworth

& Bisby's Dictionary of the Fungi》(Ninth Edition，2001)，其中列举了十几个重要的分类系统。在这些分类系统中，在以生态环境、形态特征、细胞结构、生殖特性为主要分类依据的基础上，引用了大量的与基因序列有关的分类资料。

真正按亲缘关系和客观反映系统发育的分类方法对真菌进行“自然分类”，是真菌分类学中追求的最高目标。以分子生物学方法研究真菌各类群之间的亲缘关系，从而揭示它们之间系统发育的本质和进化关系，是解决目前真菌分类处于众家纷纭的较理想的方法。但从目前真菌学科的发展水平来看，这只是分类学发展的一个方向。

(2) 真菌分类系统　真菌作为一界系统应归功于 R. H. Whittaker (1924—1980)，他在 1959 年建立的四界系统中已首次将真菌从植物界中独立出来并称为真菌界，1969 年又将四界系统调整为五界系统，从而确立了真菌在生物界系统中的地位。直到 1989 年 Cavalier-Smith 提出生物的八界系统后，把五界系统中的真菌界进行了调整，从而使八界系统中的真菌界仅包括壶菌、接合菌、子囊菌和担子菌，这就是人们常说的纯真菌。

根据教学实际情况，采用《真菌字典》第八版 (1995) 的分类系统，把原来归于鞭毛菌亚门的丝壶菌、根肿菌和卵菌以附录的形式放在壶菌门中进行介绍。又考虑到原来的半知菌亚门，尽管是一个形式亚门，但在我国已实用多年，有其独立性，而且放在子囊菌中有些勉强，因此，单独建立半知菌类，即 4 门 1 类 (见表 4-4)。

表 4-4　真菌分类系统

真菌界 (Fungi)	壶菌门 (Chytridiomycota) 壶菌纲 (Chytridiomycetes) 附：丝壶菌、根肿菌和卵菌	接合菌门 (Zygomycota) 接合菌纲 (Zygomycetes) 毛菌纲 (Trichomycetes)	子囊菌门 (Ascomycota) 半子囊菌纲 (Hemiascomycetes) 不整囊菌纲 (Plectomycetes) 核菌纲 (Pyrenomycetes) 腔菌纲 (Leculoascomycetes) 盘菌纲 (Discomycetes) 虫囊菌纲 (Laboulbeniomycetes)	担子菌门 (Basidiomycota) 冬孢纲 (Telimycetes) 层菌纲 (Hymenomycetes) 腹菌纲 (Gasteromycetes) 半知菌类 (Fungi Imperfecti) 芽孢纲 (Blastomycetes) 丝孢纲 (Hyphomycetes) 腔孢纲 (Coelomycetes)

兵马俑芽孢杆菌

福建省农业科学院宣布，该院刘波团队从秦始皇兵马俑 1 号坑土壤分离的 FJAT-13831T 菌株，是世界上首次发现的一种地球微生物——芽孢杆菌属新种，命名为兵马俑芽孢杆菌 (*Bacillus bingmayongensis* sp. nov.)。这一发现为人类开发利用芽孢杆菌提供了新途径。

日前，这一新发现发表在国际权威的《列文虎克微生物学杂志》2014 年第 3 期网络版，3 月发行的该刊第 105 卷第 3 期印刷版也刊登了该论文。

芽孢杆菌是一类能产生芽孢的细菌，有较强的抗逆性，广泛分布在南极、火山、沙漠、深海、盐湖等极端环境，其活菌制剂具有强大的生命力，成为人类重要的微生物资源，广泛应用于生物农药、生物肥料、生物保鲜、生物降污、益生菌、酶制剂以及饲料添加剂等领域。2010 年 5 月，刘波团队在国家“973”计划和农业部“948”项目支持下，在世界上首次开展秦始皇兵马俑坑土的芽孢杆菌资源研究。

第二节 微生物的鉴定

菌种鉴定工作是各类微生物学实验室都会经常遇到的基础性工作。不论鉴定对象属哪一类，其工作步骤都离不开以下三点：①获得该微生物的纯种培养物；②测定一系列必要的鉴定指标；③查找权威性的鉴定手册。

通常把鉴定微生物的技术分成四个不同水平：①细胞形态和行为水平；②细胞组分水平；③蛋白质水平；④基因组水平。按其分类的方法分为经典分类鉴定法（以细胞形态和习性为主）和现代分类鉴定方法（化学分类、遗传学分类法和数值分类鉴定法），后面一种分类方法主要是 20 世纪 60 年代以后发展起来的。本节简要介绍在微生物（特别是原核微生物）分类和鉴定中常用的、重要的几个方面。

一、微生物分类鉴定的特征和依据

1. 形态特征

（1）个体形态 主要包括镜检细胞形状、大小和排列（见表 4-5），革兰染色反应，运动性，鞭毛位置、数目，芽孢有无、形状和部位，荚膜，细胞内含物；放线菌和真菌的菌丝结构，孢子丝、孢子囊或孢子穗的形状和结构，孢子的形状、大小、颜色及表面特征等。

表 4-5 微生物的形态特征

菌落特征＼微生物类别			单细胞微生物		菌丝状微生物	
			细菌	酵母菌	放线菌	霉菌
主要特征	细胞	形态特征	小而均匀、个别有芽孢	大而分化	细而均匀	粗而分化
		相互关系	单个分散或按一定方式排列	单个分散或假丝状	丝状交织	丝状交织
	菌落	含水情况	很湿或较湿	较湿	干燥或较干燥	干燥
		外观特征	小而突起或大而平坦	大而突起	小而紧密	大而疏松或大而致密
参考特征	菌落透明度		透明或稍透明	稍透明	不透明	不透明
	菌落与培养基结合度		不结合	不结合	牢固结合	较牢固结合
	菌落的颜色		多样	单调	十分多样	十分多样
	菌落正反面颜色差别		相同	相同	一般不同	一般不同
	细胞生长速度		一般很快	较快	慢	一般较快
	气味		一般有臭味	多带酒香	常有泥腥味	霉味

（2）培养特征

① 在固体培养基平板上的菌落和斜面上的菌苔性状（形状、光泽、透明度、颜色、质地等）；

② 在半固体培养基中穿刺接种培养的生长情况；

③ 在液体培养基中的浑浊程度，液面有无菌膜、菌环，管底有无絮状沉淀，培养液颜色等。

2. 生理生化特征

① 能量代谢 利用光能还是化学能；

② 对 O_2 的要求 专性好氧、微需氧、兼性厌氧及专性厌氧等；

③ 营养和代谢特性 所需碳源、氮源的种类，有无特殊营养需要，以及存在的酶的种类等。

3. 生态学特征

生态学特征主要包括它与其他生物之间的关系（是寄生还是共生，寄主范围以及致病的情况）、在自然界的分布情况（pH 情况、水分程度等）、渗透压情况（是否耐高渗、是否有嗜盐性等）。

4. 血清学反应

用已知菌种、型或菌株制成抗血清，然后根据它们与待鉴定微生物是否发生特异性的血清学反应，来确定未知菌种、型或菌株。

5. 噬菌反应

噬菌体的寄生有专一性，在含敏感菌平板上能产生噬菌斑，噬菌斑的形状和大小可作为鉴定的依据；在液体培养基中，噬菌体的侵染使培养液由浑浊变为澄清。噬菌体寄生有专化性差别，寄生范围广的称之为多价噬菌体，能侵染同一属的多种细菌；单价噬菌体只侵染同一种的细菌；极端专化的噬菌体甚至只对同一种菌的某一菌株有侵染力，故可寻找适当专化的噬菌体作为鉴定各种细菌的生物试剂。

6. 细胞壁成分

革兰阳性细菌细胞壁含肽聚糖多，脂类少；而革兰阴性细菌与之相反。链霉菌属的细胞壁含丙氨酸、谷氨酸、甘氨酸和 2,6-二氨基庚二酸，而含有阿拉伯糖是诺卡菌属的特征，霉菌细胞壁则主要含几丁质。

7. 红外吸收光谱

利用红外吸收光谱技术测定微生物细胞的化学成分，了解微生物的化学性质，作为分类依据之一。

8. G+C 含量

生物遗传的物质基础是核酸，核酸组成上的异同反映生物之间的亲缘关系。就一种生物的 DNA 来说，它的碱基排列顺序是固定的。测定四种碱基中鸟嘌呤（G）和胞嘧啶（C）所占的物质的量（mol）百分比，就可了解各种微生物 DNA 分子同源性程度。亲缘关系接近的微生物，它们的 G+C 含量相同或近似。但是，G+C 含量相同或近似的两种微生物不一定紧密相关，因为它们的 DNA 中的四个碱基的排列顺序不一定相同。

9. DNA 杂合率

要判断微生物之间的亲缘关系，还要比较它们的 DNA 的碱基顺序，最常用的方法是 DNA 杂合法。其基本原理是利用 DNA 解链的可逆性和碱基配对的专一性，提取 DNA 并使之解链，再使互补的碱基重新配对结合成双链。根据能生成双链的情况，可测知杂合率。杂合率越高，表示两个 DNA 之间碱基顺序的相似性越高，它们之间的亲缘关系也就越近。

10. 核糖体核糖核酸（rRNA）相关度

在 DNA 相关度低的菌株之间，rRNA 同源性能显示它们的亲缘关系。rRNA-DNA 分子杂交试验可测定 rRNA 的相关度，揭示 rRNA 的同源性。

11. rRNA的碱基顺序

RNA的碱基顺序是由DNA转录来的，故完全具有相对应的关系。提取并分离细菌内^{32}P标记的16S rRNA，以核糖核酸酶消化，可获得各种寡核苷酸，测定这些寡核苷酸上的碱基顺序，可作为细菌分类学的一种标记。

12. 核糖体蛋白的组成分析

分离被测细菌的30S和50S核糖体蛋白亚单位，比较其中所含核糖体蛋白的种类及其含量，可将被鉴定的菌株分为若干类群，并绘制系统发生图。

13. 其他

通过脂类分析、核磁共振（NMR）谱、细胞色素类型以及辅酶Q的种类（所含异戊间二烯侧链的长度）等科学研究方法对微生物进行鉴定。

二、微生物鉴定的经典方法

微生物经典分类鉴定方法是一百多年来进行微生物分类鉴定的传统方法。其特点是人为地选择几种形态、生理生化特征进行分类，并在分类中将表型特征分为主、次。一般在科以上分类单位以形态特征进行鉴定，而科以下分类单位以形态结合生理生化特征加以区分。其鉴定步骤是首先在微生物分离、培养过程中，从平板菌落的特征和液体培养的性状初步判定分离菌株大类的归属；然后根据表4-6所示的经典分类鉴定指标进行鉴定；最后，采用双歧法整理实验结果，排列一个个的分类单元，形成双歧检索表（表4-7）。如条件允许也可做碳源利用的BIOLOG-GN分析和16S rDNA序列分析。多项结果结合起来确定分离菌株的属和种。

表4-6 微生物经典分类鉴定方法的指标依据

主要指标	依据
形态特征	菌落形态，在固体、半固体或液体培养基中的生长状态等
营养要求	碳源、氮源、矿质元素、生长因子等
生理生化特征	代谢产物种类、产量、显色反应等
酶	产酶种类和反应特征等
生态学特性	生长温度，对氧的需要，酸碱度要求，宿主种类，生态分布等
血清学反应	常借助特异性的血清学反应来确定未知菌种、亚种或菌株
噬菌体的敏感性	可以用某一已知的特异性噬菌体鉴定其相应的宿主
其他	—

表4-7 双歧法检索表例样

A. 能在60℃以上生长	
B. 细胞大，宽度1.3～1.8mm	1. 高温微菌属（*Thermomicrobium*）
BB. 细胞小，宽度0.4～0.8mm	
C. 能以葡萄糖为碳源生长	
CC. 不能以葡萄糖为唯一碳源	2. 热酸杆菌属（*Acidothermus*）
D. 能在pH4.5生长	3. 栖热菌属（*Thermus*）
DD. 不能在pH4.5生长	4. 嗜热嗜油杆菌属（*Thermoleophilum*）
AA. 不能在60℃以上生长	

三、微生物鉴定的现代方法

1. 微生物遗传型的鉴定

分子遗传学分类法是以微生物的遗传型（基因型）特征为依据，判断微生物间的亲缘关系，排列出一个个的分类群。目前较常使用的方法除了 DNA 中的 G+C 含量分析和 DNA-DNA 杂交分析方法外，还有 DNA-rRNA 杂交分析方法。

在微生物鉴定中研究 RNA 碱基序列的方法有两种：一是 DNA 与 rRNA 杂交，DNA 与 rRNA 杂交的基本原理、实验方法同 DNA 杂交一样，但也有不同特点。二是 16S rRNA 寡核苷酸的序列分析，分离菌株 16S rRNA 基因的方法较为简单。首先是获得待分离菌株的纯培养，然后对其核酸进行分离；其次是通过 PCR（基因扩增）技术进行基因扩增；最后采用琼脂糖凝胶电泳进行检测，也可将 PCR 产物送往专门的技术公司进行测序。

2. 细胞化学成分的鉴定

微生物分类中，根据微生物细胞的特征性化学组分对微生物进行分类的方法称化学分类法。近一时期，采用化学和物理技术研究细菌细胞的化学组成已获得很有价值的分类和鉴定资料。细胞化学成分的鉴定研究主要有细胞壁的化学组分、全细胞水解液的糖型、磷酸类脂成分分析、枝菌酸、醌类分析和气相色谱技术的应用，各种主要化学组分在原核微生物分类中的意义见表 4-8。

表 4-8　微生物的化学组分分析及其在分类水平上的应用

细胞成分	分析内容	在分类水平上的作用
细胞壁	肽聚糖结构	种和属
	多糖	
	胞壁酸	
膜	脂肪酸	种和属
	极性类脂	
	霉菌酸	
	类异戊二烯苯醌	
蛋白质	氨基酸序列分析	属和属以上单位
	血清学比较	
	电泳图	
	酶谱	
代谢产物	脂肪酸	种和属
全细胞成分分析	热解-气液色谱分析	种和亚种
	热解-质谱分析	

随着分子生物学的发展，细胞化学组分分析用于微生物分类日趋显示出重要性。细胞壁的氨基酸种类和数量现已被接受为细菌属水平的重要分类学标准。在放线菌分类中，细胞壁成分和细胞特征性糖的分析作为分属的依据，已被广泛应用。脂质是区别细菌和古菌的标准之一，细菌具有酰基脂（脂键），而古菌具有醚键脂，因此醚键脂的存在可用以区分古菌。霉菌酸的分析测定已成为诺卡菌形放线菌分类鉴定中的常规方法之一。鞘氨醇单胞菌和鞘氨

醇杆菌等的细胞膜都含有鞘氨醇，因此鞘氨醇的有无可作为此类细菌的一个重要标志。此外，某些细菌原生质膜中的异戊间二烯醌、细胞色素以及红外光谱等分析对于细菌、放线菌中某些科、属、种的鉴定也都十分有价值。

3. 数值分类法

数值分类法又称阿德逊分类法。它的特点是根据较多的特征进行分类，一般为 50～60 个，多者可达 100 个以上。在分类上，每一个特性的地位都是均等重要的。通常是以形态、生理生化特征，对环境的反应、忍受性以及生态特性为依据，最后将所测菌株两两进行比较，并借用电子计算机计算出菌株间的总相似值，列出相似值矩阵（图 4-2）。为便于观察，应将矩阵重新安排，使相似度高的菌株列在一起，然后将矩阵图转换成树状谱（图 4-3），再结合主观上的判断（如划分类似程度大于 85％者为同种、大于 65 ％者为同属等），排列出一个个分类群。

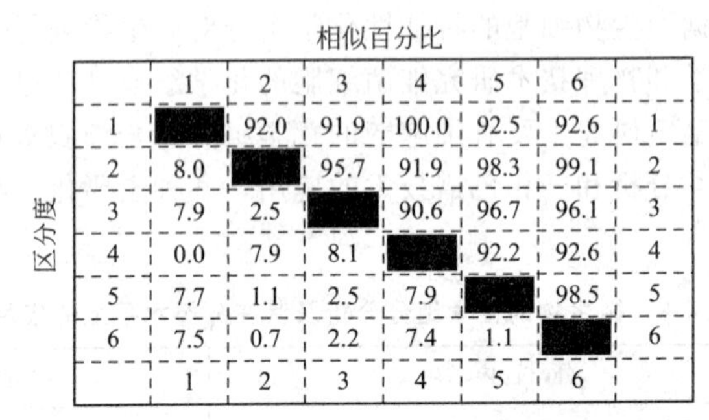
相似百分比

区分度	1	2	3	4	5	6	
1		92.0	91.9	100.0	92.5	92.6	1
2	8.0		95.7	91.9	98.3	99.1	2
3	7.9	2.5		90.6	96.7	96.1	3
4	0.0	7.9	8.1		92.2	92.6	4
5	7.7	1.1	2.5	7.9		98.5	5
6	7.5	0.7	2.2	7.4	1.1		6
	1	2	3	4	5	6	

图 4-2 显示 6 个微生物菌株的遗传相似矩阵图

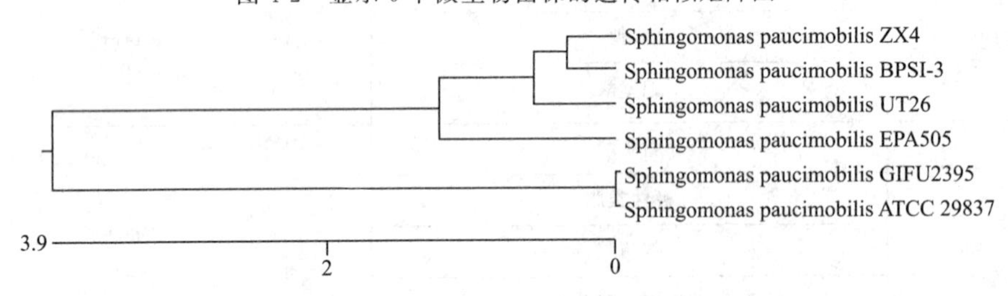

图 4-3 根据相似矩阵图转换的相似关系树状谱

数值分类法的优越性在于它是以分析大量分类特征为基础，对于类群的划分比较客观和稳定，而且促进对微生物类群的全面考查和观察，为微生物的分类鉴定积累了大量资料。但在使用数值分类法对细菌菌株分群归类定种或定属时，还应做有关菌株的 DNA 碱基的 G+C 含量和 DNA 杂交测定，以进一步加以确证。

4. 微生物快速鉴定和自动化分析方法

如何使微生物鉴定方法快速、准确、简易和自动化，一直是微生物学工作者研究的热点，尤其是临床医学方面，对微生物的快速鉴定更为迫切。近二十多年来，随着电子、计算机、分子生物学、物理、化学等的先进技术向微生物学的渗透和多学科的交叉，这方面已经取得突破性进展，许多快速、准确、简易、自动化的方法技术，不仅在微生物鉴定中广为使用，而且在微生物学的其他方面也被采用，推动了微生物学的迅速发展。

（1）微量多项试验鉴定系统 该系统的基本原理是根据微生物生理生化特征进行数码分类鉴定，也称为简易诊检技术，或者数码分类鉴定法。它是针对不同微生物的生理生化特征，配制各种培养基、反应底物、试剂等，分别微量（约 0.1mL）加入各个分隔室中（或用小圆纸片吸收），冷冻干燥脱水或不干燥脱水，各分隔室在同一塑料条或板上构成检测卡。试验时加入待检测的某一种菌液，培养 2～48h，观察鉴定卡上各项反应，按判定表判定实验结果，用此结果查检索表（根据数码分类鉴定的原理编制而成），得到鉴定结果，或将编码输入计算机，用根据数码分类鉴定原理编制的软件鉴定打印出结果。

微量多项试验鉴定系统已广泛用于动植物检疫、临床检验、食品卫生、药品检查、环境监测、发酵控制以及生态研究等方面，尤其是在临床检验中深受欢迎（表 4-9）。下面简单介绍两个系统。

表 4-9 国际上常用的 6 种微量多项试验鉴定系统的优缺点比较

特 点	Enterotube	R/B	API 20E	Minitek	PatboTec	Micro-ID
准确性(与常规法比较)	95%	90%～98%	93%～98%	91%～100%	95%	95%
诊断时间/h	18～24	18～24	18～24	18～24	4	4
最后报告时间/h	48	48	48	48	24～30	24～30
系统的简单性	简单	简单	不简单	不简单	不简单	较简单
底物载体	培养基	培养基	脱水培养基	圆纸片	纸条	圆纸片
试验项目数	15	14	20	14(35)	12	15
选择性	良好	良好	良好	很好	一般	良好
不够稳定的项目	枸橼酸盐利用、尿素酶	乳糖、葡萄糖/气 DNase	产 H_2S、赖氨酸脱羧、鸟氨酸脱羧、枸橼酸盐利用	产 H_2S	尿素酶、七叶灵水解试验	赖氨酸脱羧、山梨醇产酸、肌醇产酸

① 法国生物梅里埃集团的 API 20E 系统　它是 API/ATB 中最早和最重要的产品，也是国际上应用最多的系统。该系统的鉴定卡是一块有 20 个分隔室的塑料条，分隔室由相连通的小管和小环组成，各小管中含不同的脱水培养基、试剂或底物等，每一分隔室可进行一种生化反应，个别的分隔室可进行两种反应，主要用来鉴定肠杆菌科细菌。

鉴定未知细菌的主要过程是：将菌液加入每一个分隔室；培养后，有的分隔室的小杯中需要添加试剂，观察鉴定卡上 20 个分隔室中的反应变色情况（图 4-4），根据反应判定表（表 4-10）判定各项反应是阳性还是阴性；按鉴定卡上反应项目从左到右的顺序，每三个反应项目编为一组，共编为七组，每组中每个反应项目定为一个数值，依次是 1、2、4，各组中试验结果判定的反应是阳性标记为“+”，并写下其所定的数值，反应阴性标记为“－”，并写为 0，每组中的数值组合起来，便形成了 7 位数字的编码；用 7 位数字的编码查 API 20E 系统的检索表，或输入计算机检索，则能将检验的细菌鉴定出是什么菌种或生物型。

表 4-10 API 20E 反应判定表

鉴定卡上反应项目		反应结果	
代 号	项 目 名 称	阴 性	阳 性
ONPN	β-半乳糖苷酶	无色	黄色
ADH	精氨酸水解	黄绿	红，橘红
LDC	赖氨酸脱羧	黄绿	红，橘红

续表

鉴定卡上反应项目		反应结果	
代号	项目名称	阴性	阳性
ODC	鸟氨酸脱羧	黄绿	红，橘红
CIT	枸橼酸盐利用	黄绿	绿蓝
H_2S	产 H_2S	无色	黑色沉淀
URE	尿素酶	黄	红紫色
TDA	色氨酸脱氨酶	黄	红紫色
IND	吲哚形成	黄绿	红
VP	V-P 试验	无色	红
GEL	蛋白酶	黑粒	黑液
GLU	葡萄糖产酸	蓝	黄绿
MAN	甘露醇产酸	蓝	黄绿
INO	肌醇产酸	蓝	黄绿
SOR	山梨醇产酸	蓝	黄绿
RHA	鼠李糖产酸	蓝	黄绿
SAC	蔗糖产酸	蓝	黄绿
MEL	蜜二糖产酸	蓝	黄绿
AMY	淀粉产酸	蓝	黄绿
ARA	阿拉伯糖产酸	蓝	黄绿

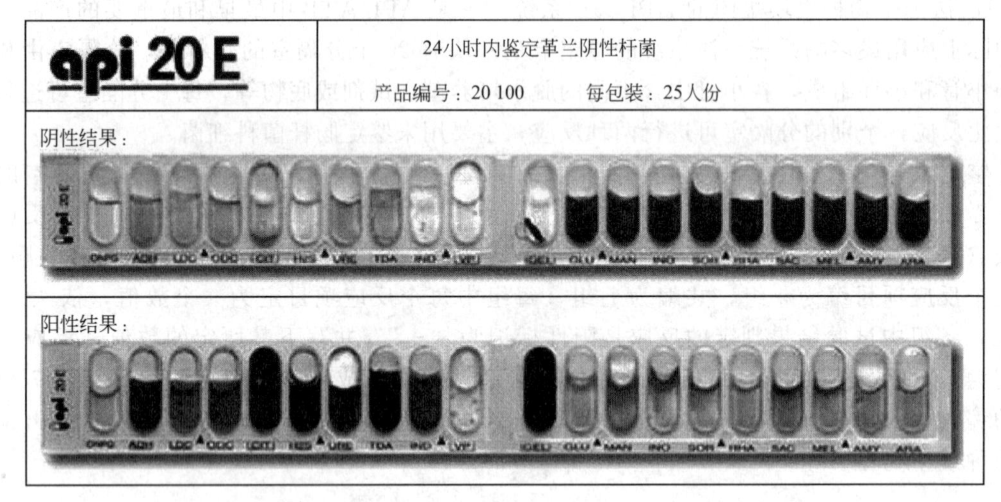

图 4-4 API 检定系统

② Enterotube Enterotube 是一种应用较广泛的系统，可以称为肠道管系统。它的鉴定卡是由带有 12 个分隔室的一根塑料管组成，每个分隔室内装有不同的琼脂斜面培养基，能检验微生物的 15 种生理生化反应，一根接种丝穿过全部分隔室的各种培养基，并在塑料管的两端突出，被两个塑料帽盖着，像一根火腿肠。

鉴定未知菌时，将塑料管的两端帽子移去，用接种丝一端的突出尖端接触平板上待鉴定的菌落中心，然后在另一端拉出接种丝，通过全部分隔室，使所有培养基都被接种，再将一段接种丝插回到4个分隔室的培养基中，以保持其还原或厌氧条件。培养后，有的分隔室也需加试剂。然后按API 20E类似的步骤，观察反应变色情况，判定试验结果是阴性或阳性，形成5位数的编码，因12个分隔中有3个分隔中的培养基都能观察到两种生化反应，此肠道管系统共15个反应，可分为5个组。根据编码查肠道管系统的索引，或用计算机检索，获得鉴定细菌的种名或生物型。

另外，还有一种可携带的检测水中大肠菌数的大肠菌测试卡，即微孔滤膜菌落计数板。它是在一块拇指大小的塑料板上，装有一薄层脱水干燥的大肠菌选择鉴定培养基，其上覆盖微孔滤膜（0.45μm），整个塑料板有一外套。检测时将塑料板浸入受检水中约半分钟，滤膜仅允许1mL水进入有培养基的一边，干燥的培养基则吸水溶解、扩散与滤膜相连，而1mL水中的大肠菌则滞留在膜的另一边，套上外套培养12～24h，统计滤膜上形成的蓝色或绿色菌落数。菌落的多少可以表明水中污染大肠菌群的状况。该测定卡的携带和培养都比较方便，适于野外工作和家庭使用，可以放在人体内衣口袋中培养。置换塑料板上的培养基，可以制成检测各种样品的微孔滤膜块。

（2）快速、自动化微生物检测仪器和设备　快速、自动化微生物检测仪器和设备分为两大类：一类是物理、化学等领域常用的仪器和设备；另一类为微生物领域专用的或者首先使用的自动化程度很高的仪器和设备。它们分别包括：

① 通用仪器　气相色谱仪及高压液相色谱仪（尤其适用于厌氧菌，分析脂肪酸和醇类）、质谱仪（幽门螺杆菌——^{13}C呼气试验）等，这类仪器设备主要利用物理、化学等领域中的技术手段对微生物的化学组成、结构和性能等进行自动化测量、分析、比较，能对未知微生物做出快速鉴定。

② 专用仪器　药敏自动测定仪、生物发光测量仪、自动微生物检测仪、微生物菌落自动识别计数仪以及微生物传感器等。

a. BBLTM Crystal^{TM}半自动细菌鉴定系统　该系统是BD公司的产品。它是将传统的酶、底物生化呈色反应与先进的荧光增强显色技术结合以设计鉴定反应最佳组合。反应板在机外孵育后，上机自动判读鉴定结果。配套提供独立分装的鉴定用肉汤试管，确保无菌状态，使用方便。配套比浊仪可快速调配所需浊度的菌液。

b. VITEK AMS全自动微生物鉴定和药敏分析系统　该系统是由法国生物梅里埃公司生产的。第一代产品有以下四个规格：VITEK AMS 32、60、120、240，由计算机主机、孵育箱/读数器、充填机/封口机、打印机等组成。鉴定原理是根据不同微生物的理化性质不同，采用光电比色法，测定微生物分解底物导致pH改变而产生的不同颜色，来判断反应的结果。在每张卡上有30项生化反应，由计算机控制的读数器每隔1h对各反应孔底物进行光扫描，并读数一次，动态观察反应变化。一旦鉴定卡内的终点指示孔到临界值，则指示此卡已完成。系统最后一次读数后，将所得的生物数码与菌种数据库标准菌的生物模型相比较，得到相似系统鉴定值，并自动打印出实验报告。获得细菌的纯培养后，调整菌悬液浓度，根据不同的细菌选择相应的药敏试验卡片，在充液仓中对卡片进行充液。放置在孵育箱/读数器中孵育，自动定时测试、读取数据和判断结果。VITEK可快速鉴定包括各种肠杆菌科细菌、非发酵细菌、苛氧菌、革兰阳性球菌、革兰阴性球菌、厌氧菌和酵母菌等500种临床病原菌。它具有20多种药敏测试卡、97种抗生素和测定超广谱β-内酰胺酶测试卡，可快速检测细菌药敏情况。

c. AutoScan-4半自动细菌鉴定和药敏分析系统　AutoScan-4是由Dade MicroScan公司

生产，它由计算机和读数器两部分组成。鉴定和药敏反应板在机外孵育后，一次性上机，自动判读鉴定和药敏试验结果；亦可人工进行判读，将编码输入计算机，由计算机软件评定结果。有鉴定及鉴定/药敏复合板两种测试卡。

d. Phoenix™系统 Phoenix™ System 是新一代全自动快速细菌鉴定/药敏系统，由BD公司生产。鉴定试验采用BD专利荧光增强技术与传统酶、底物生化呈色反应相结合的原理。药敏试验采用传统比浊法和BD专利呈色反应双重标准进行药敏试验结果判断。仪器由主机、比浊仪、微生物专家系统等组成。有Phoenix™ 100或Phoenix™ 50两种型号。Phoenix™ 100型分别可进行100个鉴定试验和100个药敏试验；可鉴定革兰阳性菌139种、革兰阴性菌158种；有鉴定板、药敏板或鉴定/药敏复合板3种可供选择。每个鉴定/药敏复合板有51孔用于鉴定试验、85孔用于药敏试验，可同时进行17种抗生素5种浓度或28种抗生素3种浓度的MIC药敏试验。90%细菌的鉴定在3～6h完成，鉴定准确率大于90%，85%的细菌药敏试验在4～6h内出结果。

当然使用自动化鉴定仪也有局限性，主要有以下几方面：a. 自动化鉴定系统是根据数据库中所提供的背景资料鉴定细菌，数据库资料的不完整将直接影响鉴定的准确性。到目前为止，尚无一个鉴定系统能包括所有的细菌鉴定资料。对细菌的分类是根据传统的分类方法，因此鉴定也以传统的手工鉴定方法为“金标准”。使用自动化鉴定仪的实验室，应对技术人员进行手工鉴定基础与操作技能培训。b. 细菌的分类系统随着人们对细菌本质认识的加深而不断演变，使用自动化鉴定仪的实验室应经常与生产厂家联系，及时更新数据库。实验室技术人员应了解细菌分类的最新变化，便于在系统更新之前即可进行手工修改。c. 通过自动化鉴定仪得出的结果，必须与其他已获得的生物性状（如标本来源、菌落特征及其他的生理生化特征）进行核对，以避免错误的鉴定。

放线菌的分类

放线菌的分类方法有以下几种：依据形态特征、培养特征和生理生化特征等表观分类学指征进行分类；通过大量的特征分析，以计算出的相似值来表示菌株间相互关系的数值分类；以菌株不同化学特性进行分类和鉴定的化学分类；通过DNA-DNA（rRNA）分子杂交技术、DNA碱基分析、16S rRNA寡核苷酸编目分析进行分类的分子分类；将表型、基因型以及系统进化分析数据综合起来作为分类和进化分析依据的多相分类。

第三节 微生物菌种及技术的专利申请和保护

国际社会对微生物技术专利及保护重视程度非常高，自20世纪60年代开始，随着现代生物技术的迅速崛起，人们关于微生物技术的许多传统观念发生了深刻的变化，传统的微生物技术是指旧有的制造酱、醋、酒、面包、奶酪、酸奶及其他食品的传统工艺；而现代微生物技术是以微生物学研究为基础，以基因工程为核心的新兴学科。

一、微生物菌种专利申请和保护

微生物菌种属于可授予专利的主题。根据现代生物学的分类方法，微生物菌种既不属于动物也不属于植物，虽然中国专利对微生物一直没有做出明确的规定，但根据专利法实施细则第二十五条和审查指南第二部分第十章的相应规定，微生物菌种属于可授予专利的主题，不仅包括各种细菌、真菌、放线菌和病毒，而且也包括遗传物质如基因、DNA、RNA 和染色体。

微生物的专利保护是一个比较特殊的问题，有关微生物的专利保护，应当注意专利程序中的微生物保藏问题，我国现行的有关专利法规已经有了相关规定。比如，如果该新的微生物是从自然界的特定环境中筛选或者是通过物理、化学方法诱变而随机获得的，那么由于以上方法获得的新微生物不具备可重复性——即其他技术人员即使根据筛选过程的文字说明也难于再次获得这些特定的微生物，申请人必须到国家专利局认可的微生物保藏机构将该微生物予以保藏，获得应有的保藏和存活证明以及分类学命名。而且，我国已经于 1995 年 7 月 1 日加入了“国际承认用于专利程序的微生物保存布达佩斯条约”，认可了两家国内的合格保藏机构，让微生物的专利申请人能更方便、简捷地进行微生物保藏。

二、微生物技术的专利申请和保护

当代微生物的研究更多地依靠现代生物技术的进步，因此国际社会对知识产权保护客体也有了新的认识，生物技术涵盖了微生物技术，从而在微生物技术的法律保护这一问题上取得了较大的进展。许多国际组织和国家对日益增加且日趋重要的生物技术知识产权问题非常重视。如联合国贸易和发展会议（UNCTAD）建立了生物技术和遗传工程国际中心。该中心章程规定对生物技术发明创造要给予法律保护；经济合作与发展组织（OECD）的部分成员国以及该组织的科学技术政策中心提出了用专利保护生物技术成果的报告；早在 1983 年，巴黎公约国际联合会第 14 次会议就提出建议，要求世界知识产权组织（WIPO）研究利用专利和其他形式在各国和国际上有效地保护生物技术发明创造。为此世界知识产权组织成立了专门委员会，进行调查研究并多次召开专家会议对利用专利保护生物技术的各种法律问题进行了广泛的研究探讨，以期寻求各国及国际组织对生物技术知识产权保护的共同原则和通行作法。通过十几年来的努力探索和实践，各国间共识增加，协调增进，对国际经济、技术、贸易交流起到了积极的推动作用。在世界范围内，美国、德国、西欧主要国家和日本比较早地对生物技术领域的知识产权实行了法律保护，前苏联和一些东欧国家也在 20 世纪五六十年代后开展了相应的工作。生物技术知识产权保护制度的建立，极大地提高了这些国家生物科技的创新能力，促进了现代农业、现代医学以及环境、能源、材料等领域变革性的发展，并使这些国家在国际技术交流与经济贸易中受益。因此，越来越多的国家把知识产权制度建设和有效实施作为一项发展战略，采取积极行动，研究和探索适应本国经济发展水平，同时符合国际通行体系的生物技术知识产权保护制度，并加强管理，提高运作水平和能力，以适应日益加强的全球经济一体化发展趋向。

与发达国家相比，我国在生物技术立法和管理上都存在一定差距，虽然我国也针对具体问题做出了一些规定，但基本属于行政规章范畴，并且管理机制也不够完善。自改革开放以来，特别是进入 20 世纪 90 年代，我国加快了知识产权制度建设及向国际体系靠拢的进程。我国修改后的《专利法》，扩大了对生物技术的保护范围，加强了对其的保护力度。前已述及，1995 年 7 月，我国加入“国际承认用于专利程序的微生物保存布达佩斯条约”，开始与国际生物技术知识产权制度接轨。1997 年 4 月 30 日，“中华人民共和国植物新品种保护条例”发布（同年 10 月 1 日施行），这是我国第一部有关生物技术知识产权保护的法律性条例，对促进生物技术育种及相关科技的发展进步与成果转化将产生重大影响。但是，在当今经济发展、科技进步时代，特别是知识经济所面临的机遇和挑战，我国知识产权观念还不是很强烈，自主创新意识还较弱，有不少生物技术研究开发项目，从选题、设计、实施到评价，对以专利等形式知识产权所反映的科技信息和跟踪把握不够，查新不充分或主攻方向策略性不强，造成科研成果创新水平低，以致在低水平重复，有的生物技术成果因先见于论著而失去新颖性，丧失知识产权。

生物技术中很重要的知识产权的法律保护体现在专利权上，所以说专利法是生物技术很重要的保护手段。目前我国的专利法体系中较少涉及生物技术发明的专利保护问题，只有对某些与生物技术有关发明的简单排除。而国际上很多国家都对生物技术的专利问题做以明确的规定，但是我国《专利法》(1984 年制定，1992 年、2000 年修订) 第 25 条仅仅是排除了“疾病的诊断和治疗方法”和“动物和植物品种”的可专利性，即认为有生命的物种（尤其是动物与植物物种）是不可专利的。但随着生物技术的飞速发展，不授予生命物质专利的做法已被突破，并且已成为基因时代的发展趋势，我国现行的《专利法》及其实施细则就难以有效地处理现实中遇到的实际问题。

目前，就我国法律体系的现状和国际保护现状而言，建立一个全新的保护生物技术知识产权的法律时机尚不成熟，而且一步达到全面保护很难说对发展就一定利大于弊，必须依赖技术发展的进程，结合我国国情，渐次达到一定的保护程度，并逐步与国际接轨。

生物技术保护方面，目前我国已形成一定格局，一是对涉及与人们生活密切相关的食品、医药、能源及环境等广泛领域的具有实用价值和商业化前景的生物技术发明适用专利法保护；二是植物新品种的保护实施对育种方法的专利保护和《植物新品种保护条例》的双重保护；三是对于涉及微生物或其使用的发明适用专利保护，具体操作按《中华人民共和国专利法实施细则》第二十五条、第二十六条及中国专利局颁布的《用于专利程序的微生物保藏办法》执行。

生物技术研究和开发的高投入和高风险性，决定了对其进行保护的重要性，专利保护是实现其投资补偿及确保其良性循环的有力武器，许多国家都视其为生物技术生存发展的关键。只有加强和有效地保护，才能确保那些在生物技术形成和开发上投资巨大的人能得到应有的经济回报，如果做不到这一点，则生物技术的许多领域将无法进一步向前发展。我国生物技术研究起步较晚、基础较薄弱，因此，在我国生物技术研究开发和产业化过程中，全方位引入专利保护是一项十分紧迫的任务。在我国，由于科研资金及综合国力等条件的限制，目前在生物技术领域还不能与发达国家抗衡，进一步保护专利技术和运用生物技术推动人类社会进步，显得尤为重要。

微生物及其基因呼唤专利法保护

根据传统专利法的观点，要解决能否就微生物及基因主张专利权利的问题，关键在于微生物及基因应属于专利法上的发明还是科学发现。一般而言，发现是对自然现象本质规律的揭示，而发明则是这些本质规律的具体应用。科学发现虽然可能较之发明对社会的贡献更大，但其不具备专利法给予专利保护所要求的实用性，不能直接制造出前所未有的产物或直接当作某种方法使用，故不是专利法意义上的发明，不能授予专利权。也就是说，一项重要的科学发现可能会对人类产生深远的影响，可能会获得诺贝尔奖，但是却不会成为专利法上所称的发明而获得专利保护。

对微生物及基因的研究成果到底归属于发明还是科学发现的不同回答，形成了微生物及基因能否进行专利保护的两种不同观点。

一种观点可以称为否定说，认为微生物及基因是自然界中客观存在的，人们对其研究的成果恰如门捷列夫根据元素周期的深刻洞悉而绘出的元素周期表，或医学科研人员凭借对人体的细微研究而画出的人体解剖图，当然付出了艰苦卓绝的脑力劳动，但是仍属于科学发现的范畴，因为科学发现本身就决定了不可能是显而易见就得出结论的，因此，对于微生物及基因本身，任何人都不可主张专利权利。但是，对其进行提纯、净化、绘制的独特方法却属于专利法的保护范围，对其可以申请专利。

另一种观点可以称之为肯定说，认为发明人主张权利的微生物及基因已经因为发明人的提纯、净化、绘制活动而使其改变了原来自然存在的状态。由于生物科技与社会生活的紧密联系性，对微生物及基因的研究已不仅仅是对其客观规律的揭示，它与客观应用仅有一步之遥。况且，基因研究比较特殊，高风险、高投入，商业应用前景又不可估量，无论是从智慧劳动的角度还是从商业回报的角度，都应该承认其知识产权，授予专利权利，否则会使作为新兴产业的生物科技的发展受到很大影响。

在微生物及基因的研究成果的形成过程中，科学发现和发明两者是兼而有之的，应该对其进行区别对待。

本章小结

1. 分类、命名和鉴定共同构成了微生物分类的全部。分类单元用界、门、纲、目、科、属、种七个等级确定微生物的位置；林氏命名法确定微生物的名称；鉴定确定微生物的身份。《伯杰氏系统细菌学手册》和《真菌学辞典》是我们常用的选择。

2. 微生物鉴定的特征和方法，基于传统生物技术手段和现代生物技术手段为表征的微生物鉴定手段分为经典的微生物分类鉴定方法和现代分类鉴定方法。

3. 国际社会都非常重视微生物菌种和技术的专利保护和申请，随着生物技术的发展，我国对微生物技术专利保护的政策和实践也将发生相应的改变。

复习思考题

一、名词解释

属　种　亚种　菌株　DNA（G+C）含量值［物质的量（mol）百分比］　数值分类法

二、问答题

1. 为什么需要对微生物进行分类？
2. 简述微生物命名的原则，试举例。
3. 种以上的分类单元各级中文、英文、拉丁文名称是什么？试举一具体菌种按7级单元排列。
4. 微生物的分类单元有哪些？基本分类单元是什么？
5. 微生物分类的依据主要有哪些？
6. 随着新的理化技术在鉴定微生物中的应用，经典的分类指标会被淘汰吗？为什么？
7. 举出一个自动化快速鉴定微生物的系统。
8. 思考微生物专利技术保护的发展方向和政策措施。

第二篇　培养微生物

第五章　微生物的营养、生长和控制

学习目标

1. 了解微生物的营养和营养物质；掌握微生物的营养类型；理解微生物吸收营养物质的四种方式。

2. 理解培养基的配制原则，掌握不同划分条件下培养基的类型及其应用，学会常用培养基的设计与配制。

3. 理解获得微生物纯培养的技术以及掌握微生物纯培养生长的测定方法。

4. 掌握微生物的生长（个体生长、群体生长）规律及其应用。

5. 理解影响微生物生长和繁殖的环境条件，熟悉常用的微生物生长控制方法与手段。

第一节　微生物的营养

微生物在其生命活动中必须从外界环境中吸收各种营养物质以满足合成细胞、提供能量和代谢调节的需要。凡能被微生物吸收利用，为其提供能量及建造新细胞成分的物质，称为营养物质。微生物不断地从周围环境中获取和利用对其生命活动必需的营养物质，以满足正常生长和繁殖需要的一种最基本的生理功能的过程称为营养。营养物质是微生物进行生命活动的物质基础。微生物吸收何种营养物质取决于微生物细胞的化学组成。

一、微生物细胞的化学组成

微生物细胞的化学组成与其他生物细胞的组成成分基本一致，从元素上讲，微生物细胞都含有碳、氢、氧、氮和各种矿物质元素如磷、硫、钙、镁、钾、钠等来组成微生物细胞的有机和无机成分。从化合物水平讲，各种元素主要以水、蛋白质、碳水化合物、脂肪、核酸和无机盐等形式（表5-1）存在于微生物细胞中。分析微生物细胞的化学组成，可以作为确定微生物需求营养物质的重要依据。

表5-1　几种微生物细胞的主要成分含量　　单位：%

微生物	水分	干物质					
		总量	蛋白质	核酸	碳水化合物	脂肪	无机盐类
细菌	75～85	15～25	50～80	10～20	12～28	5～20	1.4～14
酵母菌	70～80	20～30	32～75	6～8	27～63	2～5	7～10
霉菌	85～95	5～15	14～52	1	7～40	4～40	6～12

水分是微生物及一切生物细胞中含量最多的成分，是维持细胞生命活动不可缺少的。细胞湿重与干重之差为细胞含水量，常以百分率表示。不同微生物细胞含水量不同，同种微生物处于不同的生长发育时期，其含水量也不同。一般来说，微生物的衰老型含水量较幼龄微生物少，休眠体较营养体含水量更少，如细菌的芽孢和霉菌孢子含水量仅约40%。通常情况下，微生物细胞含水量约为70%～90%，由氢、氧元素构成，以结合水和游离水两种形

式存在。干物质主要由有机物和无机物组成。有机物约占细胞干重的90%～97%，主要由碳、氢、氧、氮等元素构成。有机物主要包括蛋白质、核酸、碳水化合物、脂肪、维生素及其降解物和代谢产物等。无机盐类或称矿质元素，一般占细胞干重的3%～10%，以磷的含量最高，约占矿质总量的50%；其次为硫、钾、钙、镁、铁等大量元素，还有铜、锌、锰、钠、硼、钴、钼、硅等含量很少的微量元素。

各种化学元素在微生物细胞中的含量因其种类不同而有明显差异，微生物细胞的化学元素组成也常随菌龄及培养条件的不同而在一定范围内发生变化。如细菌和酵母菌的含氮量比霉菌高；幼龄菌比老龄菌的含氮量高；在氮源丰富的培养基上生长的细胞与在氮源相对贫乏的培养基上生长的细胞相比，前者含氮量高，后者含氮量低。在特殊生态环境中生活的某些微生物，常在细胞内富集某些特殊元素，例如海洋微生物细胞中含较高的钠，某些硫化细菌在细胞内积累硫元素，铁细菌内积累较高的铁，硅藻在外壳中积累硅、钙等元素。

微生物细胞中，除上述几种主要物质外，有些微生物细胞内还含有维生素、色素、毒素等物质。微生物细胞中的各种化学元素都是微生物吸收营养物质转变而来的。

二、微生物的六类营养要素

根据微生物化学组成的分析，不难理解微生物所需的营养物质有水、碳源、氮源、无机盐、生长因子和能源六大类。

1. 水分

水分是微生物细胞的主要组成成分，是微生物生命活动所必需的物质。微生物细胞中的水分由不易结冰、不易蒸发、不能流动的结合水和呈游离状态的、具有水的一般特性的自由水组成，游离水与结合水的比例大约为4∶1。

水分在细胞中的生理功能主要有：水分是细胞物质的组成成分；是细胞中多种物质的溶剂与运输媒介；细胞中各种生化反应必须以水为介质才能完成；水能维持蛋白质、核酸等生物大分子稳定的天然构象和酶的活性；一定的水分是细胞维持渗透压，维持细胞正常形态的重要因素；水的比热容高，是热的良好导体，能有效地吸收代谢过程中产生的热量并及时将热散发出体外，使细胞内温度不至于骤然升高，从而有效地调节细胞内温度的变化；水分还能提供氢、氧两种元素。若微生物体内缺乏水分，将会影响整个机体的代谢。

水分对微生物生命活动极其重要，培养微生物时应供给足够的水分，一般用自来水、井水、河水等就可满足微生物对水分的营养要求，但要注意水中的矿物质是否过多，否则应软化后再用。如有特殊要求可用蒸馏水。

2. 碳源

凡能为微生物提供碳素营养的物质，称为碳源。碳源是构成细胞物质的主要元素，在细胞内经一系列化学变化转化为微生物自身细胞物质，如糖、脂、蛋白质、各种代谢产物和细胞储藏物质。多数碳源还能为微生物提供能源，微生物吸收的碳源仅有20%用于合成细胞物质，其余均被氧化分解放出能量用于维持生命活动的需要。

自然界中的碳源种类很多，根据碳源的来源不同，可将碳源分为无机碳源和有机碳源。迄今为止，自然界中发现的各种碳源已超过700万余种。从简单的无机碳化物（CO_2）到复杂的天然有机碳化物（如糖类、纤维素、淀粉、醇类、有机酸、脂肪和烃类等），各种碳源均可不同程度地被相应微生物所利用。大多数微生物利用有机碳源，如绝大多数的细菌及全部放线菌和真菌都是以有机物作为碳源。在实验和生产实践中，糖类是一般微生物较易利用的良好碳源和能源物质，其中葡萄糖是最常用的，其次是各种有机酸、醇和脂类。目前，微生物工业发酵中所利用的碳源物质常为农副产品和工业废弃物，如玉米粉、马铃薯、单糖、饴糖、废糖蜜（制糖工业副产品）、淀粉类、麸皮、米糠、酱渣、酒糟、棉籽壳、木屑及农作物秸秆等。这些物质除提供碳源和能源外，还可供应其他营养成分。少数微生物能仅以CO_2（或无机碳酸盐）为唯一或主要碳源，它们从日光或无机物氧化中摄取能源。总体来说，自然界中的碳源都可被微生物所利用，这是由于微生物的种类繁多，所需要的碳源物质不同。但就某一种微生物来说，所利用的碳源是有限的，具有选择性，因此可根据微生物对碳源的利用情况作为微生物营养类型划分的依据。

3. 氮源

凡能为微生物提供氮素营养的物质，称为氮源。微生物细胞中含氮5%～13%，含氮化合物是构成蛋白质与核酸的重要成分，氮源对微生物的生长发育有着重要的意义。氮源一般不作为能量来源，只有少数自养型微生物如硝化细菌等可利用铵盐、硝酸盐氧化过程中放出的能量，为微生物生命活动提供能源。在氮源物质缺乏的情况下，某些厌氧微生物可利用某些氨基酸作能源。

氮源在自然界以游离氮气、无机氮化物和有机氮化物三种形式存在，如分子态氮、铵盐、硝酸盐、蛋白质及不同程度的降解产物（如胨、肽、氨基酸等）、碱基、尿素等。微生物对氮源的利用范围大大超过动植物。不同微生物利用不同形式的氮源，从分子态氮到结构复杂的有机氮化物都可被相应微生物不同程度地利用，微生物营养要求上的氮源物质有三种类型：①空气中的分子氮。少数固氮微生物，如自生固氮微生物、根瘤菌等以空气中的分子氮为唯一氮源。N_2在自然界储量极大，所有的高等动植物和绝大多数微生物都不能直接利用，只有少数固氮微生物能直接利用。但是，当固氮微生物生活环境中有其他氮源存在时，它们就会利用这些氮源而丧失固氮能力。②无机氮化物。微生物吸收这类氮源的能力较强，微生物利用无机氮（如铵盐、硝酸盐等）和简单有机氮（如尿素）为氮源，自行合成所需要的氨基酸，进而转化为蛋白质及其他含氮有机物。自然界的绝大多数微生物均可以利用无机氮化物。③有机氮化物。大多数寄生微生物和部分腐生微生物不能合成生长发育的某些必需氨基酸，同动物一样必须从蛋白质、氨基酸等有机氮化物中摄取必需氨基酸才能正常生长发育。

在实验室中，常以铵盐、硝酸盐、尿素、氨基酸、蛋白胨、酵母浸膏、牛肉膏等简单氮化物为氮源；在发酵工业生产中，常以花生饼粉、蚕蛹粉、豆饼粉、鱼粉、玉米浆、麸皮、米糠等复杂廉价的有机氮化物为氮源。简单氮化物可被微生物直接快速吸收利用，称为速效氮源；复杂有机氮化物需经胞外酶将其分解成简单氮化物才能成为有效态氮源而被微生物吸收利用，称为迟效氮源。

4. 无机盐

矿质元素的化合物为无机盐，是微生物代谢中必不可少的营养物质。无机盐在微生物体内的主要生理功能有：参与细胞组成，如P是核酸组成元素之一，可作为酶的组成部分或激活剂。再如Fe是过氧化氢酶的组成成分，Ca是蛋白酶的激活剂等。此外，无机盐还具有调节酸碱度、细胞通透性、渗透压（如Na、Ca、K）、氧化还原电位及能量的转移（如P、S）等作用。有些化能自养微生物还利用矿质元素氧化提供能源（如S、Fe）。

微生物生长过程中，对无机盐的需求量很小，凡生长所需浓度在10^{-4}～10^{-3}mol/L范围内的元素为大量元素；凡生长所需浓度在10^{-8}～10^{-6}mol/L范围内的元素为微量元素。培养微生物时，矿质元素大多可以从培养基的有机物中获得，一般只需加入一定量的硫酸盐、磷酸盐类和氯化物即可满足需要。其他无机盐类一般不需另外添加，自来水和其他营养物质中以杂质形式存在的数量就能满足微生物生长的需要，过量加入反而有抑制或毒害微生物的作用。

5. 生长因子

生长因子是指对于微生物生长必不可少而需求量极微，本身不能合成或合成量不足以满足机体生长需要的，必须从外界供给的有机化合物。生长因子必须在培养基中加入，缺少这些生长因子就会影响微生物体内的新陈代谢。根据生长因子结构和生理功能的不同，生长因子包括氨基酸、维生素和碱基及三类物质的衍生物。目前发现的许多维生素都能起到生长因子的作用，这些生长因子被微生物吸收后，一般不被分解，大部分是作为酶的组成成分，直接参与或调节代谢反应，如许多维生素是酶的辅基或辅酶；嘌呤和嘧啶在机体中也是主要作为酶的辅基或辅酶用来合成核苷和核酸；有些微生物由于缺乏自身合成氨基酸的能力，需要在培养基中补充相应的氨基酸才能生长。

事实上，在科研及实际生产中，通常用牛肉膏、酵母膏、马铃薯汁、玉米浆、麦芽汁或其他动植物浸出液等天然物质作为生长因子的来源足以满足微生物的生长需要。目前对某种微生物生长所需生长因子的本质还不太了解，许多作为碳源和氮源的天然原料本身就含有丰富的生长因子，因此在此类培养基中一般无需另外添加生长因子。

6. 能源

在微生物的生命活动过程中，除上述五种营养物质外，能源也是必不可少的，凡能提供最初能量来源的营养物质或辐射能称为能源。微生物对能源的利用也较广泛，微生物培养中，一般不需另外提供能源。异养微生物，碳源就是能源，微生物主要利用有机碳化物的分解获取能量，只有少数异养微生物能够利用氮源和光作为能源；光能自养微生物，可以利用光能如蓝细菌；化能自养微生物利用还原态的无机物（NH_3、NO_2^-、Fe^{2+}、H_2S、H_2等）氧化作为能源，例如亚硝酸细菌、硝酸细菌、硫化细菌、硫细菌、氢细菌、铁细菌等。

三、微生物的营养类型

微生物种类繁多，其营养类型按不同依据可划分成不同类型，通常依据微生物所需要的碳源及能源的不同将其分为光能自养、化能自养、光能异养及化能异养四种营养类型（表 5-2）。

表 5-2 微生物的营养类型

营养类型	氢或电子供体	碳 源	能 源	举 例
光能自养型	H_2O或还原态无机物	CO_2	光能	着色细菌、蓝细菌、藻类等
光能异养型	有机物	CO_2或简单有机物	光能	红螺细菌(紫色无硫细菌)
化能自养型	还原态无机物	CO_2或CO_3^{2-}	化学能(无机物)	硝化细菌、硫细菌、氢细菌、铁细菌等
化能异养型	有机物	有机物	化学能(有机物)	绝大多数细菌、全部放线菌及真核微生物

1. 光能自养型

光能自养型也称为光能无机营养型。这是一类能以CO_2为唯一碳源或主要碳源并利用光能进行生长的微生物。光能自养型微生物主要有：蓝细菌、紫硫细菌、绿硫细菌等。此类型的微生物细胞内有光合色素，能利用光能进行光合作用。它们能以无机物如水、硫化氢、硫代硫酸钠或其他无机化合物为电子供体（供氢体），使CO_2还原成细胞物质，并且伴随氧（硫）的释放。光合色素是一切光能微生物特有的色素，主要有叶绿素（或菌绿素）、类胡萝卜素和藻胆素 3 大类，其中叶绿素或菌绿素为主要光合色素，类胡萝卜素和藻胆素为光合作用的辅助色素。光能自养型微生物的光合作用分为产氧光合作用和不产氧光合作用两种。

（1）产氧光合作用　单细胞藻类、蓝细菌细胞内含有叶绿素，具有与高等植物相同的光合作用。微生物借助光合色素，利用光能，以 H_2O 为供氢体，还原 CO_2 为储存能量的有机碳化物，并放出氧气。其光合作用是在有氧条件下进行的。

$$CO_2 + H_2O \xrightarrow[\text{叶绿素}]{\text{光能}} [CH_2O] + O_2 \uparrow$$

（2）不产氧光合作用　污泥中的绿硫细菌和紫硫细菌内无叶绿素，含有与叶绿素结构相似的菌绿素，在厌氧条件下进行光合作用，以 H_2S、S 等为供氢体将 CO_2 还原为有机物，不放出氧气。它们主要生活在富含 CO_2、H_2 和硫化物的淤泥及次表层水域中。

$$CO_2 + 2H_2S \xrightarrow[\text{菌绿素}]{\text{光能}} [CH_2O] + H_2O + 2S$$

2. 化能自养型

化能自养型也称为化能无机营养型，是以无机物氧化过程中放出的化学能为能源，以 CO_2 或碳酸盐为唯一或主要碳源合成细胞物质的微生物，称为化能自养型微生物。此类微生物以还原性无机物如 H_2、H_2S、Fe^{2+} 或亚硝酸盐等作为电子供体，并利用这些无机物氧化放出的能量，使 CO_2 还原成细胞物质，如亚硝酸细菌、硝酸细菌、硫化细菌、铁细菌、氢细菌等微生物就分别利用 NH_3、NO_2^-、Fe^{2+}、H_2S、H_2 产生的化学能还原 CO_2 为细胞内储存能量的碳水化合物。

现以硝化细菌为例说明此类微生物的营养过程：硝化细菌是能氧化铵盐或亚硝酸获得能量来还原 CO_2 成为细胞内物质的严格化能自养菌。在分类上属于硝化细菌科，该属包括两个不同的生理群。

亚硝化细菌群：代表种类为亚硝化单胞菌属、亚硝化螺菌属和亚硝化球菌属等。能将氨氧化为亚硝酸并从中获得能量，用以还原 CO_2 为碳水化合物。

$$2NH_3 + 3O_2 + 2H_2O \xrightarrow{\text{亚硝酸菌}} 2HNO_2 + 4OH^- + 4H^- + \text{能量}$$

$$CO_2 + 4H^+ \longrightarrow [CH_2O] + H_2O$$

硝化细菌群：代表种类有硝化杆菌属、硝化球菌属、硝化刺菌属等。能进一步将亚硝酸氧化为硝酸获得能量，还原 CO_2 为碳水化合物。

一般情况下硝化细菌这两个类群是互生的，不会造成环境中亚硝酸盐的积累。

化能自养微生物对无机物的氧化有很强的专一性，一种化能自养微生物只能氧化一定的无机物，如铁细菌只氧化亚铁盐、硫细菌只氧化硫化氢。此外，这类微生物在对无机物的氧化获取能量过程中需要大量的氧气存在。这类微生物生长一般较迟缓，多分布在土壤及水域环境中，在自然界物质转化过程中起着重要的作用。

光能自养微生物与化能自养微生物都是以二氧化碳或无机碳酸盐为唯一或主要碳源，二者总称为自养微生物。这类微生物可以在完全无机物的环境中生活；若环境中有机物过多，将对其生长有抑制作用。

3. 光能异养型

光能异养型也称光能有机营养型，是利用光作为能源，以简单有机物作为供氢体（有机酸、醇等)，将CO_2还原为细胞内物质的微生物，称为光能异养微生物。例如红螺菌属中的一些细菌，能利用异丙醇作为供氢体进行光合作用，使CO_2还原成细胞物质，同时积累丙酮。反应式如下：

$$2(CH_3)_2CHOH+CO_2 \xrightarrow[\text{光合色素}]{\text{光能}} 2\ CH_3COCH_3+[CH_2O]+H_2O$$

光能异养微生物数量较少，生长时大多数需要外源的生长因子。此菌在有光和厌氧条件下进行上述反应，如在黑暗和好氧条件下又可用有机物氧化的化学能进行代谢作用。

4. 化能异养型

化能异养型也称化能有机营养型。以有机物（如淀粉、糖类、纤维素、有机酸等）为碳源、能源和供氢体的微生物，称为化能异养微生物。该类型包括的微生物种类最多，它包括自然界的绝大多数细菌、全部放线菌、真菌及原生动物。

根据化能异养微生物的生态习性又可分为腐生微生物和寄生微生物两大类。腐生微生物是指利用无生命的有机物质为养料进行生长繁殖，靠分解生物残体而生活的微生物。大多数腐生菌是有益的，在自然界物质转化中起重要作用，但也易引起物品的腐败，如引起食品腐败的某些霉菌和细菌就属这一类型。寄生性微生物是指生活于活的有机体内，从活的寄主细胞中吸取营养而生长繁殖的微生物。寄生又可分为专性寄生和兼性寄生两种。专性寄生微生物只能在活的寄主体内营寄生生活，如病毒、噬菌体、立克次体等；兼性寄生微生物既能营腐生生活，也能营寄生生活，例如一些肠道杆菌既能寄生在人和动物体内，也能腐生于土壤和水中，又如引起瓜果腐烂的某些霉菌可进入果树幼苗，又可在土壤中长期营腐生生活。寄生型微生物有些能寄生于某些病菌及害虫中，因此在农业生产中常用于病、虫、杂草的防治。

光能异养型和化能异养型微生物总称为异养型微生物。异养型微生物必须以有机物为碳源，在完全的无机物环境中不能存活。自养型与异养型微生物的主要区别是：自养微生物可利用二氧化碳或无机碳酸盐为唯一或主要碳源，所需能源来自日光或还原态无机物的氧化，可在完全无机环境中生长；异养微生物以有机物为主要碳源，所需能源来自日光或有机物的分解，不能在完全无机环境中生长，至少需要提供一种有机物才能使其正常生长。

必须明确，微生物的四种营养类型的划分不是绝对的，各种营养类型中有许多中间过渡类型，例如红螺菌在有光和厌氧条件下利用的是光能，在无光和好氧条件下利用的是有机物氧化放出的化学能。微生物的自养与异养也是相对的，绝大多数异氧微生物普遍存在能吸收CO_2的能力，只是它们不能以二氧化碳作为唯一碳源或主要碳源。同样，自养微生物生长时也并非完全不能利用有机物，如氢细菌就是自养与异养间的过渡类型，在完全无机环境中进行自养生活，在环境中有有机物时又可利用有机物进行异养生活。微生物营养类型的多样性与可变性是微生物对环境条件变化适应选择的结果，同时也表明了微生物营养代谢的多样性和复杂性。

四、微生物对营养物质的吸收

微生物体积微小，结构简单，没有专门的摄取营养物质的器官，微生物所需要营养物质的吸收和代谢产物的排出，是全部依靠整个细胞表面进行的。营养物质进入微生物细胞是一个复杂的生理过程。细胞壁是微生物环境中营养物质进入细胞的屏障之一，能阻挡高分子物质进入。与细胞壁相比，细胞膜（原生质膜）在控制物质进入细胞中起着更为重要的作用。微生物营养物质中复杂的大分子营养物质如蛋白质、脂肪、纤维素、果胶等需经过微生物的胞外酶水解成小分子的可溶性物质后，才能被吸收。微生物从外界吸收营养物质的方式随微生物种类和营养物质种类而异。如原生动物多以直接捕食的吞噬方式摄取营养；而渗透吸收即营养物质通过细胞质膜而进入微生物细胞，则是绝大多数微生物吸收营养物质的方式。微生物个体微小，比表面积大，能高效率地进行细胞内外的物质交换，吸收营养物质的速度比高等动植物快得多。

微生物能够吸收哪些营养物质以及吸收速度如何，主要取决于细胞质膜结构的特性和细胞的代谢活动。细胞质膜为半渗透性膜，由磷脂双分子层和嵌合的蛋白质组成，是控制营养物质进入和代谢产物排出细胞的主要屏障，具有选择性吸收功能。根据微生物周围营养物质的种类和浓度，按细胞膜上有无载体参与、运送过程是否消耗能量及营养物质结构是否发生变化等，一般营养物质通过细胞质膜进入微生物细胞的方式分为四种：单纯扩散、促进扩散、主动运输和基团移位（表 5-3）。

表 5-3 微生物吸收营养物质的四种方式

项　　目	单纯扩散	促进扩散	主动运输	基团移位
特异载体蛋白	无	有	有	有
运输速度	慢	快	快	快
溶质运送方向	由浓到稀	由浓到稀	由稀到浓	由稀到浓
平衡时质膜内外浓度	内外相等	内外相等	内部浓度高	内部浓度高浓度
运送分子	无特异性	特异性	特异性	特异性
能量消耗	不需要	不需要	需要	需要
运送前后溶质分子结构	不变	不变	不变	改变

1. 单纯扩散

单纯扩散也称被动运输，是微生物顺着营养物质浓度梯度进行的物质跨膜运输方式，是微生物通过细胞膜进行细胞内外物质交换的最简单的一种方式，其扩散动力来自于细胞内外溶液的浓度差，溶质分子由高浓度区域向低浓度区域扩散，扩散速率随细胞内外该溶质浓度差的降低而减小，直至达到细胞膜内外营养物质浓度差为零时才达到动态平衡。单纯扩散的速度还取决于营养物分子的大小、溶解性、极性、pH、离子强度、温度等因素。单纯扩散方式是营养物质通过分子随机运动透过微生物细胞膜上的小孔进出细胞，在扩散过程中既不与膜上的各类物质发生反应，自身的分子结构也不发生变化，是纯粹的物理过程。它不需膜载体蛋白参与，也不消耗能量，因此单纯扩散不能逆浓度梯度运输养料，其运输速度、运输的养料种类也十分有限，不能通过此方式来选择必需的营养物质，所以很难满足微生物生活的需要，并不是微生物细胞吸收营养物质的主要方式（图 5-1）。

能以单纯扩散方式进入微生物细胞的物质主要有水、溶于水的气体如 O_2 和 CO_2 以及极性小的物质如尿素、甘油、乙醇等。

2. 促进扩散

促进扩散与单纯扩散一样，也是一种被动的物质跨膜运输方式。养料通过与细胞质膜上的特异性载体蛋白结合，从高浓度进入低浓度环境的过程称为促进扩散。在这个过程中不消耗能量，被运输物质本身的分子结构不发生变化，不能逆浓度梯度运输，运输速率随细胞内

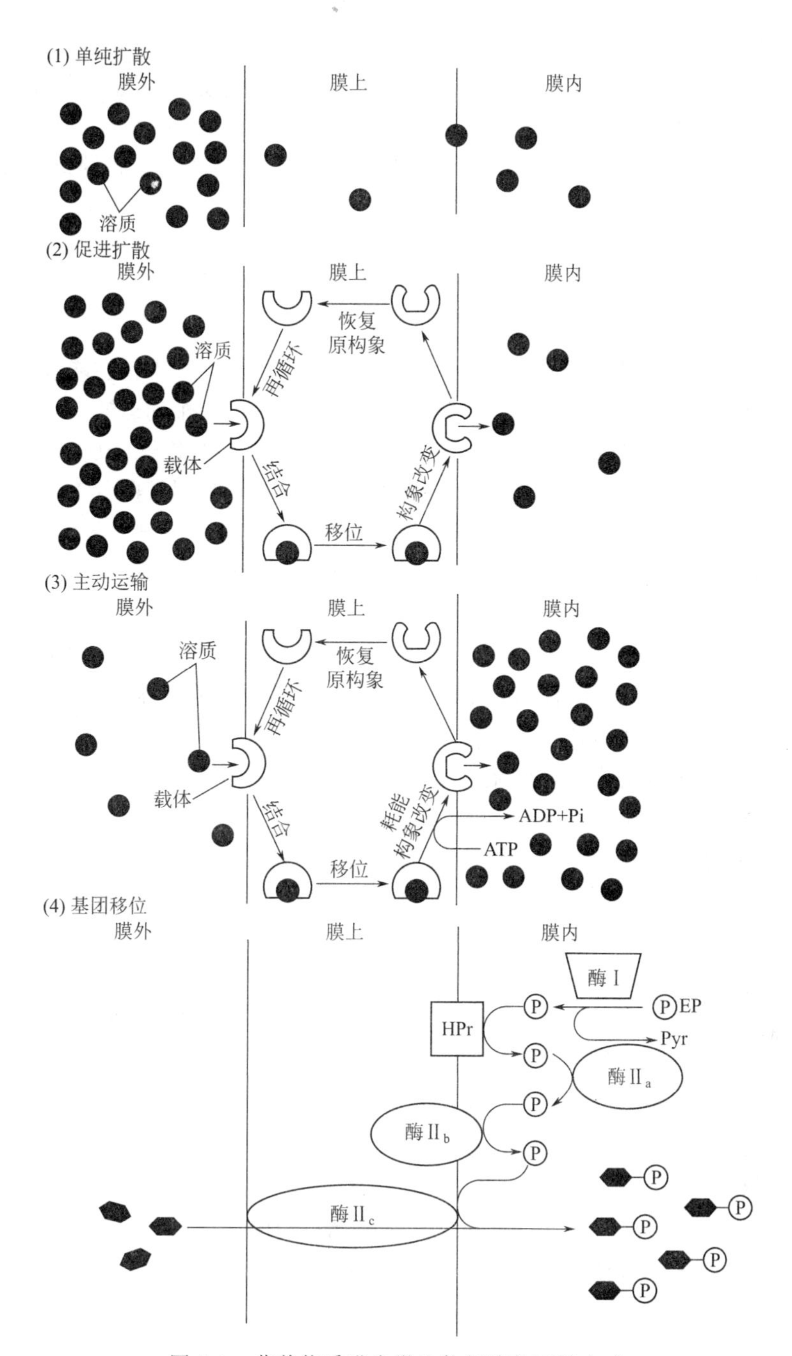

图 5-1 营养物质进出微生物细胞的四种方式

外该溶质浓度差的降低而减小，直至达到动态平衡为止。促进扩散也是以细胞内外溶液浓度差为动力，不同于单纯扩散的是需要载体蛋白的参与。载体蛋白是位于细胞膜上的特殊蛋白质，在细胞膜外侧能与一定溶质分子可逆性地结合，在细胞膜内侧可释放该溶质，其自身在这个过程中不发生化学变化。在促进扩散过程中，载体蛋白只影响物质的运输速率，并不改变该物质在细胞膜内外形成的动态平衡状态，被运输的物质在膜内外浓度差越大，促进扩散速度越快。当运输物质浓度过高，使载体蛋白饱和时，运输速率不再增加，这些性质类似于酶的作用特征，因此载体蛋白也称渗透酶或透过酶。

渗透酶大多是诱导酶，只有当环境中存在某种营养物质时才被诱导合成。一定的渗透酶只能与一定的离子或结构相近的分子结合，提高养料的运输速度，但也有微生物对同一物质的运输有一种以上的载体蛋白来完成；另外，某些载体蛋白可同时完成几种物质的运输。微生物中除载体蛋白介导的促进扩散外，一些抗生素也可通过提高细胞膜的透性促进离子进行跨膜运输。

通过促进扩散进入微生物细胞的营养物质主要是氨基酸、单糖、维生素、无机盐等。促进扩散只对生长在高浓度养料下的微生物产生作用（图 5-1）。

3. 主动运输

主动运输是广泛存在于微生物中的一种主要的物质运输方式。微生物在能量的推动下，通过细胞质膜上的特殊载体蛋白，逆浓度梯度吸收营养物质的过程称为主动运输。与促进扩散类似之处在于物质运输过程中同样需要载体蛋白。与单纯扩散和促进扩散相比，其主要特点是：在运输过程中需要消耗能量，并可以逆浓度梯度运输。主动运输使细胞积累某些营养，能改变养料运输反应的平衡点。主动运输可使微生物在稀薄的营养环境中吸收营养。例如无机离子、有机离子、一些糖类（如乳糖、蜜二糖、葡萄糖等）等营养可通过主动运输送入细胞（图 5-1）。

4. 基团移位

在微生物对营养物质的吸收过程中，还有一种特殊的运输方式，叫基团移位。即营养物质在运输过程中，需要特异性载体蛋白和消耗能量，营养物质在运输前后发生化学结构变化的一种运输方式，又称为基团转位。其与主动运输的区别是：在运输过程中改变了被运输物质的结构，因而可使该溶质分子在细胞内增加，养料可不受阻碍地向细胞源源运送，实质上也是一种逆浓度梯度的运输过程（图 5-1）。

基团转位主要存在于厌氧型和兼性厌氧细菌中，基团移位运输的物质主要是糖及其衍生物，脂肪酸、核苷酸、腺嘌呤等物质也可通过这种方法运输。现以磷酸转移酶系统（PTS）运输葡萄糖为例，简单介绍基团转位的过程。

磷酸转移酶系统（PTS）是多种糖的运输媒介，存在于微生物细胞膜上，能使糖在进入细胞质膜的同时发生磷酸化。磷酸转移酶系统十分复杂，通常由 5 种蛋白质组成，包括酶Ⅰ、酶Ⅱ和热稳定蛋白（HPr）。它们基本上由两个独立的反应组成。第一个反应由酶Ⅰ催化，使磷酸烯醇式丙酮酸（PEP）上的磷酸基转移到 HPr 上。

（1）热稳定载体蛋白（HPr）的激活　细胞内高能化合物磷酸烯醇式丙酮酸（PEP）的磷酸基把 HPr 激活。

$$\text{PEP+HPr} \xrightleftharpoons{\text{酶Ⅰ}} \text{丙酮酸+P-HPr}$$

酶Ⅰ是一种可溶性的细胞质蛋白，HPr 是一种结合在细胞膜上、具有高能磷酸载体作用的可溶性蛋白质。

（2）糖被磷酸化后运入膜内　细胞膜外环境中的糖先与外膜表面的酶Ⅱ结合，被运送到细胞内膜表面时，被 P-HPr 上的磷酸激活，通过酶Ⅱ的作用把糖-磷酸释放到细胞内。

$$\underset{\text{(细胞外)}}{\text{P-HPr+糖}} \xrightarrow{\text{酶Ⅱ}} \underset{\text{(细胞内)}}{\text{糖-P+HPr}}$$

酶Ⅱ是结合于细胞膜上的蛋白质，对底物有特异性选择作用，因此细胞膜上可诱导产生一系列与底物分子相结合的酶Ⅱ。

从以上运输过程可以看出，葡萄糖的运送是依靠磷酸烯醇式丙酮酸-己糖磷酸转移酶系统来完成的，每输入一个葡萄糖分子，就要消耗一个 ATP。葡萄糖进入细胞后以磷酸糖的形式存在于细胞内，磷酸糖是不能透过细胞膜的，可以立即进入细胞的合成或分解代谢，从而避免糖浓度过高。这样，磷酸糖不断地积累，糖不断地进入，造成实际上糖的逆浓度梯度运输，是一种经济有效的物质运输方法。

总之，微生物对营养物质的吸收不是简单的物理、化学过程，而是复杂的生理过程；是微生物对营养物质的选择性吸收作用，受微生物细胞膜特性及微生物本身代谢强度所支配。营养物质进入微生物细胞是营养过程的开始，是微生物细胞利用营养物质的关键。

五、培养基

为了研究和利用微生物，必须人为创造适宜的环境培养微生物。培养基是用人工方法配制的各种营养物质比例适宜，适合微生物生长繁殖或产生代谢产物的营养基质。适宜的培养基是从事微生物研究和发酵生产的重要基础。

良好的培养基能充分发挥微生物的代谢合成能力，使微生物正常生长发育，达到最佳的实验、科研和生产目的。相反，若培养基成分、浓度配比、pH 等因素不合适，就会严重影响微生物的生长繁殖等代谢活动及实验和生产效果。人们设计和配制培养基时，必须根据微生物生长所需要的营养物质和环境条件，只有这样才能得到适合微生物生长需要的培养基。

1. 培养基选用和设计的方法及原则

（1）目的明确　选用和设计培养基首先应明确培养基的用途，是为了培养哪种微生物；是获得菌体还是其代谢产物；是用于实验室还是用于发酵生产；是用于菌落观察、分离、纯化、增殖培养还是用于生理生化特性试验等。例如，若是为了得到微生物菌体则应考虑增加培养基中的含氮量，这样有利于菌体蛋白的合成；若是为了得到代谢产物则应考虑所培养微生物的生理特性、遗传特性及其代谢产物的化学成分等；若是用于菌落计数、微生物分离纯化、菌种保藏等；则选用固体培养基较为合适；若是为了观察细菌的运动能力、对糖类的发酵能力等选择半固体培养基较为合适；若是分离和鉴定菌种可用选择培养基或鉴别培养基等。

（2）选择适宜的营养物质　选用和设计培养基时应根据所培养微生物的特性，选择所需要的一切营养物质。微生物种类繁多，其主要类型有：细菌、放线菌、酵母菌、霉菌、大型真菌、原生动物、藻类及病毒等，它们的营养要求及生理特性不同，培养它们所需的培养基就各不相同。但所有微生物生长繁殖的培养基都应含有碳源、氮源、无机盐、生长因子、水及满足其生长需要的能源，其中微生物对营养的要求主要是碳源和氮源。由于微生物营养类型复杂，因此，具体到某种微生物，就要根据此种微生物的营养需求，配制针对性强的培养基。例如，自养型微生物能将简单无机物合成有机物，其培养基可完全由简单的无机物组成，碳源主要是无机碳源，对光能自养型微生物而言，除需要各类营养物质外，还需光照提供能源；异养型微生物因不能以 CO_2 或 CO_3^{2-} 作为唯一碳源，其培养基应至少含有一种有机碳源；自生固氮微生物的培养基不需添加氮源，否则会丧失固氮能力；对于某些需要添加生长因子才能生长的微生物，还需要在培养基内添加它们所需要的生长因子，如很多乳酸菌在培养时，要求在培养基中加入一定量的氨基酸和维生素等才能很好地生长。根据不同微生物的营养特点设计和配置有针对性的培养基，是实现培养基配制目的和进行微生物培养的物质基础。

（3）营养物质要协调　微生物培养基中营养物质的浓度及营养物质间的浓度比例适宜时，微生物才能良好生长。营养物质浓度过低，不能满足微生物正常生长的需要，从营养物质进入细胞的角度来看，也不利于营养物质进入细胞；营养物质浓度过高不但造成浪费，而且由于培养基的渗透压过大，还会对微生物生长有抑制或杀伤作用。

培养基中各种营养物质的比例关系是影响微生物生长繁殖以及代谢产物形成和积累的重

要因素。在各营养成分的比例中，最重要的是碳源及氮源的比例，即碳氮比（C/N），是指培养基中所含的碳源中碳原子的物质的量与氮源中氮原子的物质的量之比。微生物每将一份碳化物组成细胞物质约需四份碳化物作为能源，因此微生物对碳源的要求大。碳源不足，菌体易衰老和自溶；氮源不足，菌体会生长过慢，但C/N太小，微生物会因氮源过多易徒长，不利于代谢产物的积累。例如在食用菌栽培发菌中，由于发酵处理不当，碳源不易吸收，菌丝生长缓慢、纤细、易老化；氮源偏多，往往引起菌丝徒长形成菌被，不利于菌丝成熟转化。

另外，设计发酵培养基的碳氮比时还要考虑；要获得的代谢产物是不含氮的有机酸或醇类，还是含氮的氨基酸类。生产氨基酸类等含氮量高的代谢产物时，氮源的比例自然要高一些。如，在利用微生物发酵生产谷氨酸的过程中，培养基碳氮比为4/1时，菌体大量繁殖，谷氨酸积累少；当培养基碳氮比为3/1时，菌体繁殖受到抑制，谷氨酸产量则大量增加。不同微生物对碳氮比要求不同，如细菌和酵母菌细胞的碳氮比约为5/1，而霉菌细胞的碳氮比为10/1。一般培养基中营养物质的碳氮比为（20～25）∶1时，有利于大多数微生物的生长。

此外，培养基中的无机盐、生长因子等也对微生物的生长发育有着重要影响。如磷、钾的含量一般为0.05%左右，镁、硫含量一般在0.02%左右。除对生长因子有特殊要求的微生物外，微生物培养基中一般不需特殊添加生长因子。微生物培养基中的碳源、氮源、无机盐以及生长因子的含量一般以10倍序列递减。

（4）调节适宜的pH值　微生物培养基应始终保持在微生物生长发育的pH范围内。培养基的pH不仅影响微生物的生长，还会改变微生物的代谢途径及影响代谢产物种类的形成。微生物生长繁殖或产生代谢产物的最适pH值各不相同，培养基的pH必须控制在一定的范围内，以满足不同类型微生物的生长繁殖或产生代谢产物的需要。一般来讲，细菌喜中性，放线菌喜碱性，酵母菌、霉菌等真菌需微酸性条件。配制培养基时，常用氢氧化钠、熟石灰、盐酸、过磷酸钙等对pH值进行调节。

培养基的pH值常因灭菌而变小，因此灭菌前培养基的pH应略高于所需要的pH。此外，微生物在生长代谢过程中，由于营养物质的利用和代谢产物的形成往往会导致pH值的改变，若培养基的pH范围不适宜就必须加以调整。为了维持pH的相对恒定，通常在培养基中加入一些缓冲物质，如磷酸盐、碳酸盐、蛋白胨、氨基酸等，这些物质除提供营养作用外，还可使培养基具有一定的缓冲性。常用的缓冲剂是磷酸氢二钾和磷酸二氢钾（K_2HPO_4和KH_2PO_4）组成的混合物。K_2HPO_4溶液呈碱性，KH_2PO_4溶液呈酸性，两种物质的等物质的量混合溶液的pH值为6.8。当培养基中酸性物质积累导致H^+浓度增加时，H^+与弱碱性盐结合形成弱酸性化合物，培养基pH不会过度降低；如果培养基中OH^-浓度增加，OH^-则与弱酸性盐结合形成弱碱性化合物，培养基pH也不会过度升高。

$$K_2HPO_4 + H^+ \longrightarrow KH_2PO_4 + K^+$$

$$KH_2PO_4 + K^+ + OH^- \longrightarrow K_2HPO_4 + H_2O$$

培养基中K_2HPO_4/KH_2PO_4缓冲系统只能在一定的pH范围（pH 6.4～7.2）内起调节作用。当配制产酸能力强的微生物培养基时，就难以起到缓冲作用，如培养乳酸菌时，由于乳酸菌能大量产酸，上述缓冲系统就难以起到缓冲作用，这时可在培养基中添加一定量难溶的碳酸盐（$CaCO_3$）来进行调节，以不断中和微生物产生的酸。碳酸钙在中性条件下溶解度极低，不会使培养基pH过度变化，当微生物不断产酸时，它易逐渐被溶解，起到中和酸的作用，同时释放出CO_2，将培养基pH控制在一定范围内。

$$CO_3^{2-} \underset{-H^+}{\overset{+H^+}{\rightleftharpoons}} HCO_3^- \underset{-H^+}{\overset{+H^+}{\rightleftharpoons}} H_2CO_3 \rightleftharpoons CO_2+H_2O$$

（5）控制氧化还原电位 氧化还原电位可以作为微生物供氧水平的指标，不同类型的微生物对氧气的要求不同，那么不同类型的微生物对氧化还原电位（E_h）的要求也不同。通常好氧性微生物在氧化还原电位值为＋0.1V 以上时可正常生长，一般以＋0.3～＋0.4V 为宜；厌氧微生物只能在低氧化还原电位为＋0.1V 以下的培养基上生长。在实际科研与生产中，一般通过通氧的方法提高氧化还原电位。氧是好氧微生物必需的，一般可在空气中得到满足，只有在大规模生产时需要采用专门的通气法（如振荡、搅拌等）增氧。氧对厌氧微生物是有害的，配制厌氧微生物培养基时，常加入一定量的还原剂（如半胱氨酸、抗坏血酸、硫化钠、巯基乙酸钠等还原剂）或采用其他除氧方法，以造成厌氧条件降低 E_h 值。兼性厌氧微生物在 E_h 值为＋0.1V 以上时进行好氧呼吸，在＋0.1V 以下时进行发酵。

（6）控制培养基中原料的来源 在选用和设计培养基时应遵循经济节约的原则，尽量利用廉价且易得的原料作为培养基营养成分来源。首先应当考虑培养基的用途，如配制实验室用的培养基，可选用操作方便、易加工、使用方便的原料和试剂，如碳源可选择葡萄糖、蔗糖、淀粉等，氮源可选择蛋白胨、牛肉膏、酵母膏等。在保证培养基成分能满足微生物营养要求的前提下，也可选用价格低廉、资源丰富、配制方便的材料，这样更能体现出原料利用上的经济性，如麸皮、豆饼、米糠、野草、作物秸秆等农产品下脚料及酿造业等工业的废弃物都可作为培养基的主要原料。用于发酵生产的培养基，由于其用量很大，更必须考虑经济节约的原则。例如，在微生物单细胞蛋白的工业生产过程中，常常利用制糖工业中含有蔗糖的废液、乳制品工业中含有乳糖的废液、豆制品工业废液及纸浆等作为培养基的原料。再如，在我国农村部分地区，已推广利用人、畜粪便及农作物下脚料为原料建沼气池以发酵生产沼气，沼渣作为燃料和肥料。

（7）选择适宜的灭菌处理 配制培养基是为了培养微生物，获得微生物纯培养，那么必须避免杂菌污染，因此应对配制培养基所用的器材及工作场所进行消毒与灭菌，对培养基更是要进行严格的灭菌。培养基一般采取高压蒸汽灭菌，即湿热灭菌法，即在高压锅内，利用高于 100℃的水蒸气杀灭微生物的方法。整个灭菌过程利用蒸汽温度随蒸汽压力的增加而升高的原理，增加蒸汽压力，提高水的沸点，灭菌时间可以相应缩短。该灭菌法具有杀菌谱广、杀菌作用强、效果可靠、作用快速、无残毒以及应用范围广的优点，适用于各种不怕热、不怕湿的物品的灭菌。到目前为止，尚无任何一种灭菌方法能完全代替高压蒸汽灭菌法。高压蒸汽灭菌掌握的蒸汽压力和灭菌时间，依不同培养基而定，一般培养基在 121.3℃灭菌 20～30min 即可。在高压蒸汽灭菌过程中，长时间高温会使某些不耐热物质遭到破坏，如使糖类物质形成氨基糖、焦糖等，因此含糖培养基常用 112.6℃、15～30min 的灭菌条件，或先将糖进行过滤除菌或间歇灭菌，再与其他已灭菌的成分混合。长时间高温还会引起磷酸盐、碳酸盐与某些阳离子结合形成难溶性复合物而产生沉淀，因此，在配制用于观察和定量测定微生物生长状况的培养基时，常需在培养基中加入少量螯合剂或将各离子的成分与磷酸盐、碳酸盐分别进行灭菌，然后再混合，以避免形成沉淀。在配制培养基过程中，泡沫的形成易在灭菌处理中形成隔热层，使泡沫中微生物难以被杀死，因此有时需要在培养基中加入消泡剂以减少泡沫的产生，或适当提高灭菌温度，延长灭菌时间。高压蒸汽灭菌后，培养基 pH 会发生改变，根据所培养微生物的要求，可在培养基灭菌前后加以调整。

上述是微生物选用和设计培养基时应考虑的因素。实际上，由于各种微生物的营养要求和生理特性千差万别，在实验室或发酵生产实际中选择设计培养基，必须因地制宜，因菌取材，查阅大量资料，靠不断实践和反复试验比较，才能配制出最科学、最适用、最经济的培养基。

2. 培养基的类型

微生物种类不同，所需要的培养基也不同；同一微生物菌种用于不同目的时，对培养基的要求也不一样，所以就形成了不同类型的培养基。一般根据微生物营养物质的来源、培养基的物理状态及使用目的等，将培养基分为下列几种不同的类型。

（1）根据培养基成分来源分类

① 天然培养基　天然培养基是用天然的有机物质配制而成，其化学成分含量不完全清楚或化学成分不恒定，又称为非化学限定培养基。常用各种动物、植物和微生物材料配制，这类培养基有取材广泛、营养丰富、经济简便、微生物生长迅速、适合各种异养微生物生长等优点。缺点是其成分不能定量，不完全清楚，也不稳定，不适宜用于精确的科学试验。天然培养基适用于实验室的一般粗放性实验和大规模的微生物发酵生产。天然培养基的原料主要有牛肉膏、酵母膏、麦芽汁、蛋白胨、麸皮、马铃薯、玉米粉、胡萝卜汁、花生饼粉等（表 5-4）。常用的天然培养基有牛肉膏蛋白胨培养基、豆芽汁培养基和麦芽汁培养基等。

表 5-4　几种常用天然原料的来源及主要成分

营养物质	来　源	主要成分
牛肉浸膏	瘦牛肉组织浸出汁浓缩而成的膏状物质	富含水溶性糖类、有机氮化合物、维生素、盐等
蛋白胨	将肉、酪素或明胶用酸或蛋白酶水解后干燥而成的粉末状物质	富含有机氮化合物，也含有一些维生素和糖类
酵母浸膏	酵母细胞的水溶性提取物浓缩而成的膏状物质，也可制成粉末状物质	富含B族维生素，也含有有机氮化合物和糖类

② 合成培养基　由化学成分和含量完全清楚的物质配成的培养基，称为合成培养基，也称化学限定培养基。其优点是成分精确、稳定、容易控制、适于定性定量测定，用于精确试验重复性强。与天然培养基相比，缺点是价格较贵、配制麻烦，使一般微生物生长缓慢或某些要求严格的异养型微生物不能生长。因此，一般用于实验室进行营养、代谢、生理生化、遗传育种以及菌种鉴定等要求较高的研究工作中。实验室常用的合成培养基如高氏一号培养基和察氏培养基等。

③ 半合成培养基　用天然有机物和化学药品配成的培养基，称为半合成培养基。通常是以天然有机物提供碳源、氮源和生长因子，用化学药品补充无机盐类或在合成培养基中添加少量天然有机物。该培养基能充分满足微生物的营养要求，能使多数微生物生长良好。常用的半合成培养基如马铃薯葡萄糖培养基。

（2）根据培养基的物理状态分类

① 液体培养基　将各营养物质溶解于定量水中，配制成的营养液为液体培养基。微生物在液体培养基中可充分接触养料，有利于生长繁殖及代谢产物的积累，适用于微生物的纯培养。液体培养基还便于运输和检测，因此液体培养基在微生物实验和生产中如观察菌种的培养特性、研究菌体的理化特征和进行杂菌检查等方面应用极其广泛，液体培养基常用于大规模的工业化生产如酒精生产、啤酒生产、乳制品生产等。

② 固体培养基　一般在液体培养基中加入一定量的凝固剂配制而成的呈固体状态的微生物的营养基质叫固体培养基，也称凝固培养基。琼脂是常用的凝固剂，加入 1.5%～2.0%就可制成固体培养基。琼脂在 96℃融化，40℃以下凝固，具有不易被微生物分解利

用、透明度好、黏着力强，能反复凝固融化、不易被高温灭菌破坏，凝固对微生物生长无害，在微生物生长期内保持固体状态，以及配制方便等优点。但培养基 pH 在 4.0 以下时，琼脂融化后不能凝固。此外还有明胶、硅胶等凝固剂。将固体培养基装入试管或培养皿中，制成斜面培养基或平板培养基，可用于菌种培养、活菌计数以及微生物分离、保藏和鉴定等工作。

另外，由天然固体营养物质直接配制成的培养基，称为天然固体培养基。例如用麸皮、米糠、豆饼、玉米粒、麦粒、马铃薯片、胡萝卜条、棉籽壳、木屑等原料经除杂、粉碎和蒸料等处理后获得的培养基均属天然固体培养基，该培养基常直接用于发酵生产。

③ 半固体培养基　液体培养基中加入的琼脂量比固体培养基的少，培养基的琼脂含量为 0.3%～0.6%，营养基质静止时呈固态，剧烈振荡后呈流体态，为半固体培养基。半固体培养基常用于观察细菌运动性、保存菌种、分类鉴定菌种，以及细菌的糖类发酵能力测定、噬菌体效价测定、厌氧菌的培养等。

(3) 根据培养基的用途分类

① 基础培养基　尽管微生物的营养要求各不相同，但大多数微生物所需的基本营养物质是相同的。含有一般微生物生长繁殖所需的基本营养物质的培养基，称为基础培养基。如培养细菌的牛肉膏蛋白胨培养基、培养放线菌的高氏一号培养基、培养真菌的马铃薯葡萄糖培养基等都是基础培养基。基础培养基可作为专用培养基的基础成分，再根据某种微生物的特殊营养要求，使用前通过添加某一具体微生物生长需要的少量特殊物质，即成为该种微生物的培养基。

② 加富培养基　是根据培养微生物的生理特性在基础培养基中特别加入该微生物生长繁殖所需要的某种特殊营养物质，只利于这种微生物快速生长的培养基，称为加富培养基（也称营养培养基、增殖培养基）。加富培养基是根据某一种类微生物的特殊营养要求设计的，不利于其他微生物的生长繁殖，随着培养时间的延长，使被分离微生物数量富集，逐步占据优势，从而达到与杂菌分离的目的。所以，常用于菌种筛选前的增殖、分离培养。加富培养基加入的特殊营养物主要是一些特殊的碳源和氮源，如氧化硫杆菌培养基中加入硫黄粉，只有氧化硫杆菌能利用；培养基中加入纤维素粉，有利于纤维素分解细菌的增殖与分离；加入石蜡油，有利于以石蜡油为碳源的微生物的增殖与分离；用较浓的糖溶液有利于分离酵母菌；在培养基中加入血液、动植物组织提取液、血清等可以培养营养要求比较苛刻的异养微生物等。

③ 选择培养基　在基础培养基中加入某种抑制杂菌生长的化学物质，以促进目标微生物生长而从混杂的微生物群体中分离出来的培养基，称为选择培养基。加入化学物质是根据某一种类微生物对一些化学物质和一些物理因子的敏感性而设计的，这种化学物质没有营养，对培养微生物无害，有利于所选微生物的生长与增殖，抑制不需要的微生物的生长。常用的选择培养基加入的化学物质多为染色剂、抗生素、脱氧胆酸钠等抑制剂。如培养基中含有 200～500mg/L 结晶紫或染料亮绿，能抑制大多数革兰阳性细菌生长；分离放线菌时，常加入数滴 10%酚试剂，可以抑制细菌和霉菌；在培养基中加入青霉素、四环素或链霉素，可以抑制细菌和放线菌生长，而将酵母菌和霉菌分离出来。选择培养基在现代基因克隆技术中也常有应用，如在筛选含有重组质粒的基因工程菌株过程中，利用质粒上具有的对某种抗生素的抗性选择标记，在培养基中加入相应抗生素，就能比较方便地淘汰非重组菌株，以减少筛选目标菌株的工作量，筛选出重组菌株。

从某种意义上讲，加富培养基类似选择培养基，加富培养基和选择培养基都有促进目标微生物生长的优势。两者的主要区别在于：加富培养基利用微生物的特殊营养需要，通过微生物的增殖来增加所要分离的微生物的数量，使其形成生长优势，以达到从混杂的微生物群体中分离出目标微生物的目的；而选择培养基则一般是抑制不需要的微生物的生长，使所需要的微生物增殖，从而达到分离所需微生物的目的。

④ 鉴别培养基　鉴别培养基是在培养基中加入与某种微生物代谢产物产生明显颜色变化的物质，从而能用肉眼快速鉴别该种微生物的培养基。鉴别培养基主要用于分类鉴定以及分离筛选产生某种代谢产物的菌种（表 5-5）。例如常用伊红－美蓝培养基鉴别饮用水和乳制品中是否存在大肠杆菌，如果有大肠杆菌，其代谢产物与伊红和美蓝结合，使菌落呈深紫色，并带有金属光泽。

表 5-5　几种常用的鉴别培养基

培养基名称	加入化学物质	微生物代谢产物	培养基特征性变化	主要用途
明胶培养基	明胶	胞外蛋白酶	明胶液化	鉴别产蛋白酶菌株
淀粉培养基	可溶性淀粉	胞外淀粉酶	淀粉水解圈	鉴别产淀粉酶菌株
H_2S 试验培养基	醋酸铅	H_2S	产生黑色沉淀	鉴别产 H_2S 菌株
糖发酵培养基	溴甲酚紫	乳酸、醋酸、丙酸等	由紫色变成黄色	鉴别肠道细菌
远藤培养基	碱性复红亚硫酸钠	酸、乙醛	带金属光泽深红色菌落	鉴别水中大肠菌群
伊红-美蓝培养基	伊红、美蓝	酸	带金属光泽深紫色菌落	鉴别水中大肠菌群

⑤ 生产用培养基　在生产实践中经常用孢子培养基、种子培养基和发酵培养基。

孢子培养基是供菌种繁殖产生孢子的固体培养基，该培养基能使菌体迅速生长，并能产生较多孢子，不易引起变异。例如生产上常用的麸皮培养基、小米培养基、玉米碎屑培养基等都是孢子培养基，目的是产生较多的孢子。孢子培养基要求营养不要太丰富，尤其是氮源，否则不易产生孢子；无机盐浓度要适当，否则影响孢子的颜色和数量；同时培养基的湿度和酸碱度等也会对孢子的产生有或多或少的影响。

种子培养基是专门用于微生物孢子萌发、大量生长繁殖，产生足够菌体的培养基。种子培养基是为了获得数量充足和质量较好的健壮菌体，具有一般营养成分丰富而完全、氮源和维生素偏高、易被利用等特点。种子培养基一般要求培养基中有丰富的天然的有机氮源。如果是固体培养基，则要求基质疏松易于换气和散热。如酱油生产中用麸皮、豆粕、水等配置的种子培养基。

专门用于使微生物积累大量代谢产物的培养基，称为发酵培养基。发酵培养基不是微生物的最适生长培养基，它是为了使微生物迅速地、最大限度地产生代谢产物。发酵培养基具有营养成分总量较高、碳源比例较大等特点，还有产物所需的特定元素、前体物质、促进剂和抑制剂等。在大工业发酵生产中发酵培养基必须适合于发酵性能控制和微生物发酵条件的控制。

培养基是微生物菌体生长繁殖、发酵生产和微生物科学研究的重要物质基础。在实际应用中，应根据不同类型培养基的特点，灵活掌握，具体应用。除上述几种主要类型的培养基外，培养基按用途划分还有很多种，例如：分析培养基常用来分析微生物的营养需求或分析某些化学物质；组织培养物培养基含有动植物细胞，用来培养病毒、衣原体、立克次体及某些螺旋体等专性活细胞寄生的微生物等。但有些病毒和立克次体目前还不能利用人工培养基来培养，必须接种在动植物体内、动植物组织中才能增殖。例如鸡胚是常用来培养某些病毒与立克次体的良好的天然活体营养基质。

平菇的营养特性及生产原料的选择与处理

平菇，是商业上侧耳属广泛栽培食用菌的几个种的俗称。其在分类上属于真菌门、担子菌亚门、层菌纲、伞菌目、侧耳科、侧耳属。人工栽培的平菇有糙皮侧耳和紫孢侧耳，它们是侧耳属的代表种。平菇是世界食用菌的主要栽培品种之一，也是我国栽培最广泛、产量最高、食用和出口最多的一种食用菌。

1. 平菇的营养特性

(1) 碳源　主料以棉籽皮、玉米芯、玉米秸、稻草、麦秸、豆秸等农作物秸秆为主。这些秸秆应选择新鲜、洁净、干燥、无虫、无雨淋、无霉变的。稻草、麦秸截成6cm长。

(2) 氮源　辅料以麦麸、玉米面、豆饼粉为主，要求新鲜、洁净、干燥、不结块、无虫、无异味、不霉变。也可以利用无机氮源如尿素等。

(3) C/N　发菌期间为20/1，出菇期间为 (30～40)/1。

(4) 矿质元素　拌料用井水或自来水，在滨海地区及黑龙港流域也可用矿化度不大于1.38%的浅层地下水。

2. 平菇生产原料的选择与处理

(1) 常用栽培配方　可以根据当地的资源优势因地制宜地选择合适的配方。例如：

配方一　棉籽皮93%，尿素0.3%～0.5%，过磷酸钙1%，草木灰1%～2%，石灰2%～3%。

配方二　麦秸48%，棉籽皮40%，饼粉（棉籽饼粉、豆饼粉、花生饼粉、芝麻饼粉）4%～5%，草木灰1%～2%，过磷酸钙1%，尿素0.3%～0.5%，石灰2%～3%。

配方三　玉米芯48%，棉籽皮40%，棉籽饼粉4%～5%，过磷酸钙1%，草木灰1%～2%，尿素0.3%～0.5%，石灰2%～3%。

配方四　花生壳或花生蔓或两种混合59%，棉籽皮30%，棉籽饼粉3%～4%，过磷酸钙1%，草木灰1%～2%，尿素0.3%～0.5%，石灰2%～3%。

(2) 配料与发酵　为更好地防止杂菌感染，推广培养料的发酵。其原理是将培养料拌制后，进行堆积，利用培养料中的嗜热微生物繁殖产生的热量使料温升高从而杀死培养料中的部分微生物和害虫。平菇的发酵处理是典型的好氧发酵。

① 配料。以上各组原料应保证新鲜、无霉变等。在太阳下暴晒2～3天，配方可按料水比1/（1.3～1.5）加水拌料，调至含水量在60%左右和pH值为7.5～8.5。

② 堆积发酵。当日平均气温在20℃（如山东、河南、河北等地的9～10月份）时，选向阳、地势高燥地方，培养料加pH9～10石灰水拌料，含水量达65%～70%。拌匀后按每平方米堆料50kg操作，料量少，宜堆成圆形堆，有利升温发酵；料量大，可堆成长条形堆。因麦秸等有弹性应压实，其他根据实际情况压实。然后用直径2～3cm的木棍每隔0.5m距离打一孔洞至底部，以利通气。为使通气良好，铺料时底部放两根竹竿，上面两侧打孔时与底部竹竿交叉，堆好后撤出底部竹竿，然后覆盖塑料薄膜保温、保湿使之发酵。经1～3d料温升至50～65℃，保持10～15h翻堆一次。翻堆时要注意将外层料翻入料内，内层翻到外层，上层翻到下层，下层翻到上层，内外上下调整位置，以便保持温度一致、承受压力一致，有利菌丝生长均匀、整齐，再按原法堆好。当温度再次升至50～65℃，经10～15h发酵，看情况可再次翻堆。期间发酵温度不能保持高于65℃太久，否则蛋白质易分解产生氨，也不能低于40℃太久，否则培养料易酸败，容易滋生鬼伞。按上述方法进行堆制发酵。

翻堆 3～4 次，料发好后质地柔软酥松，用手一拉即断，清香、不酸臭、茶褐色，此时即可用于装袋接种平菇栽培种，进而进行平菇的生产管理。

第二节 微生物的生长

微生物的生长是一个复杂的生命活动过程。当微生物细胞吸收营养物质后，通过代谢作用，合成自身的细胞组成成分，使菌体质量增加、体积增大，这种现象称微生物的生长。当细胞生长到一定程度时就开始分裂形成新个体，使个体数目增加，此即微生物的繁殖。微生物学上，微生物的生长是以群体的改变为指标，是通过繁殖反映生长情况的。

一、微生物的纯培养

自然界中的微生物都是混杂地生活在一起的，如土壤中就含有多种微生物。人们要研究和利用其中某一种微生物就需要把它同其他微生物分开，得到只含这一种微生物的培养物。

微生物学中把在实验条件下，从一个细胞或同种细胞群繁殖得到的后代称为纯培养。

通过纯培养技术获得的微生物可作为菌种来保藏。如果其他微生物进入到纯培养中就称之为污染。

获得纯培养的方法有以下几种。

1. 平板划线法

平板划线法是将事先已融化的培养基倒入无菌培养皿中，凝固后用接种环挑取少许待分离的样品按图 5-2 所示方法在培养基表面进行连续划线，随着接种环在培养基上的移动，微生物就分散开来。如果划线适宜，经培养后在划线的最后部分可形成由一个细胞繁殖而来的单菌落，获得纯培养。

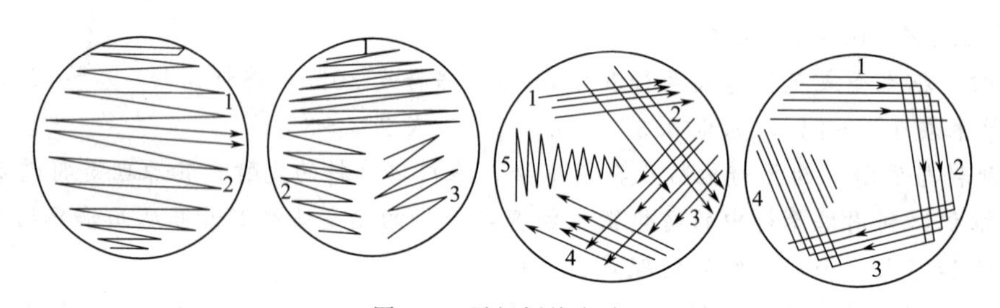

图 5-2 平板划线方式

2. 稀释倒平板法

将含菌样品制成菌悬液，再将菌悬液样品作一系列的梯度稀释（如 1∶10、1∶100、1∶1000、…）（图 5-3），分别取定量的一定稀释度的样品匀液加入到无菌培养皿中，再把已熔化并冷却到 45℃左右的培养基倒入无菌培养皿并摇匀，制成可能含菌的琼脂平板（图 5-4）。上述平板保温培养一段时间即可出现菌落。如果稀释得当，在平板表面或培养基中就可出现分散的单个菌落。此菌落就可能是由一个细菌细胞繁殖形成。挑取单个菌落经移植培养或重复以上操作数次，即可得到纯培养。

3. 稀释涂布平板法

先将已熔化的培养基倒入无菌平皿，制成无菌平板，然后将一定量的某一稀释度的样品悬液滴加在平板表面，再用无菌玻璃涂棒在培养基表面轻轻涂布均匀（图 5-5），倒置培养，就可能出现分散的单个菌落。再挑取单个菌落，划线直至获得纯培养。

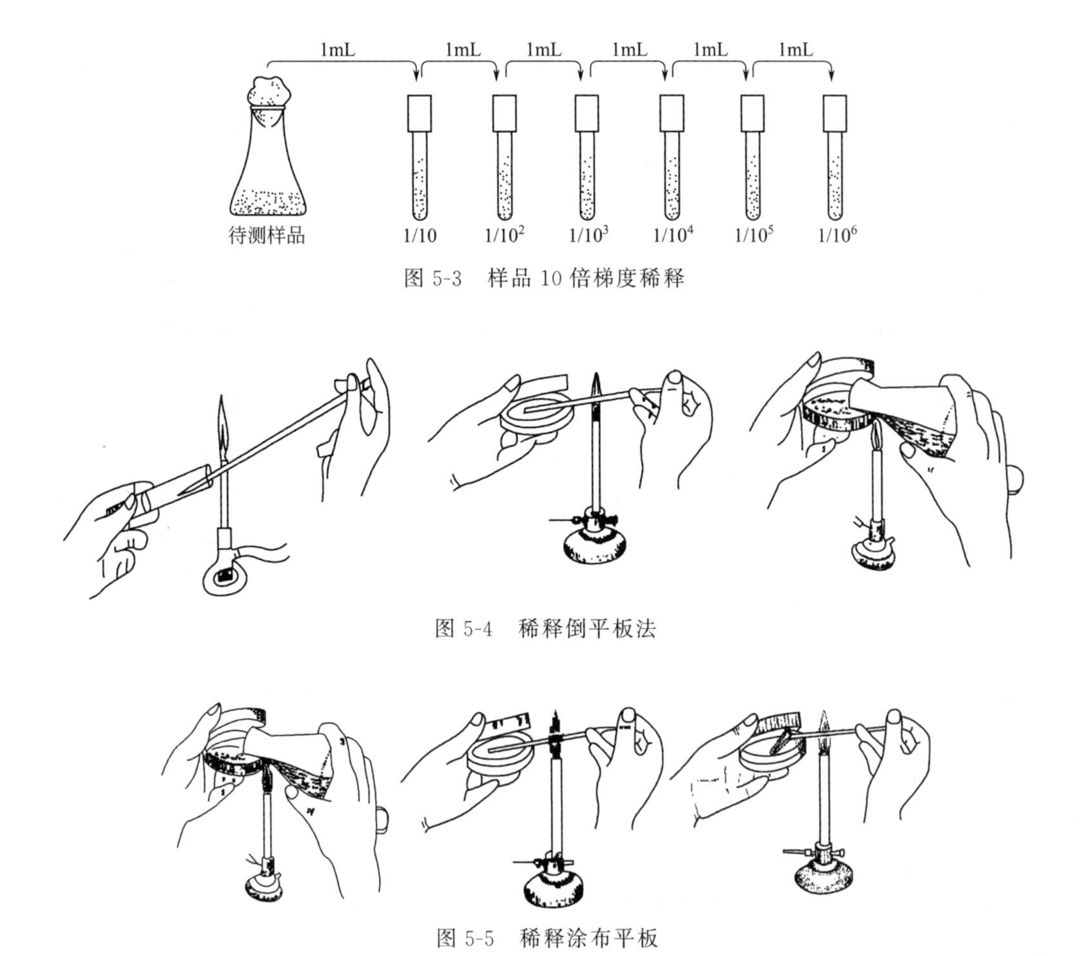

图 5-3　样品 10 倍梯度稀释

图 5-4　稀释倒平板法

图 5-5　稀释涂布平板

4. 单细胞挑取法

单细胞挑取法是从待分离的样品中挑取一个细胞培养从而获得纯培养的方法。其具体操作是：将显微镜挑取器装在显微镜上，把一滴待分离的微生物悬液置于载玻片上，在显微镜下，用显微镜挑取器上的极细的毛细吸管对准单个细胞挑取，再接种于培养基上培养后即可得到纯培养。此法对操作技术有较高的要求，难度较大，多在高度专业化的科学研究中采用。

5. 选择培养基分离法

微生物不同，需要的营养物质不同，对不同的化学药剂如消毒剂、染料、抗生素的抵抗力也不同，利用这些特点可配制成适合某种微生物生长而限制其他微生物生长的各种选择培养基，从而进行纯种分离。如从土壤中分离放线菌，在培养基中加入 10％的酚数滴以抑制细菌和霉菌生长；采用马丁培养基分离霉菌时可在培养基中加入链霉素以抑制细菌生长。

分离某种病原菌时可将它接种于敏感动物、寄主某组织，如果该组织只含此病原菌，较易获得纯培养。分离某种微生物时还可将待分离的样品进行适当处理，以消除部分不需要的微生物，提高分离概率。如要分离有芽孢的细菌，可在分离前先将样品经高温处理，杀死营养菌体保留芽孢；分离霉菌时可用过滤的方法去除丝状菌体而保留孢子。对某些生理类型较特殊的微生物，为了提高分离概率，可在特定环境中先进行富集培养。

二、常用的微生物培养方式

研究或利用微生物，都要先培养微生物。在实验室或在生产实践中培养微生物时，不仅要提供丰富而均匀的营养物质，而且还要为微生物提供适宜的温度、pH 等培养条件。此外，还要防止杂菌的污染。

1. 固体培养

（1）好氧菌的培养　实验室中好氧菌的培养方法主要有试管斜面、培养皿平板及较大型的克氏扁平、茄子瓶等的平板培养方法。生产实践中，好氧菌都是利用曲法进行培养的，它是将接种了的固体基质薄薄地摊铺在容器表面，这样既可使微生物获得充分的氧气，又可让微生物在生长过程中产生的热量及时释放。

（2）厌氧菌的培养　厌氧菌的培养不同于好氧菌的培养，它除了需要特殊的培养装置以外，还要配制特殊的培养基。此种培养基除了要满足六种营养要素外，还要加入还原剂（如半胱氨酸、维生素 C 等）和氧化还原势的指示剂（如刃天青）。厌氧菌的培养主要有高层琼脂柱培养法、Hungate 滚管技术、厌氧培养皿方法、厌氧罐技术、厌氧手套箱技术等，其中厌氧手套箱技术、Hungate 滚管技术和厌氧罐技术是现代研究厌氧菌最有效的三项基本技术。

2. 液体培养

（1）好氧菌的培养　在进行液体培养时，一般可通过增加液体与氧的接触面积或提高氧分压来提高溶解氧速率，具体措施有：浅层液体培养；利用往复式或旋转式摇床对三角瓶培养物作振荡培养；在深层液体培养器的底部通入加压空气，并用气体分布器使其以小气泡形式均匀喷出；对培养液进行机械搅拌，并在培养器的壁上设置阻挡装置。

① 实验室常用方法

a. 试管液体培养。装液量可多可少，此法的通气效果一般不够理想，仅适合培养兼性厌氧菌。

b. 三角瓶浅层培养。在静置状态下，微生物的生长速度、生长量与三角瓶内的通气状况、装液量（表 5-6）以及棉塞通气程度有很大的关系。因此这种方法一般也仅适宜培养兼性厌氧菌。

表 5-6　培养液的装量对粪壳菌的生长速度和生长量的影响　　单位：mg

培养时间/d	250mL 三角瓶中的装液量			
	6.25mL	12.5mL	25.0mL	50.0mL
3	47	80	63	22
4	75	99	129	99
5	71	113	166	160
6	65	100	156	238
9	57	107	168	269

c. 摇瓶培养。即将三角瓶内装培养液后用 8 层纱布包住瓶口，以取代一般的棉花塞，同时降低瓶内的装液量，把它放到往复式或旋转式摇床上作有节奏的振荡，以达到提高溶解氧量的目的。此法是荷兰的 A. J. Kluyver 等于 1933 年最早试用，目前仍广泛地用于菌种的筛选以及进行生理、生化和发酵等试验中。

② 生产实践中的常用方法

a. 浅盘培养。这是一种用较大型的盘子对微生物进行浅层液体静置培养的方法。在早期青霉素发酵和柠檬酸发酵中，均使用过浅盘培养。

b. 液体深层培养。采用发酵罐进行，这是近代发酵工业中最典型的培养方法。发酵罐的主要作用是要为微生物提供丰富而均匀的养料、良好的通气和搅拌、适宜的温度和酸碱度，并能确保防止杂菌的污染。为此，除了罐体有合理的结构外，还要有一套必要的附属装置，例如培养基配制系统、蒸汽灭菌系统、空气压缩和过滤系统以及发酵产物的后处理系统等。它的发明在微生物培养技术的发展过程中具有革命性的意义。

(2) 厌氧菌的培养　在实验室中，用液体培养基培养厌氧菌时，一般采用加有机还原剂如巯基乙酸、半胱氨酸、维生素 C 或庖肉等或无机还原剂如铁丝等的深层液体培养基，并在其上方封以凡士林－石蜡层，以保证它们的氧化还原电位 E_h 达到－420～－150mV 的范围。如果能将其放入前述的厌氧罐或厌氧手套箱中培养，则效果将会更好。

生产实践中能做大规模液体培养的厌氧菌仅限于丙酮丁醇梭菌的丙酮丁醇发酵一种。因为该菌是严格厌氧菌，故不但可省略通气、搅拌设备，简化工艺过程，还能大大节约能源。

三、微生物的生长测定方法

微生物尤其是单细胞微生物，由于个体微小，因此个体的生长很难测定，而且也没有太大的实际意义。所以，微生物的生长情况常通过测定单位时间里微生物的数量或细胞群体质量的变化来评价。通过对微生物生长的测定，可以客观地评价培养条件、营养物质等对微生物生长的影响，或评价抗菌物质对微生物的抑制（或杀死）效果，或客观反映微生物的生长规律。因此，对微生物纯培养生长的测定具有理论和实际意义。

1. 以细胞数目变化为指标测定微生物的生长

(1) 显微镜直接计数法　这是用细菌计数器或血细胞计数器在显微镜下直接计数的方法。它是将一定稀释度的菌悬液加到计数板中的计数室内，在显微镜下计数一定体积菌悬液中菌体的总数。血细胞计数板适用于计数个体形态较大的单细胞微生物，如酵母菌；细菌计数器适用于计数个体形态较小的细菌。这种计数方法简便、快捷，是一种常用的方法。但该法无法区别死菌和活菌，所以称全菌计数法。

(2) 比浊法　这是一种快速测定菌悬液中细胞数量的方法。其原理是菌悬液中单细胞微生物的细胞浓度与其浑浊度成正比、与透光度成反比。细胞越多，浊度越大，透光量越少。因此可用菌悬液的透光度或光密度来表示菌悬液的浓度。用分光光度计、浊度计测出透光度或光密度，再对照标准曲线，即可求出菌数。该法简便快速，但菌体生长的各个阶段透光率不同，有一定的误差。而且这种方法适于培养液颜色较浅、没有混杂其他物质的样品，培养液的颜色较深会影响测定结果。

(3) 平板菌落计数法　它是将单细胞微生物的待测液经 10 倍系列稀释后，把最后三个稀释度的稀释液各取一定量接种到琼脂平板培养基上培养长出菌落，根据平皿上出现的菌落数，利用下述公式就可计算出原菌液的含菌数。

$$\text{菌数（个/mL）}=\frac{\text{平板菌落平均数}}{\text{平板菌液注入量(mL)}}\times\text{稀释倍数}$$

这种方法要求菌体呈分散状态，这样才能确定单个菌落是由单个细胞形成。因此这种方法适于细菌和酵母菌等单细胞微生物的计数，不适合霉菌等多细胞微生物的计数。

（4）稀释培养法　稀释培养法是用统计的方法来推算菌液的活菌数。其原理是菌液经多次稀释后，菌数可随之减少，直至没有。我们可以从最后有菌生长的几个稀释度的3～5次重复中求出最大概率数，因此又叫最大可能数量（MPN）法。

（5）薄膜过滤计数法　对于一些含菌浓度比较低的样品可先将定量的待测样品通过微孔滤膜过滤，菌体将被阻留在滤膜上，然后把滤膜放在适当的固体培养基上培养，长出菌落后计数即可求出样品中所含的菌数。

2. 以细胞物质质量为指标测定微生物的生长

（1）称重法　它是直接称量样品的湿重或干重。一般是用离心式沉淀法将定容培养液的菌体分离出来，洗净，直接称重即为湿重，烘干后称重即为干重，一般细菌干重约为湿重的20%～25%。这种方法直接可靠，对单细胞、多细胞都适用。但要求测定的菌体浓度要高，且不含杂质。

（2）含氮量测定法　蛋白质是构成细胞的主要物质，且其含量稳定，所以蛋白质的含量可以反映微生物的生长量。而氮又是蛋白质的重要组成元素，因此，可通过菌体含氮量的测定求出蛋白质的含量，并大致算出细胞物质的重量。具体做法是：从一定量的培养物中分离出菌体，洗涤后用凯氏微量定氮法测出总含氮量，用所得数值乘以6.25，即得微生物粗蛋白的含量。这种方法只适用于菌体浓度较高的样品。由于操作过程较繁，因此主要用于研究工作。

（3）DNA含量测定法　它是一种通过测定荧光反应强度求得DNA含量，从而反映所含细胞物质的量的方法。另外，还可根据DNA的含量计算出细菌数量。

四、微生物的群体生长规律

1. 微生物的个体生长和同步生长

微生物尤其是细菌细胞是极其微小的，但它与其他细胞或个体一样，也有一个从小到大的生长过程。在整个生长过程中，细胞内发生了复杂的生物化学变化。对单个细菌这类变化的研究，目前使用两种方法：一是用电子显微镜观察细菌细胞的超薄切片；二是使用同步培养技术使群体中的所有细胞都尽可能处于同样细胞生长和分裂周期中，通过分析此群体的各种生物化学特征来了解单个细胞发生的变化。

（1）微生物的个体生长　单细胞微生物个体的生长表现为细胞物质的合成和细胞体积的增加，多细胞微生物的个体生长表现在细胞数目和每个细胞内物质含量的增加。

① 细菌细胞的生长　细菌个体生长即是细胞的生长，细胞生长表现在细胞体积的增大、原生质量的增加和细胞结构的组建。细胞结构的组建包括染色体的复制、核糖体的重建、细胞壁的扩增以及细胞分裂等。

② 酵母菌细胞的生长　酵母菌细胞的生长表现为细胞体积的增加，并发生核和细胞的分裂。酵母菌细胞有两种类型的分裂方式：一种是不等分裂，即出芽生殖，如啤酒酵母，当其细胞体积增大到一定程度时就出芽并长大，最后芽和母细胞分离，形成两个大小不等的细胞；还有一种是均等分裂，如粟酒裂殖酵母，当其菌体细胞体积增加到一定大小后便形成分隔，产生两个大小均等的细胞。

③ 丝状真菌菌丝的生长　丝状真菌营养菌丝的生长主要以极性顶端生长的方式进行。

（2）微生物的同步生长及获得方法　在一般培养中，微生物各个个体细胞处于不同的生长阶段，它们的生长、生理和代谢活性都不一致。而研究微生物某一阶段的生理性状，要求微生物群体处于相同的发育阶段。同步培养法是使培养中的微生物生长发育在同一阶段的方法。这种通过同步培养使被研究的微生物细胞都处于同一生长阶段，并同时分裂的生长称同步生长。进行同步培养的方法有以下几种。

① 诱导法　诱导法主要是通过控制环境条件如温度、光线、营养条件或利用代谢抑制剂等诱导微生物同步生长的方法。

a. 控制温度。它是把不同步生长的细菌，放在低于最适生长温度下，培养一段时间，在此时间内细胞物质合成照常进行，但细胞不能分裂，使群体中分裂较慢的个体赶上其他细胞，再换到最适温度条件培养就使所有细胞都能够同步分裂。

b. 控制培养基的成分。它是将不同步生长的营养缺陷型细胞在缺少主要生长因子的培养基中饥饿一段时间，细胞都不能分裂，再转到完全培养基中就能获得同步生长的细胞。也可以将不同步菌液在有一定浓度抑制剂（氯霉素）的培养基中培养一段时间，再转接到不含抑制剂的培养基中获得同步生长的细菌。

诱导法是在非正常条件下迫使菌体同步分裂的，都会干扰菌体的正常代谢，得到同步生长的菌体只能维持 1～2 代，以后群体又表现为不同步的杂乱生长。

② 选择法　它是利用物理方法从不同步的细菌群体中选择出同步的群体。选择法主要有：

a. 离心分离法。它是将不同步的细胞悬浮在不被该菌利用的蔗糖溶液或葡聚糖液中，通过密度梯度离心将大小不同的细胞分成不同区带，分别取出培养就可得到同步生长的细胞。

b. 膜洗脱法。它是将不同步生长的菌液通过垫有硝酸纤维薄膜的滤器，不同生长阶段的细菌都吸附在膜上，然后翻转滤膜，用无菌的新鲜培养基冲洗，膜上细菌不断分裂，分裂后的子细胞有的不与膜接触易随培养基流下，滤液中的菌体基本都是新分裂的同步细胞，收集部分滤液培养后可得同步培养。

c. 过滤分离法。此法是一种选用适当孔径的微孔膜使个体较小的刚分裂的细菌通过滤膜，收集滤液进行培养来获得同步培养物的方法。

2. 细菌群体生长曲线及其对生产实践的指导意义

通过对纯培养微生物群体生长的研究，发现微生物种类不同，微生物群体生长规律也不相同。单细胞微生物、多细胞微生物及无细胞结构的微生物的群体生长表现出不同的生长规律。但不同种的单细胞微生物在特定的环境中，却表现出趋势相近的生长规律。其他类型的微生物也是如此。

（1）细菌的生长曲线　研究细菌群体生长规律通常采用分批培养的方法。它是将一定数量某种细菌纯培养物接种到一恒定容积的新鲜的液体培养基中，在适宜的条件下培养，定期取样测定单位体积培养基中的菌体（细胞）数，研究其规律性。发现开始时群体生长缓慢，后逐渐加快，进入一个生长速率相对稳定的高速生长阶段，随着培养时间延长，生长达到一定阶段后，生长速率又表现为逐渐降低的趋势，随后出现一个细胞数相对稳定的阶段，最后转入细胞衰老死亡期。如以培养时间为横坐标、以菌数的对数为纵坐标作图，可得到一条定量描述液体培养基中细菌繁殖的曲线。因单细胞细菌是以菌数增加作为群体生长的指标，所以该曲线又称为生长曲线（图 5-6）。生长曲线反映了细菌在培养基不更换的条件下生长、繁殖、衰老、死亡整个过程中的动态变化。这种不更换培养基的培养方法称分批培养法，也称一次培养法。只有在一次培养中，细菌的群体才表现出曲线式的生长规律。

每种细菌都有各自的生长曲线，但不同细菌的生长过程都有共同的规律。根据细菌生长繁殖速率的不同将细菌生长曲线划分为 4 个时期，即延滞期、指数生长期、稳定生长期、衰

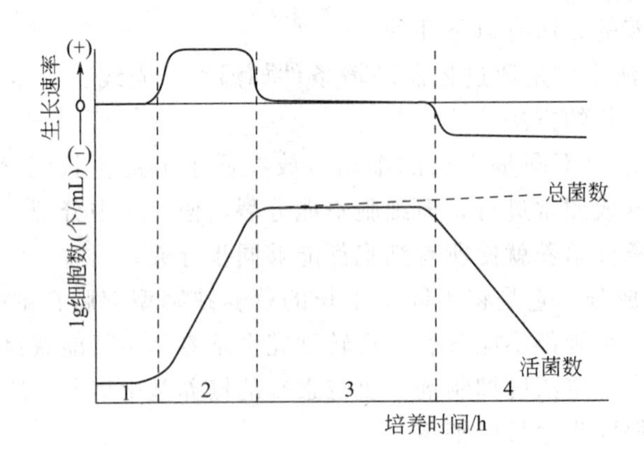

图 5-6 细菌的生长曲线

1—延滞期；2—指数期；3—稳定期；4—衰亡期

亡期。研究各种单细胞微生物生长曲线各个时期的特点与内在机制，在微生物学理论与应用实践中都有着十分重要的意义。

① 延滞期 此期又称迟缓期、适应期、调整期。延滞期是将少量细菌接种到新鲜培养基中，细菌不立即繁殖，菌数不增加甚至还可能稍有减少的时期。不立即繁殖的原因是细菌处于一个新的生长环境中，需要重新合成必需的酶、辅酶和某些中间代谢产物，以适应新环境，为细胞分裂作准备。延滞期具有以下特点：a. 生长速率常数等于零；b. 细胞形态变大或增长，许多杆菌可生长成长丝状；c. 细胞内 RNA 尤其是 rRNA 含量增高，原生质呈嗜碱性；d. 合成代谢活跃，核糖体、酶类和 ATP 合成加快，易产生诱导酶；e. 对外界不良条件如 NaCl 溶液浓度、温度和抗生素等化学药物的反应敏感；f. 分裂迟缓、代谢活跃。

延滞期有长有短，短的几分钟，长的几小时、几天。影响延滞期的因素很多，主要有以下几方面：a. 菌种。不同细菌延滞期不同，如大肠杆菌的延滞期就比分枝杆菌短得多。b. 菌龄。当接种的细菌处于对数期时，子代培养物的延滞期就短；接种的细菌处于延滞期或衰亡期，子代培养物的延滞期就长；而接种处于稳定期的细菌，子代培养物的延滞期则居于以上二者之间。因此，我们常接种对数期的菌种缩短延滞期。c. 接种量。接种量的大小会明显影响延滞期的长短。一般说，接种量大，延滞期短；接种量小，延滞期长。所以，为缩短对提高发酵效率不利的延滞期，一般采用 1/10 的接种量。d. 培养基的成分。细菌接种到营养单调的组合培养基中的延滞期长于接种到营养丰富的培养基中。所以，在生产实践中，常使发酵培养基的成分与种子培养基的成分尽量接近。

② 指数生长期 指数生长期又称对数生长期。细菌经过延滞期的调整后，就进入了快速分裂繁殖阶段，细菌数量呈指数增加，故称指数期。

指数生长期的特点为：a. 生长速率常数最大，细菌每分裂一次所需的代时（G）或原生质增加一倍所需的倍增时间较短；b. 菌体的大小、形态、生理特征比较一致；c. 酶系活跃，代谢旺盛；d. 活菌数和总菌数接近。

指数生长期中，细胞每分裂一次所需要的时间称为代时（G）。在一定时间内菌体细胞分裂次数愈多，代时愈短，则分裂速率愈快。不同种细菌代时不同，同一种菌处在不同的培养条件下，代时也不同。培养基营养丰富，培养温度、pH、渗透压等条件合适，代时则短；反之，代时则长。但是在一定条件下，各种细菌的代时是相对稳定的，有的为 20～30min，有的为几小时甚至几十小时（表 5-7）。

表 5-7 某些微生物的生长代时

菌名	培养基	温度/℃	时间/min
大肠杆菌	肉汤	37	17
荧光假单胞菌	肉汤	37	34～34.5
菜豆火疫病假单胞菌	肉汤	25	150
白菜软腐病欧氏杆菌	肉汤	37	71～94
甘蓝黑腐病黄杆菌	肉汤	25	98
大豆根瘤菌	葡萄糖	25	343.8～460.8
枯草芽孢杆菌	葡萄糖-肉汤	25	26～32
巨大芽孢杆菌	肉汤	30	31
蜡样芽孢杆菌	肉汤	30	1.8
乳酸链球菌	牛乳	37	25.3～26
圆褐固氮菌	葡萄糖	25	240

处于指数生长期的菌体，细胞内各成分按比例有规律地增加，因此，这个时期细菌的生长是平衡生长。因代谢旺盛，生长迅速，代时稳定，个体形态、化学组成和生理特性等均较一致，所以，在微生物发酵生产中，常用指数生长期的菌种作种子，它可以缩短延滞期，从而缩短发酵周期，提高劳动生产率与经济效益。此外，指数生长期的细胞还是研究微生物生长代谢与遗传调控等生物学基本特性的极好材料。

③ 稳定生长期 稳定生长期又称恒定期或最高生长期。在这个时期，新增殖的细菌与死亡菌数几乎相等，生长速率常数等于零。因为经过对数期后，培养液中的营养物质被大量消耗，营养物质的比例失调，加上有害代谢产物的积累和 pH、氧化还原电位等条件的改变，抑制了菌体细胞的正常生长，导致细胞生长速率降低，新增细胞与逐步衰老死亡细胞在数量上逐渐趋于相对平衡状态。

稳定生长期的特点是：a. 活菌数相对稳定，总菌数达到最高水平；b. 细胞代谢物积累达到最高值；c. 多数芽孢杆菌在这时开始形成芽孢；d. 细胞开始贮存糖原、异染颗粒和脂肪等贮藏物；e. 有的微生物在稳定期开始合成抗生素等次生代谢产物；f. 菌体对不良环境的抵抗力较强。

④ 衰亡期 达到稳定生长期的微生物群体，由于营养物质耗尽和有毒代谢产物的大量积累，群体中细胞死亡率逐渐上升，以致死亡菌数逐渐超过新生菌数，群体中活菌数下降，曲线下滑，细胞死亡速率逐步增加和活细菌逐步减少，这就标志着进入衰亡期。

衰亡期具有以下特点：a. 菌体出现形态改变，如畸形、膨大等不规则的形态；b. 有的微生物因蛋白水解酶活力的增强会发生自溶，使培养液的浊度下降；c. 有的微生物在此时能产生或释放对人类有用的抗生素等次生代谢产物和胞内酶；d. 芽孢杆菌开始释放芽孢。根据这个时期的特点，在发酵生产中若以芽孢、孢子或伴孢晶体毒素为发酵产品，此期收获最佳。

细菌的生长曲线，能够反映出一种细菌在一定的生活环境中（如试管、摇瓶、发酵罐）生长繁殖和死亡的规律。它既可作为营养物和环境因素对生长繁殖影响的理论研究指标，也可作为调控其生长代谢的依据，以指导生产实践。

（2）细菌生长曲线对生产实践的指导意义

① 缩短延滞期　微生物经接种后会进入延滞期。在微生物发酵工业中，如果有较长的延滞期，则会导致发酵设备的利用率降低，能耗、水耗增加，产品生产成本上升，最终造成劳动生产率低下与经济效益下降。只有缩短延滞期才有可能缩短发酵周期，提高经济效益。因此，深入了解延滞期的形成机制，可为缩短延滞期提供指导实践的理论基础，这对于工业生产及其应用等均有重要意义。

在微生物应用实践中，通常可采用以下措施来有效地缩短延滞期：用处于快速生长繁殖阶段的健壮菌种细胞接种；适当增加接种量；采用营养丰富的培养基；培养种子与下一步培养用的两种培养基的营养成分以及培养的其他理化条件尽可能保持一致。

② 把握指数生长期　通过对微生物生长曲线的分析，可以获得以下结论：a. 微生物在指数生长期生长速率最快；b. 补充营养物，调节因生长而改变了的环境 pH、氧化还原电位，排除培养环境中的有害代谢产物，可延长指数生长期，提高培养液菌体浓度与有用代谢产物的产量；c. 指数生长期以菌体生长为主，稳定生长期以代谢产物合成与积累为主，根据发酵的目的不同，确定在微生物发酵的不同时期进行收获。因此，微生物生长曲线可以用于指导微生物发酵工程中的工艺条件优化，以获得最大的经济效益。

③ 延长稳定生长期　稳定生长期活菌数达到最高水平，如果为了获得大量活菌体，就应在此阶段收获，该时期是生产收获期；在稳定生长期后期，代谢产物的积累开始增多，逐渐趋向高峰，某些产抗生素的微生物，在稳定生长期后期大量形成抗生素。

稳定生长期的长短与菌种和外界环境条件有关。生产上常通过补料、调节 pH 以及调整温度等措施来延长稳定生长期，以积累更多的代谢产物。

④ 监控衰亡期　微生物在衰亡期细胞活力明显下降，同时由于逐渐积累的代谢毒物可能会与代谢产物起某种反应或影响提纯，或使其分解，因此必须掌握时间，在适当时间结束发酵。

（3）其他微生物的生长曲线

① 丝状微生物群体生长曲线　丝状微生物包括丝状真菌和放线菌，它们在液体培养基中多数情况下沉淀生长，沉淀物形态有的呈松散的絮状沉淀，有的是堆积紧密的菌丝球；也可以菌丝悬浮的方式生长即丝状生长。丝状微生物是丝状生长还是沉淀生长与接种体积的大小、接种物是否凝聚及菌丝体是否易于断裂等有关。丝状微生物在液体培养基中的生长方式会影响发酵中的通气性、生长速率、搅拌能耗以及菌丝体与发酵液分离的难易程度等，因此对发酵工业的生产有重大影响。

丝状微生物的生长通常以单位时间内微生物细胞物质的量的变化来表示。从菌丝重量的增加以及生长导致培养液浑浊度的变化来看，它们的群体生长具有与单细胞细菌类似的规律。

② 烈性噬菌体的一步生长曲线　烈性噬菌体是指能在宿主细菌细胞内增殖，产生大量子噬菌体并引起细菌细胞裂解的噬菌体。从烈性噬菌体感染宿主细胞到新复制的子代噬菌体经细菌细胞裂解释放出来的整个过程称烈性噬菌体的生长周期。烈性噬菌体的生长周期可用一步生长曲线来表示（图 5-7）。烈性噬菌体的一步生长曲线可分为潜伏期、裂解期、平稳期三个时期。

a. 潜伏期。指噬菌体的核酸侵入宿主细胞后至第一个噬菌体粒子释放前的一段时间，在此期没有一个噬菌体粒子从细菌细胞中释放出来。潜伏期又分两个时期：一是隐晦期，指潜伏期的前期。在这段时间，人为地用氯仿裂解细菌细胞，裂解液仍没有侵染性。二是隐晦后期，又称潜伏后期。这段时间自然条件下仍无噬菌体的释放，但如果人为裂解细菌细胞，则裂解液出现侵染性，这说明细菌细胞内已有完整的噬菌体粒子存在，只是在自然条件下还没有释放出来，是噬菌体粒子在细菌细胞内装配、积累的时期，所以又称胞内累积期。

b. 裂解期。在潜伏期后的一段时间取样，噬菌斑数目突然急速增加，这是新合成的噬菌体核酸与蛋白质装配成有侵染性的成熟噬菌体并裂解宿主细菌细胞的结果。

c. 平稳期。成熟期末，受感染的宿主细菌细胞全部被裂解，噬菌体数达到最高，噬菌斑数在最高处达到稳定，此期为平稳期。

噬菌体生长周期的长短随噬菌体及宿主体系而有所不同，很多噬菌体为 30min～60min。一步生长曲线的研究也适用于动物病毒和植物病毒。

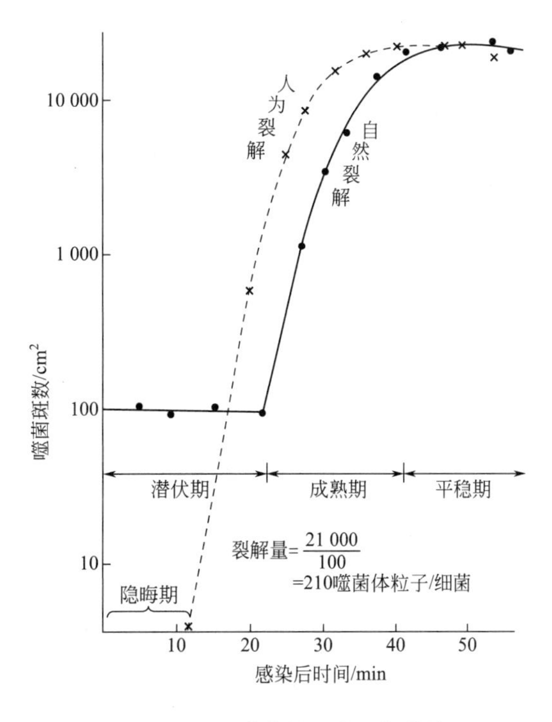

图 5-7 T_4 噬菌体的一步生长曲线

工业上常用的发酵技术

发酵泛指大规模利用微生物制造或者生产某些产品的过程。常用的发酵技术有分批发酵、补料分批发酵、连续发酵等，它们适用于不同条件下的发酵生产。

1. 分批发酵

分批发酵是将微生物置于一定容积的培养基中，经过培养生长，最后一次收获产物的培养方法。其主要特点是整个培养过程都在同一个容器中完成，培养基在微生物培养前一次性添加完毕，在培养的中间，除了氧气、消泡剂及控制发酵液酸或碱外，不再加入任何其他物质，故操作简单，不易染菌，每次发酵都要重新接种，发酵时间不是特别长，因此不会产生菌种老化和变异等问题。但分批发酵的非生产时间较长、设备利用率低，且反馈调节作用明显。分批发酵是最传统的发酵方法，在食品发酵生产中仍有广泛的应用。

2. 补料分批发酵

补料分批发酵也称为半连续发酵或流加分批发酵，是介于分批发酵和连续发酵之间的一种发酵技术。该技术主要通过在分批培养过程中，间歇或连续补加新鲜的培养基，使整个微生物培养过程更优于传统的分批培养。与传统的分批发酵相比，具有培养基质的营养物质浓度较高，这样可以消除快速利用性碳源的阻遏作用，维持合理的菌体浓度；对于好氧菌或兼性好氧菌而言，减少了供氧的矛盾；避免了大量有害性代谢产物的积累对菌体培养的影响等优点。与连续发酵相比，补料分批发酵不需要严格的无菌条件，也不会产生菌种的变异和老化等问题。但补料分批发酵也存在一定的非生产时间；中途要流加新鲜培养基，增加了染菌的危险等。

3. 连续发酵

连续发酵是培养基料液连续输入发酵罐，并同时放出含有产品的相同体积发酵液，使发酵罐内料液量维持恒定，微生物在近似恒定状态（恒定的基质浓度、恒定的产物浓度、恒定的pH、恒定的菌体浓度、恒定的比生长速率）下生长的发酵方式。恒定状态可以有效地延长分批培养中的对数期。此法已成为当前发酵工业的发展方向。与分批发酵相比具有生产周期短；节省生产时间，提高设备的利用率；能够更有效地实现机械化和自动化；可以维持稳定的操作条件，有利于微生物的生长代谢，以及产品质量较稳定等优点。但是也存在易染菌，微生物容易发生变异、退化，无菌条件要求严格，生产成本高，营养的利用率一般亦低于单批发酵培养等不足。目前，连续发酵技术已广泛用于酵母菌体的生产，乙醇、乳酸和丙酮一丁醇等发酵，以及用假丝酵母进行石油脱蜡或是污水处理中。

第三节 微生物的控制

一、常用术语

1. 灭菌

灭菌是指采用强烈的理化因素杀死物体表面及内部所有微生物（包括病原微生物和非病原微生物）繁殖体及芽孢的过程。灭菌后的物体不再有任何可存活的微生物。灭菌可分为杀菌和溶菌。杀菌是指使菌体失活，但菌体还在。溶菌是指使菌体死亡后发生溶解、消失的现象。

2. 消毒

消毒是指用较为温和的理化因素仅杀死物体表面或内部一部分对人或动植物有害的病原微生物，而对被消毒的对象基本无害的措施。具有消毒作用的药物称为消毒剂。一般消毒剂在常用浓度下，只对细菌的营养体有效，对细菌的芽孢则无杀灭作用。如用一些药剂对皮肤、水果、饮用水的处理，用巴氏消毒法对牛奶、果汁、啤酒、酱油等的处理都是属于消毒。

3. 无菌

无菌是指不含活的微生物。防止外来微生物进入机体或物体的方法叫无菌技术或无菌操作。进行微生物实验操作时，需严格注意无菌操作。

4. 除菌

除菌是一种用机械的方法（如过滤、离心分离、静电吸附等）除去液体或气体中微生物的方法。

5. 防腐

防腐是利用理化因素完全抑制微生物的生长繁殖，防止食品、生物制品等发生霉变腐败的措施。用于防腐的药剂称防腐剂。某些药物在低浓度时为防腐剂，在高浓度时为消毒剂。低温、干燥、无氧、高渗透压等都是常用的防腐措施。

6. 化疗

化疗即化学治疗。它是利用对病原微生物具有高度毒力而对寄主基本无毒的化学物质来抑制寄主体内病原微生物的生长繁殖，以达到治疗该寄主传染病的措施。能直接干扰病原微生物的生长繁殖并可用于治疗传染性疾病的化学药物称化学治疗剂。

二、环境因素对微生物生长的影响

微生物的生长繁殖受到各种环境因子的影响，适宜的环境条件是其旺盛生长的保证。在生产实践中，应用微生物进行生产或是对致病菌、霉腐微生物进行防治，都是通过控制环境条件从而控制微生物生长繁殖来实现的。能够影响微生物生长繁殖的条件有温度、水分、渗透压、pH、溶解氧等。

1. 温度

(1) 对微生物生长的影响　温度是影响微生物生长的重要因素。一方面，在一定范围内随着温度的上升，酶活性提高，细胞的生物化学反应速度和生长速度加快，一般温度每升高10℃，生化反应速度增加一倍，同时营养物质和代谢产物的溶解度提高，细胞膜的流动性增大，有利于营养物质的吸收和代谢产物的排出；另一方面，机体的重要组成，如核酸、蛋白质等对温度较敏感，随着温度的升高可遭受不可逆的破坏。从微生物总体来说，其生长的温度范围较宽，从－5～80℃都有微生物的生长。但就某一种微生物来讲，其温度范围较窄。微生物种类不同，其生长温度范围也不同，有的宽，有的窄，这与其长期生存的生态环境是否有较稳定的温度有很大的关系。如专性寄生在人体泌尿生殖道中的淋病奈瑟球菌，由于其长期生存的生态环境的温度较稳定（37℃左右），所以它们的生长温度范围较窄，是36～40℃；而一些生活在土壤中的芽孢杆菌，由于其长期生存的生态环境的温度变化较大，所以它们的生长温度范围较宽，为15～40℃；大肠杆菌既可在人体大肠中生活，也可在体外环境中生活，因此其生长温度范围也较宽（10～47.5℃）。

各种微生物尽管其生长温度范围不同，但都有其生长繁殖的最低生长温度、最适生长温度、最高生长温度和致死温度。最低生长温度是指微生物能进行生长繁殖的最低温度界限，低于这个温度，微生物不能生长。最适生长温度是微生物生长速率最高时的培养温度。不同的微生物最适生长温度不同。最高生长温度是微生物生长繁殖的最高温度界限，超过这个温度能引起细胞成分不可逆失活而导致细胞死亡（图5-8）。

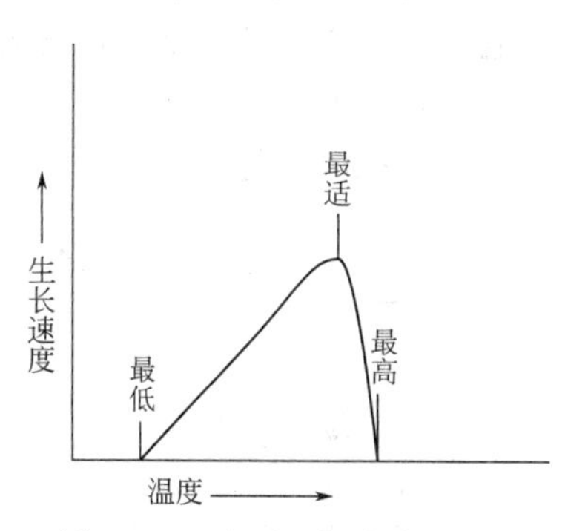

图5-8　温度对生长速度的影响

不同微生物的基本生长温度差异很大。根据微生物的最适生长温度不同，可将微生物分成三类（表5-8）。

表5-8　各类微生物生长的温度范围

微生物类型		生长温度范围/℃			分布
		最低	最适	最高	
低温型	专性嗜冷	－12	5～15	15～20	两极地区
	兼性嗜冷	－5～0	10～20	25～30	海水及冷藏食品
中温型	室温	10～20	20～35	40～45	腐生菌
	体温		35～40		寄生菌
高温型		25～45	50～60	70～95	温泉、堆肥堆、土壤表层、热水加热器等

① 低温微生物　又称嗜冷性微生物。这类微生物能在0℃条件下正常生长。它们多分布在地球的两极地区以及海洋深处等地方。嗜冷性微生物又可分为专性和兼性两种。专性嗜冷微生物的最适生长温度为15℃左右，最高生长温度为20℃，最低生长温度为0℃或更低。

兼性嗜冷微生物生长的温度范围较广，但最适生长温度仍为20℃左右，最高生长温度为30℃左右。嗜冷微生物例如一些假单胞菌、乳酸杆菌和青霉菌等多分布在海洋、深湖、冷泉和冷藏库中，以分解其中的有机物质为生。

② 中温微生物　又称嗜温微生物，可分为室温微生物和体温性微生物。其最适生长温度为20～40℃，最低生长温度为10～20℃，最高生长温度为40～45℃。土壤、植物、温血动物及人体中的微生物大部分属于这一类。中温性微生物的最低生长温度不能低于10℃，低于10℃不能生长，因在10℃以下时，蛋白质的合成不能起动，致使蛋白质合成受阻，如大肠杆菌即属于这种情况；此外，低温能抑制许多酶的功能，从而使生长受到抑制。当温度升高时，抑制可以解除，功能又可以恢复。所以可以在低温下保存菌种。

③ 高温微生物　又称嗜热性微生物，其适宜在45～50℃以上的温度中生长，低于35～40℃时便不能繁殖。这类微生物主要分布在温泉、堆肥、土壤和发酵饲料中。例如栖热菌属和硫化叶菌属等已在75℃以上温度下培养成功，它们的最高生长温度可以达到95℃。一些人为的高温环境，如工厂的热水装置和人造热源等处，是嗜热微生物的良好生活场所。嗜热菌的生长速率较快，合成大分子迅速，因此可以及时弥补由于热所造成的大分子的破坏。嗜热微生物一方面给罐头工业、发酵工业带来了麻烦，另一方面在一些发酵工业、废物处理等方面应用嗜热微生物，可以节省能源和费用。

尽管各类微生物对热的敏感程度不同，但当温度超过其最高生长温度时，都会引起死亡。在一定温度下杀死微生物所需要的最短时间称为“致死时间”，一定时间内杀死微生物所需要的最低温度称为“致死温度”。不同微生物的致死温度不同（表5-9），一般来说，温度越高，致死时间越短。

表5-9　几种微生物的致死温度和时间

种　　类	致死温度/℃	时间/min
伤寒沙门菌(*Salmonella typhi*)	58	30
白喉棒杆菌(*Corynebacterium diphtheriae*)	50	10
普通变形杆菌(*Proteus vulgaris*)	55	60
大肠杆菌(*Escherichia coil*)	60	10
维氏硝化杆菌(*Nitrobacter winogradskyi*)	50	5
梅毒密螺旋体(*Treponema pallidum*)	45	10
嗜热脂肪芽孢杆菌(*Bacillus stearothermophilus*)	120	12

（2）高温杀菌作用及其应用　微生物对高温十分敏感。当温度超过微生物的最高生长温度时，微生物就会被杀死。高温杀死微生物的机理是：高温能引起蛋白质和核酸不可逆变性；高温破坏细胞的组成；高温溶解细胞膜上类脂质成分而形成极小的孔而使细胞的内容物泄漏。因此，在微生物实验、食品加工及发酵工业等工作中常用高温进行灭菌。

利用热能达到消毒或灭菌目的的方法称高温灭菌，分干热灭菌和湿热灭菌两种。前者利用烧灼或烘烤等方法，消灭物体上的微生物；后者利用热蒸汽灭菌。在相同温度条件下，湿热灭菌的效力比干热灭菌高，这是因为菌体在有水的情况下，蛋白质更容易凝固（表5-10）。热蒸汽与干热空气穿透力也存在较大差异（表5-11）。

表 5-10 蛋白质含水量与其凝固温度的关系

蛋白质含水量/%	蛋白质凝固温度/℃	灭菌时间/min
50	56	30
25	74～80	30
18	80～90	30
6	145	30
0	160～170	30

表 5-11 热蒸汽与干热空气穿透力的比较

加热方式	温度/℃	加热时间/h	穿透纱布层数及温度/℃		
			20 层	40 层	100 层
干热	130～140	4	86	72	70 以下
湿热	105	3	101	101	101

① 干热灭菌 干热灭菌包括烘箱热空气灭菌和火焰灼烧灭菌两种方法。

a. 烘箱热空气灭菌。它是将耐热待灭菌物品放于鼓风干燥箱内，利用热空气进行灭菌的方法。由于空气的传热性和穿透力不及饱和蒸汽，加上菌体在脱水情况下又不易被热能杀死，所以烘箱热空气灭菌需要较高的温度和较长的时间，一般 171℃加热 1h、160℃加热 2h、121℃加热 12h 以上，灭菌时间可根据被灭菌物品体积作适当调整。在这种条件下，细胞膜破坏、蛋白质变性、原生质干燥及各种细胞成分发生氧化，菌体细胞被破坏，从而达到彻底灭菌的目的。此法适用于对体积较大的玻璃、金属器皿和其他耐干燥物品的灭菌，如培养皿、三角瓶、吸管、烧杯、金属用具等。这种方法的优点是能使灭菌物品保持干燥。

采用烘箱热空气灭菌时要注意：玻璃器皿首先要洗净、干燥，然后用纸包装，而后才能放入烘箱中灭菌；金属器皿要放入带盖磁盘或其他耐热容器内进行灭菌；升温或降温不能过急；箱温不要超过 180℃，以免引起包装纸自燃；箱内温度降到 60℃以下时才能开箱取物；灭菌后的物品应随用随打开包装纸。

b. 火焰灼烧灭菌。它是将待灭菌物品在酒精灯火焰灼烧以杀死其中的微生物的灭菌方法。这是一种最简便、快捷的干热灭菌方法，但只适用于体积较小的金属器皿或玻璃仪器，如接种环、接种针、试管口或玻璃棒的灭菌。

② 湿热灭菌法 湿热灭菌法是一种用煮沸或饱和热蒸汽杀死微生物的方法。与干热灭菌相比，灭菌温度较低，灭菌时间短；湿热灭菌的范围比干热灭菌广。湿热灭菌法有高压蒸汽灭菌法、间歇灭菌法和巴斯德消毒法等。

a. 高压蒸汽灭菌法。利用高压蒸汽灭菌锅内高于 100℃的水蒸气（即蒸汽）温度杀灭微生物的方法称高压蒸汽灭菌法。其原理是水的沸点随水蒸气压力的增加而升高，加大压力是为了提高水的沸点。在密闭系统中，蒸汽压力增高，温度也随着增高，从而提高了杀菌效力。不过，必须使密闭系统中充满纯蒸汽。如果蒸汽中混有空气，则锅内温度会低于相同压力下纯蒸汽的温度而降低杀菌效果（表 5-12）。

表 5-12 灭菌锅内留有不同分量空气时压力与温度的关系

压力		全部空气排出时的温度/℃	2/3 空气排出时的温度/℃	1/2 空气排出时的温度/℃	1/3 空气排出时的温度/℃	空气不排出时的温度/℃
kgf/cm^2	lbf/in^2					
0.35	5	108.8	100	94	90	72
0.70	10	115.5	109	105	100	90
1.05	15	121.3	115	112	109	100
1.40	20	126.2	121	118	115	109
1.75	25	130.0	126	124	121	115
2.10	30	134.6	130	128	126	121

注：$1kgf/cm^2=98.0665kPa$；$1lbf/in^2$（psi）$=6894.76Pa$。

高压蒸汽灭菌所使用的灭菌压力和时间随被灭菌的物品不同而有差异。一般灭菌时，采用104kPa的压力（温度为121.3℃），灭菌时间20～30min；一些耐高温容积大的物品，压力一般为154kPa（温度128℃），灭菌时间延长到1～2h；在高温下易破坏的物质，可采用67kPa、68kPa压力，温度115℃，灭菌时间为35min左右。灭菌时间是从达到要求的温度或压力时开始算起。

影响高压蒸汽灭菌效果的主要因素如下。

ⓐ 灭菌物体的含菌量。由表5-13可知，灭菌物体中的含菌量越高，杀死最后一个个体所需的时间就越长。

表 5-13 芽孢数目与灭菌所需时间的关系

芽孢数/(个/mL)	在100℃下灭菌的时间/min
100000000	19
75000000	16
50000000	14
25000000	12
1000000	8
100000	6

ⓑ 灭菌锅内空气的排除程度。高压蒸汽灭菌法的原理是在驱尽空气的前提下，通过加热把密闭锅内纯水蒸气的压力升高以提高蒸汽温度从而达到灭菌的目的，即这种灭菌方法是靠升高温度而不是靠升高压力来实现的（表5-12）。因此，利用高压蒸汽灭菌时，必须彻底排除灭菌锅内的残余空气。

ⓒ 灭菌对象的pH值。灭菌对象的pH值对灭菌效果有着较大的影响。pH值为6.0～8.0时，微生物较不易死亡；pH<6.0时，最易引起死亡。

ⓓ 灭菌对象的体积。灭菌对象体积的大小会影响热的传导效率，从而影响灭菌效果。如盛放培养液的玻璃器皿体积的大小对灭菌效果有非常明显的影响（表5-14），因此，实验室对培养基进行灭菌时要防止用常规的压力和时间对锅内大容量培养基进行灭菌。

表 5-14 容量的液体在加压灭菌锅内的灭菌时间

容器/mL	在 121～123℃下所需灭菌时间/min
三角烧瓶	
50	12～14
200	12～15
500	17～22
1000	20～25
2000	30～35
血清瓶	
9000	50～55

ⓔ 加热与散热速度。在高压蒸汽灭菌时，预热、散热的速度对灭菌效果和培养基成分都会发生影响。因此，灭菌操作中要加以注意。

另外，高温对培养基成分有一定的影响。高温对培养基中的淀粉有促进糊化和水化的作用，这是对培养基成分的有利影响。但高温尤其是长时间的高温对培养基多会产生不利影响。针对高温对培养基成分的不利影响，可采取以下措施消除。

ⓐ 采用特殊加热灭菌法，对高温条件下易破坏成分的含糖培养基进行灭菌时，应先将糖液与其他成分分别灭菌后再合并，或进行低压灭菌（112℃、15min）或利用间歇灭菌；对含 Ca^{2+} 或 Fe^{3+} 的培养基与磷酸盐应先分别灭菌，然后再混合，以免形成磷酸盐沉淀。

ⓑ 过滤除菌法。对培养基中的某些不耐热的成分可采用过滤除菌法灭菌。

ⓒ 其他方法。可在培养基中加入螯合剂防止金属离子发生沉淀，还可利用气体灭菌剂对个别成分进行灭菌处理。

b. 间歇灭菌法。间歇灭菌法是利用常压蒸汽反复几次进行灭菌的方法。该方法主要适用于一些不宜用高压灭菌培养基的灭菌，如糖类、明胶、牛奶等。此法是在常压下加热到100℃，维持 30～60min，以杀死微生物营养体，冷却后，于适宜温度（37℃）下培养 1d。次日再用同法灭菌，如此反复 3 次，即可达到灭菌目的。适温培养目的是诱导未死亡的芽孢萌发成抗热性差的营养体，便于在下次灭菌时将其杀灭。缺点是手续麻烦，时间长。

c. 巴斯德消毒法。某些物质如牛奶、啤酒、果酒和酱油等在高热下易破坏营养成分，因此巴斯德首先提出把液体物质在较低的温度下消毒，既可杀死液体中致病菌的营养体，又不破坏液体物质中原有的营养成分。典型的温度时间组合有两种：63℃ 30min 和 72℃ 15min，巴斯德消毒法在食品工业中常被采用。

（3）低温抑菌作用及其应用　不同微生物对低温的反应不同。有些微生物在较低温度下可生长，其原因为：一般认为这类微生物的酶在较低温度下仍能有效起作用；另外推测是由于低温微生物与其他微生物相比，细胞质膜中不饱和脂肪酸含量高，在低温下保持半流体状态而仍能进行活跃的物质传递。而其他微生物由于细胞质膜中饱和脂肪酸含量高，在低温下成为固态，不能履行其正常功能而不能生长。

微生物在冰点以下死亡或部分死亡，主要是细胞内的水分变成了冰晶，使细胞膜损伤，细胞脱水的缘故。如果采取快速冷冻以及在细胞悬液中加入保护剂，可减少冰冻对细胞的有害效应。常用的保护剂有甘油、血清蛋白、葡聚糖等。甘油易溶于水，加入细胞悬液中，可降低脱水的有害作用；大分子的血清蛋白、葡聚糖可与细胞表面结合，从而保护细胞免受冻害。

大部分微生物在低温条件下代谢活动降低，生长缓慢或停滞，但仍能存活，一旦遇到合适的生活环境就可生长繁殖，故可用低温保藏菌种。一些细菌、酵母菌、霉菌的琼脂斜面培养，通常都保存在4℃的冰箱中。还可将新鲜食物放在冷藏箱中防止食品腐败，但只能放几天，因低温下嗜冷微生物仍能生长，造成食品腐败。但是，在冰点以下时，微生物的代谢活动更低甚至停止，微生物基本不生长，这样可延长保藏、保存时间。如利用超低温冰箱（－70℃）或更低温度（－195℃液氮）保藏菌种，食品工业和家庭利用－20℃储藏食品等。

2. 干燥和渗透压

（1）干燥及其应用　水是微生物生长的基本要素，微生物的生活离不开水。自然条件下，微生物基本生活在湿润物体表面或水中。人工培养时，一般要求培养基的含水量在60％～65％，空气的相对湿度保持在80％～90％。干燥条件下，当水活度降低到0.6～0.7时，除少数霉菌外，多数微生物不能生长。因为在干燥条件下，微生物会因细胞脱水，蛋白质变性使代谢活动停止，进而引起死亡。所以，常用干燥法保存食物、衣物等物品或菌种。微生物不同，抗干燥能力也不同。一般地，细胞壁薄的长形细胞对干燥敏感，而细胞壁厚的圆而小的细胞抗干燥能力强，尤其是芽孢和孢子在干燥环境中可存活几年甚至几十年。

（2）渗透压及其应用　当周围环境中物质的浓度（物质的量浓度）与微生物细胞内物质的浓度相同时，外界溶液中的渗透压与细胞中的渗透压相等，细胞既不失水也不吸水，不收缩也不膨胀，保持原有形态，有利于微生物的生长；当周围环境中物质的浓度低于微生物细胞内物质的浓度（即处于低渗溶液中）时，水分向细胞内流动，引起细胞吸水膨胀，甚至破裂；而当细胞外物质的浓度高于细胞内物质的浓度（即微生物处于高渗溶液中）时，大量的水分子从细胞内向细胞外的周围环境中扩散，细胞失水，发生质壁分离，微生物的生长繁殖受到抑制。酱油生产中在酱醅中加入一定量的食盐就是增加固态发酵酱醅的渗透压，抑制酱醅中杂菌的生长繁殖。利用高浓度的糖或盐腌制各种食物也是提高渗透压，抑制杂菌生长。

有些微生物能在较高的渗透压下生长，如嗜盐微生物能在15％～30％的盐水中生长。

3. pH

（1）pH对微生物生长的影响　微生物生长过程中机体内发生的绝大多数反应是酶促反应，而酶促反应都有一个最适pH范围，在此范围内只要条件合适，酶促反应速率就最高，微生物生长速率也最大。因此微生物生长也有一个最适pH范围。此外，微生物生长还有一个最高与最低的pH范围，高于或低于这个范围，微生物的生长将被抑制。不同的微生物，其生长的最适、最低和最高pH范围不同（见表5-15）。一般情况下，不适宜的pH对微生物的生长有抑制作用，极高或极低时有杀菌作用。微生物生长所需pH的范围极广，在pH＜2或pH＞10的环境中都可找到不同的微生物。但大多数微生物生长在pH为5.0～9.0的环境中。大多数细菌、藻类和原生动物的最适pH为6.5～7.5，大多数酵母菌和霉菌的最适pH为5.0～6.0，放线菌的最适pH为7.0～8.0。另外，微生物在不同生长阶段对pH的要求不同。pH主要通过影响菌体对营养物质的吸收、酶的活性及代谢物的形成而影响微生物生长。

表 5-15　不同微生物生长 pH 范围

微生物	pH		
	最低	最适	最高
氧化硫硫杆菌	0.5	2.0～3.5	6.0
嗜酸乳杆菌	4.0～4.6	5.8～6.6	6.8
大豆根瘤菌	4.2	6.8～7.0	11
褐球固氮菌	4.5	7.4～7.6	9.0
金黄色葡萄球菌	4.2	7.0～7.5	9.3
黑曲霉	1.5	5.0～6.0	9.0
放线菌	5.0	7.0～8.0	10.0
酵母菌	3.0	5.0～6.0	8.0

（2）微生物生长对 pH 的影响　微生物通过其活动也能改变环境的 pH，如细菌发酵糖类产生酸会降低环境中的 pH，由于利用氨基酸或其他含氮化合物脱氨产酸使环境的 pH 值下降，由于脱羧作用产生胺使环境的 pH 上升等。

（3）酸碱添加剂的抑菌作用　强酸与强碱具有杀菌力。无机酸如盐酸和硫酸等的杀菌作用非常强，但由于其腐蚀性强，所以并没有作为消毒剂应用。某些有机酸如苯甲酸常用作防腐剂，在面包和食品中加入丙酸可防霉。酸菜、饲料青贮是利用乳酸菌产生的乳酸抑制腐败性微生物的生长，使之得以长久贮存。强碱可用作杀菌剂，但由于其毒性大，所以只用作对仓库、棚舍等环境的消毒。

4. 溶解氧与氧化还原电位

（1）溶解氧　微生物对氧的需求或耐受能力在不同类群中变化很大。根据微生物和氧的关系，将微生物分为如下 5 类。

① 专性好氧微生物　这类微生物必须在有氧条件下生长，因它们有完整的呼吸链，氧是呼吸作用的最终电子受体，在固醇类不饱和脂肪酸的生物合成中也需氧气。多数细菌和大多数真菌属于专性好氧微生物。培养好氧微生物必须保证通气良好。实验室和工业生产中常用振荡、搅拌、通气的方法来保证氧气的供应。

② 兼性好氧微生物　这类微生物在有氧和无氧条件下都能生长，因为它们有两套酶系统，既能在有氧条件下通过氧化磷酸化作用获得能量，又能在无氧条件下通过发酵作用获得能量。兼性好氧微生物的细胞内也含有超氧化物歧化酶（SOD）和过氧化氢酶，它们在有氧条件下比在无氧条件下生长得更好。这类微生物包括酵母菌、细菌和其他一些真菌，如肠杆菌科的细菌。

③ 微需氧微生物　微需氧微生物在有氧和绝对无氧条件下均不能生长，它们只能在较低的氧分压下生活，一些氢单胞菌属、发酵单胞菌属和弯曲菌属的种及霍乱弧菌属于这一类。

④ 耐氧微生物　耐氧微生物不能利用氧气，但氧气的存在对它们无害，它们没有呼吸链，只能通过酵解获取能量，细胞内存在过氧化物酶，但缺乏过氧化氢酶，多数乳酸菌都是耐氧微生物。

⑤ 专性厌氧微生物　专性厌氧微生物不能利用氧气，氧气的存在对它们的生存能造成损害，即使短时接触空气，生长也会被抑制甚至死亡。因为氧能使它们产生 H_2O_2 和自由基

形式的 O_2^- 等有毒物质，而厌氧微生物不能产生超氧化物歧化酶（SOD）和过氧化氢酶，不能把有毒物质分解，因此，在培养时必须采取各种措施创造厌氧环境。实验室通常采用焦性没食子酸吸收氧气、或抽真空，或在氮气、氢气中培养微生物，或在容器中覆盖无菌石蜡，或用不透气的橡胶塞封闭等方法造成良好的厌氧环境。专性厌氧微生物通过酵解、无氧呼吸或循环光合磷酸化等获取能量，例如梭状芽孢杆菌属、甲烷杆菌属、链球菌属中的一些种都属于此类菌。

（2）氧化还原电位　氧化还原电位代表环境中氧化剂的相对强度，用 E_h 表示。E_h 值与氧分压有关，也受 pH 的影响。氧分压高时，E_h 高；pH 低时，E_h 高；pH 高时，E_h 低。氧化还原电位的高低对微生物的生长有很大的影响，原因是氧化还原电位影响微生物细胞中许多酶的活性，影响细胞的呼吸作用。好氧微生物的氧化酶系的活动需要较高的氧化还原电位，E_h 在＋0.1V 以上，厌氧微生物只能在＋0.1V 以下生长。兼性好氧微生物在＋0.1V 以上进行好氧呼吸，在＋0.1V 以下进行发酵或无氧呼吸。另外，微生物的生长也可改变环境的氧化还原电位。通常在培养好氧微生物时是在培养基中通入空气或加入氧化剂以提高氧化还原电位；培养厌氧微生物时是在培养基中加入还原性物质降低氧化还原电位。

5. 辐射与紫外杀菌

辐射是能量通过空间传递的一种物理现象。与微生物有关的辐射有可见光、紫外线、X 射线和 γ 射线。

（1）可见光　波长在 380～760nm 的光线称可见光。由于光氧化作用，可见光长时间连续照射时可杀死微生物。光氧化作用是光线被细胞内的色素吸收，在有氧条件下，使一些酶和细胞内的其他敏感成分失活而引起微生物死亡。若无氧，光氧化作用不发生，对微生物没有损害作用。正常的色素如细胞色素能催化光氧化作用。用染料处理后，也可增加细胞对光氧化作用的敏感性。具有胡萝卜素一类色素的微生物，由于这类色素分布在细胞膜中，可吸收光，阻止光到达细胞内敏感的区域，所以可防止光氧化作用的危害。

（2）紫外线　紫外线是一种短波光，大剂量为杀菌剂，小剂量为诱变剂。阳光有微弱的杀菌作用是因为有少量的紫外线透过大气层的缘故。如果大气层遭到破坏，将会有大量的紫外线辐射到地面，对人及其他生物体造成伤害。它的杀菌作用主要是由于紫外线引起核酸形成胸腺嘧啶二聚体，从而干扰了核酸的复制。此外，紫外线还可使空气中的氧变为臭氧。而臭氧不稳定，易分解，放出氧化能力强的新生态氧［O］而具有杀菌作用。紫外线的杀菌效果与波长有关，波长约为 260nm 的紫外线杀菌力最强。

$$O_3 \rightarrow O_2 + [O]$$

但经紫外线照射的微生物，如果立即暴露于可见光下，受损伤的 DNA 可以被修复，这种作用称为光复活作用。所以，用紫外线处理时，只有当它引起的损伤比恢复力大时，才能使微生物死亡。

紫外灯是接种室、培养室和手术室进行空气灭菌的常用工具。市售紫外灯有 30W、20W 和 15W 等多种规格。灭菌常选用 30W，菌种诱变多选用 15W 紫外灯。紫外灯的有效作用距离为 1.5～2.0m，以 1m 内效果最好。使用前应搞好被照射区域的卫生，照射 30min 即可。有些经照射受损害的菌体若再暴露于可见光中，会发生光复活。为了避免光复活现象出现，应在黑暗中保持 30min。

紫外线的杀菌效果与菌种及其生理状态有关。有些微生物具有抗紫外线辐射的作用。如带色素的细胞具有抗紫外线辐射的作用，原因是多数色素可以吸收紫外线，降低了辐射对敏感核物质的照射量。二倍体和多倍体比单倍体细胞抗紫外线能力强；孢子比营养体抗性强；干燥细胞比湿性细胞的抗性强。紫外线对病毒的灭活效果较好。

紫外线的穿透力很弱，一薄层玻璃或水都能将其大部分过滤掉，因此紫外线只能用作物体表面消毒或空气灭菌，如对灭菌室的灭菌和一些不能用热或化学物质灭菌的器械的灭菌。紫外线对人的皮肤、眼黏膜及视神经有损伤作用，应避免直视灯管和在紫外线照射下工作。紫外灯的杀菌效果会随照射时间的延长而降低，应适时更换。紫外灯照射不久空气中就会产生臭氧，可根据臭氧产生的速度和强弱，粗略判断灯管的质量。紫外线对真菌作用的效果较差，使用时应配合其他的消毒灭菌方法。

(3) 电离辐射　X射线和γ射线等高能电磁波具有较强的穿透力，这些射线照射物质后，使物质产生电离，所以这类射线叫电离辐射。低剂量照射时，可促进微生物的生长或诱发变异，高剂量处理有杀菌作用。用辐射保存粮食、果蔬、畜禽产品及饮料不仅能防腐，而且能保持食物的营养和风味。

电离辐射的杀菌机制有靶子学说和间接学说两种。靶子学说认为辐射的能量直接作用于细胞内部的某个特殊敏感区域（靶子），导致细胞突变或死亡；间接学说认为辐射引起培养基中的水及其他化学物质分解为游离基团，游离基团再与细胞中的敏感分子发生反应而失活，引起微生物死亡。

6. 微波与超声波

(1) 超声波及其应用　频率在20000Hz以上的电磁波为超声波，具有强烈的生物学作用，能杀死微生物。超声波几乎对所有的微生物都有破坏作用，其作用效果因频率、时间及微生物种类、数量、形状而异。频率越高，杀菌效果越好。细菌的芽孢对超声波具有较强的抗性，球菌比杆菌抗性强。超声波不仅可杀灭和破坏微生物，而且还能够对食品产生诸如均质、裂解大分子物质等多种作用，具有其他物理灭菌方法难以取得的多重效果，从而能够更好地提高食品品质，保证食品安全。

(2) 微波及其应用　微波是指波长在0.001～1m（频率300～300000MHz）的电磁波。目前工业微波设备所采用的微波频率为2450MHz和915MHz两种。微波在微生物生长控制方面也有广泛的应用。

① 微波具有杀菌消毒作用　用于杀菌的微波频率为2450MHz。研究结果普遍认为，微波对微生物的致死效应有两方面的因素，即热效应和非热效应。热效应是指物料吸收微波能，使温度升高从而达到灭菌的效果。而非热效应是指生物体内的极性分子在微波场内产生强烈的旋转效应，这种强烈的旋转使微生物的营养细胞失去活性或破坏微生物细胞内的酶系统，造成微生物的死亡。由于微波对微生物具有热效应和生物效应的共同作用，强烈地破坏其生物活性并致其死亡，所以微波可以在较低的温度下和较短的时间内杀灭食品、药品或其他物料中的细菌、虫及虫卵，实现灭菌。例如，微波灭菌与巴氏灭菌相比，前者所用时间仅为后者的1/10左右而效果优于后者。低温短时间灭菌对于保持如食品、药品等的有效成分和营养成分是十分重要的，并且微波灭菌避免或减轻了物料发黄、发黑等的颜色改变。微波杀菌目前主要用于肉、鱼、豆制品、牛乳、水果及啤酒等的杀菌。

② 微波具有干燥作用　热风、蒸汽、红外线等传统干燥方法都是从物料的外部向内传导热量，而许多被干燥物料的导热性是很差的，尤其是含水量越低导热性能也越低，使加热缓慢，干燥时间长。为了增大进入物料内部的热量，通常将物料外表温度提高，这样往往导致物料表面发黄，甚至烤焦，同时热量损失大，既浪费了能量又使生产环境恶化。

采用微波干燥，其热效应是在被加热物料内部产生的，作用直接迅速，干燥时间缩短到十几分之一甚至几十分之一。采用微波干燥，干燥均匀，干燥后的产品不烤焦、不变色，质量好，同时还可节能和改善工作环境。

三、控制微生物的方法

在实际应用中常用以下物质及方法对微生物进行控制。

1. 重金属盐类

重金属及其化合物都有杀菌作用，最强的是汞、银和铜。重金属离子带正电，容易与带负电的菌体蛋白质结合使其凝固变性；或者它们进入细胞后与酶的—SH 结合使酶变性失活。重金属盐类是蛋白质的沉淀剂，能产生抗代谢作用，或与细胞内的主要代谢产物发生螯合作用，或取代细胞结构中的主要元素，使正常代谢物变为无效化合物，抑制微生物的生长或导致死亡。

高浓度的重金属及其化合物都是有效的杀菌剂或防腐剂，常用的有汞及其衍生物。二氯化汞即升汞 1∶(500～2000) 液可杀灭大多数细菌，腐蚀金属，对动物有剧毒，常用于组织分离时的外表消毒和器皿消毒。2%红汞水溶液即红药水常用于消毒皮肤、黏膜及小创伤，不可与碘酒共用。

银是温和的消毒剂，0.1%～1%的硝酸银可消毒皮肤，1%硝酸银可防治新生儿传染性眼炎。

硫酸铜对真菌和藻类有强杀伤力，红汞、硝酸银和由硫酸铜制成的波尔多液是医疗和农业生产上常用的消毒剂，可防治某些植物病害。

2. 氧化剂

氧化剂可以氧化蛋白质的活性基团，强氧化剂还可以破坏蛋白质的氨基和酚羟基，使蛋白质和酶失活。常用的氧化剂有卤素、过氧化氢、高锰酸钾以及过氧乙酸等。

(1) 氯　氯对金属有腐蚀作用，一般用于水消毒。氯溶解于水形成盐酸和次氯酸，次氯酸在酸性环境中解离放出新生态氧，具强烈的氧化作用。

$$Cl_2 + H_2O \longrightarrow HCl + HClO$$

$$Ca(ClO)_2 + 2H_2O \longrightarrow Ca(OH)_2 + 2HClO$$

$$HClO \longrightarrow HCl + [O]$$

0.20～0.5mg/L 的氯气用于饮水和游泳池水的消毒。

漂白粉主要含次氯酸钙，次氯酸钙很不稳定，水解成次氯酸，也产生新生态氧。0.5%～1%的漂白粉溶液能在 5min 内杀死大部分细菌，常用于饮水、空气（喷雾）以及体表消毒。10%～20%的漂白粉用于地面及厕所的消毒。

(2) 碘　碘是一种氧化剂，具有强杀菌作用。5%的碘与 10%的碘化钾水溶液都是有效的皮肤消毒剂，2.5%的碘酒用于皮肤消毒。它的杀菌机理是与菌体蛋白质（酶）中的酪氨酸不可逆结合。

(3) $KMnO_4$　高锰酸钾（$KMnO_4$）遇有机物会变成无杀菌作用的二氧化锰，所以只能外用，并随配随用。0.1%的高锰酸钾常用于皮肤、尿道、水果、蔬菜的消毒。

(4) H_2O_2　3%H_2O_2 常用于污染物件表面的消毒。

(5) 过氧乙酸　0.2%～0.5%的过氧乙酸用于皮肤、塑料、玻璃、人造纤维的消毒。

3. 还原剂

半胱氨酸、维生素 C、亚硫酸都是还原剂，其杀菌作用机理是消耗食品中的 O_2，使好气性微生物因缺氧而致死，并能抑制某些微生物生理活动中酶的活性。

亚硫酸是强还原剂，具有抑菌作用，可以强烈抑制霉菌、好气性细菌生长繁殖，但是对酵母菌的作用稍差一些。其水溶液放置过程中易分解逸散 SO_2 而降低杀菌效果，所以应该现用现配。亚硫酸及其盐类主要用于葡萄酒和果酒的防腐，最大使用量以 SO_2 计为 0.25g/kg，产品中 SO_2 的残留量不得超过 0.05g/kg。

4. 表面活性剂

表面活性剂是具有降低表面张力效应的物质，如新洁尔灭、除垢剂等。

新洁尔灭是人工合成的季铵盐阳离子表面活性剂，0.05%～0.1%新洁尔灭溶液用于皮肤、黏膜及外科手术消毒和器械浸泡消毒。

除垢剂分阴离子型、阳离子型和中性型（非离子型）三类。阴离子型包括肥皂、高级脂肪酸的钠盐和钾盐、硫酸十二烷基钠和磺酸盐等。阴离子型除垢剂电离时生成阴离子，对革兰阳性菌有抑菌效力。肥皂是阴离子表面活性剂，它的杀菌作用很弱，只能使物质表面的油脂乳化，形成无数小滴，携带菌体随水冲走。常用的阳离子型除垢剂为杀菌剂，它的作用主要是吸附在菌体细胞表面，使细胞膜损伤，用作炊具消毒。中性除垢剂在水中不电离，主要作为乳化剂使用。

5. 酸碱类

大多数微生物的最适 pH 在 5～9 之间，细胞内的 pH 和酶的最适 pH 也多接近中性。DNA、ATP 对酸不稳定，RNA 和磷脂在碱性条件下易遭破坏。因此强酸和强碱有杀菌作用，弱酸和弱碱有抑菌作用。生石灰常以 1∶(4～8) 配成糊状消毒排泄物及地面。有机酸解离度小，但有些有机酸的杀菌力反而大，作用机制是抑制酶或代谢活动，并非酸度的作用。苯甲酸、山梨酸和丙酸广泛用于食品、饮料等的防腐，在偏酸性条件下有抑菌作用。

6. 醇类

醇类具有杀菌能力，但对细菌芽孢无效，主要用于皮肤及器械消毒。其杀菌效果为丁醇＞丙醇＞乙醇＞甲醇，丁醇以上不溶于水，甲醇毒性很大，通常用乙醇。实验表明，70%乙醇杀菌效果最好，但实际常用 75%乙醇。高浓度的乙醇与菌体接触后使细胞迅速脱水，表面蛋白凝固形成保护膜，阻止乙醇进一步渗入，杀菌效果差。无水乙醇几乎没有杀菌作用。向乙醇中加入碘可增强杀菌效果。所以用作皮肤消毒的碘酒，其杀菌作用比乙醇强。酒精的挥发性和可燃性很强，不能以喷雾法使用。

7. 醛类

醛类也是常用的杀菌剂。常用的为甲醛，37%～40%的甲醛溶液称福尔马林。它能与蛋白质及酶的氨基结合，使其变性。因其具有刺激性和腐蚀性，不宜在人体使用，也不易直接触及。常以 2%甲醛溶液浸泡器械、10%甲醛溶液熏蒸房间。熏蒸时，一般按每立方米空间 10mL 甲醛和 5～7g 高锰酸钾的用量，让两者混合后自动氧化蒸发，密闭熏蒸 12～24h。

8. 酚类

酚类是最早使用的杀菌剂，有能使蛋白质变性沉淀、损伤细胞膜及抑制酶活性的作用。常用的酚是苯酚（俗称石炭酸），0.5%可消毒皮肤，2%～5%可消毒痰、粪便与器皿，5%可喷雾消毒空气。甲酚是酚的衍生物，杀菌效果比酚强几倍，但在水中的溶解度较低，在皂液或碱性溶液中形成乳浊液。来苏儿是甲酚与肥皂的混合液，常用 3%～5%的溶液消毒皮肤、桌面及用具。

9. 染料

一些碱性染料的阳离子可与菌体的羟基或磷酸基作用，形成弱电离的化合物，妨碍菌体的正常代谢，抑制生长。结晶紫可干扰细菌细胞壁肽聚糖的合成，阻碍UDP-*N*-乙酰胞壁酸转变为UDP-*N*-乙酰胞壁酸五肽。临床上常用2%～4%的结晶紫水溶液即紫药水消毒皮肤和伤口。

10. 化学治疗剂

化学治疗剂是指能直接干扰病原微生物的生长繁殖并可用于治疗感染性疾病的化学药物。化学治疗剂有选择性的杀菌和抑菌作用。它们只对引起疾病的微生物起毒害作用，而对人体无太大危害，包括抗代谢物和抗生素。

(1) 抗代谢物　有些化合物结构与生物的代谢物很相似，能竞争特定的酶，阻碍酶的功能，干扰正常代谢，这些物质称为抗代谢物。抗代谢物种类较多，如磺胺类药物为对氨基苯甲酸（PABA）的对抗物、6-巯基嘌呤是嘌呤的对抗物。

磺胺类药物是最常用的化学治疗剂，具有抗菌谱广、性质稳定、使用简便、在体内分布广等优点，可抑制肺炎链球菌和痢疾志贺菌等的生长繁殖，能治疗多种传染性疾病。

因磺胺与PABA的化学结构相似，因此磺胺类药物能干扰细菌的叶酸合成。

NH_2—(苯环)—SO_2— NHR　　　　NH_2—(苯环)— COOH

磺胺　　　　PABA

二氢蝶啶 —(二氢蝶酸合成酶；PABA；磺胺‖)→ 二氢蝶酸 —(二氢叶酸合成酶；谷氨酸)→ 二氢叶酸 —(二氢叶酸还原酶；2[H]；TMP‖)→ 四氢叶酸 →(前体) 碳基转移 → 嘌呤、嘧啶、核苷酸、丝氨酸、甲硫氨酸等

四氢叶酸（THFA）是极重要的辅酶，在核苷酸、碱基和某些氨基酸的合成中起重要作用，缺少四氢叶酸，阻碍转甲基反应，代谢紊乱，抑制细菌生长。

磺胺类药物能抑制细菌生长，但并不干扰动物和人的细胞，因为许多细菌需要自己合成叶酸生长，动物和人因为没有二氢蝶酸合成酶、二氢叶酸合成酶和二氢叶酸还原酶，不能利用外界提供的PABA自行合成四氢叶酸，即动物和人需要利用现成的叶酸生活，因此对二氢蝶酸合成酶的竞争抑制剂——磺胺不敏感。

(2) 抗生素　抗生素是由微生物在代谢过程中产生的一类次级代谢产物或其衍生物，很低的浓度就能抑制他种生物的生命活动，甚至杀死他种生物。抗生素已是临床上经常使用的重要药物。

① 抗生素的作用机理

a. 抑制细胞壁的合成。细胞壁对细菌起保护作用，细胞壁受损或其合成过程受阻都会导致细菌死亡。细菌细胞壁的主要成分是肽聚糖，抗生素抑制细菌细胞壁形成主要是干扰细菌细胞壁肽聚糖的合成。这类抗生素有D-环丝氨酸、万古霉素、头孢菌素、瑞斯托菌素、杆菌肽、青霉素、氨苄青霉素等。它们作用于肽聚糖合成的某一步反应，从而影响肽聚糖的合成。它们只作用于生长中的细菌细胞，对静息状态的细胞无影响。革兰阳性细菌由于细胞壁肽聚糖含量高于阴性菌，因此对这类抗生素的敏感性强于革兰阴性细菌。

真菌的细胞壁含几丁质，多氧霉素可阻碍几丁质的合成，具有很强的抗真菌能力，而对农作物没有影响。因此，多氧霉素是防治作物病害较好的抗生素，很有发展前途。

人及动物的细胞无细胞壁，所以不受这些抗生素的影响。

b. 破坏细胞质膜。多黏菌素、制霉菌素、短杆菌肽、两性霉素等抗生素能有选择地作用于微生物细胞膜，与细胞膜结合，使细胞膜破坏，细胞质泄漏，细胞死亡。这类抗生素对动物毒性较大，常作外用药。两性霉素和制霉菌素与真菌细胞膜中麦角固醇结合，使细胞膜破坏，细胞质泄漏，它们不能作用于细菌。

c. 干扰蛋白质的合成。很多抗生素如链霉素、氯霉素、卡那霉素、四环素、春雷霉素、林可霉素、庆大霉素、红霉素、嘌呤霉素等都属于这一类。它们与细菌核糖体结合，使mRNA与核糖体的结合受阻，干扰蛋白质的合成。

d. 阻碍核酸的复制。这类抗生素主要通过干扰DNA复制和阻碍RNA转录抑制微生物生长繁殖，主要有放线菌素D（更生霉素）、利福霉素、丝裂霉素C（自力霉素）等。阻碍核酸合成的抗生素对病原菌和人的细胞都有毒害，因为两者的核酸代谢相似，所以这类抗生素的临床应用有限，主要用于抗癌。

e. 作用于呼吸链，影响能量的有效利用。抗霉素、寡霉素、短杆菌素S和缬氨霉素等抗生素通过作用于呼吸链，影响能量的有效利用，妨碍微生物生长，尤其是好气微生物。抗霉素是呼吸链电子传递系统的抑制剂，使微生物呼吸作用停止。寡霉素是能量转移的抑制剂，使能量不能用于ATP的合成。

② 微生物的抗药性。随着各种化学治疗剂的广泛应用，很多致病菌如葡萄球菌、大肠杆菌、痢疾志贺菌、结核分枝杆菌等表现出越来越强的抗药性，给医疗带来了困难。抗性菌株的抗药性主要表现在以下几方面。

a. 细菌产生钝化或分解药物的酶。青霉素临床应用初期，金黄色葡萄球菌死亡率达90%以上，疗效显著。长期使用后出现了大量耐青霉素菌株，某些地区金黄色葡萄球菌耐药菌株竟稳定在80%～90%。菌株抗青霉素是由于它们产生青霉素酶（即β-内酰胺酶），使青霉素分子中的β-内酰胺环开裂而失去抑菌作用。

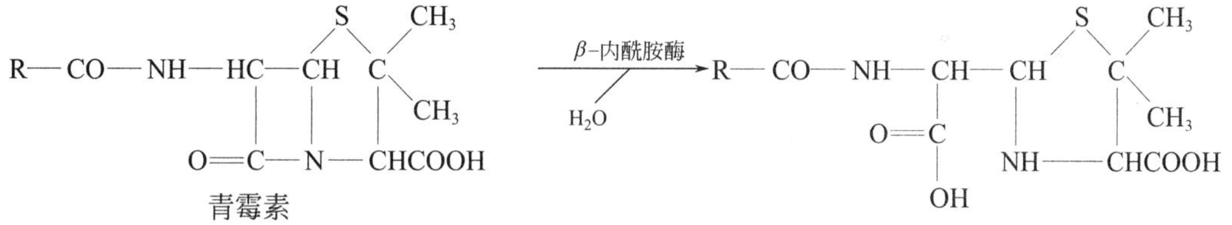

```
                        S      CH3                                          S      CH3
                       / \    /                                            / \    /
R—CO—NH—HC——CH   C                β-内酰胺酶      R—CO—NH—CH—CH      C
            |      |     |\      ─────────────→            |     |       |\
            |      |     | CH3        H2O                  |     |       | CH3
       O=C——N——CHCOOH                              O=C     NH——CHCOOH
        青霉素                                              |
                                                           OH
```

现在通过制造半合成青霉素，改变青霉素的结构，以保护β-内酰胺环，克服葡萄球菌的抗药性。半合成青霉素是由青霉素的主核6-氨基青霉烷酸（6-APA）分别与不同的化学基团，在酶的作用下合成生物学和化学性质都不同的青霉素，如氨苄青霉素、羟苄青霉素等。

有些病原微生物产生其他酶类，通过乙酰化、磷酸化和腺苷化作用使抗生素的分子结构改变。如有些肠道细菌能产生转乙酰基酶，使具有抗菌活性的氯霉素转变成无抗菌活性的氯霉素。

b. 改变细胞膜的透性。其机制有多种，如委内瑞拉链霉菌细胞膜透性改变，阻止四环素进入细胞；某药物经细胞代谢作用变成某衍生物，该衍生物外渗速度比该药物渗入细胞的速度大。

c. 改变对药物敏感的位点。如链霉素的作用是与细菌核糖体的30S亚基结合，如果30S亚基的结构发生变化，不能与链霉素结合，则链霉素就不能抑制蛋白质的合成。

d. 菌株发生变异。变异株合成新多聚体取代原多聚体。如抗青霉素菌株能合成其他细胞壁多聚体。

为避免细菌出现耐药性，使用抗生素必须注意：首次使用的药物剂量要足；避免长期单一使用同种抗生素；不同抗生素混合使用；改造现有抗生素；筛选新的高效抗生素等。

青霉素族的抗生素种类及作用原理

青霉素族包括青霉素G、青霉素X、青霉素O，以及许多合成的和半合成的衍生物如氨苄青霉素、氢氨苄青霉素、新青霉素、羧噻吩青霉素等。青霉素最初来源于青霉素模式种，但实际上大多数青霉素是用合成法生产的。所有青霉素族抗生素对革兰阳性菌有效，它们作用于革兰阳性菌的细胞壁，阻止这些细菌形成细胞壁的主要成分肽聚糖，没有肽聚糖细胞壁不能形成，内部的压力引起细菌膨胀和胀破，导致细菌死亡。

本章小结

1. 微生物所需的营养物质有水、碳源、氮源、无机盐和生长因子五大类。各营养物质有其各自的生理功能。微生物营养类型多样，根据微生物对碳源、能源的利用及电子供体的不同将微生物的营养类型分为光能无机营养、光能有机营养、化能无机营养、化能有机营养四种。不同的微生物以不同的方式吸收不同的营养物质，其主要吸收方法有：自由扩散、促进扩散、主动运输、基团转位四种方式，主动运输是微生物营养物质吸收的主要运输方式。

2. 培养基是满足微生物营养需求的人工配制的营养基质。选用和设计培养基时应根据微生物的种类、培养目的、营养需求、代谢特性、原料来源等基本原则和方法。微生物培养基按培养基成分来源可分为天然培养基、合成培养基与半合成培养基；按物理状态可分为固体培养基、液体培养基和半固体培养基；按其用途可分为基础培养基、加富培养基、选择培养基、鉴别培养基、发酵用培养基等类型。配制培养基必须遵循选用和设计的原则与方法，考虑培养基的种类，科学、规范，按操作程序实施配置操作。

3. 获得微生物纯培养的技术有无菌操作及分离技术、接种及培养技术；微生物纯培养生长的测定方法有显微镜直接计数法、比浊法、平板菌落计数法、稀释培养法、薄膜过滤计数法、称重法、含氮量测定法以及DNA含量测定法等。

4. 微生物的生长包括个体生长和群体生长。

5. 影响微生物生长和繁殖的环境条件包括温度、水分、pH、溶解氧与氧化还原电位、辐射、微波与超声波、化学药物以及抗代谢药物等。

复习思考题

一、解释名词

培养基、纯培养、灭菌、消毒、无菌、除菌、防腐、抗生素

二、问答题

1. 什么是营养及营养物质?

2. 简述微生物需要的六大类营养要素，微生物的营养物质各有哪些生理功能?

3. 自养型与异养型微生物的根本区别是什么?

4．举例说明四种微生物的营养类型。

5．什么是培养基？选择培养基和鉴别培养基的特点各是什么？

6．说明培养基的各种类型及其用途。

7．常用的接种方法有哪些？

8．微生物纯培养的生长测定方法有哪些？

9．什么是生长曲线？单细胞微生物（细菌）的典型生长曲线可分几个时期？各有什么特点？生长曲线对生产实践的指导意义是什么？

10．微生物生长的影响因素有哪些？

11．影响高压蒸汽灭菌效果的因素有哪些？

12．根据微生物和氧的关系，将微生物分为哪几类？

第六章　微生物的遗传变异和育种

学习目标

1. 了解证明核酸是遗传物质的3个经典实验过程；理解核酸的结构与复制，以及遗传物质在微生物细胞内存在的部位和方式。

2. 理解基因突变的机制；熟悉基因突变的相关概念和类型；掌握基因突变的特点。

3. 了解转化、转导、接合、有性杂交、准性生殖等微生物基因重组方式的过程；掌握转化、转导、接合、有性杂交、准性生殖的概念和特点。

4. 理解自然选育、诱变、原生质体融合、基因工程等常见育种方法的机理，代谢调节与微生物育种的联系；熟悉自然选育、诱变、原生质体融合、基因工程等常见育种方法的过程；掌握自然选育、诱变、原生质体融合、基因工程等常见育种方法的操作要点。

5. 了解常见的菌种保藏机构；理解菌种退化的原因以及菌种保藏的原理；熟悉常见的菌种保藏方法；掌握菌种衰退的防止措施以及菌种复壮的定义和方法。

遗传和变异是一切生物体本质的属性之一。遗传是指生物通过繁殖延续后代，将亲代的一整套遗传因子稳定地传递给子代的行为或功能，使亲代与子代之间在形态、构造、生理生化等各方面具有一定的相似性，遗传保证了物种的相对稳定性。“种瓜得瓜，种豆得豆”就是典型的遗传现象。变异是指子代与亲代之间的不相似性。“一母生九子，九子各不同”的现象就是变异。变异分为遗传性变异（基因型变异）和非遗传性变异（表型变异）。生物的遗传和变异密切相关，缺一不可，遗传是相对的，变异是绝对的，遗传保证了物种的存在和延续，而变异推动了物种的进化和发展。生物要不断进化，就要既保持生物的优良性状，又要不断发生变异。

微生物的遗传使得物种得以保持相对的稳定，并使选育出的优良菌株的性能稳定地保藏下去，变异可促使新性状的产生，可使子代在变化的环境中能很好地生存下去，也能不断获得新的优良及高产菌株。遗传和变异的共同作用使微生物得以存在、延续和进化。微生物的遗传和变异是菌种选育和菌种保藏的重要理论依据。

微生物因其结构简单、易于变异、繁殖快、培养简便而廉价、操作周期短以及工作量相对较小等优点，在研究现代遗传学和其他许多重要的生物学基本理论问题时，成为研究当代遗传学基本理论问题的最佳材料和研究对象。对微生物遗传变异规律的深入研究，不仅促进了遗传学向分子水平的发展，还促进了生物化学、分子生物学和生物工程学的飞速发展；而且因其紧密联系生产实践，故还为微生物育种工作提供了丰富的理论基础，促使育种工作从自发向自觉、从随机向定向、从低效向高效、从近缘杂交向远缘杂交等方向发展。

第一节　遗传变异的物质基础

生物的遗传变异有无物质基础以及何种物质可行使遗传变异功能的问题，曾是生物学界激烈争论的重大基本理论问题之一。20 世纪 50 年代以前，许多学者认为蛋白质对遗传变异起着决定性的作用，直至 1944 年以后，科学家们连续利用微生物这类十分有利的生物对象进行了三个经典实验，才以确凿的事实证明了核酸，尤其是脱氧核糖核酸（DNA）才是一切生物遗传变异的真正物质基础。

一、证明核酸是遗传物质的三个经典实验

1. 肺炎双球菌转化实验

1928 年，英国细菌学家格里菲斯（F. Griffith）发现肺炎双球菌转化现象。肺炎双球菌有 R 型（粗糙型，菌体无多糖类的荚膜，菌落粗糙，是无毒性的球形菌）和 S 型（光滑型，菌体有多糖类的荚膜，菌落光滑，是有毒性的球形菌，可使人患肺炎或使小鼠患败血症死亡）两种。格里菲斯把少量无毒的 R 型和有毒的 S 型细菌分别作实验，结果注射活的、无毒的 RⅡ型或热灭活、有毒的 SⅢ型肺炎双球菌的小鼠都没有死亡；而注射活的、有毒的 SⅢ型肺炎双球菌的小鼠，以及注射少量活的 RⅡ型细菌和大量加热杀死的 SⅢ型细菌混合物的小鼠，注射后都患病死亡，并从其尸体内发现有活的 SⅢ型菌。格里菲斯称此现象为转化作用（见图 6-1）。同时格里菲斯还对 R 型和 S 型肺炎双球菌进行了培养实验，活的 R 型细菌培养可以生长；热灭活 S 型细菌同样条件下培养不生长；活的 R 型细菌和热灭活 S 型细菌混合后培养，结果长出大量的 R 型细菌和少量的（大约 10^{-6}）S 型细菌。实验表明，SⅢ型死菌体内有一种转化物质（转化因子）能引起 RⅡ型活菌转化产生 SⅢ型活菌，但格里菲斯并未对这种转化物质是什么做出回答。

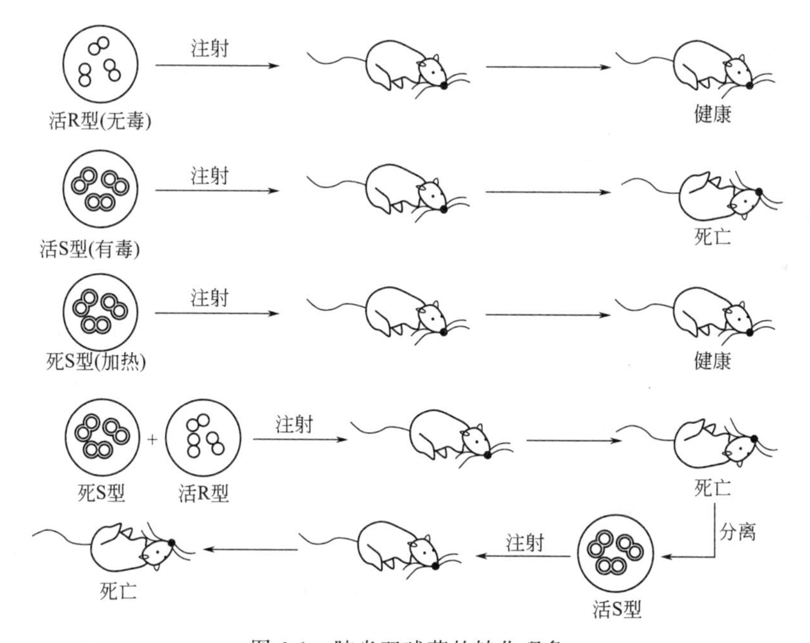

图 6-1 肺炎双球菌的转化现象

美国的艾弗雷（O. Avery）、麦克利奥特（C. Macleod）及麦克卡蒂（M. Mccarty）等于 1944 年在格里菲斯实验的基础上，对转化因子的实质进行了深入研究。他们从热死的 SⅢ型活菌中提取了可能作为转化因子的 DNA、蛋白质、荚膜多糖等各种成分，将其分别和 RⅡ型活菌混匀后注入小鼠体内，结果只有注射 SⅢ型菌 DNA 和 RⅡ型活菌的混合液的小鼠死亡了，究其原因是由于一部分 RⅡ型菌转化产生有荚膜、有毒的 SⅢ菌所导致，其后代均是有荚膜、有毒的（见图 6-2）。上述结果表明，转化作用由 DNA 所引起，且 DNA 纯度

越高，其转化效率也越高，若将 DNA 用 DNA 酶处理则转化作用丧失。

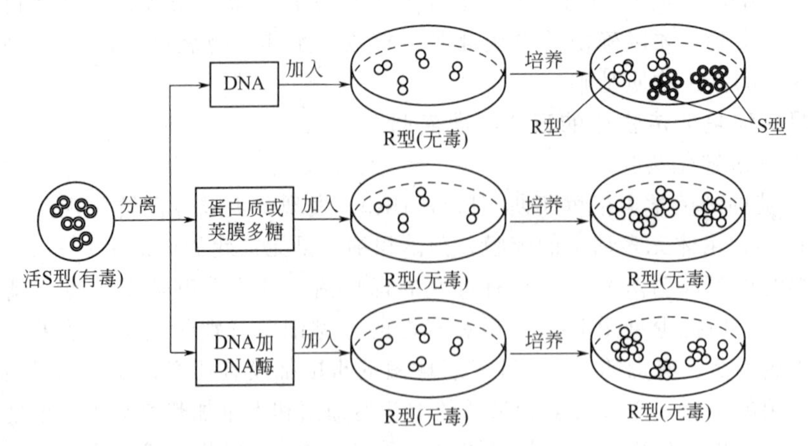

图 6-2　艾弗雷等的体外转化实验

2. 噬菌体的感染实验

1952 年，赫西（A. D. Hershey）与蔡斯（M. Chase）利用示踪元素^{35}S和^{32}P对大肠杆菌 T_2噬菌体的吸附、增殖和释放进行了一系列研究，证实了 DNA 是 T_2噬菌体遗传的物质基础。

T_2噬菌体的 DNA 分子中只含 P 不含 S，而蛋白质外壳只含 S 不含 P，故可用^{35}S和^{32}P分别去标记大肠杆菌，然后再用 T_2噬菌体去感染标记好的大肠杆菌，即可分别得到标有^{35}S的 T_2噬菌体和^{32}P的 T_2噬菌体。然后，将这两种带有不同标记的病毒分别感染宿主大肠杆菌，经短时间保温后，T_2噬菌体完成吸附、侵入的过程，然后将被感染的大肠杆菌洗净用组织捣碎器处理，最后离心沉淀，分别测定沉淀物和上清液中的同位素标记（见图 6-3）。结果发现，用标有^{35}S的 T_2噬菌体感染大肠杆菌时，大多数放射活性留在宿主细胞的外面，用标有^{32}P的 T_2噬菌体感染大肠杆菌时，则发现^{32}P DNA 注入宿主细胞，产生噬菌体后代，这些 T_2噬菌体后代的蛋白质的组成、形状、大小等特性都与留在细胞外的蛋白质外壳相同。由此可见，在噬菌体的生活史中，只有 DNA 是联系亲代和子代的物质，蛋白质外壳的遗传信息在 DNA 上，DNA 携带有 T_2噬菌体的全部遗传信息。

3. 烟草花叶病毒的重建实验

1956 年，美国的弗朗克－康勒脱（H. Fraenkel-Conrat）用含 RNA 的烟草花叶病毒（TMV）进行了植物病毒的拆分与重建实验，证明了 RNA 也是遗传物质的基础。他们将标准 TMV 用表面活性剂处理，获得其蛋白质；之后将 TMV 的变种 HRV（与 TMV 标准株仅在外壳蛋白的氨基酸组成上存在 2～3 个氨基酸的差别）用弱碱处理，获得其 RNA；将获得的蛋白质与 RNA 重建，获得杂种病毒，该杂种病毒用标准 TMV 抗血清处理能失活，HRV 抗血清不能使其失活；杂种病毒感染烟草产生 HRV 所特有的病斑；从病斑中一再分离得到的子病毒的蛋白质外壳是 HRV 蛋白质，不是 TMV 标准株的蛋白质。整个实验的过程和结果见图 6-4。实验结果表明，杂种病毒的感染特征及蛋白质的特性是由其 RNA 所决定，而非蛋白质，遗传物质是 RNA。

通过这三个经典实验，我们可确信无疑地得出一个共同的结论：只有核酸才是负载遗传信息的真正物质基础。

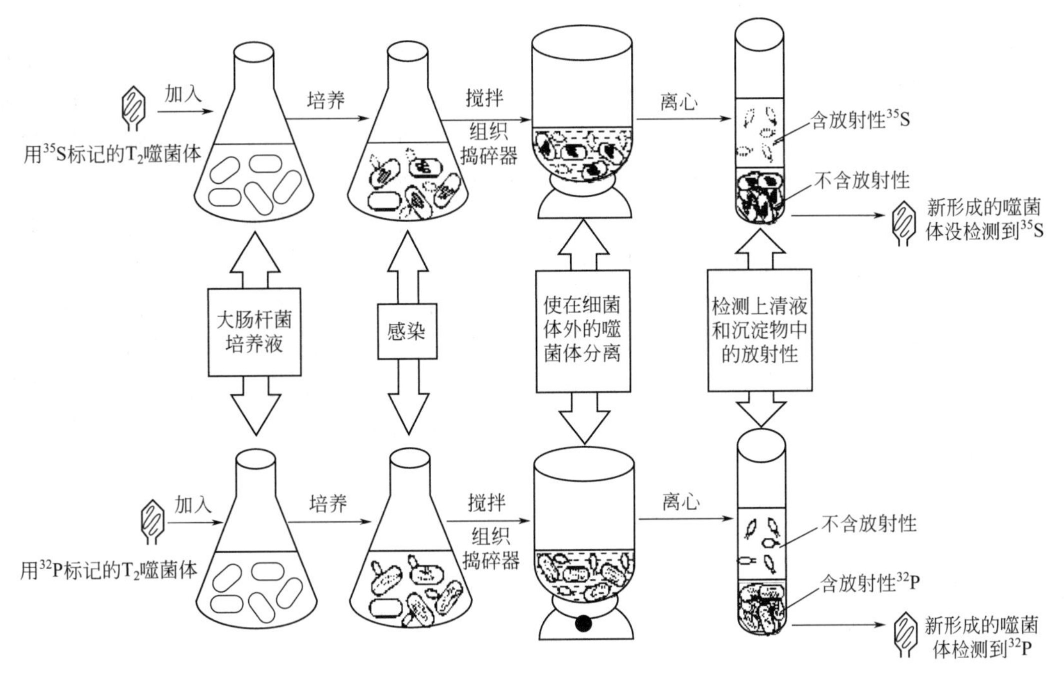

图 6-3　T_2噬菌体感染实验

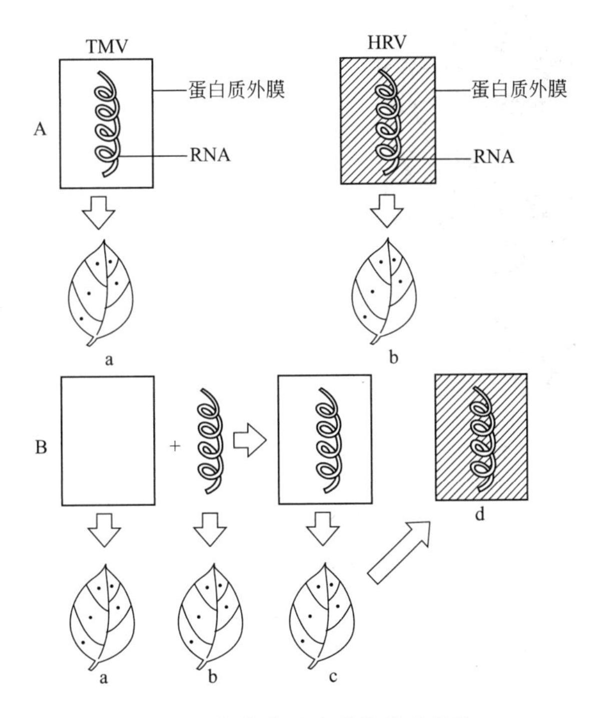

图 6-4　烟草花叶病毒的重建实验

A. TMV 与 HRV 的结构及两种病毒侵染烟草后引起的病症，a 为 TMV，b 为 HRV；B. TMV 蛋白质与 HRV 的 RNA 重建后的杂种病毒侵染烟草的情况，a 为 TMV 蛋白质单独没有侵染作用，b 为 HRV 的 RNA 单独有侵染作用，c 为 TMV 蛋白质与 HRV 的 RNA 重建后的杂种病毒有侵染作用，d 为杂种病毒产生的病毒后代，均为 HRV 型

二、核酸的结构与复制

核酸是由核苷酸以特定的序列靠共价键连接起来的多聚体，又称多核苷酸。核苷酸由核糖、碱基、磷酸三部分组成，其中碱基部分有嘌呤和嘧啶两类，嘌呤又分鸟嘌呤（G）、腺嘌呤（A），嘧啶分为胞嘧啶（C）、胸腺嘧啶（T，仅存在于DNA中）和尿嘧啶（U，仅存在于RNA中）。核酸有脱氧核糖核酸（DNA）和核糖核酸（RNA）两种。

脱氧核糖核酸（DNA）是以核苷酸双链大分子存在，是由脱氧核糖、磷酸和碱基三部分组成。其碱基分别为鸟嘌呤（G）、腺嘌呤（A）、胞嘧啶（C）和胸腺嘧啶（T）4种，其中A和T、G和C碱基之间互补配对，并由氢键相互连接。DNA的空间结构是双螺旋结构，是由沃森（Watson）和克里克（Crick）于1953年由X射线衍射结构分析提出的，认为DNA是由两条核苷酸单链以反向平行和互补的方式围绕同一中心轴构成右手螺旋链梯状结构（见图6-5）。生物体所携带的遗传信息就储存在这个双螺旋结构中。

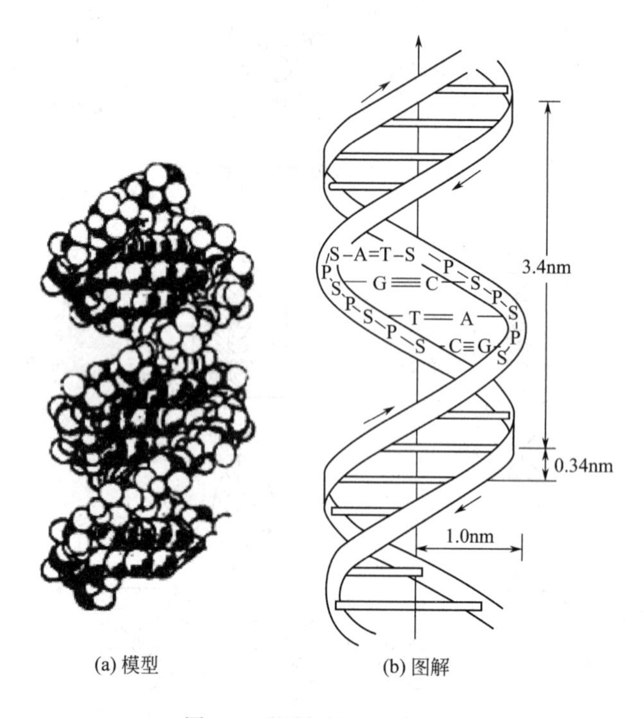

(a) 模型　　(b) 图解

图6-5　DNA的双螺旋结构

DNA的复制方式为半保留式的自我复制，其复制过程（图6-6）：首先是DNA分子中的两条多核苷酸链之间的氢键断裂，双螺旋解旋、分开；之后分别以每条单链为模板，通过碱基配对，各自合成与之完全互补的一条新链；然后新合成的链与原来的一条链形成新的双螺旋DNA分子。如此，1个DNA分子最终复制成2个结构完全相同的DNA分子。在此过程中，每个子代的DNA分子的一条多核苷酸链来自亲代DNA、另一条链则是新合成的。

核糖核酸（RNA）的结构类似于DNA，但其戊糖为核糖而不是脱氧核糖，其碱基分别为鸟嘌呤（G）、腺嘌呤（A）、胞嘧啶（C）和尿嘧啶（U）4种，不含胸腺嘧啶（T），其中A和U、G和C碱基之间互补配对。RNA有核糖体RNA（rRNA）、信使RNA（mRNA）、

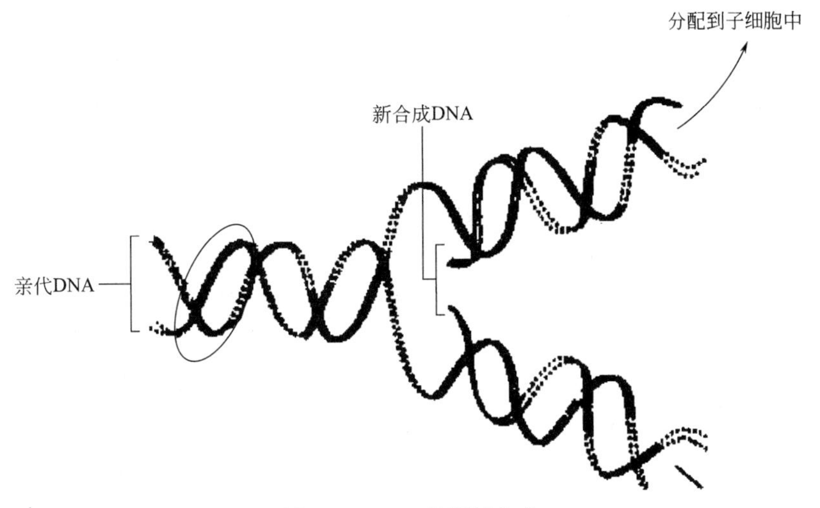

图 6-6　DNA 的复制方式

转移 RNA（tRNA）3 种。RNA 一般以核苷酸单链存在，短于 DNA 链，倾向于折叠成复杂的结构。RNA 的一级结构是其碱基顺序；二级结构是其链上的某两个片段因碱基互补配对而折叠成局部双链区，可使 RNA 链更稳定，同时还可发生碱基或糖基的变化，这在 tRNA 中表现得尤为突出，成熟的 tRNA 的二级结构外观类似三叶草形状（图 6-7）；三级结构是在二级结构的配对区进一步折叠而成，能识别蛋白质或细胞的其他组分，三级结构的 RNA 具有酶促作用。

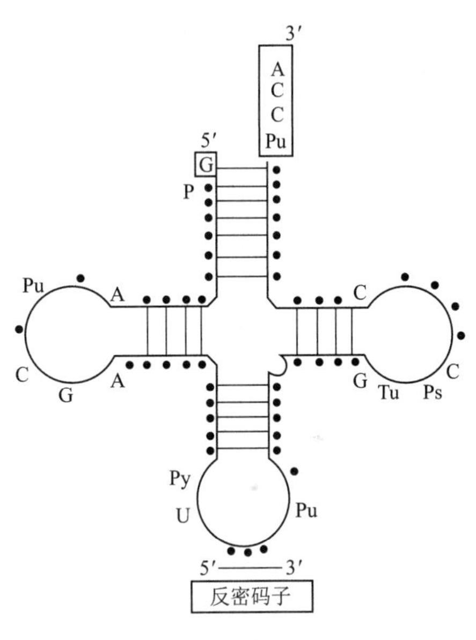

图 6-7　成熟 tRNA 的结构

Ps 为假尿嘧啶，Tu 为硫尿嘧啶，Py 为嘧啶，Pu 为嘌呤，CCA 末端为氨基酸结合部位

RNA 与遗传信息流有重要的关系。1958 年，DNA 双螺旋结构模型的奠基人之一克里克（Crick）首次提出了“DNA ⟶ RNA ⟶ 蛋白质（或多肽链）”的遗传信息单向传递的中心法则。DNA 先转录为 mRNA，再由 mRNA 上的核苷酸顺序去决定蛋白质合成时氨基酸的顺序，再进一步表达为具有功能的多肽或蛋白质，决定生物的遗传性状，完成生物形态结构的构建和新陈代谢活动（图 6-8）。

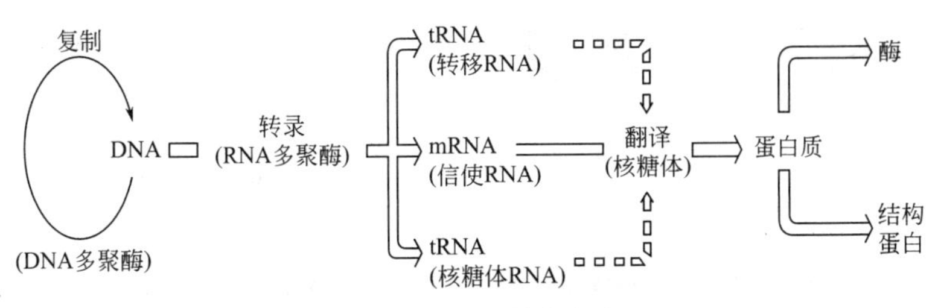

图 6-8　生物遗传信息流

三、遗传物质在微生物细胞内存在的部位和方式

生物的遗传物质除部分病毒是核糖核酸外，大部分病毒及全部具有典型细胞结构的生物体的遗传物质都是 DNA。DNA 按其在细胞中存在的方式可分为染色体 DNA 和染色体外 DNA，原核细胞和真核细胞中的 DNA 存在方式不完全相同。

1. 染色体

染色体是遗传物质在微生物（真核微生物和原核微生物）中存在的主要形式。不同生物的染色体 DNA 的分子量、碱基对数、长度等都不相同。一般越是低等的生物，其 DNA 分子量、碱基对数和长度越小，反之则越长。染色体 DNA 的含量，真核生物高于原核生物，高等动植物高于真核微生物。

真核微生物和原核微生物的染色体有着明显的区别。从细胞水平来看，无论是真核微生物还是原核微生物，其大部分或几乎全部主要集中在细胞核或核区中，但在不同的微生物细胞或在同种微生物的不同类型细胞中，细胞核的数目是不同的。从细胞核水平来看，真核微生物细胞核是有核膜包裹且形态固定完整的真核，核内的 DNA 与组蛋白结合形成在光学显微镜下可见的核染色体；原核微生物的细胞核无核膜包裹，呈松散的核区状态存在，其 DNA 呈环状双链结构，且不与任何蛋白质相结合，染色体是单纯的 DNA。染色体数目上，真核微生物较多；而在原核微生物中，每一个核区只是由一个裸露的、光学显微镜下无法看到的球状染色体所组成。

2. 染色体外遗传物质

（1）真核微生物中染色体外的遗传物质　细胞器 DNA 是真核微生物中除核染色体之外的遗传物质存在的另一种重要形式。真核微生物中的叶绿体、线粒体、中心粒、毛基体等细胞器都具有自己的独立于染色体的 DNA，并与其他物质一起构成具有特定形态的细胞器结构，并携带有编码相应酶的基因（线粒体 DNA 携带编码呼吸酶的基因，叶绿体 DNA 携带编码光合作用酶系的基因）。这些细胞器及其 DNA 具有结构复杂多样，功能不一，且对于生命活动具有不可或缺的作用，数目多少不一，能自主复制，一旦消失后在后代细胞中不再出现等共性特征。

（2）原核微生物中染色体外的遗传物质　原核微生物的核外染色体通称为质粒。质粒是指微生物染色体外或附加于染色体的携带有某种特异性遗传信息的 DNA 分子片段。质粒具有麻花状的超螺旋结构，大小一般为 1.5～300kb，分子量一般在 10^6～10^8 Da 间，仅相当约为 1% 核基因组的大小。细菌质粒一般有共价闭合环状 DNA（cccDNA）、开环 DNA（ocDNA）、线性 DNA（lDNA），如图 6-9 所示。

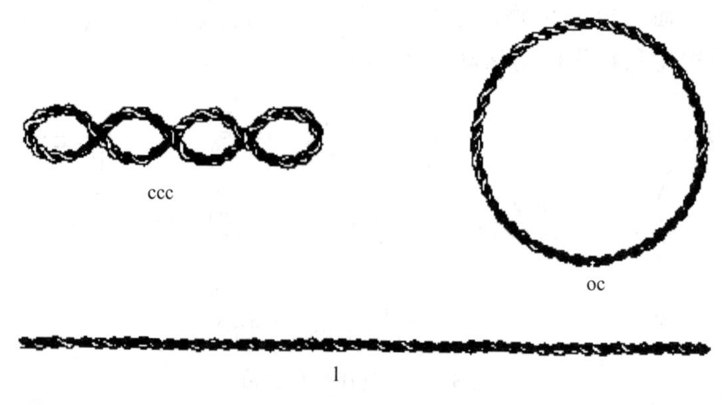

图 6-9　细菌质粒的三种构型

质粒上携带着某些染色体上所缺少的基因，使细菌等原核生物被赋予了某些对其生存并非必不可少的特殊功能，例如接合、产毒、抗药、固氮、产特殊酶或降解有毒物质等功能。所以质粒的消失不会造成菌体死亡。

① 质粒的特征。微生物质粒DNA与染色体DNA虽都是遗传信息的携带者，但是也存在着差别。宿主细胞染色体DNA分子量明显大于细胞内质粒DNA的分子量；大肠杆菌的质粒DNA比宿主细胞染色体DNA耐碱性更强；质粒DNA本身分子量较小，其携带的遗传信息量较少。质粒DNA一般具有自我复制能力、可转移性、可消除性、质粒DNA所编码的基因可以赋予细菌某些特殊的性状、相容性和不相容性、可整合性、可重组性等特征。

细菌质粒与真核微生物细胞器DNA同为染色体外DNA，具有都可自我复制、消失后不再在后代细胞中出现、其DNA只占染色体DNA的一小部分的特点。不同之处是：成分和结构简单，一般都是较小的环状DNA分子，不和其他物质一起构成一些复杂结构；它们的功能比自我复制的细胞器更为多样化，但一般并不是必需的，因此它们的消失并不影响宿主细胞的生存；许多细菌质粒能通过细胞接触而自动地从一个细菌转移到另一个细菌，使两个细菌都成为带有该质粒的细菌。

② 质粒的种类。依据质粒所携带的遗传信息及表达后赋予宿主的表型特征，质粒大致有如下几类。

a. F质粒：又称F因子、致育因子或性因子，是大肠杆菌等细菌中决定性别并具有转移能力的质粒。该质粒属于接合性质粒，即能在细菌间转移。F质粒除在大肠杆菌等肠道细菌中存在外，还存在于假单胞菌属、嗜血杆菌属、奈瑟球菌属和链球菌属等的细菌中。

b. 抗药性质粒：即耐药性质粒R因子、R质粒，是指携带有分解某种抗生素或药物酶系的基因的质粒，可以赋予宿主细胞耐或抗或分解或失活某种抗生素或药物的性能，某些抗性质粒携带有可抗汞、银、镍等重金属毒性的基因，有些质粒还具有抗紫外线、X射线的基因。这是另一类普遍而重要的质粒，主要有抗药性和抗重金属两类，也属于接合性质粒。R质粒起初在痢疾志贺菌中发现，后又在沙门菌属、弧菌属、芽孢杆菌属、假单胞菌属、葡萄球菌属等其他细菌中找到。多数R质粒是由相连的两个DNA片段组成，其一为RTF片段(抗性转移因子)，其二为抗性决定子。R质粒在细胞内的拷贝数可从1～2个到几十个，分属严紧型和松弛型复制控制。R质粒可引起致病菌对多种抗生素的抗性，故对传染病防治等医疗实践有极大的危害；但正因为其对多种抗生素的抗性，可作为菌种筛选时的理想标记，也可作为基因载体来使用。

c. Col质粒：又称大肠杆菌素质粒或Col因子。该质粒携带大肠杆菌素酶系基因，可使大肠杆菌产生大肠杆菌素。大肠杆菌素是一种由*E. coli*的某些菌株所分泌的细菌毒素，具有通过抑制复制、转录、翻译或能量代谢等而专一地杀死近缘且不含Col质粒的菌株的功能，但对宿主不产生影响。Col质粒种类很多，具体见表6-1。ColE1已被广泛研究并应用于重组DNA与体外复制系统上。

表6-1　某些Col质粒及其编码的大肠杆菌素

质粒名	大小/kb	编码的大肠杆菌素	大肠杆菌素作用机制
接合性大质粒			
Col B-K77	106	B	引起细胞膜渗漏
Col Ib-P9	94	I	引起细胞膜渗漏
Col V-B188	80	V	引起细胞膜渗漏

续表

质粒名	大小/kb	编码的大肠杆菌素	大肠杆菌素作用机制
非接合性小质粒			
Col E1-16	9	E1	引起细胞膜渗漏
Col E2-P9	8	E2	裂解 DNA
Col E3-CA38	8	E3	裂解 16S rRNA
Col K-K235	9	K	引起细胞膜渗漏

d. 致瘤性质粒：Ti 质粒，即诱癌质粒或冠瘿质粒，存在于致病菌根癌土壤杆菌或根癌农杆菌中，携带导致许多双子叶植物根癌（根系产生冠瘿病）的基因。当细菌从一些双子叶植物的受伤根部侵入根部细胞后，在其中溶解，释放出 Ti 质粒，其上的 T-DNA 片段会与植物细胞的核染色体发生整合，合成正常植株所没有的冠瘿碱类，破坏控制细胞分裂的激素调节系统，从而使它转为癌细胞。目前，Ti 质粒已成为植物遗传工程研究中使用最广、效果最佳的重要克隆载体。此外，还有可以引起许多双子叶植物患毛根瘤的 Ri 质粒，其功能上与 Ti 质粒有广泛的同源性，也可用于转基因植物载体。

e. 代谢质粒：代谢质粒携带有编码能降解某些基质的酶的基因，能赋予宿主将复杂有机化合物降解成能被其作为碳源和能源利用的简单物质的功能。此类质粒尤其对芳香族化合物（苯）、农药、辛烷、樟脑等有毒化合物具有降解能力，具有重要的环保意义。故此类质粒常被称为降解质粒。降解性质粒常以其降解的底物命名，如樟脑（CAM）质粒、辛烷（OCT）质粒等。有人曾经通过遗传工程手段构建具有数种降解质粒的菌株，将这种具有降解能力的工程菌称为“超级菌”。此外，携带有合成某种抗生素的酶系基因的质粒，即抗生素产生质粒，可以赋予宿主细胞合成某种抗生素的性能，例如放线菌中发现的许多大的线型质粒（500kb 以上）；以及编码固氮功能的质粒，如根瘤菌中与结瘤和固氮有关的所有基因均位于共生质粒中。

f. 隐秘质粒：隐秘质粒与上述的质粒类型不同，不显示任何表型效应，其存在只有通过凝胶电泳检测细胞抽提液等物理方法才能发现。目前，隐秘质粒存在的生物学意义尚不明确。

质粒除根据所携带的遗传信息及表达后赋予宿主的表型特征进行分类之外，还可根据质粒的拷贝数、宿主范围等依据进行分类。质粒按其在宿主中的拷贝数可分为高拷贝数质粒与低拷贝数质粒。高拷贝数质粒即松弛型质粒，其在每个宿主细胞中的拷贝数可达 10～100 个，而且不受宿主蛋白质合成的影响，例如当宿主菌遇上能抑制蛋白质合成并阻断细菌染色体复制的氯霉素时，质粒 DNA 复制仍可继续进行，可将数十个增至几千个，故松弛型质粒常用作基因工程载体，以期在质粒插入外源基因后，可在子代细菌的重组质粒中获得高产量的目的基因，但有时为了克服致死效应又要利用严紧型质粒。低拷贝数质粒即严紧型质粒，其在每个宿主细胞中的拷贝数可达 1～4 个，当宿主蛋白质合成停止时，质粒 DNA 复制也就随之停止。按宿主范围质粒又可分为窄宿主范围质粒与广宿主范围质粒，窄宿主范围质粒是指复制起始点较特异，只能在一种特定的宿主细胞中复制的质粒，广宿主范围质粒是指复制起始点不太特异，可以在许多种细菌中复制的质粒。能整合进细菌染色体，并随着核染色体的复制而进行复制的质粒称为附加体，质粒与附加体的概念不同，有些质粒不能插入宿主染色体中，因而不是附加体，而许多病毒染色体能插入宿主染色体中作为附加体存在。

除了原核微生物细胞中有质粒外，真核微生物酵母菌细胞也存在质粒，即 2μm 质粒。2μm 质粒，又称 2μm 环状体，存在于酿酒酵母的细胞核中，但不与核染色体整合，长 6300bp，每个酵母细胞核中约含 30 个 2μm 质粒。此外，酵母菌中还存在其他质粒，如编码细菌性纤维素酶的质粒以及致死颗粒。

(3) 其他染色体外遗传物质　转座因子是在细胞中能改变自身位置的一段 DNA 序列，它可以从染色体或质粒的一个位点转到另一个位点，或者在两个复制子之间转移。转座因子广泛存在于原核和真核生物中。原核生物中的转座因子有插入顺序（IS）、转座子（Tn）和某些特殊病毒（如 Mu 噬菌体）三种类型。IS，亦称跳跃基因，能在染色体上和质粒的许多位点上插入并改换位点。Tn 是能够插入染色体或质粒不同位点的一般 DNA 序列，具有转座功能，可移动至不同位点上，其本身也可复制。Mu 噬菌体是一种以大肠杆菌为宿主的温和噬菌体，以裂解生长和溶源生长两种方式交替进行自身繁衍，其基因组上除含有为噬菌体生长繁殖所必需的基因外，还含有转座所必需的基因，是最大的转座因子。

此外，侵染微生物的某些 DNA 病毒、RNA 病毒、噬菌体可以自我复制，也可以整合到染色体或质粒上，并能在微生物细胞间进行转移，也可看作一类微生物染色体之外的遗传物质。

关于朊病毒的遗传物质问题

朊病毒（prion），即蛋白质侵染因子，是一类能引起哺乳动物的亚急性海绵样脑病的病原因子，实质上不是传统意义上的病毒，它没有核酸，比病毒更小，仅含具有侵染性的疏水蛋白质分子，本质是具有传染性的蛋白质。疯牛病（牛海绵状脑病）、羊瘙痒症等都是由朊病毒引起的。纯化的感染因子称为朊病毒蛋白，即 PrP。在正常的人和动物细胞的 DNA 中都有编码 PrP 的基因，且无论受感染与否，宿主细胞中的 PrP mRNA 水平保持稳定，即 PrP 是细胞组成型基因的表达产物，是一种膜糖蛋白，称为 PrP^{c}。引发羊瘙痒病的 PrP^{sc} 与 PrP^{c} 是同分异构体，一级结构相同，但折叠程度不同。朊病毒是细胞正常蛋白经变构后而获得致病性。有人认为 PrP^{sc} 进入细胞后与 PrP^{c} 结合，形成 PrP^{c}-PrP^{sc} 复合体，使 PrP^{c} 构型变化为 PrP^{sc}，即形成两个 PrP^{sc} 分子，两个 PrP^{sc} 分子再分别与两个 PrP^{c} 分子结合，进入下一轮循环，最终 PrP^{sc} 可呈指数增加。就生物理论而言，朊病毒的复制并非以核酸为模板，而是以蛋白质为模板。但至今仍有人认为朊病毒含有很少量的核酸物质，只是尚无确切证据表明 PrP^{sc} 的增殖是由核酸控制的。

第二节　基因突变和基因重组

变异是生物多样性的重要来源。微生物可遗传的变异源自于遗传物质的成分或结构的改变。遗传物质的这些变化可以发生在一个细胞内部，即通过突变（自发突变或诱发突变）引起，也可以通过两个细胞间遗传物质的重组而实现。突变常导致新等位基因及新表现型的出现，而基因重组一般只是原有基因的重新组合。基因突变、基因转移和基因重组一起推动了生物进化的遗传多变性，也是获得优良菌株的重要途径。

一、微生物基因突变

突变就是遗传物质核酸（DNA 或 RNA）中的核苷酸顺序突然发生了稳定的可遗传的变化。广义的突变泛指细胞内（或病毒颗粒内）遗传物质的分子结构或数量发生可遗传的变化，包括基因突变和染色体畸变，除了转化、转导、接合等遗传物质的传递和重组引起生物变异以外，任何表型上可遗传的突变都属于突变范围。狭义的突变专指基因突变，也称点突变。

1. 突变的类型

突变的类型很多，根据不同的标准有不同的分类结果。按遗传物质结构改变的类型、突变发生的方式以及突变所导致的表型变化等不同的角度进行分类。

（1）按照遗传物质的结构改变分类　突变按照遗传物质的结构改变，可分为基因突变和染色体畸变。

① 基因突变　基因突变，又称点突变，是发生于一个基因座位内部的遗传物质结构变异，是染色体上基因本身的变化。基因突变是发生在基因水平的突变，是由于 DNA（或 RNA 病毒与噬菌体中的 RNA）链上的一对或少数几对碱基发生改变而引起的，它涉及到基因的一个或多个序列的改变，包括一对或多对碱基对的替换、增加或缺失。

基因突变可以是碱基对的替代，也可以是碱基对的增减。碱基对的替代可分为转换和颠换。转换是指嘧啶置换嘧啶或嘌呤置换嘌呤；颠换是指嘧啶置换嘌呤或嘌呤置换嘧啶。当 DNA 分子中增添（插入）或缺失一个或少数几个碱基对时，会使遗传密码的阅读框架发生改变，引起转录和转译的错误，造成变异点后全部密码及其编码的氨基酸的增减，这样的突变称为移码突变。

② 染色体畸变　染色体畸变是指染色体数目不发生变化，而是在染色体上有较大范围结构改变，即 DNA 链上某些片段发生变化或损伤所引起的突变类型，包括大段染色体的添加（即插入）、缺失、重复、倒位、易位等。缺失是指在一条染色体上失去一个或多个基因片段的突变；重复是指在一条染色体上增加一段染色体片段，使同一染色体上某些基因重复出现的突变；倒位是指一个染色体的某一部分旋转 180°后以颠倒的顺序出现在原来位置的现象；易位是指两条非同源染色体之间部分相连的现象，包括单向易位（一个染色体的一部分连接到某一非同源染色体上）和相互易位（两个非同源染色体部分相互交换连接）。

染色体畸变与其他突变一样可以引起遗传信息的改变，也具有遗传效应，其主要类型和效应见表 6-2 和图 6-10。

表 6-2　染色体畸变的主要类型与变异效应

类型	定　义	效　应
缺失	染色体丢掉了某一区段	直接影响基因的排列顺序及其相互关系
重复	染色体上增加了个别区段	对表型的影响主要有两个方面：剂量效应，某一基因的拷贝数越多，表型效应越显著；位置效应，所在位置不同使表型出现差异
倒位	染色体某个区段断裂后的片段倒转 180°又重新连接愈合	其遗传物质没有丢失，但基因的排列顺序产生变化，使后代产生突变
易位	染色体上一区段断裂后连接到另一条非同源染色体上	改变基因在非同源染色体上的分布，使基因的连锁和互换规律发生变化

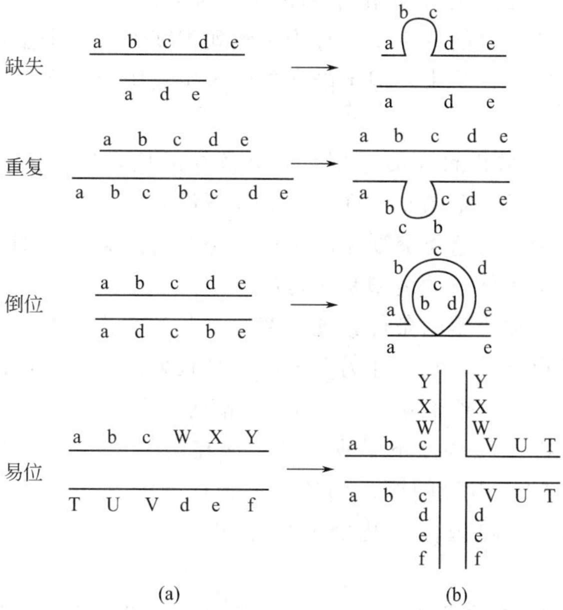

图 6-10　染色体畸变的主要类型

(a)染色体结构；(b)减数分裂前期Ⅰ同源染色体配对时出现的特殊图像

（2）按照突变发生的方式分类　突变按照发生的方式分为自发突变和诱发突变两类。

① 自发突变　自发突变是指微生物在自然条件下未经人为诱变剂处理或杂交等生物工程手段而发生的突变。引起自发突变的原因大致有以下几方面：一是微生物生活的环境中存在着一些低剂量的物理、化学诱变因素；二是微生物自身代谢过程中产生一些具有诱变作用的物质，例如过氧化氢、咖啡碱等；以及细胞内部的一些生命活动过程，如DNA复制中的碱基错配、跳格以及DNA聚合酶结构变异等均是提高自发突变的原因，DNA复制和基因重组过程中有关的酶和蛋白质对维持生物基因自发突变率起着重要的、决定性的作用。

自发突变速度慢、时间长、突变频率低，一般为10^{-9}～10^{-8}，真菌为10^{-8}～10^{-7}。

② 诱发突变　诱发突变是指人为地利用化学、物理诱变剂（如紫外线、亚硝酸等）处理微生物群体，促使少数个体细胞的DNA分子结构发生改变，基因内部碱基配对发生错误，引起的微生物遗传性状的突变。

诱发突变的效应与自发突变几乎没有差异，突变基因的表现型和遗传规律本质上是相同的。诱发突变与自发突变相比，具有诱变速度快、时间短，突变频率高，一般为10^{-8}～10^{-7}等优点。

（3）按照突变体的表型特征分类　表型是指可观察或可检测到的个体性状或特征，是特定的基因型在一定环境条件下的表现。基因型是指储存在遗传物质中的信息，即DNA碱基顺序。突变按照突变体的表型特征可以分为如下几类。

① 形态突变型　形态突变型是指细胞形态结构发生变化或引起菌落形态改变的突变类型。属于非选择性变异，是一种可见突变。包括影响细胞形态的突变型，影响细菌、霉菌、放线菌等微生物菌落形态的突变型，影响噬菌体的噬菌斑的突变型。例如，细菌的鞭毛、芽孢或荚膜的有无，放线菌或真菌孢子的有无等细胞结构的变化以及菌落形状、大小、颜色、表面光滑或粗糙，噬菌斑的大小或清晰度等菌落特征的变化。

② 致死突变型 致死突变型是指由于基因突变而造成个体死亡的突变类型。而造成个体生活力下降，但不导致死亡的突变型，称为半致死突变型。一个隐性的致死突变基因可以杂合状态在二倍体生物中保存下来，但不能在单倍体生物中保存下来，故微生物中关于致死突变研究得并不多。

③ 条件致死突变型 条件致死突变型是指某菌株或病毒经基因突变后，在某一条件下具有致死效应（即无法生长、繁殖）而在另一条件下没有致死效应（即可正常生长、繁殖并呈现其固有表型）的突变型。这类突变型的个体只是在特定条件，即限定条件下表达突变性状或致死效应，而在许可条件下的表型是正常的。

温度敏感突变株是一类典型的条件致死突变株，此类突变型在一个温度中并不致死，所以可以在这种温度中保存下来，它们在另一温度中是致死的。究其原因，温度敏感突变株的一种重要的酶蛋白（如DNA聚合酶、氨基酸活化酶等）的肽链中几个氨基酸被更换，降低了其原有的抗热性，故在某种温度下呈现活性，而在另一温度下是失活的。通过其致死作用，可以用来研究基因的作用等问题。例如，大肠杆菌的某些菌株可在37℃下正常生长，却不能在42℃下生长；T_4 噬菌体的几个突变株在25℃下有感染力，而在37℃下没有感染力。

④ 营养缺陷突变型 营养缺陷突变型是一类重要的生化突变型，是指某种微生物由于发生基因突变而引起代谢过程中某些酶的合成能力丧失，而无法在基本培养基上正常生长繁殖，必须在原有培养基中添加相应的营养成分才能正常生长的突变型。营养缺陷型突变株在遗传学、分子生物学、遗传工程和育种等科研工作以及发酵生产中有着重要的应用价值。

⑤ 抗性突变型 抗性突变型是指野生型菌株因发生基因突变，而对某些有害的理化因子有抵抗能力的突变类型，细胞或个体能在某种抑制生长的因素（如抗生素或代谢活性物质的结构类似物等）存在时继续生长、繁殖。抗性突变型依据其抵抗的对象可分为抗药性、抗紫外线、抗噬菌体等突变类型。抗性突变型通常可以通过将其在含有抑制生长浓度的某药物、相应的物理因素的条件下或者在相应噬菌体平板上涂布大量敏感细胞群体的条件下，培养一段时间，即可分离获得。这些突变类型在遗传学基本理论的研究中十分有用，常被作为选择性标记，在融合试验、协同转染实验中用得较多。

⑥ 抗原突变型 抗原突变型是指细胞成分尤其是细胞壁、荚膜、鞭毛等细胞表面成分的细微改变而引起抗原性变化的突变型。其具体类型很多，包括细胞壁缺陷变异（L型细菌等）、荚膜变异或鞭毛变异等，一般也属于非选择性突变。

⑦ 产量突变型 产量突变型，也称高产突变株，是指由于基因突变而获得的在有用代谢产物产量上高于原始菌株的突变株。产量突变型的突变机制很复杂，产量的提高一般也是逐步累积的。从提高产量的角度来看，产量突变型实际上有两种，一种是正变株，即某代谢产物的产量比原始亲本菌株有明显的提高；另一种是负变株，即产量比亲本菌株有所降低。产量突变株一般是不能通过选择性培养基筛选出来的，由于其产量高低是由多个基因决定的，因此在育种实践中，只有把诱变、重组和遗传工程等多种育种手段很好地结合起来，才能取得更好的效果。

此外，还有如毒力、糖发酵能力、代谢产物的种类和产量以及对某种药物的依赖性等其他的突变型。

这几类突变型彼此并不互相排斥。营养缺陷型若在没有补充其所需的营养物质的培养基上不能生长，故也可认为是一种条件致死突变型。某些营养缺陷型也具有明显的形态改变，如粗糙脉孢菌及酵母菌的某些腺嘌呤缺陷型能分泌红色色素。此外，所有的突变型可以认为都是生化突变型，生化突变型是指一类代谢途径发生变异但形态没有明显变化的突变型，因为任何突变，无论是影响形态的还是致死的，都必然有其生化基础，所以包括营养缺陷型、糖类分解发酵突变型、色素形成突变型和代谢产物生产能力突变型等都属于生化突变型。突变型的这一区分不是本质性的。

(4) 按照碱基变化与遗传信息的改变方式分类　不同碱基变化对遗传信息的改变是不同的，据此突变可分为如下四种类型。

① 同义突变　同义突变是指碱基被替换之后，产生了新的密码子，但由于生物的遗传密码子存在简并现象，新旧密码子仍是同义密码子，所编码的氨基酸种类保持不变的突变现象。同义突变并不产生突变效应。

② 错义突变　错义突变是指编码某种氨基酸的密码子经碱基替换以后，变成编码另一种氨基酸的密码子，引起多肽链的氨基酸种类和序列发生改变的突变现象。有些错义突变严重影响到蛋白质活性甚至使之完全无活性，从而影响了表型。如果该基因是必需基因，则该突变为致死突变。

③ 无义突变　无义突变是指某个碱基的改变，使代表某种氨基酸的密码子变为蛋白质合成的终止密码子（UAA、UAG、UGA)，从而使蛋白质的合成提前终止，产生截短的蛋白质的突变现象。

④ 移码突变　移码突变是指在正常的基因 DNA 中插入或缺失非 3 的倍数的少数几个碱基，造成该位置之后的一系列编码发生移位错误的改变，因而在该基因 DNA 作为蛋白质的氨基酸顺序的信息解读时，读码的框架会发生移动，从而导致从改变位置以后的氨基酸序列的完全变化，这样的突变称为移码突变。

以上四种类型的突变，除了同义突变外，其他三种类型都可能导致表型的变化。

2. 基因突变的特点

在整个生物界中，由于遗传变异的物质基础都是相同的，故而显示在遗传变异的本质上也都遵循同样的规律，这在基因突变的水平上尤为明显。基因突变一般有如下几个特点。

(1) 自发性　由于自然界环境因素的影响及微生物内在的生理生化特点，故各种性状的突变可在无人为的诱变因素处理下自发地发生。

(2) 不对应性　不对应性即突变的性状与引起突变的原因之间无直接的对应关系的特性。例如，抗药性突变并非由于接触了药物所引起，抗噬菌体的突变也不是由于接触了噬菌体所引起，突变在接触药物和噬菌体之前就已经自发地随机地产生了，药物或噬菌体只是起着选择作用。这是突变的一个重要特点，也是容易引起争论的问题。例如，细菌在含青霉素的环境下，出现了抗青霉素的突变体；在紫外线的作用下，产生了抗紫外线的突变体；在较高的培养温度下，出现了耐高温的突变体等。从表面上看是由青霉素、紫外线或高温的“诱变”，才产生了相对应的突变性状。但事实恰恰相反，这类抗性都可通过自发的或其他任何诱变因子诱发后获得。这里的青霉素、紫外线或高温实际上仅是起着淘汰原有非突变型（敏感型）个体的作用。若说其有诱变作用（例如上述的紫外线)，也绝非只是专一地诱发抗紫外线这一种变异，而是还可诱发任何其他性状的变异。

(3) 稀有性　稀有性是指自发突变的突变率极低，且稳定的特性，自发突变的突变率一般在 10^{-9}～10^{-6}之间。突变率是指每一个细胞在每一世代中发生某一特定突变的频率，也可用单位群体在繁殖一代过程中所形成突变体的数目表示。例如，若突变率为 10^{-6}，即 10^6 个细胞群体分裂成 2×10^6 个细胞时，平均形成了 1 个突变体。

（4）规律性 特定微生物的某一特定性状的突变率具有一定的规律性。例如，金黄色葡萄球菌产生抗青霉素的突变的频率为1×10^{-7}；大肠杆菌产生抗噬菌体 T_1 的突变的频率为3×10^{-8}，产生抗链霉素突变的频率为1×10^{-9}。

（5）诱变性 微生物通过物理、化学等诱变因子的作用，可以提高基因突变的频率，一般可提高 10～10^5倍。但是通过自发突变或是诱发突变（诱变）所获得的突变株在本质上无差别，诱变剂仅是起着提高突变率的作用。

（6）稳定性 突变的根源在于遗传物质结构上发生了稳定的变化，突变基因和野生型基因一样是一个相对稳定的结构，故产生的新的变异性状也是稳定的、可遗传的。这与因生理适应所造成的抗药性有本质的区别，由生理适应而造成的抗药性是不稳定的。

（7）独立性 突变的发生一般是独立的，即在某一群体中，既可发生抗青霉素的突变，也可发生抗这种、那种以及任何其他药物药性的突变，还可发生其他不属于抗药性的任何突变。某一基因的突变，既不提高也不降低其他任何基因的突变率。引起各种性状改变的基因突变彼此是独立的，也就是说，某种细菌均可以一定的突变率产生不同的突变，一般互不干扰。突变的发生对细胞而言是随机的，对基因而言也是随机的。例如，巨大芽孢杆菌抗异烟肼的突变率是5×10^{-5}，而抗氨基柳酸的突变率是1×10^{-6}，对两者具有双重抗性的突变率是8×10^{-10}，这正好近乎两者的乘积。

（8）可逆性 由野生型基因变异为突变型基因的过程，称为正向突变；相反，由突变型基因恢复到原来野生型基因的过程则称为回复突变或回变。实验证明，任何性状都可发生正向突变，也都可发生回复突变。两者发生的频率基本相同，都是很低的。

3. 基因突变的机制

基因突变的机制就是探讨基因突变的原因。基因突变的机制是多样性的，可以是自发的或诱发的。

（1）自发突变的机制 自发突变虽是自发产生，但其发生也是有原因的，引起自发突变的原因很多，下面讨论几种自发突变的可能机制。

① 互变异构效应 碱基的互变异构效应是自发突变的一个最主要的原因，即碱基能以互变异构体（酮式至烯醇式的互变异构效应）的不同形式存在，互变异构体能够形成不同的碱基配对。例如，DNA 双链结构中，碱基一般以 AT 与 GC 配对形式出现，在偶然情况下，T 以烯醇式的形式出现，恰好 DNA 的合成到达这位置的一瞬间，通过 DNA 多聚酶的作用，在它相对应的位置上出现配对碱基 G，当 DNA 再次复制时，G 与 C 配对，原来的 AT 就转变为 GC。据统计，碱基对发生自发突变的概率为10^{-9}～10^{-8}。

② DNA 链滑动 在 DNA 复制时，由于短的重复核苷酸序列发生的 DNA 链的滑动而导致小段 DNA 的插入或缺失也是产生自发突变的原因。

③ 转座因子的插入 转座因子是指具有转座作用的一段 DNA 序列。转座是 DNA 序列通过非同源重组的方式，从染色体某一部位转移到同一染色体上另一部位或其他染色体上某一部位的现象。转座因子能够随机插入基因组，引起突变，而且若在基因组上存在有两个或多个拷贝，作为同源重组的位点会发生同源重组，进而能导致基因组区段缺失、重复和倒位。

④ 背景辐射和环境因素 有些“自发突变”是由于一些原因不详的低剂量诱变因素的长期综合诱变效应所导致的。自然界中的短波辐射是微生物发生自发突变的原因之一。另外，还有自然界中普遍存在的一些低浓度的诱变物质（在微环境中有时也可能是高浓度）以及高温也有诱变效应。

⑤ 微生物自身有害代谢产物　已经发现微生物细胞内的咖啡碱、硫氰化合物、二硫化二丙烯、重氮丝氨酸及过氧化氢等代谢产物可引起微生物的自发突变。例如普遍存在于微生物体内的代谢产物过氧化氢对脉孢菌有诱变作用。在许多微生物的陈旧培养物中易出现自发突变株，可能也是同样的原因。

此外，一些遗传物质是 RNA 的病毒的基因组也能发生突变，且由于 RNA 复制酶没有像 DNA 聚合酶那样的纠错活性，也没有类似的 RNA 修复机制等原因，RNA 基因组的突变率比 DNA 基因组高一千倍。RNA 病毒中这种很高的突变率已经引起学术界的巨大兴趣。

（2）诱发突变的机制　诱发突变，简称诱变，是指通过人为的方法，利用物理、化学或生物因素显著提高基因自发突变频率的手段。而能提高突变率至自发突变水平以上的任何理化因子都可称为诱变剂。诱变剂的种类很多，作用方式多样。即使同一种诱变剂，也常有几种作用方式。下面从遗传物质结构变化的特点来讨论几种有代表性的诱变剂的作用机制。

① 碱基对的置换　碱基置换可分为两类：一类叫转换，即 DNA 链中的一个嘌呤被另一个嘌呤或是一个嘧啶被另一个嘧啶所置换；另一类叫颠换，即一个嘌呤被另一个嘧啶或是一个嘧啶被另一个嘌呤所置换（图 6-11）。

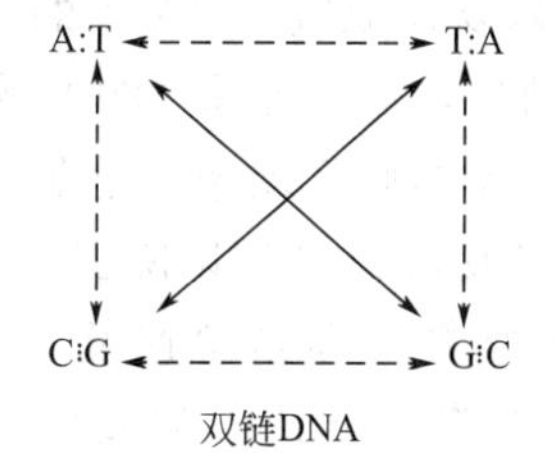

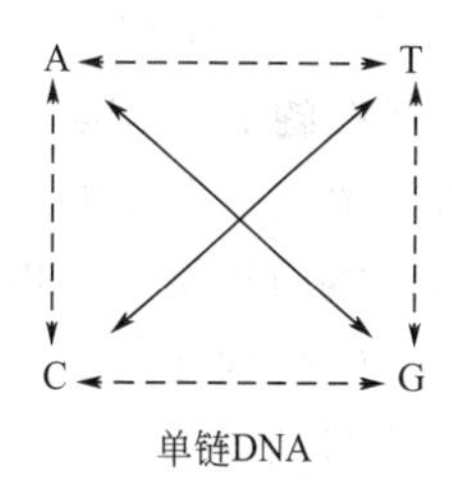

图 6-11　碱基对的置换
（实线为对角线，代表转换；虚线为纵横线，代表颠换）

对某一具体的诱变剂来说，既可同时引起转换与颠换，也可只引起其中的一种作用。化学诱变剂根据是直接还是间接地引起置换，可分成两种类型。

a. 直接引起置换的诱变剂：这是一类可直接与核酸的碱基发生化学反应的诱变剂，在体内或离体条件下均有作用，例如亚硝酸、羟胺和各种烷化剂等。它们可与一个或几个碱基发生生化反应，引起 DNA 复制时碱基配对的转换，进一步使微生物发生变异。能引起颠换的诱变剂很少，只有部分烷化剂。

b. 间接引起置换的诱变剂：都是一些碱基类似物，如 5-溴尿嘧啶（5-BU）、5-氨基尿嘧啶（5-AU）、8-氮鸟嘌呤（8-NG）、2-氨基嘌呤（2-AP）、6-氯嘌呤（6-CP）等，其作用是间接的，是通过活细胞的代谢活动掺入到 DNA 分子中而引起的碱基置换。

② 移码突变　移码突变的结果只涉及有关基因中突变点后面的遗传密码阅读框架发生错误，并不影响突变点后其他基因的正常读码，与染色体畸变相比移码突变只属于 DNA 分子的微小损伤，也是一种点突变。吖啶类染料，如原黄素、吖啶黄、吖啶橙和 α-氨基吖啶，以及一系列由烷化剂与吖啶类化合物相结合的化合物（ICR 类化合物）都是引起移码突变的有效诱变剂。

③ 染色体畸变　X 射线等的辐射及烷化剂、亚硝酸等某些强理化因子，除了能引起上述的点突变外，还会引起 DNA 的大损伤，即染色体畸变。染色体畸变包括染色体结构上的缺失、重复、插入、易位和倒位等变异，也包括染色体数目的变化。染色体畸变在高等生物中很容易观察，当在微生物中，尤其是在原核生物中，近年来才证实了它的存在。

许多理化诱变剂的诱变作用都不是单一功能的。例如，上述的亚硝酸就是既能引起碱基对的转换作用，又能诱发染色体畸变的作用；一些电离辐射也可同时引起基因突变和染色体畸变等作用。

4. DNA损伤的修复

DNA由于各种原因而受到损伤，这些损伤可由微生物自身的修复系统进行修复。修复方式有光复活作用、切除修复、重组修复以及SOS修复等。

(1) 光复活作用 光复活作用是指经紫外线照射后的微生物立即暴露于可见光下时，可明显降低其死亡率的现象。经紫外线照射后所形成的带有胸腺嘧啶二聚体的DNA分子在黑暗下会被一种光激活酶（光裂合酶）结合，当形成的复合物暴露在可见光（300～500nm）下时，此酶会因获得光能而发生解离，从而使二聚体重新分解成单体。与此同时，光激活酶也从复合物中释放出来，以便重新执行功能。由于在一般的微生物中都存在着光复活作用，所以在进行紫外线诱变育种时，只能在红光下进行照射及处理照射后的菌液。

(2) 切除修复 又称暗修复，是活细胞内的一种用于修复被紫外线等诱变剂（包括烷化剂、X射线和γ射线等）损伤后的DNA的机制。与光复活作用不同，这种修复作用与光全然无关。切除修复有多种方法将受损伤的碱基或DNA片段除去。修复过程中，有内切核酸酶、外切核酸酶、DNA聚合酶以及连接酶四种酶参与。

(3) 重组修复 重组修复是双链DNA中的一条链发生损伤，复制时便不能作为模板合成互补的DNA链，产生缺口，而从原来DNA的对应部位切出相应的部分将缺口填满，从而产生完整无损的子代DNA的修复现象。这是一种越过损伤而进行的修复，留在亲链上的二聚体仍然要依靠再一次的切除修复加以除去，或经细胞分裂而稀释掉。

(4) SOS修复 SOS修复，即紧急修复，是指DNA受到严重损伤、细胞处于危急状态时所诱导的一种DNA修复方式，修复结果只是能维持基因组的完整性，提高细胞的生成率，但留下的错误较多，使细胞有较高的突变率。但在整个修复过程中，修复和纠正错误是普遍的，而错误倾向的修复是极少数的，因此，由修复复制产生的突变比未修复的要少得多。这是DNA分子受到较大范围的重大损伤时诱导产生的一种应急反应。

二、微生物基因重组

基因重组，即遗传重组，是指将两个不同性状个体细胞内的遗传基因转移到一起，经过遗传分子的重新组合后，形成新的稳定遗传型个体的过程。基因重组是所有生物都可能发生的基本的遗传现象，是改变遗传性状的另一重要途径。重组可使生物体在未发生突变的情况下，也能产生新遗传型的个体。

基因重组是核酸分子水平上的概念，是遗传物质分子水平上的杂交，而一般所说的杂交则是细胞水平上的概念，细胞水平上的杂交必然包含着分子水平上的基因重组，而基因重组则不仅限于杂交这一种形式。

原核微生物基因重组的方式主要有转化、转导、接合等；真核微生物基因重组的方式主要有有性杂交、准性杂交等。

1. 原核微生物的基因重组

原核微生物基因重组主要有转化、转导、接合等形式，但机制都较为原始；具有片段性（仅有一小段DNA序列参与重组）、单向性（从供体菌向受体菌，或供体基因组向受体基因组作单方向转移）以及转移机制独特而多样等共同的特点。

（1）转化

① 定义 转化是指感受态的受体菌直接吸收来自供体菌的DNA片段，通过交换将其整合到自己的基因组中，从而获得了供体菌的部分遗传性状的现象。转化后的受体菌称为转化子。供体菌的DNA片段称为转化因子。

转化是细菌中最早发现的遗传物质转移的形式，转化因子DNA本质的证实也是现代生物学发展史上的一个重要里程碑。转化在原核生物中是一个较普遍的现象，在肺炎链球菌、嗜血杆菌属、芽孢杆菌属、奈瑟球菌属、根瘤菌属、葡萄球菌属、假单胞菌属及黄单胞菌属等细菌中尤为多见，并在若干放线菌、蓝细菌以及少数真核微生物中也有报道。

② 转化的条件

a. 感受态。能进行转化的细胞必须是感受态的。感受态是指受体细胞最易接受外源DNA片段并能实现转化的一种生理状态。与一般细胞相比，感受态细胞吸收DNA的能力要大1000倍。感受态的出现受菌体的遗传性、菌龄、生理状态和培养条件等因素的影响，如不同微生物的感受态出现的时期有很大的区别，在具有感受态的微生物中感受态细胞所占比例和维持时间也随菌种的不同而不同，外界环境条件如环腺苷酸（cAMP）及Ca^{2+}等对感受态也有重要影响。感受态受一类特异蛋白（一种胞外蛋白）的调节，这种特异蛋白称为感受态因子，可以催化外来DNA片段的吸收或降解细胞表面某种成分，使细胞表面的DNA受体显露出来。

b. 转化因子。转化因子的本质是游离DNA片段，可以是从供体细胞中提取的或者是人工合成的。每一转化因子（DNA片段）的分子量都小于1×10^7Da，约占细菌染色体组的0.3%，其上平均含15个基因。在不同微生物中，转化因子的形式不同，以线状双链DNA较多，线状单链DNA较少。每个感受态细胞因其表面能与转化因子相结合的位点有限，大约可掺入10个转化因子。能发生转化的最低DNA浓度极低，为化学方法无法测出的$1\times10^{-5}\mu g/mL$。转化的频率（即转化子占存活细胞的百分率）通常是很低的，一般只有0.1%～1%，最高者达20%左右。

c. 亲缘关系。两个菌株之间能否发生转化，与其在进化过程中的亲缘关系有着密切关系。供体和受体DNA的同源性决定转化DNA的整合。转化DNA总是与顺序相同或相似的受体DNA配合，故供体菌和受体菌的亲缘关系越近，其同源性也越强，DNA的纯度越高，越易发生转化。

此外，转化的发生还需具备重组程序所必需的酶或蛋白质分子以及能量等的协同作用。

③ 转化的类型 转化依据感受态建立方式，可以分为自然遗传转化和人工转化。自然遗传转化，简称自然转化，即感受态的出现是细胞一定生长阶段的生理特性。人工转化是通过人为诱导的方法，使细胞具有摄取DNA的能力，或人为地将DNA导入细胞内。自然环境中，原核生物的转化频率较低，通过人为施加影响可以促使其发生频率的提高。在实验室中可用$CaCl_2$处理细胞、聚乙二醇介导转化、电穿孔法（电脉冲法）、基因枪转化等多种不同的技术人工建立感受态，为许多不具有自然转化能力的细菌（如大肠杆菌）提供了一条获取外源DNA的途径，也是基因工程的基础技术之一。Ca^{2+}诱导法的机制尚不十分清楚，一般认为可能与增加细胞的通透性有关，但因其简便价廉，仍是实验室中大肠杆菌转化的常用方法。电穿孔法对真核微生物和原核微生物都适用。基因枪转化现已广泛地应用于植物转化中。

④ 转化的过程 转化的过程可分为如下几个阶段（见图6-12）：

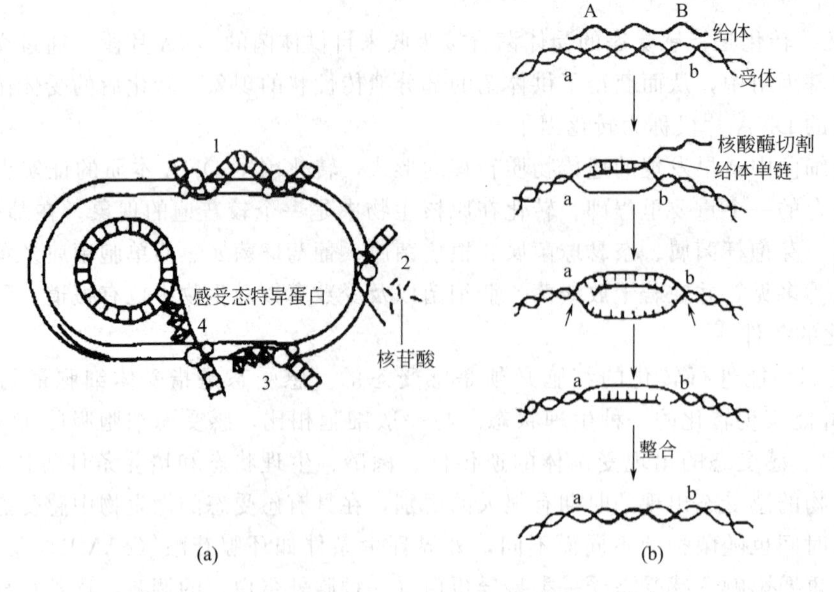

图 6-12 转化示意图

(a) 细菌的转化模型：1—吸附；2—切割；3—入胞；4—重组；

(b) 外源 DNA 单链的整合

a. 吸附。供体菌的双链 DNA 片段与感受态受体菌的细胞表面特定位点（主要在新形成细胞壁的赤道区）结合，此时，一种细胞膜的磷脂成分（胆碱）可促进这一过程。

b. 切割。在吸附位点上的 DNA 在核酸内切酶的作用下发生酶促分解，形成平均分子量为（4～5）$\times 10^6$ 的 DNA 片段。

c. 入胞。DNA 双链中的一条单链逐步被细胞膜上的另一种核酸酶降解，同时，另一条单链逐步进入细胞，这是一个耗能过程。分子量小于 5×10^5 的 DNA 片段不能进入细胞。

d. 重组。来自供体菌的单链 DNA 片段与受体菌核染色体组上的同源区段配对，接着受体染色体组的相应单链片段被切除，并被外来的单链 DNA 所交换和取代，于是形成了杂种 DNA 区段，此过程中有核酸酶、DNA 聚合酶、DNA 连接酶的参与。

e. 复制与转化子形成。受体菌的染色体组进行复制，杂合区段分离成两个，其中之一获得了供体菌的转化基因，另一个未获得。当细胞发生分裂后，一个子细胞是转化子；另一子细胞与原始受体菌一样，同为敏感型个体。

此外，还有一种与转化类似的遗传现象，即转染。转染是指用提纯的噬菌体或其他病毒的 DNA（或 RNA）感染其宿主细胞或原生质体之后，可增殖出正常的噬菌体或病毒的现象。转染与转化很相似，但不同之处在于病毒或噬菌体并非遗传基因的供体菌，中间也不发生任何遗传因子的交换或整合，最后也不产生具有杂种性质的转化子，被感染的宿主绝不是能形成转化子的受体菌。

（2）转导

① 定义　转导是指以缺陷噬菌体为媒介，将供体细胞的小片段 DNA 携带到受体细胞中，通过交换与整合，从而使后者获得了前者部分遗传性状的现象。转导是由病毒介导的细胞间进行遗传交换的一种方式。因转导作用而获得的具有部分新性状的重组细胞称为转导子。携带有供体菌一部分遗传物质的噬菌体，可将其携带的供体菌的遗传物质转移到受体菌细胞中，该噬菌体称为转导噬菌体（转导颗粒），转导噬菌体通常为温和型噬菌体。

转导是自然界较为普遍的遗传现象，最早是在鼠伤寒沙门杆菌中发现的，以后，陆续在大肠杆菌、鼠伤寒沙门菌、芽孢杆菌属、变形杆菌属、假单胞杆菌属、志贺杆菌属、弧菌属和葡萄球菌属等许多原核生物中发现，可能是低等生物进化过程中产生新基因组合的一种重要方式。

转导过程与转化过程相似，但与转化也有区别，主要不同之处在于，转导是以噬菌体为媒介，不需要细胞接触。转导现象中必须具有三个组成部分，缺一不可，即供体、转导噬菌体、受体。

② 转导的类型　转导依据噬菌体和转导 DNA 产生途径的不同，可分为普遍性转导和局限性转导两种类型。

a. 普遍性转导。普遍性转导是指通过极少数完全缺陷的噬菌体（噬菌体原有的核酸完全被供体 DNA 所替代）对供体菌基因组上任何小片段 DNA（包括质粒）进行“误包”，而将其遗传性状传递给后者的现象。普遍性转导是很少发生的遗传事件。

普遍转导又可分完全普遍转导和流产普遍转导两类，具体过程如图 6-13 所示。

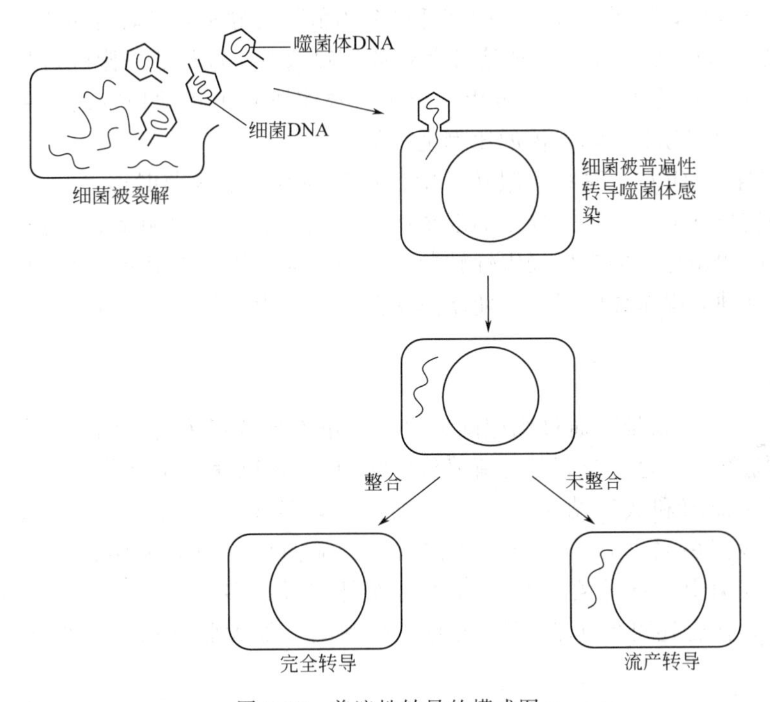

图 6-13　普遍性转导的模式图

ⓐ 完全普遍转导：简称完全转导。下面以鼠伤寒沙门菌的完全普遍转导为例简述其具体过程。

供体菌选用其野生型菌株，受体菌选用其营养缺陷型，转导媒介采用 P_{22} 噬菌体。当 P_{22} 在供体菌内发育成熟之际，其中极少数（10^{-8}～10^{-6}）噬菌体的衣壳将与噬菌体头部 DNA 芯子相仿的供体菌 DNA 片段误包入其中，形成完全缺陷噬菌体。将少量的此供体菌裂解物与大量的受体菌群相混合，使得一个受体细胞只感染了一个完全缺陷噬菌体，受体细胞不发生溶源化及裂解，导入的供体 DNA 片段与受体染色体组上的同源区段配对，再通过双交换而重组到受体菌染色体上，所以就形成了遗传性稳定的重组子，称为普遍转导子。

ⓑ 流产普遍转导：简称流产转导，是指在普遍性转导中，供体菌的DNA片段虽经转导噬菌体作用而进入到受体细胞，但在细胞内既不发生交换和重组，也不迅速从受体菌体内消失，只是进行稳定的转录、翻译和性状表达的现象。发生流产转导的细胞在进行分裂时，只能将这段DNA分配给一个子细胞，而另一子细胞只获得供体基因的产物（酶），仍可在表型上出现供体菌的特征。流产转导后，受体菌中开始依然带有供体菌的遗传性状，但是，随着受体细胞分裂、稀释，供体菌的性状逐渐消失，在选择性培养基平板上只能形成微小菌落，这也是流产转导的特点。

b. 局限性转导。局限性转导是指通过部分缺陷的温和噬菌体（即部分缺陷噬菌体，噬菌体原有的核酸有部分被供体DNA所替代）把供体菌的少数特定基因携带至受体菌中，并与受体菌的基因组整合、重组，形成转导子的现象。局限性转导最初于1954年在大肠杆菌K12菌株中发现。局限性转导与普遍性转导的主要区别是：局限性转导中，被转导的基因共价地与噬菌体DNA连接，与噬菌体DNA一起进行复制、包装以及被导入受体细胞中；局限性转导颗粒携带特殊的染色体片段并将固定的个别基因导入受体中。

局限性转导根据转导子出现频率的高低可分为低频转导和高频转导两类。

ⓐ 低频转导（LFT）：是指一般溶源菌释放的噬菌体所进行的局限性转导，只能形成极少数（10^{-6}～10^{-4}）的转导子。主要由于核染色体组进行不正常切割的频率极低，因此在其裂解物中所含的部分缺陷噬菌体的比例也极低。

ⓑ 高频转导（HFT）：是指局限转导中供体菌为双重溶源菌时经诱导可获得高达50%左右转导子的转导现象。高频转导中的双重溶源菌同时有两种噬菌体整合在细菌染色体上，其中一种为缺陷噬菌体，能产生局限性转导；另一种为助体（或辅助）噬菌体，是正常的噬菌体，可以弥补缺陷噬菌体的不足，使缺陷噬菌体也成为“完整噬菌体”释放，提高了形成转导子的频率。

（3）接合

① 定义　接合是指细菌通过细胞间的直接接触而导致遗传物质的转移和基因重组的过程，又称细菌杂交。通过接合而获得新遗传性状的受体细胞称为接合子。

接合现象在细菌和放线菌中都存在。细菌中，常见于生活在动物肠道内的一些种，如大肠杆菌、沙门菌属、志贺菌属、沙雷菌属、弧菌属、固氮菌属、克雷伯菌属、假单胞菌属等。放线菌中，链霉菌属和诺卡菌属被研究得最多，尤以天蓝色链霉菌研究得最为详细。此外，接合还可发生在不同属的一些种间，如大肠杆菌与鼠伤寒沙门菌之间就可以发生接合。

② 接合的实例　细菌接合现象中以大肠杆菌研究得最为清楚。下面以大肠杆菌为例介绍接合的具体情况。

大肠杆菌根据F质粒在细胞内的存在方式，可分成4种不同的接合型菌株，即F^-菌株、F^+菌株、Hfr菌株、F'菌株。F^-菌株，不含F质粒，无性毛，相当于雌性菌株。F^+菌株，含1～4个游离F质粒，有与F质粒数目相当的性菌毛，相当于雄性。Hfr菌株（高频重组菌株），其中的F质粒从游离状态转变成在核染色体组特定位点上的整合状态。F'菌株，含有F'质粒，F'质粒是指Hfr菌株中的F质粒因不正常切离而脱离核染色体组时，形成的携带一小段细胞核DNA游离的特殊F质粒。凡携带F'质粒的菌株，称为初生F'菌株；F^-菌株与F'菌株接合后也成为F'菌株，即次生F'菌株，它既获得了F质粒，同时又获得了原F'菌株中部分Hfr菌株的染色体，少数染色体基因有两套，成为部分双倍体。F质粒的存在方式及其相互关系如图6-14所示。

几种不同菌株之间接合的结果如下。

a. F^+与F^-杂交

ⓐ 接合的过程：当F^+菌株与F^-菌株接触、配对时，细胞间形成一个很细的接合管，F^+菌株中的F质粒的一条DNA单链在特定位点上断裂、解链，其中一条环状单链留下作为模板供复制用，另一条解开的单链穿过接合管进入F^-细胞，在F^-菌内合成互补新DNA链，恢复成一条环状的双链F质粒。

ⓑ 接合的结果：接合之后两个菌株都是F^+，各具备一个F质粒。这种通过接合而转性别的频率几近100%。

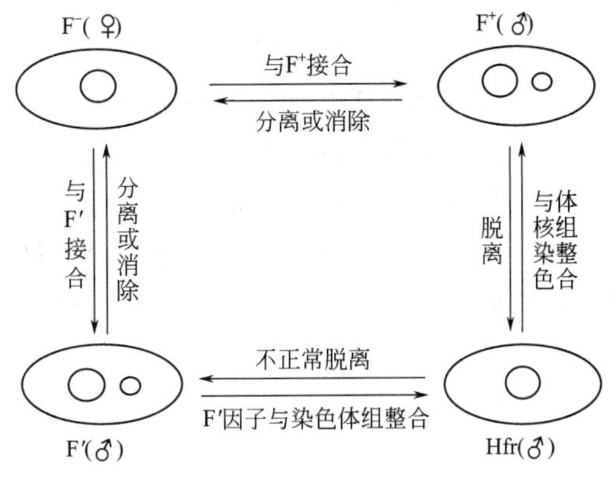

图 6-14　F质粒的存在方式及相互关系

b. F'与F^-杂交

ⓐ 接合的过程：以F'质粒来传递供体基因的方式，称为F质粒转导，或F因子转导、性导。F'与F^-杂交的具体过程与F^+与F^-的杂交过程相同。

ⓑ 接合的结果：接合之后两个菌株都是F'菌株。由于F'质粒携带有宿主基因，故部分宿主染色体基因随F'质粒一起进入受体细胞，且不需整合就可以表达，实际上是形成一种部分二倍体，此时的受体细胞变成了F'菌株。

c. Hfr与F^-杂交

ⓐ 接合过程：Hfr的染色体双链中的一条单链在F质粒处发生断裂，由环状变为线状（F质粒位于线状单链DNA的末端），同时开始滚环式复制，借助于DNA滚环复制的动力，带切口的链5′端通过接合管进入F^-菌株，在无外界干扰的情况下转移过程约需100 min。但是转移过程中长的线状单链DNA常发生断裂，因此位于线状DNA末端的F质粒进入F^-细胞的机会很小，只有在整条染色体走完后，F质粒才能完整进入F^-菌株细胞，故在此种情况下F^-转变为F^+频率极低。由于DNA转移过程有稳定的速度和严格的顺序性，通过振荡等手段可在不同时间中断转移过程，获得具有Hfr菌株不同遗传性状的F^-接合子。也可利用中断杂交的原理，获知完整的大肠杆菌染色体的基因顺序。

ⓑ 接合结果：Hfr与F^-的接合结果，在大多数情况下受体细胞（或接合子）仍然是F^-菌株。

此外，细菌中的R质粒也有接合转移的现象，其过程与F质粒相似，带有耐药传递因子（RTF）的R质粒的细菌表面也形成性菌毛，通过接合把耐药因子（r）转移给受体菌，并在细菌种间、属间转移传播，致使耐药菌株越来越多。

2. 真核微生物的基因重组

真核微生物基因的转移与重组与原核微生物有很大的区别。真核微生物能进行有性生殖，具有复杂的核，基因组也是由许多染色体组成且是线型的，在基因的分配和分离方面具有更复杂的调节机制。而原核微生物的基因组是单一的DNA分子，通常为环状。故而真核微生物DNA的转移和重组在许多方面与原核微生物不同。

在自然环境中，真核微生物的基因重组方式很多，例如转化、转导、有性杂交和准性生殖等，其中转化、转导等与原核微生物相似，下面重点介绍有性杂交和准性杂交。

(1) 有性杂交

① 定义 有性杂交是指不同遗传型的两性细胞间进行的接合、质配、核配、减数分裂，部分染色体可能发生交换而进行随机分配，由此而产生重组染色体及新的遗传型，并将遗传性状按照一定的规律性遗传给后代的过程。

凡是具有产生有性孢子能力的酵母菌或霉菌都能进行有性杂交。

② 有性杂交的过程 酵母菌在实验室中易生长且是研究遗传现象的理想材料，其中酿酒酵母的研究最为详细，它是面包业和酿造业中的常用酵母。现以工业上常用的酿酒酵母为例对有性杂交过程加以说明。

酵母有性杂交的过程为：亲本的选择及单倍化⟶有性杂交⟶杂交后代的检出与筛选。

a. 亲本的选择及单倍化。酵母菌有性杂交的亲本一般需要满足以下条件：首先，考虑育种的目的性，要求两亲本的有利性状组合后能培育出高产或高质的菌株，同时还需要考虑两亲本间是否有性的亲和性。其次，为了便于快速筛选出杂交株，参与重组的两个亲本要带有特定的遗传标记，可采用营养缺陷型、抗药性、酵母的一些生理特性（如生长速度、色素、凝聚性、发酵性状等）和生物合成能力等常用的遗传标记。

酿酒酵母是以单倍体或二倍体状态存在。单倍体有两种接合型，即 α 型和 a 型，类似于高等生物中的雌性和雄性，α 型和 a 型细胞的融合便产生了二倍体细胞（α/a）。从自然界中分离到的，或在工业生产中应用的酵母，一般都是其双倍体细胞，虽具有生孢子能力，但不具有接合能力，故在有性杂交中，在选定亲本后，还要进行单倍体分离，获得具有不同接合型的单倍体细胞。酿酒酵母营养细胞的单倍体化过程是：首先，选用生孢子培养基，营造饥饿条件促进营养细胞发生减数分裂形成子囊孢子。然后，通过显微操作器、酶法、机械研磨法等手段分离单倍体子囊孢子，获得游离的孢子。之后，依据单倍体细胞的形态特征，即与二倍体细胞相比，具有细胞小、呈球形，菌落小、形态多样，液体培养时繁殖较慢、常聚成团，不形成子囊及孢子，将单倍体细胞挑出。最后，将已确定为单倍体的菌株与已知接合型 a 或 α 型标准单倍体细胞杂交，依据异宗可以接合、同宗不可以接合的原理，确定单倍体细胞的接合型。

b. 有性杂交。将两个亲本的不同性别的单倍体细胞混合离心使之密集接触以增加有性杂交后代的可能性。常用的有孢子杂交、群体交配、单倍体细胞杂交和罕见交配等方法。孢子杂交法是借助显微操纵器将不同亲株的子囊孢子配对，之后进行微滴培养即温室培养，使之发芽接合。群体交配法，是将带有遗传标记的两亲本单倍体菌株移接到完全培养液中，培养过夜，镜检发现有大量的哑铃形接合细胞时，就将其挑出接种至微滴培养液中培养至形成二倍体细胞。单倍体细胞杂交法与孢子杂交法相似，是用两种不同接合型细胞配对后放置微滴中培养，在显微镜下观察合子的形成，但成功率较小。

c. 杂交后代的检出与筛选。参与重组的两个亲本一般应具有遗传标记，杂交株和亲本株在形态上或生理上应有较大的差异，以便于快速地筛选出杂交株。在此基础上再筛选优良性状个体。

酵母杂交和其他微生物的杂交重组一样，都存在一个共同问题，即种间杂交比属间杂交易于获得产量提高的重组体，种间杂交遗传特性比较稳定，属间杂交产物易于发生分离。这其中的原因可能是染色体结构不同，两亲株的核基因组不能协调配合、细胞器基因组之间产生不良的关系、营养不亲和性等而造成两亲株的染色体间存在着严重的排斥作用。

（2）准性生殖

① 定义　准性生殖是指通过同种生物两个不同菌株的体细胞发生融合，不经过减数分裂而导致低频率基因重组并产生重组子的生殖过程。准性生殖与有性生殖类似，但是更原始，该过程中染色体的交换和减少不像有性生殖那样有规律，而且是不协调的。准性生殖在某些丝状真菌，尤其是不产生有性孢子的丝状真菌如半知菌中比较常见。

② 准性生殖的过程　准性生殖过程（见图 6-15）主要包括菌丝联结、异核体的形成、二倍体的形成、体细胞交换和单倍体化。

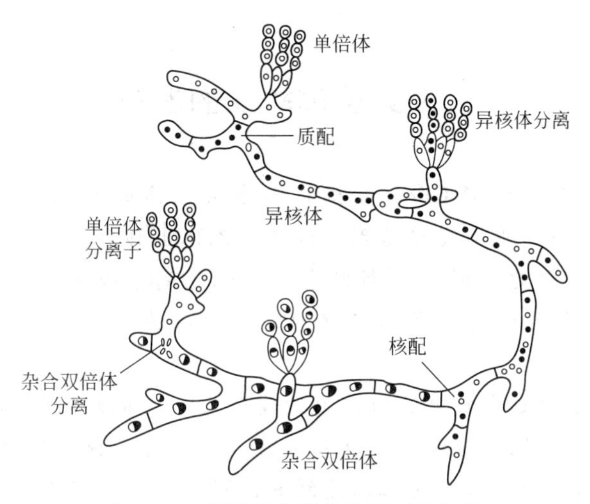

图 6-15　半知菌的准性生殖过程示意

a. 菌丝联结。在一些形态上没有区别的，但在遗传性上却有差别的两个同种亲本的体细胞（单倍体）之间发生，自然状态下菌丝联结的频率是极低的。

b. 异核体的形成。当具有不同遗传性状的两个细胞或两条菌丝相互联结时，先发生质配，导致在一个细胞或一条菌丝中并存有两种或两种以上不同遗传型的核，即形成异核体。异核体细胞质中的两个细胞核处于游离状态，是独立的，相互之间没有发生融合和交换。异核体能独立生活，且生活能力更强。

c. 二倍体的形成。在异核体中的双核，偶尔可以低频率发生核融合（核配），产生杂合二倍体。杂合二倍体是指细胞核中含有两个不同来源染色体组的菌体细胞。杂合二倍体形成之后，随着异核体的繁殖而繁殖，这样就在异核体菌落上形成杂合二倍体的斑点或扇面，将这些斑点或扇面的孢子挑出进行单孢子分离，即可得到杂合双倍体菌株。在自然条件下杂合二倍体形成的频率是很低的，某些理化因素如樟脑蒸气、紫外线或高温等的处理，可以提高核融合的频率。

d. 体细胞交换和单倍体化。体细胞交换即体细胞中染色体的交换，也称为有丝分裂交换。杂合二倍体细胞的遗传性状极不稳定，在其进行有丝分裂过程中，其中的极少数核中的染色体会发生同源染色体之间的交换（即体细胞重组），使得部分隐性基因纯合化，从而获得新的遗传性状。

单倍体化过程是指在一系列细胞有丝分裂过程中一再发生的个别染色体减半，直至最后形成单倍体的过程。与减数分裂的区别在于，染色体减半不是一次完成的。准性生殖中的单倍体化不是一次有丝分裂的结果，而是要经历若干次的分裂过程，在每次分裂时都有可能从二倍体核中失去部分染色体，最后才恢复成单倍体核。人工对杂合二倍体用紫外线、γ射线或氮芥等进行处理，就会促进染色体断裂、畸变或导致染色体在两个子细胞中的分配不均，因而有可能产生各种不同性状组合的单倍体杂合子。

由准性生殖的过程可知，该过程可出现很多新的基因组合，因而可成为遗传育种的重要手段，尤其是对一些没有有性过程但有重要生产价值的半知菌育种来说尤为重要。此外，在遗传分析上，准性生殖也是十分有用的，例如可利用有丝分裂过程中染色体发生交换导致的基因纯合化与着丝粒的距离的关系进行有丝分裂定位等。

玉米染色体转座的发现

1951年，美国遗传学家McClintock根据玉米染色体的长期观察研究，提出了转座(transposition)的新概念，也就是说基因可以在染色体上移动，这对于当时来说几乎没有一位遗传学家能接受这种超越时代的新概念，因此受到了冷遇。直到1983年，这位80多岁的老妇人终于登上了诺贝尔奖的领奖台，到此时为止她的重大发现几乎被埋没了30年。

转座的发现是遗传学发展史中最为重大的发现之一，把基因概念向前推进了一大步。McClintock的伟大就在于她以传统的工具和方法，却获得了分子遗传学中划时代的突破；没有丰富的想象力，没有创新精神是难以达到的；Mendel的自由组合和独立分配两大定律的发现，T. H. Morgan的连锁定律的建立，Watson和Crick的双螺旋模型都是划时代的发现，但他们都是在前人工作的基础上获得的，除Mendel外，Morgan和Watson的发现都是由多位学者合作而得以攻克的，而McClintock的发现可谓前无古人，无可借鉴，同时又是她一人单枪匹马，孤军作战。她不仅默默地承受工作的压力，还要承受舆论的压力，直至得到广泛的承认，这也是十分难能可贵的。没有坚忍不拔的精神是难以坚持的。现在人们用分子生物学的方法已经确证她早年发现的Ds-Ac等系统都是客观存在的、完全正确的，没有求实的精神、严谨的治学态度也是难以达到如此准确的预见。McClintock的这种大胆设想、小心求证的精神是值得任何自然科学工作者学习的楷模。

第三节 微生物育种

微生物育种是指应用微生物遗传变异的理论，采用一定的手段，从已变异的群体中筛选出符合人们需要的优良品种的过程。微生物育种在生产上是为了实现提高产量、改进质量、合成新的化合物、缩短生产周期、适应原材料、简化生产工艺、抵抗不良培养条件、改变产品的组分、产生新的生物活性物质等目的，在科研方面是为了实现了解菌种遗传背景、增加菌种遗传标记、分析生物合成机制、提供分子遗传学研究材料等目的。

常见的微生物育种方法按其理论基础分，有如下两大类：一类是以基因突变为理论基础的方法，如自然选育、诱变育种；第二类是以基因重组为理论基础的方法，又可细分为基于体内重组的原生质体融合、杂交、转导、转化等方法，以及基于体外重组的基因工程等方法。以下分别介绍较为经典和具有代表性的几种育种方法。

一、自然选育

自然选育是指利用菌种的自发突变，通过分离、筛选，获得优良菌株的一种育种方法。自然选育是微生物菌种选育的手段之一，也是菌种选育的经典方法。

生物体在自然状态下（非人工处理）会以约 $10^{-9} \sim 10^{-6}$ 的频率发生自发突变，是由环境因素、DNA 复制过程中的偶然错误以及微生物自身产生的诱变物质等因素导致。自发突变的结果存在两种可能性：一种是负突变，即菌种发生衰退，造成生产性能下降；另一种是正突变，即菌种代谢更加旺盛，使得生产性能提高。因此，利用自发突变理论上讲也是可以选育出优良的菌种。但是自发突变频率较低，出现优良性状的概率也较小，需要较长的时间才能收到效果。

由于自然选育产生正突变的概率较小，所以其主要目的是保持菌种纯度，保持菌种优良性状的稳定性，减少菌种变异或降低变异退化速度，提高发酵产量。遇到如下情况时首先应考虑采用自然选育方法减缓菌种的变异和退化：一是进行菌种长期保存前，尤其是采用沙土管法等这些微生物较易变异的保藏方法前，进行自然分离，使菌种尽可能纯化；二是在通过人工诱变等选育到高产的优良菌株时，要及时进行自然分离，淘汰已发生回复突变的不良菌株，使稳定的高产菌株从中分离出来；三是在用其他方法进行菌种选育时，在自然选育辅助下可真正得到稳定的高产菌株。此外，发酵工业中使用的生产菌种，几乎都是经过人工诱变处理后获得的突变株，易发生菌种衰退现象，故在发酵生产过程中，菌种的自然选育也是一项日常工作，通常一年应进行一次。

自然选育操作步骤一般包括如下几步：首先，通过表现形态来淘汰不良菌株；其次，通过考察目的代谢物产量进行初筛及复筛；之后，进行遗传基因型纯度试验，以考察菌种的纯度；最后，进行传代的稳定性试验，一般经过 3～5 次的连续传代，产量仍保持稳定的菌种方能用于生产。

自然选育常用的方法是单菌落分离法，即将菌种制备成单孢子悬浮液或单细胞悬浮液，经过适当的稀释后，进行平板分离，然后挑选单个菌落进行生产能力测定，从中选出优良的菌株。

自然选育的操作简单易行，是工厂保证稳产及高产的重要措施。

二、诱变育种

1. 概述

(1) 定义　诱变育种是指利用物理或化学等诱变剂处理微生物细胞，提高基因的随机突变频率，根据育种目标，通过一定的筛选方法，从无定向的突变株中筛选出所需要的高产优质菌株的育种手段。

诱变是一种经典的育种方法，具有极其重要的实践意义，当前发酵工业和其他微生物生产部门所使用的高产菌株几乎都是通过诱变育种而提升生产性能的。诱变育种虽带有一定的盲目性，但仍是目前使用最广泛的育种手段之一。

(2) 特点　与其他育种方法相比，诱变育种具有突变频率高、变异谱广、能提高产量、改善产品质量、扩大品种和简化生产工艺等优点，并且操作简便、速度快和收效显著，因此至今仍是一种重要的、广泛应用的微生物育种方法。

诱变育种的不足之处是突变的方向和性质目前无法控制，有益突变的频率还比较低。

2. 诱变育种的方法与步骤

诱变育种的基本过程如下：

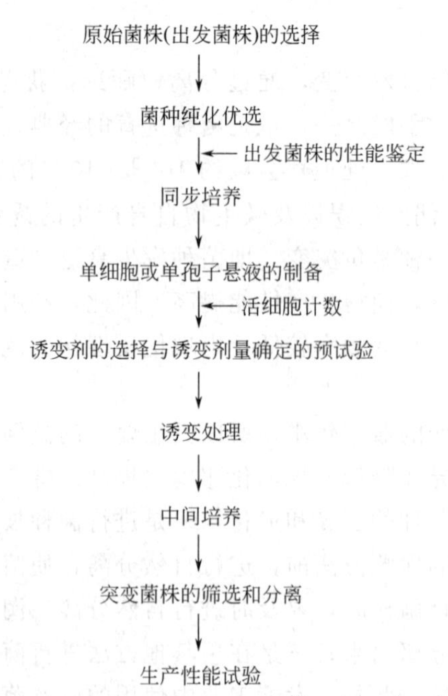

(1) 出发菌株的选择　出发菌株是指用来诱变育种处理的原始菌株。

出发菌株主要有以下几个来源：一是从自然界直接分离得到的野生型菌株，其对诱变处理较敏感，容易达到好的效果；二是经历过生产条件考验的菌株，其有生产能力，对生产工艺条件较易适应，但遗传性能均较为稳定，不易得到突变株，数次诱变后，有较高的概率获得所需较好性状的高产菌株；三是经历多次育种处理的菌株。此外，也可以从菌种保藏机构购买。

出发菌株选择适合，育种工作效率就高。适合的出发菌株应具有特定生产性状的能力或潜力。其具体的选择原则如下：①尽量选择单倍体细胞、单核或核少的多细胞体作为出发菌株，可排除异核体和异质体的影响。②采用具有特定生产性状的能力或潜力（正突变可能性大）以及优良性状的菌株，如生长速度快、营养要求低以及产孢子早而多的菌株。③选择对诱变剂敏感，变异幅度大的菌株。如已发生其他变异的菌株为出发菌株，由于其发生某一变异后，会提高对其他诱变因素的敏感性。④考虑到许多高产突变往往要逐步累积才会变得明显，所以有必要多挑选一些已经过诱变的菌株为出发菌株，进行多步育种，以确保高产菌株的获得。

此外，有的诱变剂是作用于营养细胞，就要选对数期的细胞；有的作用于休止期，就可选用孢子。

(2) 单孢子（或单细胞）悬液的制备　单孢子（或单细胞）悬液要满足以下要求：①应为均匀而分散的单孢子（或单细胞）状态的、活力类似的菌悬液。菌悬液细胞均匀而分散状态能保证其在诱变时均匀地接触诱变剂，同时避免长出不纯菌落。菌悬液要求尽量采用单孢子（或单细胞）制备主要是为了保证诱变效果的均一性，减少分离性表型延迟现象的发生。一般情况下，单孢子（或单细胞）悬液制备时，霉菌或放线菌可采用孢子，细菌可以采用芽孢。②选择合适的细胞生理状态。这对诱变处理会产生很大的影响。一般要求细胞是处于对数生长期（生长状态），且达到同步生长（即细胞生长处于同一生长阶段，细胞同时分裂）的个体，因为这样的菌株对诱变剂最为敏感，突变率高，重现性好。例如，细菌在对数期诱变处理效果较好；霉菌或放线菌的分生孢子一般都处于休眠状态，所以培养时间的长短对孢子影响不大，但稍加萌发后的孢子则可提高诱变效率。诱变育种要求所处理的细胞必须是处于对数生长期且达到同步生长的细胞（用选择法或诱导法使微生物同步生长）。

由于不同种类的微生物形态特性的差别，获得单孢子（或单细胞）悬液的方法也不尽相同，对产孢子或芽孢的微生物最好采用其孢子或芽孢。根据所使用的诱变剂不同，细胞悬浮液可用生理盐水（0.85% NaCl）或缓冲溶液（如 0.1mol/L 磷酸盐缓冲液）配制。一般情况下，物理诱变时，用生理盐水配制细胞悬液；化学诱变时，由于 pH 值变化易引起诱变剂性质的改变，故用缓冲溶液配制细胞悬液。具体配制时，先用无菌的玻璃珠将成团的细胞打散，然后再用脱脂棉或滤纸过滤。通常菌悬液的细胞浓度为：真菌孢子或酵母细胞 10^6～10^7个/mL，放线菌或细菌 10^8个/mL。

（3）诱变处理

① 诱变剂　诱变剂是指用来处理微生物并能提高生物体突变频率的物理或化学因素，也称诱变因素。

诱变剂主要有物理诱变剂、化学诱变剂和生物诱变剂三大类。物理诱变剂包括紫外线、X 射线、γ 射线和快中子等。化学诱变剂种类极多，主要有烷化剂类化合物、碱基类似物诱变剂、移码突变诱变剂等，按诱变机理又分为直接引起置换的诱变剂（亚硝酸类、烷化剂类）和间接引起置换的诱变剂（碱基类似物）。生物诱变剂主要有噬菌体。常见诱变剂的特性及作用机理见表 6-3。

表 6-3　常见的诱变剂

类别	名称	属性	作用机理	主要生物学效应
物理诱变剂	紫外线(UV)	非电离辐射	使被照射物质的分子或原子中的内层电子提高能级	① DNA 链和氢键断裂 ② DNA 分子内(间)交联 ③ 嘧啶的水合作用 ④ 形成胸腺嘧啶二聚体 ⑤ 造成碱基对转换 ⑥ 修复后造成差错或缺失
	X 射线 γ 射线 快中子 高能电子流 β 射线	电离辐射	使被照射物质分子或原子中发生电子跳动，使内外层失去或获得电子	① DNA 链的断裂 ② 碱基受损 ③ 造成碱基对转换 ④ 引起染色体畸变 ⑤ 修复后造成差错或缺失
化学诱变剂	氮芥(NM) 乙烯亚胺(EI) 硫酸二乙酯(DES) 亚硝基胍(NTG) 亚硝基甲基脲(NMU)	烷化剂 （双功能基） （单功能基） （单功能基） （单功能基） （单功能基）	碱基烷化作用	① DNA 交联 ② 碱基缺失 ③ 引起染色体畸变 ④ 造成碱基对的转换或颠换
	亚硝酸(HNO_2)	脱氨基诱变剂	碱基脱氨基作用	① DNA 交联 ② 碱基缺失 ③ 碱基对的转换
	5-氟尿嘧啶(5-FU) 5-溴尿嘧啶(5-BU)	碱基类似物	代替正常碱基掺入到 DNA 分子中	碱基对转换
	吖啶橙 吖啶黄	移码诱变剂	插入碱基对之间	碱基排列产生码组移动
生物诱变剂	噬菌体	诱发抗性突变		传递遗传信息

诱变剂的选择主要取决于诱变剂的作用机理和出发菌株的特性。需要根据诱变剂的作用机制，再结合菌种特性和遗传稳定性来考虑选择哪种诱变剂进行诱变。例如，硫酸二乙酯（DES）和亚硝基胍（NTG）等烷化剂，易引起高频度的变异，多引起碱基对转换突变，但得到的突变性状易发生回复突变；紫外线、γ射线、吖啶类等诱变剂，能引起染色体巨大损伤、移码突变，具有一定的优越性。此外，还要参考出发菌株原有的诱变系谱来选择诱变剂。好的诱变剂一般要使遗传物质改变较大，变异幅度大，难于产生回复突变，突变性状稳定。实际工作中，诱变剂的选择主要是根据实际操作方便和一些成功经验，通常要事先做预备实验。因一种诱变剂主要集中在一个基因的某种特异部位上，而另一种诱变剂则集中在另一部位上，所以复合使用，利用其协同效应，可使突变谱变宽，效果比单一因素好，但有些突变呈隐性状态，诱变处理后需经多次分离纯化才能获得性状稳定的变异株。

诱变时应选择合适的剂量，一般来说，诱变效应往往随剂量增高而增高，但达到一定剂量后，再增大剂量，诱变率反而下降。故要选择合适的诱变剂量。最适剂量是指在高诱变率的基础上既能扩大变异幅度，又能促使变异移向正变范围的剂量。在育种实践中，常采用致死率作为各种诱变剂的相对剂量。致死率是指诱变剂造成菌悬液中死亡菌体数占菌体总数的比率，它是最好的诱变剂相对剂量的表示方法，能反映诱变剂的物理强度或化学浓度以及生物学效应。根据对紫外线、X射线和乙烯亚胺等诱变剂诱变效应的研究结果，发现正突变较多地出现在偏低的剂量中，而负突变则较多地出现于偏高的剂量中，还发现经多次诱变而提高产量的菌株中，更易出现负变。故目前诱变育种比较倾向于采用较低的剂量。例如，过去采用紫外线进行诱变时，常采用致死率为90%～99.9%的剂量，而近年来则倾向于采用致死率为70%～75%，甚至更低（30%～70%）的剂量，尤其是对于经多次诱变后的高产菌株更是如此。此外，若菌株不很稳定，要求稳定地提高其发酵单位，宜用缓和的诱变因子和低剂量为好；若菌株比较稳定，又要求突变幅度大，则可考虑用较强的诱变剂和诱变剂量。诱变剂量除考虑出发菌株的特性和诱变剂的性质外，还应根据实际结果来确定。要确定一个合适的剂量，通常要进行多次试验。

② 诱变方法　诱变方法有物理诱变和化学诱变。另外，还有单一诱变因子处理和多诱变因子处理。单一诱变因子处理即采用单一诱变剂的处理，此法效果不如复合因子好，但是当一种诱变剂对某个菌株确实是有效的诱变因子时，那么单因子处理同样能够引起基因突变，效果也不错。此外，单一诱变剂处理还可以减少菌种遗传背景复杂化，避免菌落类型分化过多的弊病，使筛选工作趋向简单化。当然，一般情况下单因子处理的突变率比复合因子要低，且突变类型也比较少。多诱变因子处理，即复合因子处理，是指两种以上诱变因子共同诱发菌体突变，是利用复合处理的协同效应，取长补短。具体方法包括：两种或多种诱变剂的先后使用；同一种诱变剂的连续重复使用；两种或多种诱变剂的同时使用（交替）等。例如，紫外线与光复活的交替处理，应用光复活现象能使紫外线诱变作用得到显著加强，扩大突变点范围，使正突变的可能性增加。

③ 诱变效果的影响因素　诱变效果受多方面因素的影响，包括微生物诱变处理中，温度、氧气、pH、水分等影响诱变效果的外部环境条件；出发菌株的特性及生理状态；诱变剂的种类及剂量；以及诱变的方法等。

（4）中间培养　诱变处理后进行中间培养的目的是为了克服菌株的表型延迟。表型延迟即表型的改变落后于基因型改变的现象，需3代以上的繁殖才能将突变性状表现出来，突变基因的出现并不意味着突变表型的出现。中间培养的具体操作方法为：诱变处理的一定量菌液接入液体培养基中培养几小时，以让细胞的遗传物质复制，经过几代繁殖，得到纯的变异细胞，使隐性的变异显现出来，若不经液体培养基的中间培养，直接在平皿上分离就会出现变异和不变异细胞同时存在于一个菌落内的可能，形成混杂菌落，以致造成筛选结果的不稳定和将来的菌株退化。

(5) 突变株的筛选　诱变育种包括诱变和筛选两个重要环节，两者缺一不可。微生物经诱变处理后，会出现各种突变型，但优良的突变株的产生频率极低，其中绝大多数是负变株。要从大量变异株中将少数优良突变株筛选出来，获得预定的效应表型，需要科学的筛选方案和筛选方法。

筛选过程一般分为初筛与复筛两个阶段。前者以量（选留菌株的数量）为主，以迅速筛选出大量符合初步要求的分离菌落为目的；后者以质（测定数据的精确度）为主，是精选。初筛一般通过平板稀释法获得单个菌落，然后对各个菌落进行有关性状的初步测定，从中选出具有优良性状的菌落。初步测定一般是利用鉴别性培养基的原理或其他方法，有效地把原来肉眼所观察不到的生理性状或产量性状转化为可见的“形态”性状，如蛋白酶水解圈、淀粉酶变色圈、氨基酸显色圈、柠檬酸变色圈、抗生素抑制圈、生长因子周围的某菌生长圈以及外毒素的沉淀反应圈等，都可作为初筛工作中估计某菌产生相应代谢产物能力的（形态）指标。此法快速、简便，结果直观性强，但培养皿的培养条件与三角瓶、发酵罐的相差大，两者结果常不一致。复筛一般是将微生物接种在摇瓶或发酵罐中进行培养，经过对培养液精细的分析测定，得出准确的数据，突变体经过筛选后，还必须经过小型或中型的投产试验，才能用于生产。此法所得数据更具有实际意义，但需要较多的劳力、设备和时间，故工作量难以大量增加。从长远的角度来看，除设计效率更高的筛选方法外，还应努力推广筛选操作的自动化和电子计算机化。

① 营养缺陷型突变株的筛选　营养缺陷型菌株是一类重要的突变型，既可作为研究代谢途径和杂交（半知菌的准性杂交、细菌的接合）、转化、转导及原生质体融合等遗传规律所必不可少的标记菌种，也可作为氨基酸、维生素或碱基等物质生物测定的试验菌种；可直接用作发酵生产核苷酸、氨基酸等代谢产物的生产菌株，也可作为生产菌种杂交育种、重组育种和利用基因工程育种所必不可少的带有特定标记的亲本菌株，在生物学基础理论和应用研究上，以及在生产实践中都有极其重要的意义。

营养缺陷型突变株筛选的步骤主要包括淘汰野生型菌株、检出缺陷型菌株、确定缺陷型菌株的生长谱。

a. 淘汰野生型。在诱变后的存活个体中，营养缺陷型的比例一般较低，通常只有百分之几至千分之几。通过抗生素法或菌丝过滤法就可以淘汰为数众多的野生型菌株，从而达到“浓缩”营养缺陷型的目的。

b. 检出缺陷型。检出缺陷型的方法很多，具体有在同一培养皿平板上就可检出的方法，如夹层培养法和限量补充培养法；在不同培养皿上分别进行对照和检出的方法，如逐个检出法和影印接种法。

c. 确定生长谱。主要是确定菌株缺陷的是哪种或哪些因子，采用的是生长谱法。生长谱法是指在混有供试菌的平板表面点加微量营养物，观察某营养物的周围有否长菌来确定该供试菌的营养要求的一种快速、直观的方法。经培养后，如发现某一营养物的周围有生长圈，就说明此菌就是该营养物的缺陷型突变株。用类似方法还可测定双重或多重营养缺陷型。

② 抗性突变株的筛选　抗性突变包括抗药性突变、抗噬菌体突变、抗结构类似物突变等。抗性突变株的筛选相对比较容易，只要有 10^{-6} 频率的突变体存在，就容易被筛选出来。

抗性突变株的筛选常用一次性筛选法和阶梯性筛选法。一次性筛选法是指在对出发菌株完全致死的环境中，一次性筛选出少量抗性变异株的方法。噬菌体抗性菌株常用此方法筛选。阶梯性筛选法，常用于抗药性突变株的筛选，具体是利用由梯度平板或纸片扩散在培养皿的空间中造成药物的浓度梯度，筛选出耐药浓度不等的抗性变异菌株，使暂时耐药性不高，但有发展前途的菌株不至于被遗漏，所以说，阶梯性筛选法较适合于药物抗性菌株的筛选，特别是在暂时无法确定微生物可以接受的药物浓度的情况下。

③ 温度敏感突变株的筛选 温度敏感突变株筛选的具体过程是将诱变后的全部培养物放在低温下（细菌 30℃，霉菌、酵母菌 25℃）培养后平板分离，从该平板复制两个相同的检测平板，其中一个在上述低温下培养，另一个放在较高温度下（细菌 40℃，霉菌、酵母菌 35℃）培养。观察两平板相应位置上菌落形态的不同，即可鉴定温度敏感突变株。

此外，除了传统的诱变育种技术之外，现在还有激光辐照诱变育种、离子注入诱变育种、空间诱变育种等新技术。

三、原生质体融合

基因重组可使微生物基因组发生较大改变，从而使生物的性状发生变化，因此可作为育种的手段。体内基因重组育种是一类采用接合、转化、转导和原生质体融合等遗传学方法和技术使微生物细胞内发生基因重组，以增加优良性状的组合，或导致多倍体的出现，从而获得优良菌株的育种方法。原生质体融合是体内基因重组的重要代表。

1. 定义

原生质体融合是通过人工方法，将遗传性状不同的两个细胞（包括种间、种内及属间）的细胞壁去除制成原生质体，进而采用物理、化学或生物学方法诱导其发生融合，产生重组子的过程，也可称为“细胞融合”。由此方法获得的重组子称为融合子。

原生质体融合是 20 世纪 70 年代发展起来的基因重组技术，是继转化、转导和接合等微生物基因重组方式之后，又一个极其重要的基因重组技术，是细胞工程的重要部分、高频重组的有效方法和遗传学研究的重要工具，近年来日益受到国内外生物工作者的重视。

目前，在多种生物中都能进行原生质体融合，范围极广，不仅包括原核微生物中的细菌和放线菌，而且还包括各种真核微生物，如酵母菌、霉菌和蕈菌，以及各种高等动植物，而人体和各种动物的细胞由于缺乏细胞壁的包围，因此更易于发生原生质体融合。

2. 原生质体融合的特点

原生质体融合技术与其他育种方法相比较有许多优越性，具体如下所述。

(1) 受接合型或致育性的限制较小 两亲本菌株中的任何一株都可以起受体或供体的作用，有利于克服种属间杂交的“不育性”，进行远缘杂交。虽然目前有关微生物中原生质体远缘融合的报道较少，但是，与常规的接合、转导、转化等方法相比，其应用范围和杂交频率都大很多。

(2) 基因重组频率高，重组类型多 由于细胞壁被酶解去除，且原生质体融合采用融合促进剂，可以提高基因重组率，相较于常规的杂交方法都有明显提高，如霉菌和放线菌能达到 10^{-3}～10^{-1}，细菌和酵母菌能达 10^{-6}～10^{-5}。原生质体融合后，两个亲株的整套基因组（包括细胞核、细胞质）相互接触，发生多位点的交换，从而产生各种各样的基因组合，获得多种类型的重组子。此外，也可采用两个以上的多亲株同时参与融合，从而形成多种性状的融合子。

(3) 遗传物质传递更完整 原生质体融合是两个亲株的细胞质和细胞核进行类似合二

为一的过程，遗传物质更为完整。因为遗传物质不仅存在于细胞核内，也存在于细胞质内，一般的常规杂交往往主要局限于核DNA重组，但原生质体融合还包括二亲株细胞质的交换。

（4）提高菌株产量的潜力较大　由于影响菌株产量的因素是多方面的，涉及的基因位点显然较多，因此一次或数次突变是不可能同时对这些基因都起正突变作用的，这就限制了突变育种产量提高的速度。但是采用经数次诱变的菌株作为亲株，原生质体融合后就可能将各次诱变所积累的提高产量的潜力有效地发挥。

（5）可与其他育种方法结合使用　原生质体融合与其他育种方法结合使用，可以把优良性状通过原生质体融合再组合到一个单株中。原生质体融合还可以和诱变结合，提高筛选效率。

原生质体融合的步骤极其简单，操作方便，不需要贵重药品，除能显著提高重组频率外，与常规诱变育种相比，还具有定向育种的含义，具有更大的优越性，已备受人们重视。但是原生质体融合后DNA交换和重组随机发生，重组体分离筛选的难度较大。此外，细胞对异体遗传物质的降解和排斥作用，以及遗传物质非同源性等因素也会影响原生质体融合的重组频率，使远缘融合杂交存在较大困难。

3. 原生质体融合育种的方法与过程

原生质体融合育种的步骤为：亲株的选择⟶原生质体制备⟶原生质体融合⟶原生质体再生⟶优良性状融合重组子的筛选。

（1）亲本的选择　选择两个具有育种价值并带有选择性遗传标记的菌株作为亲本。常用的选择性遗传标记有营养缺陷型或抗药性，通常是用常规诱变育种获得。遗传标记必须稳定，数量不宜过多，最好选择对生产性能无影响的标记，以及菌株本身原有的各种遗传标记，即自带标记。

（2）原生质体制备　原生质体的制备主要是在高渗透压溶液中加入合适的细胞壁分解酶，将细胞壁分离剥离，结果剩下由原生质膜包住的类似球状的细胞，它保持原细胞的一切活性。去壁时应根据微生物种类特性选择合适的酶，一般放线菌和细菌采用溶菌酶、酵母菌用蜗牛酶（蜗牛消化腺内提出的一系列酶，为复合酶），丝状真菌可用蜗牛酶或纤维素酶等（一般需要采用两种或三种酶混合处理，效果更好）。去壁时要控制好酶浓度、酶解温度、酶解时间等条件，另要考虑菌体前处理、菌体的生理状态、培养条件、渗透压稳定剂等因素的影响，以达到更好的结果。

进行原生质体融合之前，需对制备好的原生质体进行再生试验，测定其再生率，以判断亲本菌株的融合频率和再生频率，并可作为检查、改善原生质体再生条件，分析融合试验结果，改善融合条件的重要指标。

（3）原生质体融合　原生质体融合的方法主要有化学因子诱导融合、电场诱导融合等。

① 化学因子诱导融合　主要采用表面活性剂聚乙二醇（PEG）作为融合促进剂。其具体机理是：PEG可以使原生质的膜电位下降，原生质体通过Ca^{2+}交联而促进凝集。另外，PEG强烈的脱水作用，扰乱了分散在原生质体膜表面的蛋白质和脂质的排列，细胞膜结构发生紊乱，提高了脂质胶粒的流动性，原生质体开始聚集收缩，高度变形，相邻的原生质体融合的大部分面积紧密接触，开始时原生质体融合仅在接触部位的一小块区域，形成细小的原生质桥，随后逐渐变大导致紧密接触的两个原生质体融合。但具体的机理尚不清楚。融合处理时，注意控制融合剂的分子量、浓度以及融合处理时间等条件。

② 电场诱导融合　即电融合技术，是一项有效促成原生质体融合的手段，具有空间定

向、时间同步的可控性，从而改变化学融合（PEG 融合）的随机过程。该技术具有融合频率高，操作简便快捷，细胞损伤少，且可在显微镜下进行操作等优点。其基本过程是：原生质体先在高频交变电场中极化，形成沿电力线排列成串珠状的偶极子，之后在形成串珠的两电极之间施加数个直流高压电脉冲（直流脉冲），可在串珠中两个紧密接触的细胞质膜击穿形成连通两细胞间的孔，最后通过细胞膨压作用使细胞融合。

（4）原生质体再生 原生质体已失去细胞壁，虽有生物活性，但在普通培养基上不能生长、繁殖，必须涂布在再生培养基上，使之再生。再生培养基需添加渗透压稳定剂、营养因子、原生质体保护剂、扩张剂，以及再生细胞壁诱导物与前体物质，以保证原生质体良好地再生。此外，也要注意培养温度、培养操作方式等因素的影响。

（5）融合子的检出与筛选 原生质体融合后得到的融合细胞有两种情况：一种是真正融合，即产生杂合二倍体（融合后的二倍体细胞分裂不分离，分裂后的细胞仍保持二倍体状态）或单倍重组体。二是暂时融合，形成异核体。二者都能在选择培养基上生长，一般前者较稳定，后者不稳定，会分离成亲本类型，有的甚至可异核体移接几代。获得真正融合子，需在融合的原生质体再生后，进行几代自然分离、选择，才能确定。

融合子的检出常依据融合前亲本所携带的遗传标记，具体方法有直接法和间接法两种。直接法是将融合液直接涂布在不补充亲株生长需要的生长因子的高渗（选择）再生培养基平板上，直接筛选出原养型重组子。此法可以提高融合子的基因重组频率，把较稳定的真正融合子挑选出来，方便易行，但选择条件有限制，影响重组子生长。间接法是把融合液涂布在营养丰富的高渗完全再生平板上，使亲株和重组子都再生成菌落，然后再用影印法或将新长出的细胞制成悬液将其复制到选择培养基上检出重组子，这时长出的菌落较为稳定，很少再进一步分离。此法对重组子生长不限制，对具有表型延迟作用的遗传标记效果较好，经历一次中间培养可使遗传表型充分地表现出来。

融合子类型多样，性状和生产性能都不同，需要进行生理生化测定、生产性能测定，再通过常规人工筛选方法，获得性状优良的个体。

四、基因工程

20 世纪 70 年代后，在分子生物学、分子遗传学和核酸化学等基础理论发展的基础上，产生了一种新的育种技术——基因工程。基因工程是现代生物工程技术的重要组成部分，它的出现使遗传学实现了一个巨大的飞跃，使遗传学及育种研究可以按照人们的愿望有计划地实施和控制。

1. 定义

基因工程是指人们采用分子生物学、核酸生物化学以及微生物遗传学的现代方法和手段，将所需的某一供体生物的遗传物质（DNA）提取出来，在离体条件下用适当的工具酶切割后，与载体的 DNA 分子连接，然后导入至受体细胞，使之在其中进行正常的复制和表达，使引入的供体 DNA 片段成为受体遗传物质的一部分，其所带的遗传信息得以表达或创建出一个新的物种。这种获得新功能的微生物称为“工程菌”，新类型的动植物分别称为“工程动物”和“工程植物”。

基因工程这个术语既可用来表示特定的基因施工项目，也可泛指它所涉及的技术体系，其核心是构建重组体 DNA 的技术。基因工程中的 DNA 重组主要是指将不同来源的 DNA 片段共价整合到有复制功能的 DNA 中去的技术，又称分子克隆。这种重组不同于经典遗传学中经过遗传交换产生的重组。所以，从某种意义上讲，基因工程又可称为 DNA 重组、分子克隆。

基因工程是在分子生物学理论指导下的一种自觉的、能像工程一样可以事先设计和控制的育种技术，是人工的、离体的、分子水平上的一种遗传重组新技术，切割的供体 DNA 可与同种、同属或异种、异属甚至异界的基因连接，是一种可达到超远缘杂交的育种技术，更是一种前景广阔、正在迅速发展的定向育种新技术。

2. 基因工程的基本过程

基因工程的基本操作过程包括目的基因的获得、目的基因与载体的体外连接、重组载体导入宿主细胞与扩增、重组体的筛选和表达产物的鉴定等步骤。其主要过程如图 6-16 所示。

（1）目的基因的获得　目的基因的获得主要有三种途径：一是选择适宜的供体细胞，从中分离提取获得有生产意义的目的基因；二是通过反转录酶的作用由 mRNA 合成 cDNA（互补 DNA）；三是用化学方法合成特定功能的基因。

（2）目的基因与载体的体外连接　基因工程中的载体需满足以下条件：一是具有独立复制功能；二是能在受体细胞内大量增殖，有较高的复制率；三是具有若干限制酶的单一的酶切位点，容易插入外来核酸片段，插入后不影响其进入宿主细胞和在细胞中的复制；四是带有选择性遗传标记，如四环素、氨苄青霉素等抗性基因，便于筛选。用于基因工程的载体有三类，即质粒载体、噬菌体载体以及根据特殊要求构建的载体。

目的基因与载体的体外重组，是用人工方法将其相结合。首先要用限制性内切酶及其他一些酶类，切割或修饰目的基因和载体 DNA，然后用连接酶将两者连接起来，使目的基因插入载体内，形成重组 DNA 分子。这些工作都是在生物体外进行的。

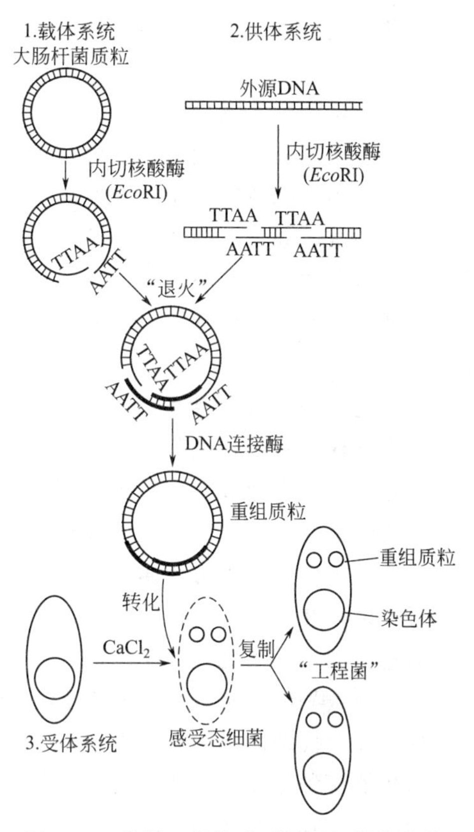

图 6-16　基因工程的主要原理与操作步骤

（3）重组载体导入宿主细胞　重组载体只有引入到宿主细胞后，才能进一步地实现扩增和表达。宿主细胞可以是微生物细胞，也可以是动物或植物细胞，目前使用最广泛的是大肠杆菌，其次为枯草杆菌和酿酒酵母。

重组载体 DNA 分子导入宿主细胞的方法很多，其方法与所用载体有关。若以质粒为载体时，可以用转化的方式进入受体细胞；以噬菌体为载体时，则采用转染方式；若是柯斯质粒，则以转导方式进入受体。转化时，除常规手段外，还可以用原生质体、电振荡法、渗透压法以及假噬菌体感染等方法，来促使转化更为有效地进行。

（4）克隆基因扩增　在理想情况下，重组载体进入宿主细胞后，能通过自主复制而得到大量扩增，从而使宿主细胞表达出供体基因所提供的部分遗传性状，宿主细胞就成了“工程菌”。

（5）重组体的筛选和表达产物的鉴定　重组体只占受体细胞的一小部分，绝大部分仍是原来的受体细胞，或者是不含目的基因的克隆子，需要通过合适的方法将重组体筛选出来。

具体可以通过抗药性标记筛选、β-半乳糖苷酶系统筛选、菌落快速裂解鉴定以及内切酶图谱鉴定等方法来进行。对表达产物的鉴定，可以通过DNA测序、产物鉴定和功能互补来进行。

3. 基因工程在微生物研究中的应用

基因工程技术作为微生物学研究的重要手段，有力地促进了微生物学基础理论研究的发展。分子克隆和构建工程菌对了解微生物的结构与功能、微生物生理与代谢调节以及微生物生态等基本过程，提供了最好的方式。通过分子克隆、限制内切酶图谱以及DNA测序等技术，使遗传学家能够快速地绘制并研究微生物的基因组。利用克隆基因进行定位诱变、基因分裂或敲除突变，并使这些突变基因导入到微生物染色体中，有助于对突变微生物进行研究。

在工业生产中，通过基因工程获得工程菌可以简化生产工艺，提高菌种抗逆性与产量，如维生素、氨基酸和酶发酵；还可获得生产重要药物中间体的工程菌；以及开发基因工程药物。除以上领域的研究应用外，在环境保护、生物能源及食物资源生产等方面，也是大力研究开发的领域，如将动植物编码某些蛋白质的基因转入微生物，以得到高质量的食品级蛋白质，解决蛋白质资源短缺的问题。

当然，人们在设想基因工程种种美好前景时还应有清醒的头脑，警惕其某些潜在的危险性。

五、代谢调节和微生物育种

微生物在正常生长条件下，细胞内部有一套自身调节系统，用以严密地控制其代谢活动，总是趋向平衡地吸收和利用营养物质，代谢产物既不会缺少又不会过量积累。但微生物工程的目的是使微生物尽可能多地积累某种代谢产物，因此必须对微生物的代谢进行人工控制，以改变微生物的正常代谢调控系统，实现代谢产物的大量积累。

近年来，在对微生物代谢途径以及代谢调节控制基础理论深入研究的基础上，人们不仅可以通过控制培养条件使微生物的代谢途径朝着人们所希望的方向进行，还可以通过遗传变异来改变微生物的正常代谢，达到形成和积累所需代谢产物的目的，即所谓的代谢控制育种，这是控制代谢的更为有效的途径。

与传统育种相比，代谢控制育种的盲目性大大降低，主要是通过特定突变型的选育、改变代谢流向、降低或切断支路代谢、解决反馈调节、增加前体合成、提高细胞膜的透性，实现目的代谢产物大量积累。目前，代谢控制育种在初级代谢产物的育种中得到广泛的应用，对发酵工业的发展起到了极大的促进作用。

微生物代谢控制育种措施有很多，包括营养缺陷型突变株、渗漏缺陷型突变株、营养缺陷回复突变株、抗反馈调节突变株、组成型突变株、细胞膜透性突变株等的选育。营养缺陷型突变株属于代谢障碍突变株，在控制所缺陷营养物质的添加量的情况下，可遗传性地解除终产物的反馈抑制，使得途径中断前的代谢产物或另一分支途径的末端产物得以积累。渗漏缺陷型突变株是遗传性代谢障碍不完全的突变型，解除反馈调节的机制类似于营养缺陷型，但无需向培养基中限量添加所缺陷的营养物质。营养缺陷回复突变是指具有突变型基因的个体通过再突变又成为野生型表型的过程，二次突变后会造成酶活性回复，但调节位点发生突变，不能再和阻遏物结合，从而能解除反馈调节机制，使有效代谢产物大量积累，利于产量提高。抗反馈调节突变株，是结构基因的突变，使变构酶成为不能与代谢终产物相结合而失去了反馈抑制作用，或是由于调节基因的突变而引起调节蛋白不能与代谢终产物相结合而失去阻遏作用，特点是可以大量积累终产物。组成型突变株是指在无诱导物存在时仍能正常合成诱导酶的突变体，消除了酶合成对诱导物的依赖性，或是由于调节基因的突变使有活性的阻遏蛋白不能合成，或是由于操纵基因的突变使它丧失与阻遏蛋白结合的能力，故可以利用一些易同化碳源或廉价且来源广泛的碳源为基质生产所需的诱导酶类。细胞膜是细胞与环境进行物质交换的屏障，具有选择透过性，细胞膜通透性增强，则胞内代谢物质易向外分泌，降低其在胞内的浓度，有利于反馈机制的解除，能提高产物的生成量。

代谢调节控制育种为发酵生产提供了大量生产菌种，使得氨基酸、核苷酸、抗生素等初级、次级代谢产物产量大幅度地提高，大大促进了相关产业的发展。

DNA Shuffling 技术

随着PCR技术的发展和应用，1994年美国的Stemmer提出了一个全新的人工分子进化技——DNA Shuffling技术（又称体外同源重组技术）。DNA Shuffling技术是一种人工分子进化技术，具体是指DNA分子的体外重组，是基因在分子水平上进行有性重组（sexual recombination）。通过改变单个基因［或基因家族（gene family）］原有的核苷酸序列，创造新基因，并赋予表达产物以新功能。

该法是对一组基因群体（进化上相关的DNA序列或曾筛选出的性能改进序列）进行重组创造新基因的方法。该技术可在短的实验循环中定向地筛选出特定基因编码的酶蛋白活性提高几百倍甚至上万倍的功能性突变基因。其基本原理是先将来源不同但功能相同的一组同源基因，用DNA核酸酶Ⅰ进行消化产生随机小片段组成一个文库，使之互为引物和模板，进行PCR扩增，当一个基因拷贝片段作为另一个基因拷贝的引物时，引起模板转换，重组因而发生，导入体内后，选择正突变体作为新一轮的体外重组。一般通过2～3次循环，可获得产物大幅度提高的重组突变体。

因为该法在DNA片段组装过程中也可能引入点突变，所以它对从单一序列指导进化蛋白质也是有效的。这种方法产生的多样性文库可以有效积累有益突变、排除有害突变和中性突变，同时也可实现目的蛋白质多种特性的共进化。正是由于该技术包括了DNA重新组装的过程，使它与以往的诱变技术有了质的不同。例如，1998年Andreas等用4个不同来源的先锋霉素基因混合进行DNA Shuffling，仅单一循环获得的该抗生素，最低抑制活性（MIC）就提高了270～540倍。

第四节　菌种的退化、复壮和保藏

发酵工业所使用的生产菌种，绝大部分是通过人工育种手段获得的，其中需要花费很长时间，耗费巨大的人力和物力，但是保持菌种的优良性状稳定遗传更加艰难，这是因为生物的变异是绝对的，遗传的稳定性是相对的，退化性的变异是大量的，进化性的变异却是个别的。退化的菌种对生产和研究工作都是极不利的。因此，菌种的日常管理十分重要，一定要做好菌种的纯化、复壮、保藏等工作，使其不衰退、不污染杂菌、不死亡，原优良性状不变。

一、菌种的退化

1. 定义

菌种退化主要是指生产菌种或选育过程中筛选出来的较优良菌株，由于进行移种传代或保藏之后，群体中某些生理特征和形态特征逐渐减退或完全丧失的现象。菌种退化简单说就是生产菌株的生产性能下降，或是遗传研究菌株的遗传标记丢失。

2. 菌种退化的现象

常见的菌种退化现象中，最易觉察到的是菌落形态、细胞形态的改变，如菌落颜色的改变、畸形细胞的出现等。其次，就其生长情况来说，孢子数量减少或变得更多、部分菌落变小或变得更大、生长能力更弱、生长速度变慢，或者正好相反，菌体生物量减少，发酵速度缓慢，发酵周期延长，对噬菌体、低温等不良环境条件的抗逆性减弱。例如放线菌、霉菌在斜面上多次传代后产生“光秃”现象等，从而造成生产上用孢子接种的困难。另外，菌种的代谢活动中，会表现出代谢产物合成能力降低，产量下降，有的是发酵力和糖化力降低，或其对寄主的寄生能力明显下降。例如黑曲霉糖化能力下降，抗生素产生菌的抗生素产量下降，枯草杆菌产淀粉酶能力的衰退，苏云金芽孢杆菌、白僵菌等对寄主致病能力的降低等。

3. 菌种衰退的原因

菌种衰退是发生在细胞群体中的一个由量变到质变的逐步演变过程。开始时，微生物群体中仅有个别细胞发生负变，但若是不及时发现并采取有效措施，而继续移种传代，则群体中这种负变个体的比例逐步增大，最后负突变个体占据优势，从而使整个群体表现出产量下降及其相关的一些特性发生变化，表型上便出现了严重的衰退。所以，在开始时所谓“纯”的菌株，实际上其中已包含着一定程度的不纯因素；同样地，后来已“衰退”的群体中还有少数尚未衰退的个体存在着。

要想有效地防止菌种衰退，分析导致菌种发生衰退的原因是很重要的。菌种发生衰退的原因主要有以下几方面。

(1) 基因突变　基因突变是引起菌种退化的根本原因。一方面是基因突变导致菌种退化，即微生物菌种在移接传代的过程中存在自发突变，会引起菌体本身的自我调节和DNA的修复，结果突变细胞恢复成原型或错误修复突变成负变菌株，当负变细胞繁殖速率高于正常细胞时，导致退化细胞在数量上占优势，最后表现出群体退化现象；另一方面是质粒脱落导致菌种退化，即细胞质中控制产量（一般指抗生素）的质粒脱落或核内DNA与质粒复制不一致（DNA复制速率超过质粒），会使细胞菌群中不含质粒的细胞个体占据群体优势，最终产量下降，表型退化。

(2) 连续移代　连续传代是加速菌种退化发生的直接原因。微生物自发突变率约为10^{-9}～10^{-8}，移接代数越多，发生突变的概率就越高；另外，传代会使突变菌株的数量在整个群体中逐渐占有优势，最终导致微生物群体衰退。

(3) 培养和保藏条件的影响　不良的培养条件（如营养成分、湿度、温度、pH、通气量等）与不良的保藏条件（如营养、含水量、温度、氧气等），不仅会诱发低产基因型菌株的产生，且会造成低产基因和高产基因细胞的数量比例发生变化。

4. 防止菌种衰退的措施

由于遗传的相对性、变异的绝对性，要求一个菌种永远不衰退是不可能的，但是延缓菌种优良特性的退化则是可以做到的。可以积极地采取例如减少传代、经常纯化、创造良好的培养条件、用单细胞移接传代以及科学保藏等措施，不但可使菌种保持优良的生产能力，且还能使已退化的菌株得到恢复和提高。

在实践中，有关防止菌种衰退已累积了很多经验，主要有以下几方面。

(1) 从菌种选育的角度考虑 一是育种时应尽可能使用孢子或单核菌株，能减少表型延迟的现象。二是诱变后应进行充分的后培养（中间培养），做好菌种的分离纯化。三是增加突变位点的筛选，预防回复子，减少菌种退化的可能。

(2) 从菌种培养的角度考虑（创造良好的培养条件） 在实践中，要创造出一个适合菌种生长的良好条件，包括合适的培养基和培养条件，就可在一定程度上防止菌种衰退。例如，在赤霉素生产菌的培养时，在培养基中加入糖蜜、天冬酰胺、谷氨酰胺、5′-核苷酸或甘露醇等营养物有防止菌种衰退的效果；栖土曲霉 3.942 的培养温度从 28～30℃提高到 33～34℃能防止其产孢子能力的衰退。此外，应避免使用陈旧的培养物作为种子，原因在于微生物生长过程中产生的有害代谢产物会引起菌种的退化。

(3) 从菌种管理的角度考虑 菌种要经常进行纯化和复壮的工作，来筛除衰退个体。

(4) 从菌种保藏的角度考虑 一是尽量减少传代次数。由于微生物存在着自发突变，而突变都是在繁殖过程中发生而表现出来的。故菌种保藏时应尽量避免不必要的移种和传代，并将必要的传代降低到最低限度，以减少自发突变的概率。菌种的传代次数越多，产生突变的概率就越高，因而发生衰退的机会也就越大。所以，不论在实验室还是在生产实践中，必须严格控制菌种的传代（即移种）次数，采用良好的菌种保藏方法，就可大大减少不必要的移种和传代次数。

二是用单核细胞移植传代。放线菌和霉菌的菌丝细胞常含几个核甚至是异核体，因此用菌丝接种就会出现不纯和衰退，而孢子一般是单核的，用于接种时，就没有这种现象发生。例如，构巢曲霉如以其分生孢子传代就易退化，而改用子囊孢子移种则不易退化。

三是采用有效的菌种保藏方法。工业生产中所用菌种的重要性状都易退化，即使在较好的保藏条件下，还是会发生退化，故有必要研究和制定出更有效的菌种保藏方法以防止菌种退化。

二、菌种的复壮

1. 定义

狭义的复壮是指菌种已发生衰退后，再通过纯种分离和性能测定等方法，从衰退的群体中找出少数尚未衰退的个体，以达到恢复该菌种原有典型性状的一种措施。狭义的复壮仅是一种消极的措施。

广义的复壮是指在菌种的生产性能尚未衰退前，就经常有意识地进行纯种分离和生产性能的测定工作，以使菌种的生产性能保持稳定或逐步有所提高的措施。广义的复壮是一项积极的措施，这实际上是一种利用自发突变（正突变）不断从生产中进行选种的工作。

2. 菌种复壮的方法

(1) 纯种分离 通过纯种分离，可把退化菌种的细胞群体中一部分仍保持原有典型性状的单细胞分离出来，经过扩大培养，就可恢复原菌株的典型性状。常用的分离纯化方法大体上有两类：一类较粗放，只能达到“菌落纯”的水平，即在种的水平上是纯的，如平板划线分离、稀释平板法或涂布法等。另一类较精细，即单细胞或单孢子分离方法，可以达到细胞纯（“菌株纯”）的水平。这类方法种类很多，如简便地利用培养皿或凹玻片等分离室进行单细胞分离的方法，也有利用复杂的显微操纵器进行单细胞分离的方法，还有针对不长孢子的丝状菌而采用的菌丝尖端切割法，具体是用无菌小刀切取菌落边缘的菌丝尖端进行分离移植，或是用无菌毛细管插入菌丝尖端，以截取单细胞而进行纯种分离。

（2）宿主体内复壮法　即通过寄主体进行复壮。对于寄生性微生物的退化菌株，可通过将其接种至相应昆虫或动植物寄主体内以提高菌株的毒性。如经过长期人工培养的苏云金芽孢杆菌，会发生毒力减退、杀虫率降低等现象，这时可将退化的菌株去感染菜青虫的幼虫（相当于一种选择性培养基），然后再从病死的虫体内重新分离典型产毒菌株，如此反复进行多次，就可提高菌株的杀虫效率。

（3）淘汰法　淘汰法是指淘汰已衰退的个体。具体是通过物理、化学的方法处理菌体（或孢子），导致其大部分死亡（80%以上），存活的个体多为生长健壮者，可从中选出优良菌种来。例如，有人曾对“5406”抗生菌的分生孢子，采用－30～－10℃的低温处理5～7天，使其死亡率达到80%。结果发现，在抗低温的存活个体中，留下了未退化的健壮个体。

此外，对退化菌株还可用高剂量的紫外线辐射和低剂量的亚硝基胍联合处理进行复壮，即联合复壮，有时能有好的收效。

菌种复壮这类措施使用之前，应仔细分析和判断菌种衰退的原因，是一般性的表型变化（饰变），还是杂菌的污染等。只有对症下药，才能使复壮工作奏效。

三、菌种的保藏

1．菌种保藏的目的和原理

广义的菌种保藏是指在广泛收集实验室和生产菌种、菌株（包括病毒株甚至动植物细胞株和质粒等）的基础上，将它们妥善保藏，使之达到不死、不衰、不污染，以便于达到研究、交换和使用的目的。狭义的菌种保藏是指防止菌种退化、保持菌种生活能力和优良的生产性能，尽量减少、推迟负变异，防止死亡，并确保不污染杂菌。

菌种保藏的目的在于保证菌种经过较长时间后仍能保持生活能力，不被其他杂菌污染，形态特征和生理状态应尽可能不发生变异，以便今后长期使用。

菌种保藏的方法很多，原理也大同小异，基本原理是人为地创造条件，抑制菌种的代谢活动，使之停止繁殖，处于休眠状态，从而减少菌种的变异。这种有利休眠的保藏环境条件，要求干燥、低温、缺氧、避光、缺乏营养以及添加保护剂或酸度中和剂等。水分对微生物的生化反应和一切生命活动都至关重要，故干燥，尤其是深度干燥，在菌种保藏中占据首要地位。干燥环境的获得可以通过使用硅胶、无水氯化钙、五氧化二磷等干燥剂，或是利用高度真空同时达到驱氧和深度干燥的双重目的。低温是菌种保藏的另一重要条件，温度降低，能使微生物细胞内的酶的活性下降，生化反应速度降低，代谢减缓，繁殖速度减慢，但是在有水分的情况下，即使保藏温度较低，微生物还是难以较长期保藏。实践发现，用较低的温度进行保藏时效果更为理想，如液氮温度（－195℃）比干冰温度（－70℃）效果好，－70℃比－20℃好，－20℃优于4℃。

2．菌种保藏的方法

菌种保藏方法按其保藏时间的长短，通常可分为两大类：一类是保藏时间较短的方法，如琼脂营养斜面，麸皮、大米斜面，液体石蜡斜面等；一类是保藏时间较长的方法，如沙土法、冷冻干燥法、液氮法等。具体如下：

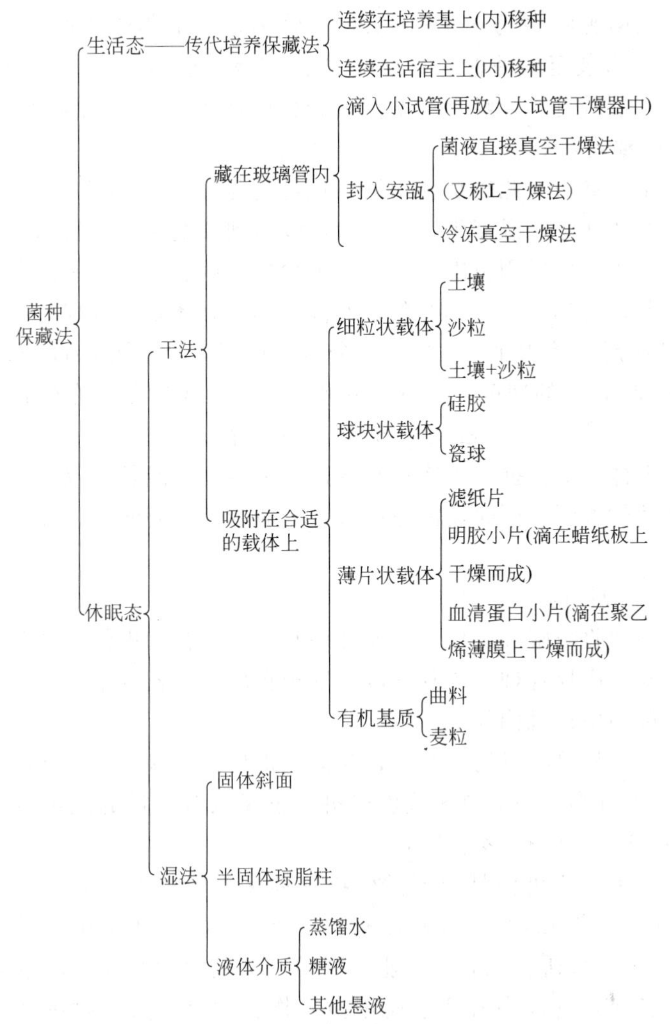

下面主要介绍一些现代实验室和生产中常用的菌种保藏方法。

（1）斜面低温保藏法　即定期移植保藏法，是利用低温来减缓菌种的代谢繁殖速率，降低突变概率，达到保藏的目的。具体是将菌种接在适宜的斜面培养基上，培养至菌种生长完全后，置于4℃左右的冰箱中进行保藏，定期转接。斜面菌种一般保存3～6个月移植一次；半固体穿刺接种的，可6～12个月移植一次。此法简便易行，但是易发生培养基干枯、菌体自溶、基因突变、菌种退化以及菌株污染等不良现象。

（2）石蜡油封藏法　此法主要利用低温、缺氧、防止培养基中水分蒸发等条件进行菌体保藏，与单纯低温保藏相比保藏时间要长。具体是在斜面或半固体穿刺培养物上加灭菌石蜡油（高约1cm），直立保存于普通冰箱中，保存期为1～2年。

（3）沙土管保藏法　此法主要是利用干燥条件来长期保藏菌种的。具体是将河沙（过60目筛）与黄土（过120目筛）以4∶1混合，装入小试管（约1cm高），高压蒸汽灭菌（121℃，30min）2～3次，再干热灭菌（150～160℃，2h）1次，从斜面上刮下孢子或芽孢置于沙土管内并混匀，或是用无菌水洗下孢子，制成浓悬浮液滴入管内，然后将其放在盛有无水$CaCl_2$的干燥器中，抽气干燥后，密封管口（用石蜡或烧熔玻璃封口），低温保藏，可达1～10年。

（4）真空冷冻干燥保藏法　此法的原理是创造干燥、低温的保藏环境。具体过程为：在斜面培养后，加入灭菌脱脂牛奶0.5～1.5mL，将菌苔洗下制成浓菌悬液（细胞浓度为80亿～100亿个/mL），分装至菌种管（安瓿），之后将菌种管放在95%的酒精或干冰中冷冻，真空泵抽真空干燥，最后封口。经真空度检查合格的菌种管，在低温（5℃左右）下可保藏5～10年，室温下保藏效果不佳。

（5）液氮超低温保藏法　此法是利用液氮的超低温（－196℃）使微生物的新陈代谢作用停止（菌种的代谢活动停止温度为－130℃），以达到长期保藏的目的。此法能长期保存菌种，一般可达4～15年；且适用范围很广，除了少数对低温损伤敏感的微生物外，适用于各种微生物菌种的保藏，尤其是一些不产孢子的菌丝体。具体处理过程为：准备好安瓿与菌悬液（需添加冷冻保护剂，常用10%甘油），分装、熔封，然后开始冻结，先将菌液降温到0℃，再以每分钟降低10℃的速度，一直降低到－35℃，样品完全冻结后，将安瓿迅速移入液氮罐中于液相（－196℃）或气相（－156℃）中保存。

菌种保藏方法多样，要根据微生物自身的遗传特性，以能长期保持原有的优良性状不变为标准，来选择合适的方法，同时还需考虑方法的通用性、简便性、经济性，以便在生产中推广使用。

3. 常见的菌种保藏机构

世界上有许多菌种收藏服务机构，主要开展收集、保存和提供菌种等工作，还提供包括菌种鉴定及保藏、知识产权管理、专利存放、安全存放以及教育培训等项目在内的一系列服务。国内外常见的菌种保藏机构如下。

（1）国内常见的菌种保藏机构　目前，我国在世界菌种保藏联合会注册的菌种保藏中心达20个，此外，还有许多其他的科研或生产机构也保藏有大量的微生物菌种。我国保藏的10万株微生物菌种分散在近30多个单位。

我国最主要的菌种保藏机构是中国微生物菌种保藏管理委员会（CCCCM），它成立于1979年，委托中国科学院负责全国菌种保藏管理业务，办事处设在中国科学院微生物研究所内（北京），设立了与普通、农业、工业、医学、抗生素和兽医等微生物学有关的六个菌种保藏管理中心，各保藏管理中心从事应用微生物各学科的微生物菌种的收集、保藏、管理、供应和交流，以便更好地利用微生物资源为我国的经济建设、科学研究和教育事业服务。

① 普通微生物菌种保藏管理中心（CCGMC）

中国科学院微生物研究所，北京（AS）：真菌、细菌。

中国科学院武汉病毒研究所，武汉（AS-IV）：病毒。

② 农业微生物菌种保藏管理中心（ACCC）

中国农业科学院土壤肥料研究所，北京（ISF）。

③ 工业微生物菌种保藏管理中心（CICC）

中国食品发酵工业科学研究所，北京（IFFI）。

④ 医学微生物菌种保藏管理中心（CMCC）

中国医学科学院皮肤病研究所，南京（ID）：真菌。

卫生部药品生物制品鉴定所，北京（NICPBP）：细菌。

中国医学科学院病毒研究所，北京（IV）：病毒。

⑤ 抗生素菌种保藏管理中心（CACC）

中国医学科学院抗菌素研究所，北京（IA）。

四川抗菌素工业研究所，成都（SIA）：新抗菌素菌种。

华北制药厂抗菌素研究所，石家庄（IANP）：生产用抗菌素菌种。

⑥ 兽医微生物菌种保藏管理中心（CVCC）

农业部兽医药品监察所，北京（CIVBP）。

（2）国外常见的菌种保藏中心

① 美国标准菌种收藏所（ATCC），美国马里兰州，罗克维尔市。

② 冷泉港研究室（CSH），美国。

③ 国立卫生研究院（NIH），美国，马里兰州，贝塞斯达。

④ 美国农业部北方开发利用研究部（NRRL），美国，皮奥里亚市。

⑤ 威斯康新大学，细菌学系（WB），美国，威斯康新州马迪孙。

⑥ 英国国立标准菌种收藏所（NCTC），英国，伦敦。

⑦ 英联邦真菌研究所（CMI），英国，丘（园）。

⑧ 荷兰真菌中心收藏所（CBS），荷兰，巴尔恩市。

⑨ 日本东京大学应用微生物研究所（IAM），日本，东京。

⑩ 发酵研究所（IFO），日本，大阪。

⑪ 日本北海道大学农业部（AHU），日本，北海道札幌市。

⑫ 科研化学有限公司（KCC），日本，东京。

⑬ 国立血清研究所（SSI），丹麦。

⑭ 世界卫生组织（WHO）。

中国微生物菌种目录数据库

这是我国第一个统一数据结构的国家级菌种保藏数据库。由于本数据库中的每一条记录都对应着一株活着的菌株，因此对于需要了解我国菌种资源是十分有用的。目前本数据库包含有细菌、真菌、放线菌、病毒等类微生物的数据，它收集了目前我国几乎所有重要菌种保藏机构所保藏的菌种数据，特别适合我国微生物学界、医药卫生界的科研人员、教学人员在寻找微生物菌种时使用。利用这个数据库曾出版了我国第一本英文版《中国菌种目录》。

数据库检索网址：http：//www1. im. ac. cn/ccccm/index. html。

本章小结

1. 遗传变异的理论基础：证实DNA和RNA是遗传的物质基础的三个典型的微生物学实验；核酸的结构与复制，遗传物质在细胞内存在的部位和方式。

2. 突变按照遗传物质的结构改变，可分为基因突变和染色体畸变；按照突变发生的方式分为自发突变和诱发突变；按照突变体的表型特征分，有形态突变型、致死突变型、条件致死突变型、营养缺陷突变型、抗性突变型、抗原突变型、产量突变型；按照碱基变化与遗传信息的改变方式分，有同义突变、错义突变、无义突变、移码突变。基因突变具有自发性、不对应性、稀有性、规律性、诱变性、稳定性、独立性、可逆性的特点。基因突变的机制是多样性的，可以是自发的，也可以是诱发的。

3. 原核微生物的基因重组有接合、转导、转化等几种方式，是水平方向的基因转移和重组，并且是基因定位（或作图）的重要手段；真核微生物的基因重组主要有有性杂交、准性杂交等方式。

4. 微生物育种以基因突变和基因重组为理论基础，常见的有自然选育、诱变、原生质体融合、基因工程等方法。对于育种工作应该遵循一些基本的原则和常用的方法。同时，也要重视建立在现代的分子生物学理论和实验基础上的基因工程技术这种现代育种新技术。要将育种与代谢调节紧密联系，互相促进，以发挥菌种最大的生产潜力。

5. 菌种的日常管理是一项重要的工作，通过菌种定期的复壮与退化防治，以及合理的保藏，才能保证生产菌种不死、不衰、不污染，以及优良性状的稳定。

复习思考题

一、名词解释

遗传、变异、基因突变、基因重组、转化、转导、接合、菌种衰退、复壮

二、问答题

1. 历史上证明核酸是遗传物质的三个著名实验是什么？请简述其实验过程。

2. 什么是质粒？质粒有哪些类型？

3. 什么是基因突变？基因突变有哪些类型，各具有什么特点？

4. 请利用变量实验或涂布实验或影印平板实验证明基因突变的自发性和不对应性。

5. 请设计一个实验来决定在一种特定的细菌中发生的遗传转移过程是转化、转导还是接合？说明每一种的预期结果。设想有下列条件和材料可以利用：(1) 合适的突变株和选择培养基；(2) DNase（一种降解裸露 DNA 分子的酶）；(3) 两种滤板：一种能够持留细菌和细菌病毒，但不能持留游离的 DNA 分子；另一种滤板只能持留细菌；(4) 一种可以插入滤板使其分隔成两个空间的玻璃容器。

6. 什么是准性生殖？简述其基本过程。

7. 简述诱变育种工作的基本方案和方法。

8. 简述营养缺陷型菌株的筛选过程。

9. 如何进行原生质体融合育种？

10. 简述基因工程的一般过程。

11. 菌种为什么会发生退化？如何防治？

12. 举例说明如何进行复壮操作。

13. 常用的菌种保藏方法有哪些？各自有什么特点？

第三篇　开发应用微生物

第七章　微生物生态和资源开发

学习目标

1. 掌握微生物生态的概念以及微生物在自然环境中的分布。
2. 理解微生物与生物环境之间的相互关系。
3. 掌握从自然界筛选菌种的方法。

微生物生态学是研究微生物之间的相互作用以及微生物与环境的相互关系的科学。研究微生物生态活动的规律有着重要的实践意义。例如，了解微生物的生态分布及极端环境下微生物生命活动的规律，有助于开发新的微生物资源，同时也为研究生物的进化提供理论基础。了解微生物间及微生物与其他生物间的相互关系，有助于扩大新的微生物农药、微生物肥料及利用微生物之间的互惠关系，利用不同菌种的混合培养来生产各种有用的微生物发酵产品，为工业生产降低成本、缩短发酵周期或提高产量等方面开辟新的途径。了解从自然界筛选微生物的方法有助于人类更好地开发和利用菌种资源。

第一节　微生物在自然界中的分布

微生物可以说无处不在，凡是有高等生物存在的地方，都有微生物的踪迹，甚至在其他生物不能生存的极端环境中也有大量的微生物分布（如冰川、温泉、火山口等）。微生物的这一特性是由其自身特点决定的，如营养类型多、基质来源广、适应性强，又能形成芽孢、孢囊、菌核、无性孢子、有性孢子等休眠体或繁殖体，因而可在自然环境中长时间存活；另外，微生物个体微小，易为水流、气流或其他方式迅速而广泛传播，使得微生物成为自然界中分布最广的一群生物。

一、土壤中的微生物

1. 土壤是微生物适宜的栖息场所

自然界中，土壤是微生物栖息的良好场所，它具有微生物所需的一切营养物质和进行生长繁殖及生命活动的各种条件（如空气、水分、营养条件、酸碱度、渗透压、温度等）。土壤有机物为微生物提供了良好的碳源、氮源及能源；矿质成分中含有微生物生长必需的大量元素（钾、钙、磷、铁、镁等）及微量元素（硼、钼、锰等）。土壤中的通气状况变化时，生活在其间的微生物各类群之间的相对数量也随之发生变化，通气条件好可为好氧性微生物创造生活条件，而通气条件差，处于厌氧状态时又成了厌氧性微生物发育的理想环境；土壤的酸碱度近于中性；渗透压一般低于微生物的渗透压；土壤温度变化比大气小，温度适当；在表层几毫米以下，又可保护微生物免于被阳光直射致死。因此，土壤是微生物生长繁殖的天然培养基，几乎所有的微生物都能从土壤中分离筛选，如大多数产生抗生素的放线菌分离自土壤。

2. 土壤中的微生物分布

土壤微生物含量丰富，包含有细菌、放线菌、真菌、藻类及原生动物等。其中以细菌为最多，约占土壤微生物总量的70%～90%，每克土壤含细菌数量约为几百万到几十亿个，但多数是异养菌，需氧菌如固氮菌属、硝化细菌、氨化细菌等，也有少数为专性厌氧菌如梭状芽孢杆菌；放线菌一般生活在偏碱及有机质丰富的环境中，土壤中的泥腥味是由放线菌产生的，为异养型，主要类型有链霉菌属、诺卡菌属等；真菌数量较少，常分布于土壤耕作层中，在酸性环境中数量较多，其类型主要有青霉属、曲霉属等；藻类及原生动物在土壤中的含量较少，常生活在潮湿的环境中。

不同类型土壤中的各种微生物含量如表 7-1 所示，在有机物含量丰富的黑土、草甸土、磷质石灰土和植被茂盛的暗棕壤中，微生物含量较高；而在西北干旱地区的棕钙土，华中、华南地区的红壤和砖红壤，以及沿海地区的滨海盐土中，微生物的含量最少。

表 7-1 我国各主要土壤的含菌量 单位：万个/g 干土

土类	地点	细菌	放线菌	真菌
暗棕壤	黑龙江呼玛	2327	612	13
棕壤	辽宁沈阳	1284	39	36
黄棕壤	江苏南京	1406	271	6
红壤	浙江杭州	1103	123	4
砖红壤	广东徐闻	507	39	11
磷质石灰土	西沙群岛	2229	1105	15
黑土	黑龙江哈尔滨	2111	1024	19
黑钙土	黑龙江安达	1074	319	2
棕钙土	宁夏宁武	140	11	4
草甸土	黑龙江亚沟	7863	29	23

表 7-2 所列为水田和旱地土壤微生物区系及其在不同深度分布的比较研究资料。从表中可以看出，表层耕作层的微生物含量最高；旱地土壤中的放线菌和真菌一般比水田土壤中的多，这与它们的好氧生活特性有着直接的关系。

表 7-2 水田和旱地各层土壤的含菌量 单位：万个/g 干土

微生物种类	水田			旱地		
	耕作层	犁底层	心土层	耕作层	犁底层	心土层
好氧细菌	3000	1310	837	2185	628	164
放线菌	220	88	38	477	172	35
真菌	8.5	1.6	0.6	23.1	4.3	1.1
硝化细菌	1.1	—	—	7.1	5.3	0.05
厌氧细菌	232	112	22	147	57	16
反硝化细菌	29.7	16.4	12.2	4.7	2.7	—

综上所述，土壤中微生物的分布受土壤有机质含量、温度、酸碱度、季节变化等多种因子的影响，并随土壤类型的不同而有较大的差别。一般在 5～25cm 的土层内，由于含有植物根系的分泌物等，有机质丰富，微生物数量较多，往往在该层范围内采集菌样。

二、水体中的微生物

由于水体中具备微生物生长繁殖的基本条件，如营养元素、溶解氧、pH、温度等而成为微生物栖息的第二大场所。自然水域中的微生物主要来自土壤、空气、动植物残体及分泌排泄物、工业生产废水及城市生活污水等。许多土壤中的微生物在水体中也可见到，但由于各水体营养物水平、酸碱度、渗透压、温度等的差异，各水域中所含微生物种类和数量各不相同。根据水体微生物的生态特点，可将水域中的微生物分为两大类。

1. 淡水中微生物的分布和种类

淡水区域的自然环境多靠近陆地，其微生物主要来源于土壤、空气、污水及死亡腐败的动植物尸体及人、畜粪便等，但其种类和数量一般比土壤中的少得多，主要包括细菌、放线菌、真菌、病毒、原生动物及单细胞藻类等。

微生物在淡水中的分布受许多环境因子的影响，并常随水体类型的不同而有很大的变化。如雨水中的微生物主要是来自空气中的尘埃，数量较少；清洁的湖泊、池塘及水库中由于有机物含量少，微生物数量也不多，并多为自养型；污染的江河水及下水道的污水中，有机物含量高，每毫升微生物数量可达几千万到几亿个，多为腐生型细菌、真菌和原生动物；地下水由于经过土层过滤，使得大部分微生物阻留在土壤中，因此微生物数量和种类较少。

2. 海水中微生物的分布和种类

与淡水相比，海水具有盐分含量高、水温低、渗透压大、有机质少等特点，因此海洋中的微生物多为嗜盐、嗜冷、耐高压的类型。如盐杆菌属在含盐量12%到饱和盐水中均能生长；假单胞菌在400～500个大气压［1个大气压（atm）=101325Pa］下都能进行繁殖。

微生物在海水中的分布因水体中环境因子垂直分布的不同而有较大差别，如在表层多为好氧性异养菌；在底层多为厌氧性腐生型菌以及硫酸还原细菌等。

三、空气中的微生物

空气中不含微生物生长可直接利用的营养物质及充足的水分，加上日光中紫外线的照射，并不是微生物生活的天然环境，因此空气中的微生物主要来源于被风吹起的地面尘土和水面小水滴以及人、动物体表的干燥脱落物、呼吸道分泌物和排泄物等。

空气中微生物的地域分布差异很大（见表7-3），在公共场所、医院、宿舍、城市街道等尘埃多的空气中，微生物的含量较高；而在海洋、高山、高空、森林等尘埃较少的空气中，微生物的含量较少，甚至无菌。

表7-3 空气中微生物的地域分布

地　区	空气含菌数/(个/m^3)	地　区	空气含菌数/(个/m^3)
畜舍	1000000～2000000	公园	200
宿舍	20000	海面上	1～2
城市街道	5000	北极	0～1

四、生物体中的微生物

正常情况下，生活在健康生物体各部位的微生物，它们的数量、种类稳定，对生物体有益无害，并伴随终生。我们把这群微生物称为生物体的正常菌群。

1. 正常人体上的微生物

在人类的皮肤、黏膜及所有与外界相通的腔道内，如口腔、鼻咽腔中存在有大量的微生物。正常菌群不仅与人体保持着动态平衡，在菌群内部也存在着各微生物间相互制约的关系。一般情况下，正常菌群（如人体肠道正常菌群中的大肠杆菌、枯草杆菌等）能阻抑外来致病菌，维护人体健康，为人类提供可供利用的维生素及部分氨基酸，对维持人体的生态平衡以及机体健康都是有益的。但这种平衡状态是相对的，正常菌群的种类与数量，在不同个体之间，或在同一个体不同环境条件下都有一定的差异。如当机体抵御功能减弱时（例如皮肤大面积烧伤、过度疲劳、黏膜受损等），其中一部分正常菌群则会成为致病微生物。

2. 动物体的正常菌群

动物体同样也存在大量的正常菌群，我们把在体内外检测不到任何正常菌群的动物称为无菌动物。通过对无菌动物的研究，便于排除正常菌群的干扰，更加深入和精确地研究动物的免疫、营养、代谢及正常菌群的生活规律。凡在无菌动物上接种已知微生物的动物称为“悉生动物”。

（1）体表的微生物　动物皮毛上常见的微生物以球菌为主，如葡萄球菌、链球菌、双球菌等；杆菌中主要有大肠杆菌、铜绿假单胞菌等。动物体表的白色葡萄球菌、金黄色葡萄球菌和化脓链球菌等是引起外伤化脓的主要原因。患有传染病的动物体表常有该种传染病的病原，如炭疽杆菌芽孢、口蹄疫病毒、痘病毒等，在处理皮革和皮毛时应注意。

（2）消化道中的微生物　初生幼畜和禽胚胎期的消化道是没有微生物的，伴随着吮吸、采食等过程，在整个消化道即出现了微生物。但消化道中的微生物又因不同部位而有显著差异。

口腔中有大量的食物残渣和适宜的温湿度等环境，微生物很多，其中主要有葡萄球菌、链球菌、乳酸杆菌、棒状杆菌、螺旋体等。食道中没有食物残留，因而微生物很少。但禽类嗉囊则不同，有很多随食物进入的微生物，而且正常栖居的一类乳酸杆菌还能抑制大肠杆菌和某些腐败菌。

胃肠道微生物的组成很复杂，它们的数量和种类因禽畜种类、年龄和饲料而不同，在正常情况下，普通动物肠道内大约有200种正常菌群，其中主要是非致病的厌氧菌，如拟杆菌、真杆菌、双歧杆菌等，约占总数的90%以上，其次是肠球菌、大肠杆菌、乳杆菌等。

3. 植物体上的正常菌群

植物表面也存在着正常菌群，主要包括根际微生物和附生微生物两大类。

根际微生物分布在植物根系周围，由于根系经常向周围的土壤分泌各种外渗物质，为微生物的生长提供了充足的物质条件，促进植物的生长发育。如通过根际微生物的代谢，加快土壤有机质、矿物质的分解，从而改善微生物的营养条件，分泌维生素、氨基酸、植物生长素类物质为植物所利用，但也可分泌有害物质抑制植物的生长、与植物争夺养分等。由于受到根系的选择性影响，根际微生物种类通常要比根外少。在微生物组成中以革兰阴性无芽孢细菌占优势，最主要的是假单胞菌属、农杆菌属、产碱菌属和分枝杆菌属等。若按生理群分，则反硝化细菌、氨化细菌和纤维素分解细菌较多。

附生微生物一般是指生活在植物表面，以分泌物作为其营养物质的微生物。附生微生物主要分布在叶面，且以细菌最多，一般每克新鲜叶表面大约含有10^6个细菌，在成熟的浆果表面因有大量的糖质分泌物，则以酵母菌为主。附生微生物对植物的生长发育和人类的生产实践起到了一定的作用，如利用葡萄等原料酿造果酒时，其表面的酵母菌就成了良好的天然接种剂。

五、极端环境下的微生物

在自然界中，存在着一些可在绝大多数微生物所不能生长的高温、低温、高酸、高碱、高盐、高压或高辐射强度等极端环境下生活的微生物，被称为极端环境微生物或极端微生物。

微生物对极端环境的适应，是自然选择的结果，是生物进化的动因之一。极端环境微生物细胞内的蛋白质、核酸、脂肪等分子结构以及细胞膜的结构与功能、酶的特性、代谢途径等许多方面，都有别于其他普通环境微生物。因此，研究极端环境中的微生物，在理论上和实践上具有两方面的重要意义：①了解极端环境下微生物的种类、遗传特性及适应机制，开发和利用新的微生物资源；②为生命起源、生物进化的研究提供新的材料。

1. 嗜热微生物

嗜热微生物广泛分布在草堆、厩肥、温泉、煤堆、火山地、地热区土壤及海底火山附近等。它们的最适生长温度一般在50～60℃，在湿草堆和厩肥中生活着好热的放线菌和芽孢杆菌，它们的生长温度在45～65℃的范围。有的可以在更高的温度下生长，如热熔芽孢杆菌可在92～93℃下生长。专性嗜热菌的最适生长温度在65～70℃，超嗜热菌的最适生长温度在80～110℃。大部分超嗜热菌都是古生菌。1983年，J. A. Barros等在太平洋底部发现的可生长在250～300℃高温高压下的嗜热菌，更是生命的奇迹。据了解，植物界中最耐热的种类可能是南非的生石花，最高的耐受温度为50℃，脊椎动物能生长的最高温度也只是50℃。

嗜热微生物由于具有以下几方面的特点：①生长速率高，代谢作用强，代时短；②产物与细胞重量之比较高；③在高温下具有竞争优势，可防止发酵生产中的杂菌污染；④其酶类耐高温；⑤容易收集乙醇等代谢产物；⑥发酵过程中不需冷却等，因而在发酵工业、工农业废弃物处理等方面均具有特殊的作用。

2. 嗜冷微生物

嗜冷微生物分布在南北极地区、冰窖、高山、深海等低温环境中。嗜冷微生物可分为专性和兼性两种。专性嗜冷微生物的最高生长温度不超过20℃，可以在0℃或者低于0℃的环境下生长；兼性嗜冷微生物可在低温下生长，也可以在高于20℃的环境条件下生长。

嗜冷微生物适应低温环境的机理是其细胞膜内含有大量的不饱和脂肪酸，而且会随温度的降低而增加，从而保证了膜在低温下的流动性，这样就能在低温条件下不断地从外界环境中吸收营养物质。

嗜冷微生物低温条件下生长的特性是导致低温保藏食品腐败的根源，甚至产生细菌毒素，但其产生的酶在日常生活和工业生产中具有应用价值。

3. 嗜酸微生物

嗜酸微生物分布在工矿酸性水、酸性热泉和酸性土壤等处。极端嗜酸微生物能在pH3.0以下的高酸性环境条件下生长，如氧化硫硫杆菌的pH生长范围为0.9～4.5，最适pH为2.5，在pH0.5以下仍能存活，能将硫氧化产生硫酸（浓度可高达5%～10%）；氧化亚铁硫杆菌为专性自养嗜酸杆菌，能将还原态的硫化物和金属硫化物氧化产生硫酸，还能把亚铁氧化成高铁，并从中获得能量，这种菌已被广泛用于铜等金属的细菌沥滤中。

在电镜下，嗜酸微生物的细胞与一般革兰阴性细菌的细胞并无明显差别，但在高酸性环境条件下可维持菌体内的近中性环境。近年来发现嗜酸微生物细胞中存在着质粒，推测可能与其抗金属离子有关。

4. 嗜碱微生物

在碱性和中性环境中均可分离到嗜碱微生物。专性嗜碱微生物可在pH11～12的条件下生长，而在中性条件下却不能生长，如巴氏芽孢杆菌在pH11时生长良好，最适pH为9.2，而在pH低于9时生长困难；嗜碱芽孢杆菌在pH10时生长活跃，pH

7时不能生长。

与嗜酸微生物相似，嗜碱微生物的细胞膜具有维持细胞内外pH梯度的机制，因而当外环境的pH达到11～12以下时，仍维持细胞内接近中性的pH。嗜碱微生物的胞外酶都具有耐碱的特性，由它们产生的淀粉酶、蛋白酶和脂肪酶，其最适pH均在碱性范围，因此可以发挥特殊的应用价值。嗜碱微生物产生的碱性酶可被用于洗涤剂或其他用途。

5. 嗜盐微生物

嗜盐微生物通常分布在晒盐场、腌制海产品以及盐湖等处，如盐生盐杆菌和红皮盐杆菌等。其生长的最适盐浓度高达15%～20%，甚至还能生长在32%的饱和盐水中，而世界上最耐盐的植物盐角草仅能耐0.5%～6.5%的盐度。世界上最著名的盐湖死海含盐量高达23%～26%，因此其中只能生长几种细菌与少数藻类。

嗜盐菌是一种古生菌，它的质膜具有质子泵和排盐的作用，目前正设法利用这种机制来制造生物能电池和海水淡化装置。

6. 嗜压微生物

嗜压微生物仅分布在深海底部和深油井等少数地方。嗜压微生物与耐压微生物不同，它们必须生活在高静水压环境中，而不能在常压下生长。例如，从压力为101.325 MPa的深海底部，分离到一种嗜压的假单胞菌；从深3500m、压力为40.53 MPa、温度为60～105℃的油井中，分离到嗜热性耐压的硫酸盐还原菌。在实验室培养这类嗜压微生物时，要用2.5℃（海底温度）和1000个大气压，此条件下繁殖的菌数要比在1个大气压下的高出10～1000倍。有些嗜压微生物甚至可在1400个大气压下正常生长。至于各种细菌、酵母菌和病毒在短时间内对高压的耐受性更是一种普遍现象，如许多细菌在数分钟内还能耐12000个大气压而不死亡。

耐高温和厌氧生长的嗜压微生物有可能被用于油井下产气增压和降低原油黏度，借以提高采油率。

7. 抗辐射微生物

抗辐射微生物对辐射仅有抗性或耐受性，而不是"嗜好"。与微生物有关的辐射有可见光、紫外线、X射线和γ射线，其中生物接触最多、最频繁的是太阳光中的紫外线。生物具有多种防御机制，或能使它免受射线的损伤，或能在损伤后加以修复。抗辐射的微生物就是这类防御机制很发达的生物，因此可作为生物抗辐射机制研究的极好材料。现以X射线为例，比较一下各种生物的平均致死剂量，具体见表7-4。

表7-4　X射线对各种生物的平均致死剂量比较

生物名称		平均致死剂量/rd①
病毒	烟草花叶病毒	200000
	鼠乳头状瘤病毒	100000
细菌	大肠杆菌	5000
	马铃薯芽孢杆菌	130000
藻类	单接藻	8500
	实球藻	4000
原生动物	豆形虫	330000
	草履虫	300000

续表

生物名称		平均致死剂量/rd①
脊椎动物	金鱼	750
	小白鼠	450
	家兔	800
	大白鼠	600
	猴子	450
	人类	400

①1rd=10mGy。

六、工农业产品中的微生物

1. 工业产品中的微生物

工业产品含有微生物所需要的丰富营养，当外界条件适宜时，微生物便会大量繁殖，通过各种酶系以分解产品中的相应组分，引起产品的霉变与腐烂，造成巨大损失。如纤维素酶可破坏棉、麻、竹、木等材料；蛋白酶可分解革、毛、丝等产品。

工业产品中较有代表性的微生物主要有：侵蚀多种材料的土曲霉；可在多种材料上生长，抗铜盐的黑曲霉；侵蚀织物的绳状青霉；侵蚀纤维织物与塑料的绿色木霉等。

工业产品防止霉腐的方法有下面几种：①控制微生物生长繁殖的条件（温度、养料等）；②采用有效的化学杀菌剂和防腐剂，从而达到抑菌和除菌的目的；③在产品加工、包装环节上，严禁杂菌污染。

2. 农产品中的微生物

农产品尤其是粮食中存在大量的微生物，不仅因霉变直接造成经济损失，而且还产生各种真菌毒素威胁人畜健康。在各种农产品上的微生物多为曲霉属、青霉属和镰孢霉属。

常见农产品微生物如表 7-5 所示。已知毒性最强的有黄曲霉产生的黄曲霉毒素 AF_2 和镰孢霉产生的单端孢烯族毒素 T_2。一些农产品如花生、玉米最易感染。我国规定，在玉米、花生及其制品中黄曲霉毒素含量不得超过 20μg/kg，大米、食用油（不包括花生油）不得超过 10μg/kg，婴儿食品中不得检出。加强保管措施是防止农产品尤其是粮食发生霉变的主要措施，入仓前充分晒干，严格挑选，入仓后创造干燥、低温、缺氧的环境来抑制微生物的生长。

表 7-5 各种农产品上常见的微生物

试样名称	主要霉菌
大米	灰绿曲霉，白曲霉，黄曲霉，赭曲霉，橘青霉，圆弧青霉，常见青霉
面粉	黄曲霉，谢瓦曲霉，青霉，毛霉
小麦	曲霉，青霉，芽枝霉，链格孢霉，葡萄孢霉，镰孢霉，长蠕孢霉，茎点霉，木霉，拟青霉
小麦粉	白曲霉，橘青霉，圆弧青霉，芽枝霉，葡萄孢霉，茎点霉，头孢霉
玉米粉	灰绿曲霉，纯绿曲霉，圆弧青霉，镰孢霉
玉米面	葡萄曲霉，黄曲霉，青霉

续表

试样名称	主要霉菌
大豆粉	黄曲霉，杂色曲霉，青霉
花生	黄曲霉，灰绿曲霉，溜曲霉，橘青霉，绳状青霉，根霉，镰孢霉，黏霉，茎点霉
调味料	灰绿曲霉，白曲霉，黑曲霉，青霉
米糠	黄曲霉，谢瓦曲霉，毛霉，青霉
乳牛饲料	曲霉，青霉，根霉，链格孢霉，茎点霉，毛壳菌
家禽饲料	黄曲霉，构巢曲霉，芽枝霉，锦孢霉，茎点霉

3. 食品中的微生物

由于食品是用营养丰富的动植物原料加工而成，种类繁多，如面包、糕点、饮料、糖果、罐头、调味品和蜜饯等，在其加工、包装、运输和贮藏等环节中，都不可能进行严格的无菌操作，因此易受各种微生物的污染。适宜条件下，微生物快速繁殖，引起食品的腐败变质，有些甚至产生有毒害的物质，如肉毒梭菌产生的肉毒梭菌毒素即为一种对人畜有剧毒的细菌外毒素。

污染食品的微生物主要是曲霉属、青霉属、镰孢霉属、链格孢霉属、拟青霉属、根霉属、毛霉属、茎点霉属、木霉属、大肠杆菌、金黄色葡萄球菌、枯草杆菌、巨大芽孢杆菌、沙门菌属、普通变形杆菌、铜绿假单胞菌、乳杆菌属、乳链球菌、梭菌属和酿酒酵母等。

食品中的一类独特产品是罐头，也叫罐藏食品。它是食品原料经过预处理、装罐、密封、杀菌之后制成的。罐头食品种类很多，从使其变质腐败的微生物的角度来看，可分为低酸性、中酸性、酸性和高酸性四大类（见表 7-6）

表 7-6　罐藏食品的分类

罐头类型	pH	主要原料
低酸性罐头	5.3 以上	肉、禽、蛋、乳、鱼、谷类、豆类
中酸性罐头	5.3～4.5	多数为蔬菜、瓜类
酸性罐头	4.5～3.7	多数为水果及果汁
高酸性罐头	3.7 以下	酸菜、果酱、部分水果及果汁

（1）酸性食品罐头　属于一般酸性食品（pH3.7～4.5）者，如番茄、梨、无花果、菠萝和其他水果罐头；属于高酸食品（pH<3.7）者如泡菜、浆果和柠檬汁罐头。对酸性食品罐头只要用较低的灭菌温度即可达到长期保藏的目的。当这类罐头变质时，从中可分离到“平酸菌”（即产酸不产气因而不会引起罐体膨胀的细菌）和产酸产气菌等。

（2）低酸或中酸食品罐头　这类罐头的灭菌温度应高一些，尤其是肉类罐头。当这类罐头变质时，可检出嗜热脂肪芽孢杆菌等“平酸菌”；还可分离到产酸产气菌以及厌氧梭状芽孢杆菌等。除“平酸菌”外，在生长过程中都会产生大量的 CO_2 和 H_2，从而引起罐头膨胀（“胖听”），有些甚至还会产生对人畜具剧毒的细菌外毒素——肉毒毒素。

在工业生产中，防止食品腐败变质的主要措施有：①注意生产环节的环境卫生，控制保藏条件，尤其要采用低温、干燥、密封（加除氧剂或充以CO_2、N_2等气体）等措施；②添加少量无毒的化学防腐剂如苯甲酸、山梨酸等（见表7-7）。

表7-7 主要食品中常见防腐剂的应用情况一览表

食品名	硝酸盐，亚硝酸盐	SO_2	六次甲基四胺	甲酸	乙酸	丙酸	山梨酸	苯甲酸	对羟基苯甲酸酯	联苯邻基酚	烟熏
干酪	（+）	—	（+）	—	—	+	++	（+）	（+）	—	++
肉制品	++	（+）	—	—	—	—	+	—	（+）	—	++
水产品	+	—	+	—	++	—	+	+	+	—	++
蔬菜食品	—	+	—	+	++	—	++	++	（+）	—	—
果品	—	++	—	+	+	—	++	++	（+）	（+）	—
软饮料	—	++	—	+	—	—	++	++	（+）	—	—
葡萄酒	—	++	—	—	—	—	++	—	—	—	—
面包	—	—	—	—	—	++	++	—	—	—	—
糖果糕点	—	—	—	—	—	—	++	（+）	+	—	—

注："++"表示常用，"+"为偶用，"（+）"为在特定情况下用，"—"为不用。

采油向导——烃氧化菌

石油是工业的"血液"。但石油深深地埋藏在地下，怎样才能找到它呢？微生物王国中的烃氧化菌居然可以成为石油勘探队员的向导。我们知道，石油是由各种碳氢有机化合物组成的，这种碳氢化合物叫"烃"。石油虽然被深埋在地下，但总有一些烃会透过岩层缝隙跑到地层浅处。而烃氧化菌有个"怪癖"，生性喜欢吃烃，它们专门聚集在含烃的土壤中，过着以烃为"食"的生活。虽然偷偷溜到地表层来的烃很少，但对烃氧化菌来说足以维持生命并繁殖后代了。因此，勘探队员如果在某地区的土壤里发现大量的烃氧化菌，那么说明那里很可能有石油。于是，配合其他找矿手段，就可以确定石油矿藏的分布范围了。因此，烃氧化菌无形中就成了活的采油向导。烃氧化菌还可以为人类除弊兴利。工业废水中常常含有能污染环境的有毒烃，人们利用烃氧化菌的食性，在废水池中"放养"少量烃氧化菌，它们边"吃"边繁殖，最后，有毒烃被吃光了，废水也就变成了有用的水。烃氧化菌本身又是优质饲料。

第二节 微生物与生物环境之间的相互关系

自然界中微生物往往是较多种群聚集在一起，极少单独存在，当微生物的不同种类或微生物与其他生物出现在一个限定的空间内，它们之间互为环境，相互影响，既相互依赖又相互排斥，表现出相互间复杂的关系。

即便在同一群体内，也存在着以群体密度为调节杠杆的正、负两种相互作用。正作用是指增加群体生长率；负作用则是指降低群体生长率。当群体处于最适密度以下但不是太小时，细胞间可以相互利用各种代谢中间物，并可以共同调节生长起始时不太适宜的pH等环境条件，促进生长率的提高，因而一般以正作用为主。适宜的群体密度还可以提高群体对环境的适应性，然而当群体密度超过最适密度时，由于处于有限的营养条件和日益积累的生长有毒物质以及恶化的环境条件下，生长速率会降低，这就是群体内的负作用。

但从总的方面来看，微生物与生物环境之间的相互关系大体上可分为六种，即互生、共生、竞争、拮抗、寄生和捕食。

一、互生

互生是指两种可以单独生活的生物，当它们在一起生活时，通过各自的代谢活动而有利于对方，或偏利于一方的一种生活方式。这是一种“可分可合，合比分好”的松散的相互关系。

1. 微生物间的互生关系

在自然界，微生物间尤其在土壤微生物间互生现象是极其普遍的。例如，固氮菌与纤维分解细菌生活在一起时，固氮菌需要一定的有机碳化物作为碳素养料和固氮作用的能源，而固氮菌不能直接利用土壤中的纤维素物质，同样，纤维素分解菌需要氮素化合物作为养料。于是后者因分解纤维素而产生的有机酸可供前者用于固氮，而前者所固定的有机氮化物则可满足后者对氮素养料的需要。结果在联合中双方都有利。又如，在氮素转化过程中，氨化细菌分解有机氮化物产生氨，为亚硝酸细菌创造了必需的生活条件。再如，真菌（拉曼毛霉）和酵母菌（一种红酵母）都要求培养基中含有维生素 B_1（硫胺素），可是前者只能合成维生素 B_1 的嘧啶部分而不能合成噻唑部分，后者反之，只能合成噻唑而不能合成嘧啶。当两者共同培养在一起时，因相互利用对方的分泌物而同时满足了双方对维生素 B_1 的需求。

2. 微生物与其他生物间的互生关系

在自然界，微生物与高等植物间有着密切的互生关系。尤其是植物根际是微生物最为活跃的区域。根系向周围土壤中分泌有机酸、糖类、氨基酸、维生素等物质，这些物质是根际微生物的重要营养来源和能量来源。另外，由于根系的穿插，使根际的通气条件和水分状况比根际外的良好，温度也比根际外的略高一些。因此根际是一个对微生物生长有利的特殊生态环境，一般根际微生物的数量比根际外要多出几倍到几十倍。

根际微生物的活动，加速了根际有机物质的分解，为植物提供有效的养料；同时旺盛的固氮作用、菌体的自溶和产生的一些生长刺激物等，促进了植物的生长发育以及根际微生物的分解和合成作用，也能够促进稳定的土壤结构的形成。有些根际微生物还能产生杀菌素，可以抑制植物病原菌的生长。

人体肠道正常菌群与宿主间的关系主要是互生关系。人体为肠道微生物提供了良好的生态环境，使微生物能在肠道得以生长繁殖。而肠道内的正常菌群可以完成多种代谢反应，均对人体生长发育有重要意义。如多种核苷酸反应，固醇的氧化、酯化、还原、转化、合成蛋白质和维生素等作用。尤其是肠道微生物所完成的某些生化过程是人体本身无法完成的，如维生素K和维生素 B_1、维生素 B_2、维生素 B_6、维生素 B_{12} 的合成等。此外，人体肠道中的正常菌群还可抑制或排斥外来肠道致病菌的侵入，起到保护人体、抵抗病原微生物的作用。

3. 混菌培养与生产实践

随着纯种培养技术的深入和微生物间互生现象的研究，一种人为的、自觉的混合培养或混合发酵技术已日臻成熟，这可以说是一种“生态工程”。如利用大肠杆菌和黏质沙雷杆菌的混合培养可生产缬氨酸；利用大肠杆菌和谷氨酸棒杆菌的混合培养可生产组氨酸；利用米曲霉和纤维素分解菌如绿色木霉混合后可以提高酱油产率等；利用固定化的混合菌种来将淀粉原料转化成乙醇，其方法是用海藻酸钠包埋黑曲霉和运动发酵单胞菌，制成固定化细胞的小球，长在小球表层（属好氧菌）的黑曲霉能把淀粉分解成葡萄糖，而长在小球内层（属厌氧菌）的运动发酵单胞菌能将葡萄糖转化成乙醇，当淀粉液流过反应器后，淀粉很快被水解成葡萄糖并随即转化成乙醇。

从上面的实例可以看出，混菌培养不仅比纯菌培养作用更快、更有效和更简便，还能完成许多纯菌株所不能合成的反应。

二、共生

共生是指两种生物共居在一起，相互分工合作、相依为命，甚至达到难分难解、合二为一的极其紧密的一种相互关系。

1. 微生物间的共生关系

地衣是微生物间共生关系的典型代表，它是藻类和真菌的共生体，常形成有固定形态的叶状结构，即叶状体。共生菌从基质中吸收水分和无机养料的能力特别强，以供共生藻所用；共生藻利用水分和无机养料进行光合作用，合成有机物。两者在结合中双方都有利。

2. 微生物与其他生物间的共生关系

（1）根瘤菌与豆科植物共生　根瘤菌与豆科植物形成的根瘤共生体是微生物与高等植物间共生的典型代表。一方面，根瘤菌能够固定大气中的氮气，为植物提供了丰富的氮素养料；另一方面，豆科植物根的分泌物也可刺激根瘤菌的生长繁殖，并为其提供保护及稳定的生长条件。

我国劳动人民早就知道种植豆科植物可使土壤肥沃并可提高间作或后作植物的产量。利用根瘤菌制成的根瘤菌肥料来对豆科植物的种子进行拌种，可使作物明显增产。可见共生固氮菌对农业增产具有重大的实际意义。

（2）菌根菌与高等植物的共生　菌根在自然界也极为普遍，是真菌与高等植物根系共生而形成的，特别是真菌与兰科、杜鹃花科及其他森林树种间所形成的菌根。一般分为外生菌根和内生菌根两大类。

① 外生菌根。如图 7-1 所示，外生菌根的菌丝体紧包植物的吸收根，形成了菌套，有的还向外伸出菌丝。在这种情况下，由于外生菌根代替了根毛的吸收作用，因而这类植物一般没有根毛。除吸收作用外，菌根菌还能够分解有机质和分泌维生素、生长素，为植物体提供可以吸收的养料，促进植物的生长。

形成外生菌根的真菌，大多为担子菌，常见的有口蘑属、鹅膏属、牛肝菌属等。

② 内生菌根。如图 7-2 所示，内生菌根的菌丝体进入植物根的皮层薄壁细胞内部，不形成菌套。因此与外生菌根不同的是，一般保留着根毛。

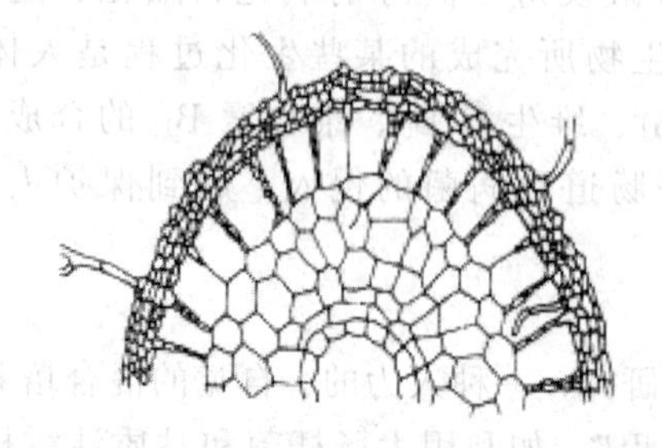

图 7-1　外生菌根的横剖面示意图

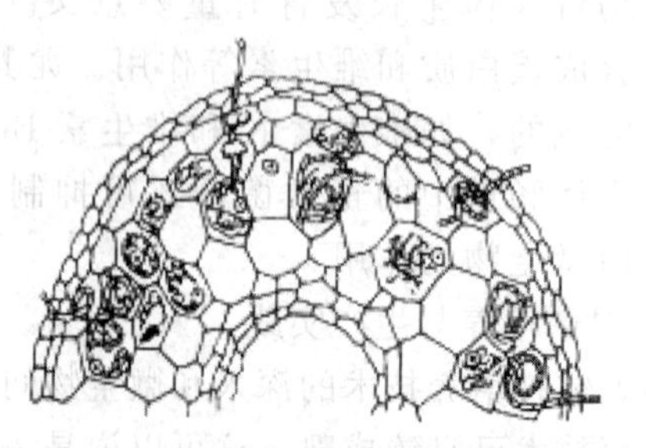

图 7-2　内生菌根的横剖面示意图

由无隔膜真菌形成的菌根，由于菌丝呈泡囊和分枝状，一般称为泡囊-丛枝菌根（也叫VA 菌）。大多数农作物、野生草本植物等均具有 VA 菌；由有隔膜的真菌所形成的菌根，主要存在于兰科和杜鹃花科等植物中。如兰科植物的种子，没有菌根菌的共生则不能萌发，可见菌根菌与植物间的密切关系。

（3）瘤胃微生物与反刍动物间的共生　反刍动物与其瘤胃微生物的共生关系也十分典型。牛、羊、鹿、骆驼和长颈鹿等动物都是以植物中的纤维素为主要养料的反刍动物。它们本身缺乏消化纤维素和木质素的酶，没有分解纤维素的能力。然而在反刍动物的瘤胃中分布有大量的能分解纤维素的微生物群落。在二者的关系中，反刍动物吃进的大量草料为瘤胃微生物提供了丰富的营养物质，并为其创造了良好的生长和繁殖条件（如恒温、厌氧等）。同时，瘤胃中的草料经微生物的分解、发酵产生可被吸收的有机酸，并合成动物必需的氨基酸和维生素。瘤胃中的大量微生物细胞和部分植物性物质，也成为了动物蛋白质和维生素的主要来源。

（4）微生物与昆虫间的共生

① 外共生。指微生物生活在动物细胞的外面，在动物肠道内或者在动物所处的环境中，如丝状真菌与某些种类的蚂蚁的共生。一方面，真菌生长在蚂蚁的巢穴内，以蚂蚁搬进的树叶碎片作为养料，叶子碎片上的蚂蚁粪便渗出物，含有氨基酸和可溶性含氮化合物，真菌可利用它作为氮源；含有的蛋白酶，可消化植物叶蛋白和释放氨基酸，促进真菌的生长；另一方面，真菌菌丝体在巢穴内生长而产生的大量菌丝和孢子又可作为蚂蚁的食物。

② 内共生。指微生物生活在动物细胞内，已经发现大约 1/10 的昆虫体内有细胞内微生物，常见的种类有蟑螂、蝉、叶蝉、蚧、蚜虫、象虫和臭虫等。这些细胞内共生物的结构和生长习性与立克次体相似，它们存在于与其他器官分离的含菌细胞或称菌胞体内，菌胞体常同卵巢相连或包埋在昆虫的脂肪体内。这些昆虫的内共生菌可以从亲代传递到子代，但迄今没有分离出纯培养体。若用化学处理或其他方法把共生物除去，昆虫的发育会很不好。内共生菌对昆虫的作用有可能是合成并供给 B 族维生素，降解多余的含氮化合物以促进昆虫的排泄作用。

三、竞争

当两种微生物对某种环境因子有相同的要求时，就会发生争先摄取该种因子以满足生长代谢的需要，这种现象称竞争。

微生物所需要的共同营养越缺乏，竞争就越激烈。竞争的结果是某些微生物处于局部优势，另外的微生物处于劣势。但处于劣势的微生物并不是完全死亡，仍有少数细胞存活，环境发生改变，变得适合于劣势的微生物的生长时，它又将可能变成优势菌。微生物种群的交替改变，对于土壤和水体中的各种物质的分解具有重要的作用。

四、拮抗

拮抗又称抗生，指由某种生物所产生的特定代谢产物可抑制他种生物的生长发育甚至杀死它们的一种相互关系。根据拮抗作用的选择性，可将拮抗分为非特异性拮抗和特异性拮抗两类。

在泡菜、青贮饲料和酸菜的制作过程中，由于乳酸菌的迅速繁殖而产生大量乳酸，导致环境的 pH 下降，从而抑制其他微生物的生长，这是一种非特异拮抗关系，因为这种抑制作用没有特定专一性，对不耐酸细菌均能产生抑制作用。

许多微生物在其生命活动过程中，能产生某种抗生素，从而抑制对它分泌物敏感的微生物，这是一种特异性拮抗，具有选择性地抑制或杀死别种微生物的作用。如青霉菌产生的青

霉素抑制 G^+ 菌等。

微生物间的拮抗关系已被广泛应用于抗生素的筛选、食品的保藏、医疗保健和动植物病害的防治等领域。

五、寄生

寄生一般指一种小型生物生活在另一种较大型生物的体内（包括细胞内）或体表，从中夺取营养并进行生长繁殖，同时使后者蒙受损害甚至被杀死的一种相互关系。前者称为寄生物，后者称为寄主或宿主。在寄生关系中，寄生物对寄主一般是有害的，常使寄主发生病害或者死亡。

有些寄生物一旦离开寄主就不能生长繁殖，这类寄生物称为专性寄生物；而有些寄生物在脱离寄主以后营腐生生活，这些寄生物称为兼性寄生物。

在微生物中，噬菌体寄生于宿主菌是常见的寄生现象。此外，细菌与真菌、真菌与真菌之间也存在着寄生关系。土壤中存在着一些溶真菌细菌，它们侵入真菌体内后生长繁殖，最终杀死寄主真菌，造成真菌菌丝溶解。这些寄生关系的发现，为开展生物防治提供了新的途径。

寄生于动植物及人体的微生物也极其普遍，常引起各种病害。凡能引起动植物和人类发生病变的微生物都称为致病微生物。致病微生物在细菌、真菌、放线菌、病毒中都有。能引起植物病害的致病微生物主要是真菌；能引起人和动物致病的微生物很多，主要是细菌、真菌和病毒。微生物也能使害虫致病，利用昆虫病原微生物防治农林害虫已成为生物防治的重要方面。

六、捕食

捕食又称猎食，一般是指一种大型的生物直接捕捉、吞食另一种小型生物以满足其营养需要的相互关系。在自然界，微生物间的捕食关系主要是原生动物捕食细菌和藻类，它是水体生态系统中食物链的基本环节，在污水净化中也有重要作用。

冬虫夏草——寄生于蝙蝠蛾的虫草菌

每当盛夏，雪山草甸上的冰雪消融，蝙蝠蛾便将虫卵留在花叶上。散落在花叶之上的蛾卵慢慢变成小虫，钻进潮湿疏松的土壤里，吸收植物根茎的营养，逐渐将身体养得白白胖胖。此时，球形的虫草菌（真菌）子囊孢子遇到蝙蝠蛾幼虫，便寄生于虫体内部，吸收寄主细胞的营养，萌发菌丝。受真菌感染的幼虫，逐渐蠕动到距地表 2～3cm 的地方，头上尾下而死，这就是“冬虫”。幼虫虽死，体内的真菌却日渐生长，直至充满整个虫体。第二年春末夏初，冰冻的表层土壤消融，温度升高，菌丝体便穿过虫壳，破土而出，顶端有菠萝状的囊壳，这就是“夏草”。清代著名文学家蒲松龄在《聊斋志异外集》中写道：“冬虫夏草名符实，变化生成一气通。一物竟能兼动植，世间物理信难穷。”

第三节　从自然界中分离筛选微生物

自然界的菌种资源虽十分丰富，但是要设法从其中筛选到较为理想的菌种并非易事。链霉素发现者 S. A. Waksman 在筛选链霉素产生菌的过程中，他的研究小组从土壤中分离约 1 万株放线菌，发现其中约有 1000 株对预定试验菌有拮抗作用，其中的 100 株具有较好的液体发酵性能，又从其中选出10株产链霉素性能较好的菌株，最后，再从中挑出一株有生产价值的链霉素产生菌——灰色链霉菌，可谓“万里挑一”。

生产上使用的微生物菌种，最初都是从自然界中筛选出来的。要从自然界找到我们需要的菌种，就必须把它从许许多多不同的杂菌中分离出来，然后根据生产上的要求和菌种的特性，采用各种不同的筛选方法，挑选出性能良好、符合生产要求的纯种。菌株的分离和筛选一般可分为采样、增殖培养、纯种分离和性能测定等几个步骤。

一、采样

自然界含菌样品极其丰富，土壤、水、空气、枯枝烂叶、植物病株、烂水果等都含有众多微生物，且种类数量十分可观。因此在采集含菌样品前，先应调查一下打算筛选的微生物在哪些地方分布最多，然后才可着手做各项具体工作。由于在土壤中几乎可找到任何微生物，所以土壤往往是首选的采集目标。但是，微生物的存在及数量常因土质、土层深度不同而发生变化。

1. 土壤中有机物的含量

有机物含量高，土质就肥，一般在其中的微生物数量也越多，反之亦然。过于肥沃的土壤，往往细菌的含量过多，而放线菌却比较少。因此，在寻找拮抗性放线菌时，一般可采集一些园土或耕作过的农田土。而要分离拮抗性真菌时，由于它们对碳水化合物需要量较大，故可到植物残体丰富的枯枝落叶层下的土壤或沼泽土中去寻找。

2. 采土的深度

土壤的深度不同，其通气、养分和水分的分布情况也不同。表层的土壤由于直接受日光曝晒，故较干燥，微生物也不易大量繁殖。在离地面5～15cm处的土壤中，微生物含量最高。

3. 采土的季节

以春秋两季为宜。这时土壤中的养分、水分和温度都较适宜，微生物的数量也最多。采土时尤应注意土壤中的含水量，水分过多会造成厌氧环境，不利于放线菌的生长繁殖。真菌虽需要较高的相对湿度，但基质中的水分却不宜过多。因此要避免在雨季采集土样。此外，土壤的pH也应适当注意，细菌和放线菌在中性或微碱性土壤中居多，而真菌则在偏酸性的土壤中较丰富。

4. 采土方法

选择好适当地点后，用小铲子除去表层土，取离地面5～15cm处的土壤几十克，盛入预先灭过菌的防水纸袋内，扎好，并在其上记录采样时间、地点以及环境情况等，以备查考。采好的土样应尽快分离。在采土的时候，一个地区采土的点不能太少，否则就不能代表该地区的微生物类群。

如果我们知道所需菌种的明显特征，则可直接采样。例如分离根瘤菌，可直接从根瘤中取样；分离食用菌，可直接从食用菌的子实体中取样；分离啤酒酵母可直接从酒厂的酒糟中采样等。

二、增殖培养

在一般情况下，从各地采集来的样品都可直接进行分离，但如果考虑到采来的样品中，我们所需要的微生物数量不够多时，就得设法增加分离的概率，增加该菌种的数量，这种人为的方法称增殖培养（又叫富集培养）。

增殖培养的原理是利用选择性培养基，在所采集的土壤等含菌样品中加入某些特殊营养物，并创造一些有利于待分离对象生长的条件，使样品中少数能分解利用这类营养物的微生物趁机大量繁殖，从而有利于分离它们。如在土壤中加入一些石油以促使其中少数能利用石油作碳源的微生物数量剧增；又如，在土样中加入纤维素也可以富集分解纤维素的微生物等。但是这类富集方法，一般不适用于分离能产生某些物质的微生物。例如，不可能把谷氨酸加入到土壤样品中去，以使产谷氨酸的微生物大量繁殖。不过，如果已知道所要分离微生物的某些特殊生理特性，也可以采用有利于这种微生物而不利于其他无关微生物的营养和培养条件，以达到富集培养的目的（表7-8）。

表 7-8 某些细菌增殖培养条件的控制

待分离微生物	采集样品	添加营养物/g	特殊培养条件
好氧氨基酸氧化菌	土壤	无	好氧，pH7.0
好氧性芽孢杆菌	80℃热处理10min的土壤	无	好氧，pH7.0
氨基酸发酵性梭菌	80℃热处理10min的土壤	无	厌氧，pH7.0
耐碱解尿素芽孢菌	80℃热处理10min的土壤	尿素50	好氧，pH8.6
厌氧八叠球菌	土壤	葡萄糖20	厌氧，pH2.5
乳酸菌	牛乳	葡萄糖20	厌氧，pH6.5
肠道细菌	土壤或污水	葡萄糖20+碳酸钙20	好氧或厌氧，pH7.0
丙酸菌	乳酪	乳酸钠20	厌氧，pH7.0
醋酸菌	果实，未灭菌啤酒	乙醇40	好氧，pH6.0

注：基础培养基：酵母膏10g，KH_2PO_4或K_2HPO_4 1.0g，$MgSO_4 \cdot 7H_2O$ 0.2g，水1000mL。

在分离筛选的过程中，除了通过控制营养和培养条件，增加富集微生物的数量以有利于分离外，还可通过高温、高压、加入抗生素等方法减少非目的微生物的数量，使目的微生物的比例增加，同样能够达到富集的目的。

从土壤中分离芽孢杆菌时，由于芽孢具有耐高温特性，100℃很难杀死，要在121℃才能彻底死亡。可先将土样加热到80℃或在50%乙醇溶液中浸泡1h，杀死不产芽孢的菌种后再进行分离。在富集培养基中加入适量的胆盐和十二烷基磺酸钠可抑制革兰阳性菌的生长，对革兰阴性菌无抑制作用。分离厌氧菌时，可加入少量硫乙醇酸钠作为还原剂，它能使培养基氧化还原电势下降，造成缺氧环境，有利于厌氧菌的生长繁殖。

筛选霉菌时，可在培养基中加入四环素等抗生素抑制细菌，使霉菌在样品中的比例提高，从中便于分离到所需的菌株；分离放线菌时，在样品悬浮液中加入10滴10%的酚以及丙酸钠10μg/mL（抑制霉菌类）抑制霉菌和细菌的生长。另外据报道，重铬酸钾对土壤真菌、细菌有明显的抑制作用，也可用于选择分离放线菌。在分离除链霉菌以外的放线菌时，先将土样在空气中干燥，再加热到100℃保温1h，可减少细菌和链霉菌的数量。分离耐高浓度酒精和高渗酵母菌时，可分别将样品在高浓度酒精和高浓度蔗糖溶液中处理一段时间，杀死非目的微生物后再进行分离。

对于含菌数量较少的样品或分离一些稀有微生物时，采用富集培养以提高分离工作效率是十分必要的。但是如果按通常分离方法，在培养基平板上能出现足够数量的目的微生物，则不必进行富集培养，直接分离、纯化即可。

三、纯种分离

经富集培养以后的样品，目的微生物得到增殖，其他种类的微生物在数量上相对减少，但并未死亡。富集后的培养液中仍然有多种微生物混杂在一起，即使占有优势的一类微生物中，也并非纯种。例如同样一群以油脂为碳源的脂肪酶产生菌，有的是细菌，有的是霉菌，有的是芽孢杆菌，有的不产芽孢，有的生产能力强，有的生产能力弱等。因此，经过富集培养后的样品，也需要进一步通过分离纯化，把最需要的菌株直接从样品中分离出来。常用的纯种分离方法有稀释涂布法、划线分离法、组织分离法等，也可利用平皿的生化反应进行分离。

1. 稀释涂布法

把土壤样品以十倍的级差，用无菌水进行稀释，取一定量的某一稀释度的悬浮液，涂抹于分离培养基的平板上，经过培养，长出单个菌落，挑取需要的菌落移到斜面培养基上培养。土壤样品的稀释程度，要看样品中的含菌数多少，一般有机质含量高的菜园土等，样品中含菌量大，稀释倍数高些，反之稀释倍数低些。采用该方法，在平板培养基上得到单菌落的机会较大，特别适合于分离易蔓延的微生物。

2. 划线分离法

用接种环取部分样品或菌体，在事先已准备好的培养基平板上划线，当单个菌落长出后，将菌落移入斜面培养基上，培养后备用。划线方法包括分区划线和连续划线两种，无论哪种方法，其基本原则是确保培养出单个菌落。该法操作简便、快捷，效果较好。

3. 组织分离法

组织分离法是从一些有病组织或特殊组织中分离菌株的方法。如从患恶苗病的水稻组织中分离赤霉素，从根瘤中分离根瘤菌及从各种食用菌的子实体中分离孢子等。

4. 利用平皿的生化反应进行分离

这是一种利用特殊的分离培养基对大量混杂微生物进行初步分离的方法。分离培养基是根据目的微生物特殊的生理特性或利用某些代谢产物生化反应来设计的。通过观察微生物在选择性培养基上的生长状况或生化反应进行分离，可显著提高菌株分离纯化的效率。

(1) 透明圈法　在平板培养基中加入溶解性较差的底物，使培养基浑浊。能分解底物的微生物便会在菌落周围产生透明圈，圈的大小初步反映该菌株利用底物的能力。该法在分离水解酶产生菌时采用较多，如脂肪酶、淀粉酶、蛋白酶、核酸酶产生菌都会在含有底物的选择性培养基平板上形成肉眼可见的透明圈。在分离淀粉酶产生菌时，培养基以淀粉为唯一碳源，待样品涂布到平板上，经过培养形成单个菌落后，再用碘液浸涂，根据菌落周围是否出现透明的水解圈来区别产酶菌株。

(2) 变色圈法　对于一些不易产生透明圈产物的产生菌，可在底物平板中加入指示剂或显色剂，使所需微生物能被快速鉴别出来。如在分离谷氨酸产生菌时，可在培养基中加入溴百里酚蓝，它是一种酸碱指示剂，变色范围在 pH6.2～7.6，当 pH 在 6.2 以下时为黄色，pH7.6 以上为蓝色。若平板上出现产酸菌，其菌落周围会变成黄色，可以从这些产酸菌中筛选谷氨酸产生菌。

(3) 抑菌圈法　常用于抗生素产生菌的分离筛选。通常抗生素的筛选要投入极大的人力、财力和时间。因此设计一个准确、迅速的筛选模型十分重要。抑菌圈法是常用的初筛方法，工具菌采用抗生素的敏感菌。若被检菌能分泌某些抑制菌生长的物质，如抗生素等，便会在该菌落周围形成工具菌不能生长的抑菌圈，很容易被鉴别出来。

四、性能测定

分离到的纯种只是筛选的第一步，所得菌种是否具有工业生产上的使用价值，还必须要进行发酵生产性能测定。一般来讲，刚从自然界分离筛选出来的菌种，其发酵生产活力往往较低，不能够达到生产的要求。因此还必须经过多次重复筛选，结合研究它们在形态和生理上的特点，找出它们生长和发酵生产的最适培养条件，并进行菌种的选育以便满足生产所需。

污染物分解菌的筛选

根据微生物对环境因子的耐受范围具有可塑性的特点，可通过连续富集培养的方法分离降解高浓度污染物的环保菌。如以苯胺作唯一碳源对样品进行富集培养，待底物完全降解后，再以一定接种量转接到新鲜的含苯胺的富集培养液中，如此连续移接培养数次。同时将苯胺浓度逐步提高，便可得到降解苯胺占优势的菌株培养液，采用稀释涂布法或平板划线法进一步分离，即可得到能降解高浓度苯胺的微生物。移种的时间既可根据底物的降解情况，也可通过微生物的生长情况确定。连续富集培养的方法虽耗时较长，有时甚至需要6～7个月，但效果较好。通过该方法分离DDT、甲基对硫磷（MP）及其他一些污染物的分解菌，也都取得了满意的结果。

本章小结

1. 微生物在自然界中的分布。微生物个体小、类型多、适应性强，有高等生物存在的地方，都有微生物的踪迹，甚至在极端环境中也有大量微生物分布（如冰川、温泉、火山口等）。

2. 微生物与生物环境之间的相互关系。当微生物的不同种类或微生物与其他生物出现在一个限定的空间内，它们之间互为环境，相互影响，表现出相互间复杂的关系，即互生、共生、竞争、拮抗、寄生和捕食。

3. 从自然界中分离筛选微生物。一般可分为采样、增殖培养、纯种分离、性能测定等步骤。常用的纯种分离方法有稀释涂布法、划线分离法、组织分离法等。也可利用平皿的生化反应进行分离如透明圈法、变色圈法、抑菌圈法等。所得菌种是否具有工业生产上的使用价值，还必须要进行发酵生产性能测定，找出它们生长和发酵生产的最适培养条件，从而满足生产所需。

复习思考题

一、名词解释

微生物生态，共生，正常菌群，互生，拮抗

二、问答题

1. 土壤为什么是微生物的天然培养基？
2. 什么是极端条件下的微生物？试举例说明各种极端条件下的微生物。
3. 如何预防工农业产品的霉腐和变质？
4. 简述微生物与生物环境间的六种主要的相互关系。
5. 以瘤胃微生物为例，说明它们与反刍动物间的共生关系。
6. 微生物的分离纯化的方法有哪些？
7. 简述从自然界分离筛选菌种的步骤。

第八章 微生物的应用和检验

学习目标

1. 了解微生物在发酵上的应用及其产物在各行业的应用情况。
2. 了解微生物在环境保护方面的应用。
3. 了解微生物在农业、工业上的应用。
4. 了解微生物检验的主要对象以及主要指标。

微生物种类繁多，分布广泛，资源丰富，是人类最宝贵、最具开发潜力的资源库。当今人类所面临的诸如环境污染、资源短缺、生态破坏、健康威胁等许多重要问题，都有可能从微生物资源的开发、研究中寻找到解决的办法。目前，微生物广泛应用于食品、医药、环保、化工、矿冶、轻纺等生产部门，产生了巨大的社会效益和经济效益。

微生物检验是基于微生物学的基本理论，利用微生物实验技术、根据各类产品卫生标准的要求，研究产品中微生物的种类、性质、活动规律等，用以判断产品卫生质量的一门应用技术。它是以技能操作为主的学科。

第一节 微生物的应用

一、微生物与发酵

目前，人们利用微生物生产发酵产品可归纳为以下四个方面：一是利用微生物菌体本身，包括生产菌体蛋白、利用菌体进行生物防治和生产可食用的大型真菌等；二是利用微生物的初级代谢功能，积累不同的初级代谢产物，如白酒、啤酒、醋、酱、乳酪、乙醇、甘油、丙酮、丁醇、赖氨酸、谷氨酸等；三是利用微生物的次级代谢功能，主要可获得抗生素、毒素、生长刺激素、色素和维生素等；四是利用微生物合成大分子物质，主要是各种酶。

1. 微生物菌体的应用

(1) 食用菌　食用菌是可供人类食用的一类大型真菌，通常也称“菇”、“菌”、“蕈”等，具有很高的经济和医疗保健价值。目前世界各地可供食用的真菌种类有2000多种，常见的约有600余种。食用菌含有丰富的蛋白质、氨基酸、维生素、多糖、不饱和脂肪酸等。很多真菌可以作为菌体制剂来治疗或预防某些疾病，比如真菌中的灵芝 、马勃的子实体可作为保健品，茯苓、猪苓等菌核可作为药品，真菌中冬虫夏草可作为保健品。此外，白木耳有提神生津、滋补强身的功用；黑木耳具有润肺和帮助消化纤维素的功用；灵芝菌具有治疗神经衰弱和延缓衰老的作用。目前市场上围绕灵芝已开发生产出上百种产品，有灵芝茶、灵芝孢子粉、灵芝白酒等。

我国人工栽培食用菌已经有千余年的历史，食用菌的生产以获得可食用的子实体为根本目的，其基本工艺过程为：

母种培养⟶原种培养⟶栽培种⟶栽培⟶收摘

食用菌固体发酵栽培方法简易，原料广泛易得。农村中大量的农副产品都可以用于栽培食用菌。蘑菇主要用稻草或麦秆经与猪、牛、马等动物粪便堆制腐熟成厩肥或堆肥生产，木生型菇类（香菇、木耳、银耳）都是用段木栽培的。

（2）单细胞蛋白 单细胞蛋白（single cell protein，SCP）又叫微生物蛋白、菌体蛋白，是指通过培养单细胞微生物获得的蛋白质，但现在把通过培养多细胞微生物获得的蛋白质也统一称为SCP。单细胞蛋白所含的营养物质极为丰富，其蛋白质含量高达40%～80%，此外还含有多种维生素、碳水化合物、脂类、矿物质，以及丰富的酶类和生物活性物质，如辅酶A、辅酶Q、谷胱甘肽、麦角固醇等。

单细胞蛋白生产的一大优势是原料来源广，包括：①农业废物、废水，如秸秆、蔗渣、甜菜渣、木屑等含纤维素的废料及农林产品的加工废水；②工业废物、废水，如食品、发酵工业中排出的含糖有机废水、亚硫酸纸浆废液等；③石油、天然气及相关产品，如原油、柴油、甲烷、乙醇等；④H_2、CO_2等废气。用于生产单细胞蛋白的微生物种类很多，包括细菌、放线菌、酵母菌、霉菌以及某些原生生物。酵母菌中主要有酿酒酵母、汉逊酵母、产朊假丝酵母、白地霉等。丝状真菌中有纤维毛壳菌、绿色木霉菌、黑曲霉和米曲霉。生产SCP的细菌有纤维单胞菌属、甲烷单胞菌属和假单胞菌属，以及光合细菌中的红螺菌科细菌等。

此外，单细胞蛋白的生产过程也比较简单：在培养液配制及灭菌完成以后，将它们和菌种投放到发酵罐中，控制好发酵条件，菌种就会迅速繁殖；发酵完毕，用离心、沉淀等方法收集菌体，最后经过干燥处理，就制成了单细胞蛋白成品。

单细胞蛋白不仅能制成“人造肉”供人们直接食用，以及制作各式面包和馒头，还常作为食品添加剂，用以补充蛋白质或维生素、矿物质等。单细胞蛋白作为饲料蛋白，也在世界范围内得到了广泛应用。单细胞蛋白也可以用作医疗药品，如直接食用可帮助消化，提取物凝血质用于止血，麦角固醇用作生产维生素D_2原料，辅酶A治疗动脉硬化、血小板减少症、肝炎等，细胞色素c用作细胞呼吸剂等。

我国作为一个人口大国，人口多、耗地少，不仅粮食趋于紧张，而且人们的食品结构中存在着蛋白质供应不足的矛盾，因此发展单细胞蛋白产业对我国具有重大现实意义。并且我们也有发展该产业的有利条件，我国每年有数千万吨的稻壳、棉籽壳、玉米芯等农业废弃物可以用来作为单细胞蛋白的生产原料。据测算，仅仅利用这些废弃物的20%，就可形成年产100万吨单细胞蛋白的生产能力，这是一条变废为宝的好途径。

（3）微生物制剂 微生物制剂也称微生物调节剂，是利用微生物学原理制成的含有大量有益活菌的制剂，有的还含有这些微生物的代谢产物。目前，国内外使用的微生物制剂有双歧杆菌、嗜酸乳杆菌、保加利亚乳杆菌、乳酸杆菌、大肠杆菌、芽孢杆菌等。

微藻中的小球藻是一种单细胞绿藻，富含蛋白质、脂肪、碳水化合物、维生素及矿物质，具有调节血脂、增强免疫力、抗肿瘤等保健功能。而螺旋藻更是被称为“二十一世纪的食品”，富含优质蛋白、必需脂肪酸、维生素及矿物质，还含有螺旋藻多糖、藻蓝素、β-高甜菜碱、微量元素等生物活性物质，1g螺旋藻干粉所含有的营养相当于1kg各种蔬菜的总和。螺旋藻不仅营养价值高，还易于采收和保存，目前已应用到食品、饲料、精细化工、医药、化妆品等很多行业。

2. 微生物初级代谢产物的利用

初级代谢产物是与菌体生长相伴随的产物，主要是构成细胞高分子物质（蛋白质、核酸、多糖、脂类、维生素）的单体物质，如氨基酸、核苷酸、有机酸等，它们在食品、医药、工业、农业上都有广泛的应用。

(1) 食品及饮料

① 食醋。食醋是人们日常生活所必需的调味品，也是最古老的利用微生物生产的食品之一。食醋因产地、生产菌及主要原料不同，生产工艺略有差异。一般食醋生产需经过原料处理、淀粉糖化、酒精发酵、醋酸发酵、提取与后处理等过程。我国食醋生产的传统工艺，大都为固态发酵法，其主要工艺流程如图 8-1 所示。其他的制醋工艺还包括液态深层发酵法、生料发酵法以及液固双相发酵法等。

水 → 润料；糖化剂、发酵剂 → 糖化、酒精发酵

主料 ⟶ 粉碎 ⟶ 润料 ⟶ 蒸料 ⟶ 出锅冷却 ⟶ 糖化、酒精发酵 ⟶ 醋酸发酵 ⟶

加盐陈酿 ⟶ 浸淋、勾兑 ⟶ 灭菌、沉淀 ⟶ 检测 ⟶ 包装 ⟶ 成品

图 8-1　固态发酵法生产食醋工艺流程

能用于生产食醋的微生物主要有曲霉菌，其主要作用是糖化，包括黑曲霉、米曲霉、红曲霉、黄曲霉等；酵母菌，其主要功能是将葡萄糖分解为酒精、CO_2及其他成分，为醋酸发酵创造条件；醋酸菌，是把酒精转化为醋酸的一类细菌的总称，包括纹膜醋酸菌、许氏醋酸菌、恶臭醋酸杆菌和巴氏醋酸菌等。

用于食醋发酵的原料有大米、玉米、糖蜜、高粱、甘薯等。发酵时加入的辅料不同或选择的发酵菌株不同，可以获得风味迥异的食醋品种。我国名优食醋有镇江香醋、山西陈醋、江浙玫瑰醋、四川麸醋等。

② 酱油。酱油是我国首先创造出来的调味品，是霉菌、酵母菌和乳酸菌等多种微生物参与原料物质转化混合作用的结果。按生产工艺不同，可划分为“酿造酱油”及“配制酱油”两大类。低盐固态发酵法酱油生产技术是我国目前酱油生产的主流工艺技术，现阶段全国酱油总量的 90% 都是由这种速酿技术生产的。其简要生产工艺流程如图 8-2 所示。

原料（豆粕、麸皮、麦片）⟶浸泡⟶蒸煮⟶冷却⟶接种种曲⟶通风制曲⟶

成曲拌入盐水⟶入池发酵⟶浸出淋油⟶生酱油⟶加热⟶调配⟶澄清⟶质检⟶成品

图 8-2　低盐固态发酵法酱油生产技术流程

酱油生产中对发酵速度、成品色泽、味道鲜美程度影响最大的是米曲霉和酱油曲霉，而影响其风味的是酵母菌和乳酸菌。用于酱油发酵的酵母菌有 7 个属的 23 个种，其中影响最大的是鲁氏酵母、易变球拟酵母、毕赤酵母等。而乳酸菌则以酱油四联球菌、嗜盐片球菌和酱油片球菌等与酱油风味的形成关系最为密切。

③ 腐乳。腐乳是大豆制品经多种微生物及其产生的酶，将蛋白质分解为胨、多肽和氨基酸类物质以及一些有机酸、有机醇和酯类而制成的具有特殊香味的豆制品。涉及的微生物主要有毛霉中的腐乳毛霉、五通桥毛霉、总状毛霉、华根霉等，另外也有利用微球菌或枯草芽孢杆菌酿造的。简要生产工艺流程如图 8-3 所示。

大豆⟶豆腐⟶切坯⟶豆腐坯⟶人工接种⟶毛坯⟶

加入辅料⟶装坛⟶后发酵⟶3～6 个月后即为成品

图 8-3　腐乳生产简要工艺流程

④ 黄酒。黄酒是一类低酒精度的原汁过滤酒，不仅在我国而且在世界上也是最古老的

饮料酒之一。黄酒的酿造原料包括水和米，南方主要用大米（糯米、粳米、籼米），北方用黍米。曲子和酒药，又称为大曲和小曲，是糖化发酵剂。曲子又有麦曲和米曲两类，麦曲中生长最多的微生物是米曲霉、根霉和毛霉。酒药，一般只用在制造淋饭酒母，其中所含的微生物主要有根霉、毛霉、酵母菌及细菌等。酒母制造是黄酒酿造中的重要工艺环节之一。酒母大致分成两个种类，一类是酒药中根霉和毛霉生成乳酸的淋饭酒母，它是采用自然培养，主要的微生物是根霉、毛霉和酵母；另一类是人工添加食用乳酸的速酵酒母和高温糖化酒母，采用纯种培养的酵母，目前大罐发酵新工艺都采用这种方式。

黄酒的基本生产工艺流程如图 8-4 所示。

糯米→清水浸泡→蒸煮→冷却→落缸→加入清水、麦曲和酵母→主发酵→后发酵→压榨→澄清→煎酒→灌装→成品

图 8-4　黄酒的基本生产工艺流程

⑤ 白酒。白酒与白兰地、威士忌、朗姆酒、金酒、伏特加并称为世界六大蒸馏酒。白酒按使用原料可分为：高粱酒、玉米酒、瓜干酒等，其中以高粱酒酒质最好。按使用的曲分为：大曲酒，以大曲为糖化发酵剂，大曲的原料主要是小麦、大麦，加上一定数量的豌豆。大曲又分为中温曲、高温曲和超高温曲。一般是固态发酵，大曲酒所酿的酒质量较好，多数名优酒均以大曲酿成。小曲是以稻米为原料制成的，多采用半固态发酵，南方的白酒多是小曲酒。以纯培养的曲霉菌及纯培养的酒母作为糖化、发酵剂，发酵时间较短，由于生产成本较低，为多数酒厂所采用，此种类型的酒产量最大，以大众为消费对象。按发酵方法分为：固态发酵法，国内名酒绝大多数是采用此法；液态发酵法，一是用食用酒精经过勾兑或串香进行生产，二是以半固半液态发酵。不同类型的白酒生产工艺各有不同，最基本的白酒生产工艺流程如图 8-5 所示。

原料粉碎→配料→蒸煮→加曲和酵母拌匀→入池发酵→蒸馏→白酒

图 8-5　最基本的白酒生产工艺流程

⑥ 啤酒。啤酒是以大麦制成的麦芽和水为主要原料，以米或谷物为辅料，加酒花，经糖化、酵母发酵酿制而成的一种低酒精度、含 CO_2 和多种营养成分的碳酸饮料酒。啤酒制造所用的酵母菌大部分是酿酒酵母和卡尔斯伯酵母。其基本生产工艺流程如图 8-6 所示。

大麦→浸泡→发芽→烘焙→去根，储存→粉碎→糖化→加酒花麦芽汁→接种酵母→主发酵→后发酵→过滤或离心→灌装→成品

图 8-6　啤酒制造基本生产工艺流程

⑦ 果酒。果酒是利用各种种植或野生果实，通过发酵或浸渍等加工后再经调配而成为品种和风味各异的一类低度酒。水果中的糖分经发酵后可生成酒精。很多种类和不同品种的果实都可用来酿造果酒，如浆果类的葡萄、草莓、猕猴桃等，仁果类的苹果、梨等，以及橘柑类等。

葡萄酒是果酒中的代表性品种，系由葡萄汁经酵母发酵而成。酒精发酵的酵母来源有两种，一种是利用附着在果实表皮的野生酵母，另一种为人工分离、驯化培养的酵母。葡萄酒的基本生产工艺流程如图 8-7 所示。

破碎与去梗⟶压榨与澄清⟶二氧化硫处理⟶调整果汁成分⟶接种酵母⟶
主发酵⟶后发酵⟶过滤或离心⟶灌装⟶成品

图 8-7　葡萄酒的基本生产工艺流程

⑧ 乳制品。利用乳酸细菌进行发酵，而获得具有独特风味的食品很多，如酸奶、干酪、嗜酸菌乳（活性乳）以及酸泡菜、乳黄瓜等。这些乳制品不仅具有良好而独特的风味，而且由于易吸收而提高了其营养价值。

发酵乳制品用的主要乳酸菌有乳杆菌、保加利亚乳杆菌、嗜酸乳杆菌、乳酸乳杆菌、乳链球菌、乳脂链球菌、嗜热链球菌、嗜柠檬酸链球菌等许多种。不同的乳制品往往由不同的乳酸菌发酵而成，以保证不同的口味和质量。而且常由两种或两种以上的菌种配合发酵，既可使风味独特多样，又可防止噬菌体的危害。

生产酸奶的菌种应来源于科研院所的专门机构及生产厂家，切不可用市售或成品酸奶作菌种。生产搅拌型酸奶时，采用产黏度高的菌种，在菌种比例上嗜热链球菌与保加利亚乳杆菌的比例为 2∶1。生产凝固型酸奶时，可以采用普通型菌种，在菌种比例上嗜热链球菌与保加利亚乳杆菌的比例为 2∶1。全脂加糖凝固型酸奶生产工艺流程如图 8-8 所示。

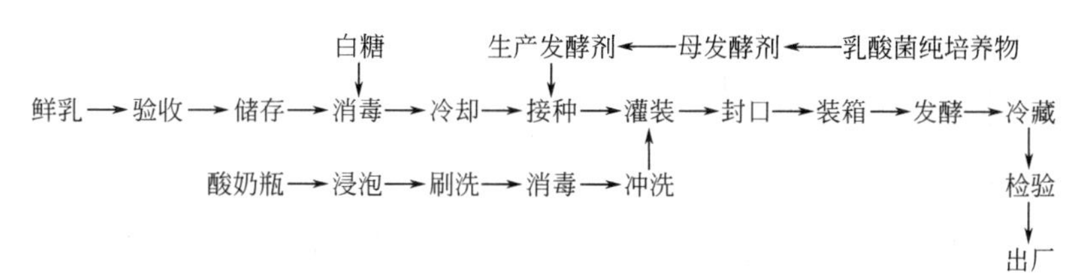

图 8-8　全脂加糖凝固型酸奶生产工艺流程

⑨ 面包。面包和馒头都是由面粉经酵母菌发酵后制成。在 30℃左右时，酵母菌利用经淀粉酶水解的产物麦芽糖、葡萄糖、果糖、蔗糖等，发酵生成 CO_2、醇、醛、有机酸等。二氧化碳使面团膨胀发孔，高温下使其质地松软可口。发酵过程中产生的有机酸、醇、醛等给予面包特有的风味。面包的生产工艺较简单，主要过程如图 8-9 所示。

面粉加水和酵母⟶（30℃）发酵⟶面团⟶揉搓⟶成型⟶烧烤⟶成品

图 8-9　面包生产主要工艺过程

（2）氨基酸　一般来说，植物和微生物都具备蛋白质合成所需全部氨基酸的生物合成系统，但对于动物而言，有些氨基酸则必须通过体外补给获得。目前，氨基酸的需要量以用作调味品的 L-谷氨酸（钠盐）和饲料用氨基酸为最大，此外，在食品、医药、化工、化妆品等方面亦得到广泛应用。

氨基酸大多无味，但它们是自然芳香的前体，能增强食品的风味。如，甜味氨基酸甘氨酸、丙氨酸、脯氨酸、丝氨酸等；鲜味氨基酸谷氨酸（钠盐）、天冬氨酸钠；苦味氨基酸苯丙氨酸、色氨酸、异亮氨酸等。它们能作为食品的呈味剂、添加剂或是香味物质。

鱼粉、大豆、小麦或玉米等大多数天然饲料都缺乏蛋氨酸、赖氨酸和苏氨酸。饲料工业上除了蛋氨酸和赖氨酸已大量使用外，甘氨酸、谷氨酸、色氨酸和苏氨酸也已被指定为饲料添加剂。

在医药和工业中，L-氨基酸输液是众所周知的手术前后的营养治疗剂，此外，氨基酸还可作为治疗药物和药物合成的原料；谷氨酸制成的聚谷氨酸树脂具有天然皮革性能，可用于制造人造皮革和涂料，还可制造人造纤维。甘氨酸、半胱氨酸、丙氨酸等又可用于制造表面活性剂、缓冲剂和抗氧化剂等。

氨基酸的生产方法有提取法、化学合成法和微生物法。目前，几乎所有的氨基酸都能用微生物法生产（胱氨酸和半胱氨酸除外）。微生物法又分为直接发酵法和酶法，其中又以直接发酵法最为重要。1957 年，日本率先采用微生物发酵法生产谷氨酸钠获得成功，并投入大规模工业化生产中。现在经过鉴定和命名的谷氨酸产生菌很多，其中主要是棒杆菌属、短杆菌属、小杆菌属及节杆菌属中的细菌。目前国内大多数厂家使用的菌种是天津工业微生物研究所选育的 T6-13 及其变形株。L-谷氨酸发酵生产工艺主要包括以下工序：原料预处理，培养基配制，种子培养，发酵，谷氨酸提取与精制。已知所有谷氨酸产生菌都不能直接利用淀粉或糊精，而只能以葡萄糖或糖蜜等作为碳源，可以通过山芋淀粉、玉米淀粉、大米或木薯淀粉等水解而获得。从发酵液中提取谷氨酸的常用方法有：等电点沉淀法、离子交换树脂法、锌盐沉淀法等。

（3）有机酸　有机酸发酵可分为两大类，一类是与糖酵解和三羧酸循环有关的有机酸发酵，例如乳酸、柠檬酸、琥珀酸、苹果酸、衣康酸等；另一类是由直接氧化生产的有机酸发酵，例如醋酸、丙酸、葡萄糖酸、酒石酸等。

柠檬酸是食品工业中最重要的酸味剂，在食品工业上广泛用作酸味剂、增溶剂、缓冲剂、抗氧化剂、除腥脱臭剂、螯合剂等。柠檬酸及其盐类在药物、化妆品行业也有着广泛用途。柠檬酸还可用于洗涤、作为增塑剂原料等。目前柠檬酸的生产都是采用微生物发酵法。发酵菌种主要是黑曲霉，但是以石油、乙酸、乙醇等为原料时，需用酵母菌中的解脂假丝酵母、热带假丝酵母、季也蒙假丝酵母等。除黑曲霉以及酵母菌外，不少细菌，如节杆菌、诺卡菌，以及放线菌、毛霉、木霉等也能产生少量柠檬酸。柠檬酸工业生产方法主要有深层液体发酵法、浅盘液体法以及固体原料的浅层制曲或厚层通风制曲法等。

乳酸主要用于食品工业、医药工业以及用于制造生物可降解塑料等。在卷烟工业中，可用乳酸除去烟草中的杂质，清除苦味，提高烟草档次。乳酸乙酯是酒类三大香精之一。自然界中产生乳酸菌的微生物很多，但是产酸能力强、可以应用到工业上的只有根霉属（米根霉、行走根霉、小麦根霉等）和细菌中的乳酸菌类（乳杆菌、乳球菌等）。由于使用细菌生产乳酸更加经济，一般采用乳酸菌生产。德氏乳杆菌能利用麦芽糖、蔗糖、葡萄糖、果糖、半乳糖、糊精等作为碳源；赖氏乳杆菌能利用葡萄糖、蔗糖、果糖、麦芽糖和海藻糖产酸；植物乳杆菌能利用葡萄糖、甘露糖、果糖、阿拉伯糖、蔗糖等产酸。乳酸发酵的常用工艺有分批发酵、连续发酵、固定化细胞反应器等，新工艺有电渗析法发酵、萃取发酵、膜循环生物反应器等。乳酸的提取工艺技术有钙盐法、酯化法、电渗析法、溶剂萃取法等。

目前国内生产葡萄糖酸的方法是采用发酵法生产出葡萄糖酸钙或葡萄糖酸钠。能发酵葡萄糖产生葡萄糖酸的微生物极多，除了曲霉和醋酸菌之外，很多种青霉、假单胞菌都有过报道，但用于工业上的只有醋酸菌和黑曲霉，特别是黑曲霉。

（4）有机溶剂　酒精被广泛应用于轻工、食品、化工、医药、农业、能源和国防等部门，是一种对国民经济有重要影响的工业产品。目前常用的酒精生产原料有：淀粉质原料，包括薯类和谷物；糖质原料，如废糖蜜、甜菜等；以及纤维质原料三大类。能用发酵法生产酒精的最常用微生物是酒精酵母，还有粟酒裂殖酵母和发酵运动单胞菌两类。淀粉质原料及糖质原料酒精生产的工艺流程如图 8-10 和图 8-11 所示。

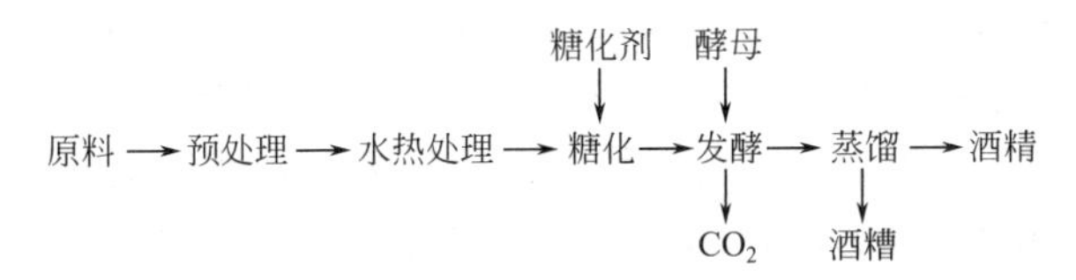

图 8-10 淀粉质原料酒精生产的工艺流程

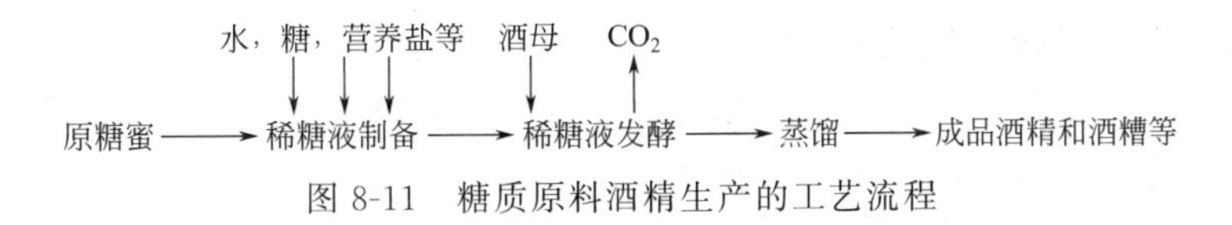

图 8-11 糖质原料酒精生产的工艺流程

丙酮既可以作为油漆、电影胶片、香料工业等有机物质的溶剂，又可用作基本有机合成化学工业的原料。丁醇也有类似功能。它们作为微生物的初级代谢产物，曾是发酵工业中历史最悠久、吨位最大、价格最低的产品之一。能够发酵生成丙酮、丁醇的微生物种类很多，一般生产用的菌株为梭状芽孢杆菌。丙酮-丁醇发酵使用的碳源很多，几乎一切含糖的原料都能用于丙酮-丁醇发酵。

丙三醇作为重要的轻化工原料，有着非常广阔的应用市场。在化学工业中用于产生环氧氯丙烷、改性醇酸树脂和酚醛树脂等；在医药工业中用作润滑剂；食品中的甜味剂和保湿剂；烟草的吸湿剂；飞机和汽车燃料的抗冻剂等。与传统的油脂皂化水解法相比，虽然微生物发酵法生产丙三醇还不是很具有竞争优势，但对其的研究一直没有停止。

(5) 维生素 维生素是生物体内酶和辅酶的成分，是人和动物不可缺少的物质，已成为药物和食品工业的重要项目。大部分维生素由化学合成生产。目前，只有维生素 B_2（核黄素）和维生素 B_{12} 由工业发酵生产。

核黄素发酵先后采用的菌种为子囊菌中的阿舒假囊酵母和棉阿舒囊霉，现产量可高达15g/L。也有报道一种假丝酵母菌已成功地应用于核黄素发酵，产量可达 20g/L。此外，还有枯草芽孢杆菌的报道。核黄素的发酵工艺主要是固体发酵，很多农副产品都可用来生产。

维生素 B_{12} 亦称钴胺素，具有抗恶性贫血的特殊效应，并可作为家畜、家禽的催肥剂。维生素 B_{12} 可以从生产链霉素、金霉素、新霉素、庆大霉素等链霉菌发酵液中提取，也可由专性发酵法来生产。细菌和放线菌普遍产生维生素 B_{12}，丙酸杆菌和假单胞菌由于其生长速率快、产率高，而优于链霉菌和其他菌种。

维生素 C，又名 L-抗坏血酸，是产量最大的维生素之一，20 世纪 70 年代初，我国的尹光琳发明了“二步发酵法”新工艺，得到国内外维生素 C 生产商的高度评价。其合成步骤包括化学反应、一步微生物转化，最后又是化学反应。

(6) 核苷类物质 以发酵法生产核苷酸，主要是利用微生物菌株的生物合成途径来生产。利用微生物生产的核苷酸类物质和核酸类物质如肌苷酸（IMP）、鸟苷酸（GMP）、黄苷酸（5′-XMP）等用于食品鲜味增强剂；嘧啶核苷（尿苷、胞苷等）主要用于生产抗肿瘤、抗病毒药物的中间体；9-β-D-阿拉伯呋喃核糖腺嘌呤对人体上的单纯疱疹和带状疱疹都是很有效的；此外，核苷类物质在化妆品（促进皮肤蛋白质合成）和农业（促进作物的生长素）上都有广泛应用。

目前我国发酵法生产肌苷年产 1000t 以上，鸟苷也可达到年产数百吨。发酵法生产各种核苷的菌株都是使用磷酸单酯酶活力很强的枯草芽孢杆菌或短小芽孢杆菌为诱变出发母株的。

用特定的微生物菌株，经诱变育种选育抗药性和某一遗传性状的变异株，几乎已经能用发酵法生产所有的自然结构的嘌呤和嘧啶核苷。我国的核糖核酸（RNA）资源丰富，利用味精厂、酒精厂、淀粉厂排出的污水可以培养高核酸酵母，然后提取RNA的年产能力大约为400～500t。因此，除微生物发酵法，利用RNA使用酶解或化学水解法来制备核苷也是经典和稳定的方法。

3. 微生物次级代谢产物

次生代谢产物是以初级代谢产物、中间代谢产物等为原料而进行合成，与生长不相伴随，生物功能不明确，其合成常因环境条件变动而中止，其结构远比初级代谢产物复杂的物质，如抗生素、毒素、植物碱、胞外多糖等。

（1）抗生素　抗生素是由微生物产生的，对其他种类微生物能产生抑制作用或致死作用的生物活性物质。由点青霉产生的青霉素是20世纪30年代发现的第一种抗生素，目前已发现的这类物质有2000多种。它们在防治人类、动物的疾病与植物的病虫害方面起着重要作用，通常分为医用抗生素和农用抗生素两大类。

目前已知的能产生抗生素的微生物种类很多，包括放线菌（主要是链霉属、小单孢菌属、诺卡菌属）、真菌和细菌类，放线菌是主要的抗生素产生菌。这些微生物产生的常见抗生素有：青霉素类、头孢霉素类、四环霉素类、大环内酯类（红霉素）、链霉素、庆大霉素、卡拉霉素、利福霉素、灭瘟素、井冈霉素、放线菌素、杆菌肽等。不同的抗生菌可能产生相同或类似的抗生素，一种抗生菌可以产生不止一种抗生素。这些抗生素在医学、农业（杀菌、菌虫、除草、饲用等）上都有很广的应用。

（2）植物激素　由微生物产生的植物激素有赤霉素、生长素、脱落酸、细胞分裂素和乙烯等。但能真正投入工业生产的只有赤霉素和脱落酸。

赤霉素是由引起水稻恶苗病的藤仓赤霉所产生的一种不同类型赤霉素的混合物，是农业上广泛应用的植物刺激素，尤其是在促进晚稻在寒露风来临之前抽穗方面具有明显的作用。青霉属、丝核菌属和轮枝霉菌的一些种也能产生类似赤霉素的刺激性物质。

此外，在许多霉菌、放线菌和细菌（包括假单胞菌、芽孢杆菌和固氮菌等）的培养液中积累有吲哚乙酸和萘乙酸等生长素类物质。

（3）色素　微生物色素除红、橙、黄、绿、青、蓝、紫、褐和黑色之外，还有介于它们之间的各种颜色。这些色素有在细胞内的，有的在细胞外；有自身合成的，有转化培养基中的某些成分而形成的。总的来说可以分为两类：一是菌苔本身呈色而不渗入培养基，称为非水溶性色素；二是菌苔本身无色或不呈色，但使培养基呈色，称水溶性色素。微生物色素的数量远远超过已知植物色素的数量，但已开发应用的主要有红曲色素和β-胡萝卜素。

红曲色素是红曲霉菌丝所分泌的色素，是我国的传统产品。自古以来，我国将它用于各种食物，特别是肉类的着色。β-胡萝卜素作为一种天然色素，在食品、化妆品上有着广泛应用，其又是维生素A的前体。目前我国发酵β-胡萝卜素的菌种主要集中在三孢布拉霉和红酵母，特别是利用三孢布拉霉的生产已近产业化阶段。

将发酵工程技术引入天然色素的制备，是目前天然色素制造研究的一大重点。运用微生物发酵法从发酵液中提取色素，第一步是将菌种在合适的培养基中逐级扩大培养，然后进行液体深层发酵，再用合适的溶剂对发酵产物进行浸取。

（4）香料、香精　香精香料属于高价值的精细化工产品，常用于食品、化妆品、医药、洗涤剂等工业中。自从啤酒、葡萄酒和乳酪等相关发酵产品问世，微生物发酵过程一直在食用复杂香味物质的发展中起着重要的整合作用。

在微生物中，真菌（特别是担子菌）所产生的挥发性物质与植物挥发性物质极其相似，许多真菌挥发性物质已经被确定，结构上也等同于高等植物香料。完整微生物细胞可催化完成碳水化合物、脂肪和蛋白质的代谢过程，且可将降解后的化合物转为更复杂的香料化合物分子。普通的发酵培养可产生大量的初级代谢产物和微量的复杂芳香化合物。例如在乳品中乳酸大量产生的同时，一些微量的挥发性香料，如短链醇、醛、酮、甲基酮以及吡嗪、内酯、硫醇类化合物也伴随着产生。

微生物生产香料香精除上述方式外，价廉易得的可再生的天然前体物，如脂肪酸和氨基酸，也可以通过微生物发酵和酶工程技术转化为高附加值的香料化合物。目前研究比较热的有：①单萜。单萜在自然界中广泛存在约有400种结构，组成了一群合适的前体底物，土壤细菌和高等真菌可将其转化为非环、单环、双环的类单萜化合物，例如广藿醇经土壤微生物选择性羟基化，可转化为10-羟基广藿酮。10-羟基广藿酮再由化学法转化为降绿叶烯醇，此为广藿香精油中的一种主要成分。也有研究报道，利用真菌可将β-紫罗兰酮转化为烟草香料。但到目前为止，大多数单萜的生物转化只停留在研究上，暂且不具有商业价值。②苯甲醛。天然的苯甲醛通常来源于苦杏仁核，最近科学家发现利用微生物转化天然的苯丙氨酸可合成出苯甲醛，这就为苯甲醛的生产提供了一条新途径。③癸内酯。内酯类香料是香料家族中成员最少的一类，而且在自然界存在很少，内酯类香料的香气一般较为高雅，适宜调配各种香精。用微生物细胞合成γ-癸内酯是生物法合成水果型香料的一个很好例子。有研究发现，用有油脂水解活性的地霉属菌与有内酯合成能力的棒状杆菌属菌进行协同发酵可转化蓖麻油生产γ-癸内酯。

（5）多糖　由微生物产生的多糖，如葡聚糖、海藻糖、黄原胶、普鲁兰、可得兰、结冷胶（gellan gum）、香菇多糖、小核菌多糖等，这些多糖化物质多数有良好的水溶性、流变性、增稠性、假塑性和稳定性等，广泛用于石油、陶瓷、医药、化妆品、农业和食品等多个工业领域。

黄原胶具有良好的增稠、悬浮、稳定乳化作用和冻融稳定性能，被广泛应用于食品工业；在化妆品上，又可作为赋形剂和乳化剂使用；在石油工业、农业等行业也有很多的应用。黄原胶的生产菌株基本都是黄单胞菌属的细菌，如野油菜黄单胞菌、菜豆黄单胞菌等。

结冷胶也是一种微生物多糖，应用于宠物凝胶食品，可用伊乐假单胞菌发酵生产。此外，还有热凝胶，由一株粪产碱杆菌发酵而得，可作为果酱、蛋糊、减肥食品，以及糖尿病食品的添加剂，或用于制可食性膜等。

普鲁兰（pullulan），在我国的译名很多，有短梗霉多糖、茁霉多糖、出芽短孢糖等，是由出芽短梗霉在糖质培养基上生长、代谢产生的一种胞外多糖。普鲁兰能够以任何比例溶解在水中，具有极强的成膜能力，对O_2、CO_2、水分和有关香气有很好的阻隔作用，且稳定性较好，可用于水果及农产品的保鲜及制成农药膜状物。

葡聚糖，又称右旋糖酐，具有免疫抗癌作用，并可用作代血浆、优质凝胶、化妆品助剂等。葡聚糖的生产菌株一般为肠系膜明串珠菌、肠系膜状白念珠菌以及聚糊精白念珠菌等。

某些真菌除了本身可以食用以外，一些真菌多糖如小核菌多糖、云芝多糖、灵芝多糖、猴头菇多糖、茯苓多糖等，具有免疫激活、抗肿瘤、抗衰老、降脂、保肝、防血栓等多种生理功能。这些多糖可以先通过深层发酵培养制取真菌的菌丝体，然后再提取出来。利用这些真菌的特点，可以开发功能性食用菌饮料。在崇尚保健食品的日本，食用菌饮料开发很受重视，在我国起步则比较晚。大型食（药）用真菌深层发酵技术沿用了传统的发酵生产工艺，如图8-12所示。

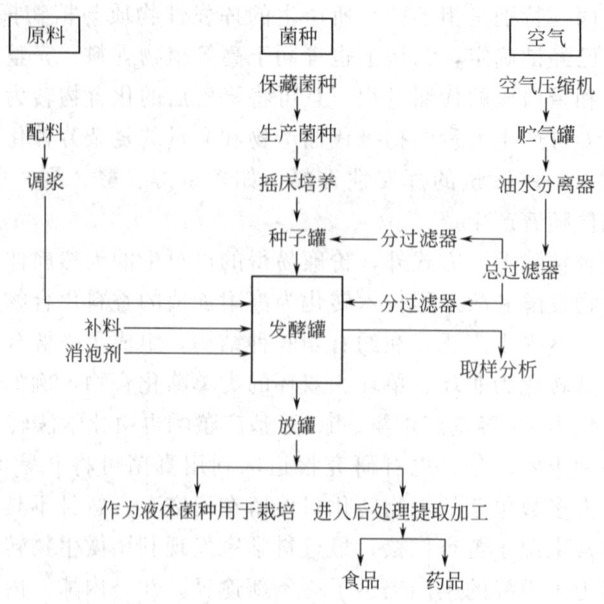

图 8-12　大型食（药）用真菌深层发酵技术

4. 酶制剂

1894 年，日本科学家首次从米曲霉中提炼出淀粉酶，并将淀粉酶用作治疗消化不良的药物推向市场，从而开创了人类有目的地生产和应用酶制剂的先例。生物界中已发现有多种生物酶，但在生产中广泛应用的仅有淀粉酶、蛋白酶、果胶酶、脂肪酶、纤维素酶、葡萄糖异构酶、葡萄糖氧化酶等十几种。由于微生物不仅不受季节、气候和地域等因素的影响，而且种类繁多、生长速度快、加工提纯容易、加工成本相对比较低，因此，除少数几种酶仍从动植物中提取外，绝大部分是用微生物生产获得的。

酶制剂可以由细菌、酵母菌、霉菌、放线菌等微生物生产。工业上对产酶菌的要求有：①安全可靠，无毒性，美国食品及药物管理局（FDA）规定枯草杆菌、米曲霉、黑曲霉、啤酒酵母和脆壁酵母等微生物无须经过鉴定即可直接用于生产；②酶的产量高、稳定性好；③容易培养和管理；④便于酶的纯化。

产酶菌一般都要通过筛选得到，筛选包括以下环节：菌样采集、菌种分离、菌种纯化和生产性能鉴定。生产性能鉴定主要可通过初筛和复筛确定。初筛多采用平板培养透明圈法，复筛多采用摇瓶培养的方法进行。常用产酶微生物及其产生的酶种类见表 8-1。

表 8-1　常用产酶微生物及其产生的酶种类

菌　种	产酶种类
大肠杆菌	大肠杆菌谷氨酸脱羧酶，大肠杆菌天冬氨酸酶，大肠杆菌青霉素酰化酶，大肠杆菌天冬酰胺酶，限制性内切酶，DNA 连接酶等
枯草芽孢杆菌	α-淀粉酶，蛋白酶，β-葡聚酶，5′-核苷酸酶，碱性磷酸酶等
黑曲霉	糖化酶，α-淀粉酶，酸性蛋白酶，果胶酶，葡萄糖氧化酶，过氧化氢酶，核糖核酸酶，脂肪酶等
米曲霉	糖化酶，蛋白酶，氨基酰化酶，磷酸二酯酶，果胶酶等
青霉	葡萄糖氧化酶，果胶酶，纤维素酶，5′-磷酸二酯酶，凝乳蛋白酶，核酸酶 S_1 等
木霉	17α-羟化酶，纤维素酶（包括 C_1 酶、C_x 酶和纤维二糖酶等）等

续表

菌　种	产 酶 种 类
根霉	α-淀粉酶，糖化酶，碱性蛋白酶，蔗糖酶，核糖核酸酶，果胶酶，纤维素酶，11α-羟化酶等
毛霉	蛋白酶，糖化酶，α-淀粉酶，脂肪酶，凝乳酶，果胶酶等
红曲霉	α-淀粉酶，糖化酶，蛋白酶，麦芽糖酶等
链曲霉	葡萄糖异构酶，青霉素酰化酶，纤维素酶，碱性蛋白酶，中性蛋白酶，几丁质酶，16α-羟化酶等
啤酒酵母	转化酶，丙酮酸脱羧酶，醇脱氢酶等
假丝酵母	脂肪酶，尿酸酶，转化酶，尿囊素酶，醇脱氢酶，17α-羟化酶等

酶的发酵生产根据微生物培养方式的不同，可分为固体培养发酵、液体深层发酵、固定化细胞发酵和固定化原生质体发酵等。液体深层发酵是目前酶发酵生产的主要方式，其基本生产流程如图 8-13 所示。

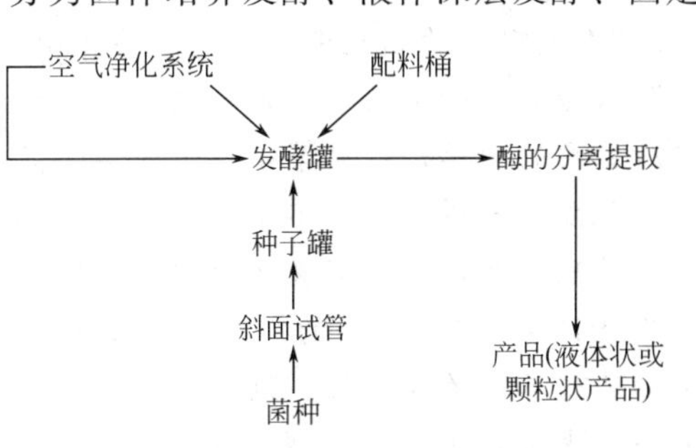

图 8-13　一般生物酶制剂的生产流程

在工业上，目前酶制剂在纺织中的应用范围较广，已在纤维改性、真丝脱胶、服装成衣加工等方面有所应用。使用到的酶主要有纤维素酶、蛋白酶、淀粉酶、果胶酶、脂肪酶等。纤维素酶和半纤维素酶在纸浆漂白、废纸脱墨及精浆技术中已被成功应用。酶在制革中的应用最早是酶脱毛和软化两方面，随着酶制剂工业的发展，其使用已经远远超过此范围。洗涤剂是工业用酶最大的应用领域，现已商品化的洗涤剂用酶有碱性蛋白酶、淀粉酶、脂肪酶、碱性纤维素酶等。

酶制剂在天然食品添加剂生产中也已占有一定的优势，酶技术已广泛应用于食品行业的各个领域，如制糖工业、酿造工业、焙烤工业以及水果蔬菜加工等方面。食品中的酶的种类及其应用范围见表 8-2，它们可直接参与食品的生产过程，也可改善食品风味、品质和产量，甚至在食品保鲜和贮藏上也有应用。

表 8-2　应用于食品方面的酶的种类及其应用范围

酶	应 用 范 围	酶	应 用 范 围
淀粉酶	葡萄糖浆生产、酿造、水果加工、焙烤	脂肪酶	香精生产、酶改性奶酪、脂肪改性、乳化剂合成
纤维素酶	水果加工、香精生产	磷脂酶 A_2	蛋黄酱、乳化剂、食用油生产
葡萄糖酶	酿造、小麦加工	蛋白酶	焙烤、酿造、蛋白质加工
乳糖酶	牛奶加工	木聚糖酶	小麦加工、焙烤
果胶酶	水果加工		

饲用酶制剂大致可分为非消化酶和消化酶两大类，非消化酶是指动物自身不能分泌到消化道内的酶，主要有纤维素酶、木聚糖酶、β-葡聚糖酶、植酸酶、果胶酶等；消化酶是指动物自身能够分泌的淀粉酶、蛋白酶和脂肪酶类等。

酶制剂在医药方面的应用，可以分为消化类（胃蛋白酶、淀粉酶、胰酶、木瓜酶等）、抗炎净化创面类（胰蛋白酶、糜蛋白酶等）、凝血类（人血凝血酶、牛血凝血酶、纤维蛋白酶等）、解凝类（链激酶、尿激酶、蝮蛇抗栓酶等）和解毒类（青霉素酶、过氧化氢酶、组织胺酶等）。此外，酶在医药诊断方面也有很广的应用。

酶与酶技术的开发与应用也是环境生物技术中重要的部分，应用酶制剂可以减轻畜禽粪便对环境的污染，如在饲料中添加酶制剂可以帮助畜禽更好地消化利用饲料中的营养物质；应用酶制剂可以帮助处理印染污水，如淀粉酶、蛋白酶、果胶酶等；复合酶可以处理城市污水；溶菌酶可以消除空调卫生隐患等。

2013 年度十大科技事件：人造肉开启新的“人造时代”

“人造肉”的制造者原来是一些极小的单细胞生物，如单细胞藻类和微生物。能够“生产”人造肉的微生物多半是一些酵母菌和细菌。它们先将废物“吞进”，然后转化为自己体内所需要的营养，然后繁殖，一变二、二变四、四再变八……很快便子孙满堂。由于它们和单细胞藻类一样，都是单细胞生物，所以，“生产”出来的“成品”也是单细胞结构，加工起来特别方便，又因富含蛋白质，所以被人们称作是“单细胞蛋白”。

2013 年，“人造”的规模和意义又一次被重新定义。2013 年 8 月 2 日，荷兰研究者利用干细胞培养出的肉纤维，做出了第一个完全诞生于培养皿的人造肉饼。这个价值 37 万元的肉饼后来被做成了汉堡（图 8-14），虽然因为缺乏脂肪而不那么好吃，但这项技术可能在遥远的未来导致畜牧业的终结。

图 8-14 荷兰科学家马克·博斯特（Mark Post）向媒体展示人造肉汉堡

二、微生物与环境保护

1. 微生物处理污染介质

人类生产、生活活动产生的污水（废水）、废气及固体废弃物都可用生物方法进行处理。

（1）水污染 水源污染主要由于大量工业废水和生活污水未经适当处理而排入水体，使许多城镇的给水源受到污染。目前大多数受污染的饮用水源都以水体富营养化为主要特征，而且以有机污染型居多，BOD（生化需氧量）、氨氮等主要水质指标较高。目前普遍使用生物法或生物法与其他方法结合来处理废水，特别是有机废水的处理。生物法中最具发展前途的是利用微生物的代谢活动来降解废水中的污染物。

根据微生物转化废水有机物时是否有游离氧存在，可将废水生物处理方法分为好氧生物处理和厌氧生物处理，它们各有优缺点。根据微生物的生长状态，好氧处理工艺又可划分为悬浮生长工艺和附着生长工艺，前者以活性污泥法为代表，而后者以生物膜法为代表。好氧生物处理废水的主要方法如图 8-15 所示。

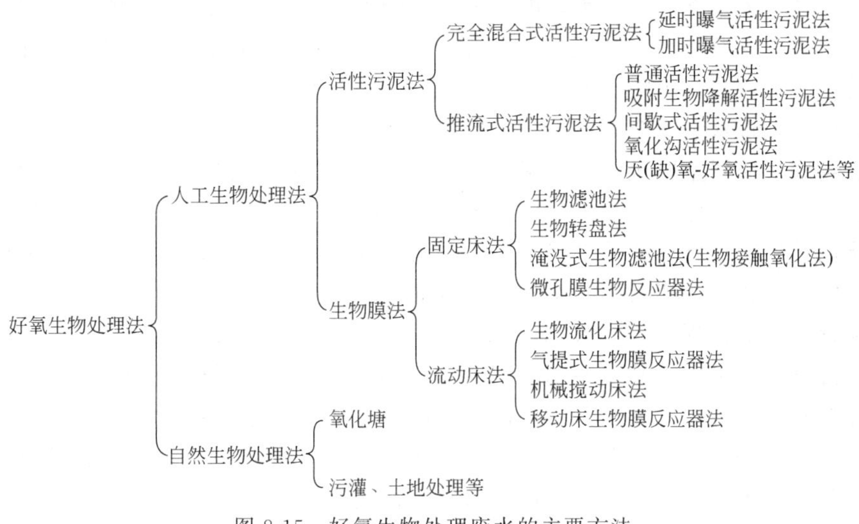

图 8-15　好氧生物处理废水的主要方法

① 活性污泥法　活性污泥法是当今世界范围内应用最为广泛的一种废水生物处理工艺，该处理系统的核心是活性污泥。活性污泥是一种茶褐色的绒絮状小颗粒，其上栖息着大量活跃的微生物，它们与有机物和无机物胶体、悬浮物构成结构复杂、肉眼可见的共生体，可以吸附和降解很多污染物，从而达到处理和净化污水的目的。

活性污泥的主体是细菌，它们大都来自于土壤、水和空气，多数是革兰阴性菌，以异养性好氧细菌为主。常见的有动胶菌属、假单胞菌属、无色杆菌属等。在活性污泥培养的初期，细菌大量游离在污水中，但随着污泥的逐步形成，逐渐集合成较大的群体，如菌胶团、丝状菌等。活性污泥的另一主要成员是原生动物，常见的有钟虫类、轮虫类、鞭毛虫类、游动纤毛虫类等。活性污泥中的真菌有曲霉、毛霉、根霉、青霉、镰刀霉、木霉等，它们具有分解碳水化合物、脂肪、蛋白质及其他含氮化合物的能力。

常规的活性污泥系统由曝气池、二次沉淀池、曝气系统和污泥回流处理系统组成，如图 8-16 所示。污水在经过初步沉淀去除各种大块颗粒后送到好氧反应池，在池中通过曝气或搅拌供给氧气。当污水停留在好氧反应池期间，一部分有机物被处理成无机物，即矿化；另一部分转化为微生物细胞物质。将此混合物送入二次沉淀池，在此池内停留 2～3h，分出活性污泥返回反应池，沉降池内的上清液即为处理水，经过检验合格即可排出。产生的活性污泥除一部分回流再利用之外，其他多余的则需要进行厌氧消化、填埋或干燥处理。干燥后的处理物可用作农业肥料。

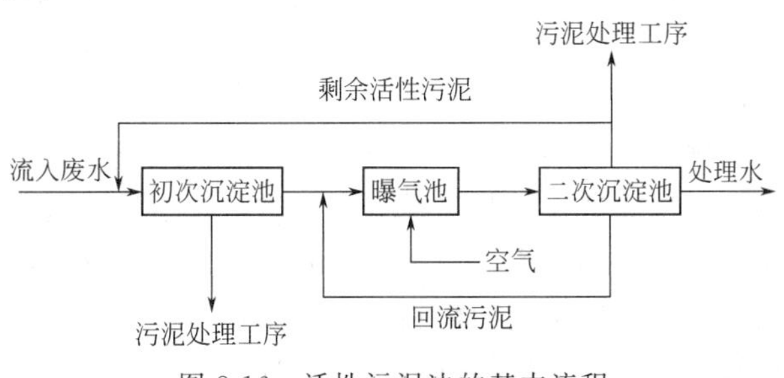

图 8-16　活性污泥法的基本流程

② 生物膜法　生物膜法处理过程中，当废水淋过滤料等载体时，废水中的微生物会附着在载体表面，在供氧条件下吸附并分解废水中的有机物而自身得以增殖。因此，在载体表面会形成一层含有大量微生物的膜，即所谓的生物膜。生物膜中的微生物与活性污泥中的相似，有细菌、真菌、藻类、原生动物、后生动物及一些肉眼可见的蠕虫、昆虫的幼虫（如蚊、蝇）等。一般认为，生物膜厚度为 2～3mm 时较为理想，太厚影响通风造成堵塞，厌氧层一旦产生，处理水水质会下降，且厌氧代谢物会恶化环境卫生。

好氧生物膜反应器主要包括：a. 生物滤池法。细菌和其他微生物以一层薄膜生长在固体介质上，当流体在固体滤料上流过时即将有机物去除。b. 生物转盘法。污水在固定的槽中流动，槽内装置有缓慢转动的许多并列的圆盘，圆盘上生长有微生物菌膜，污水在槽中流动时，随着圆盘的转动，圆盘上的生物膜交替通过水与空气，盘片回转一周，生物膜就完成了吸附—氧化—再生过程。c. 生物接触氧化法。其特点是在生物接触氧化池（曝气池）内设置填料，部分微生物以生物膜形式附着生长于填料表面，部分微生物则悬浮生长于水体中，池底曝气对污水进行充氧，并使池体内污水处于流动状态，在生物膜的作用下，废水得到净化。d. 生物流化床法。生物流化床法以浮石、砂子、焦炭、活性炭等颗粒材料为载体，在载体表面附着有生物膜，废水在流化床内与生物膜接触而得到净化。

③ 厌氧生物处理工艺　厌氧生物处理是指在无氧气的环境中利用厌氧微生物的生命活动将各种有机物转化成 CH_4、CO_2 的过程。早期的厌氧消化，主要处理 BOD 浓度在 10000mg/L 以上或固体含量为 2%～7%的污水、污泥、粪尿等。随着厌氧微生物和厌氧工艺的不断发展，在近二十年，对各种低浓度污水，以及有机固体含量高达 40%的麦秆、作物残渣等，都可采用厌氧工艺进行处理。

最早的厌氧生物反应器是厌氧消化池，后来出现了一代又一代的厌氧生物反应器与工艺，如厌氧生物滤池、厌氧接触法、上流式厌氧污泥床反应器（UASB）以及厌氧生物转盘等。

④ 生物脱氮除磷技术　污水经二级生化处理后，BOD 的去除率虽可达 95%以上，但是氮的去除率仅为 20%～30%左右。因此，还必须考虑利用某些微生物分解蛋白质、核酸的能力，将含氮有机物降解释放出氨，再经硝化作用氧化成 NO_3^-，然后通过反硝化作用使 NO_3^- 转化成 N_2，而逸入大气中。

碱性土壤中节细菌是氨化作用的主要菌群，酸性条件下真菌中的木霉、曲霉、毛霉的一些种也有很强的氨化能力。细菌中的芽孢杆菌、梭状芽孢杆菌、假单胞菌、节杆菌、分枝杆菌，真菌中的曲霉、青霉、镰刀霉等以及放线菌中的链霉菌，都能分解核酸。硝化作用由两类细菌参与，即亚硝化菌（常见亚硝化单胞菌）和硝化菌（常见硝化杆菌）。大多数反硝化细菌是异养的兼性厌氧细菌，它们能利用各种各样的有机基质作为反硝化过程中的电子供体。

磷是引起水体富营养化的一种重要污染物。所有生物除磷工艺皆为活性污泥法的修改，即在原有活性污泥工艺的基础上，通过设置一个厌气阶段，选择能过量吸收并贮藏磷的微生物，以降低出水的磷含量。

（2）气态污染物　生物处理气态污染物的原理与污水处理是一致的，本质上是对污染物的生物降解与转化。由于生物降解作用难于在气相中进行，所以废气的生物处理中，气态污染物首先要由气相转移到液相或固体表面液膜中。降解与转化液化污染物也是利用混合的微生物群体。处理过程在悬浮或附着系统的生物反应器中进行。

气态污染物的生物处理主要分为生物过滤法和活性污泥法两种。前者可分为生物滤池法和生物滴滤池法，后者则按气液接触方式不同可分为生物曝气法和生物洗涤法。目前已知适合于生物处理的气态污染物主要有乙醇、硫醇、酚、甲酚、吲哚类、脂肪酸、乙醛、酮、二硫化碳、氨、胺类、硫化氢、氮氧化物等。

(3) 固体废弃物处理与资源化技术 利用微生物分解固体废弃物中的有机物，从而实现其无害化和资源化，是处理固体废弃物的有效而经济的技术方法。它包括堆肥化处理、填埋处理等。

① 堆肥化处理 堆肥工艺在各种固体废弃物，特别是城市生活垃圾和生物固体（污泥）处理方面发挥着重要作用。堆肥中的微生物相随温度变化而变化，因材料不同而有较大差异。在以一年生植物残体为主要原料的堆肥中，微生物相的变化通常表现为：

细菌、真菌⟶纤维素分解菌⟶放线菌⟶木质素分解菌

不管是以城市污水厂剩余污泥为材料的堆肥中，还是城市垃圾堆肥，一般都是细菌占优势，特别是细菌中的嗜热菌。堆肥过程中，相当长的一段时间温度都在55℃以上，有时甚至达到80℃，可见，有关好热菌的研究极为重要。垃圾堆肥化处理的流程为：

堆肥原料⟶选择⟶破碎⟶分离⟶水分调整⟶主发酵⟶后发酵⟶后处理⟶成品

堆肥化处理的主要发酵设备可分连续式及分批式两种。连续式发酵设备有旋转式发酵槽、翻覆式发酵槽、多塔式发酵槽；分批式发酵设备有通风平台；后发酵设备有腐熟设备。

② 填埋处理 垃圾卫生填埋法是在自然条件下，构建特殊的人工生态系统，利用土壤微生物，将固体废弃物中的有机物质分解，使其体积减少而渐趋稳定的过程。垃圾填埋场主要分为反应式填埋场、残余式填埋场、惰性材料填埋场和地下填埋场等四类，其中以反应式填埋场应用最广。

随着人们生活水平的提高，固体废弃物中的有机物质含量也有较大提高，因此，近年来国内外科技工作者正致力于有机垃圾高温高速发酵法及其他生物转化法的研究开发，如通过生物转化可回收肥料、甲烷、蛋白质、酒精等。

2. 微生物对环境污染的修复作用

微生物由于其代谢类型的多样性几乎能降解或转化环境中存在的各种天然物质，特别是有机化合物。而且由于它们繁殖迅速、个体微小、比表面积大、对环境适应力强，一旦新的人造化合物出现，它们也能逐步通过自发或诱导产生新的酶系，具备新的代谢功能，从而能降解或转化那些陌生的人造化合物。现在国内外已普遍采用微生物法降解石油、多环芳烃、农药、酚类合成洗涤剂、多氯联苯（PCB)、偶氮化合物、氰化物、黄曲霉毒素、重金属等。

(1) 微生物对重金属的生物积累及生物转化 微生物与重金属具有很强的亲和性，能富集许多重金属。有毒金属被贮存在细胞的不同部位或被结合到胞外基质上，通过代谢过程，这些离子可被沉淀，或被轻度螯合在可溶或不溶性生物多聚物上。国外研究发现将含曲霉、毛霉、青霉以及根霉的丝状真菌菌丝培育物经干燥、磨碎、筛分，使其成为可贮存的生物量，用于处理含镉、铅、镍和锌的工业废水。在pH=7时，可除去98%的铅、97%的镍、92%的镉以及74%的锌。

微生物虽然不能降解重金属，但通过对重金属的转化作用，控制其转化途径，可以达到减轻毒性的作用。微生物对某些金属或类金属离子的转化作用主要分为甲基化作用、还原作用和氧化作用。汞所造成的环境污染最早受到关注，汞的微生物转化包括三个方面：无机汞的甲基化；无机汞还原成HgO；甲基汞和其他有机汞化合物裂解并还原成HgO。包括梭菌、脉孢菌、假单胞菌等和真菌在内的许多微生物都具有甲基化

汞的能力。能使无机汞和有机汞转化为单质汞的微生物包括铜绿假单胞菌、金黄色葡萄球菌、大肠杆菌等。微生物对其他重金属也具有转化能力，如硒、铅、锡、镉、砷、铝、镁、钯、金、铊等。

此外，微生物还能够将高价金属离子还原成低价态，将有机态金属还原成单质，有些金属在这个过程中毒性会消失。微生物还能将环境中一些重金属元素氧化，某些自养细菌如硫铁杆菌类能氧化 As^{3+}、Fe^{2+}、Mo^{4+}、Cu^{+} 等，通过氧化作用使这些金属离子的活性降低。表 8-3 列出了微生物处理重金属废水的技术现状。

表 8-3 微生物处理重金属废水的技术现状

地　　名	使用菌株	去除离子	处理规模
美国	酵母菌	U^{3+}	实验研究
加拿大	霉菌	U^{3+}	实验研究
英国	柠檬酸杆菌	Cd^{2+}	实验研究
日本	阴沟肠杆菌	Cr^{2+}	实验研究
俄罗斯	脱色杆菌	Cr^{2+}	实验研究
挪威	复合功能菌	Cu^{2+}、Ni^{2+}、Cr^{2+}、Cd^{2+}、Pb^{2+}、Zn^{2+}	已大规模的工业生产
中国	复合功能菌	Cu^{2+}、Ni^{2+}、Cr^{2+}、Cd^{2+}、Pb^{2+}、Zn^{2+}	已大规模的工业生产

(2) 降解芳烃、多环芳烃　多环芳烃化合物 (polycyclic aromatic hydrocarbons，PAH) 是环境中广泛存在的一类有机污染物，主要来自有机物的不完全燃烧，如煤、石油、木材等。自然界中的部分微生物具有能以其作为碳源进行生长繁殖的功能，从而达到环境修复的目的。自然界中降解烃类的微生物约占微生物群落总数的 1%，而当石油污染物存在时，这个比例可增加到 10%。据全球不完全统计，微生物种类应不少于 90 万，如以降解芳烃的微生物占微生物群落总数 10%来计算，能够降解芳烃的微生物种群至少为 9 万，这将是一个极有开发潜力的资源库。已发现的一些 PAH 的降解菌主要有细菌和真菌，如表 8-4 所示。

表 8-4 主要多环芳烃化合物降解菌

微生物	菌　　属	降解 PAH 类别
细菌	黄杆菌属	蒽、菲(三个环)
	短杆菌属中的 DP01361 菌	联苯、芴
	假单胞菌属中的 *P. maculicola*	萘
	节杆菌属	萘
真菌	黄孢原毛平革菌	苯并[*a*]芘、菲、蒽
	烟管菌属中黑刺烟管菌	蒽、苯并[*a*]芘
	产黄青霉 202 号	苯并[*a*]芘
	美丽小克银汉霉菌	荧蒽

(3) 降解农药　人们发现，在自然生态系统中存在着大量的、代谢类型各异的、具有很强适应能力的和能利用各种人工合成有机农药为碳源、氮源和能源生长的微生物，它们可以通过各种代谢途径把有机农药完全矿化或降解成无毒的其他成分，为人类去除农药污染和净

化生态环境提供必要的条件。

自然界中能降解农药的微生物种类很多，近 20 个属的不同种类微生物能不同程度地分解农药，这些微生物都可以从土壤中分离得到。土壤中分解转化农药能力最强的微生物有假单胞菌属、芽孢杆菌属、黄单胞菌属、链霉属、曲霉属、木霉属等。DDT 是一种重要的有机氯农药，已知在厌氧条件下有 10 属 23 种细菌对 DDT 具有不同程度的脱氯作用。能降解“六六六”的微生物有蜡状芽孢杆菌、生孢梭菌、大肠杆菌和恶臭假单胞杆菌等。

（4）降解石油　石油中的成分主要是碳氢类化合物，只要条件合适，均可被微生物代谢降解，但在难易程度和降解速度上有所不同。烯烃最易分解，烷烃次之，芳烃较难，多环芳烃更难，脂环烃类对微生物作用最不敏感。

迄今，已查明能降解石油中各种烃类的微生物共有 100 余属 200 多种，主要有细菌、放线菌、霉菌和藻类。降解石油的细菌主要有假单胞菌属、黄杆菌属、棒状杆菌属、节杆菌属、不动杆菌属、小球菌属等。常见的降解石油的放线菌有诺卡菌属和分枝杆菌属。环境中降解石油的真菌包括霉菌（曲霉、青霉、枝孢霉、白腐真菌等）和酵母（假丝酵母、红酵母、球拟酵母等）。

3. 微生物生产环境友好产品（可降解塑料）

随着人类社会的不断发展，塑料制品已成为人们必不可少的生活用品。由石油产品制成的传统塑料，其废弃物很难降解。因此，人们越来越多地把目光投向环境友好型塑料制品。

早在 1925 年，科学家发现巨大芽孢杆菌可在胞内形成一种颗粒，其主要成分是聚-β-羟基丁酸酯（poly-β-hydroxybutyrate，PHB），这是最早发现的一种可生物降解的高分子。当环境营养条件不平衡时（如限氮或限磷），很多微生物体内将积累 PHB。PHB 的物理化学性质与聚丙烯塑料相似，且在自然条件下可被微生物分泌的酶所降解，对环境不造成污染。

4. 用微生物监测环境污染

环境的生物监测是一个利用生物对环境污染所发出的各种信息来判断环境污染状况的过程。生物长期生活于自然环境中，不仅能够对多种污染作出综合反映，也能对污染的历史状况作出反映。因此，生物监测取得的结果具有重要的参考价值。

（1）粪便污染指示菌　粪便中肠道病原菌对水体的污染是引起霍乱、伤寒等流行病的主要原因。总大肠菌群是最基本的粪便污染指示菌，是最常用的水质指标之一。若水样中检出这类指示菌，即认为水体曾受粪便污染，有可能存在致病菌。检到的指示菌越多，污染越严重。

测定大肠菌群的常用方法有发酵法和滤膜法两种。大肠菌群数量的表示方法有两种，其一是“大肠菌群数”，亦称“大肠菌群指数”，即 1L 水中含有大肠菌群数量；其二是“大肠菌群值”，是指水样中可检出 1 个大肠菌群数的最小水样体积（mL），该值越大，表示水中大肠菌群越小。两者的关系如下：

$$大肠菌群值=1000/大肠菌群指数$$

我国生活饮用水卫生标准规定，1L 水中总大肠菌群数不得超过 3 个，即大肠菌群值不得小于 333mL。

（2）有机污染指示菌　自然水体中的腐生细菌数与有机物浓度成正比。因此，测得腐生细菌数或腐生细菌数与细菌总数的比值，即可推断水体的有机污染状况。研究证明，这种推断与实测结果十分吻合。根据水体中腐生细菌的数量，可以将水体划分为多污带、中污带和寡污带。

（3）致突变物与致癌物的微生物监测　微生物监测被公认是对致突变物最好的初步检测

方法。应用于致突变物监测的微生物有鼠伤寒沙门菌、大肠杆菌、枯草杆菌、脉孢菌、酿酒酵母、构巢曲霉等。目前以沙门菌致突变试验应用最广。

其原理是利用鼠伤寒沙门菌的组氨酸营养缺陷型菌株在致突变物的作用下发生回复突变的性能，来检测物质的致突变性。一般采用纸片点试法和平皿掺入法监测环境污染物的致突变性。在没有受到致突变物作用时，它们不能在无组氨酸的培养基上生长。受到致突变物作用后，由于细菌DNA被损伤，它们可通过基因突变而回复为野生型菌株，从而能在不含组氨酸的培养基上正常生长。野生型与组氨酸营养缺陷型沙门菌间的关系如下：

$$\text{野生型His}^+ \underset{\text{回复突变}}{\overset{\text{正向突变}}{\rightleftharpoons}} \text{营养缺陷型His}^-$$

（4）发光细菌检测法　发光细菌的发光强度是菌体健康状况的一种反映。当发光细菌接触有毒污染物时，细菌新陈代谢则受到影响，发光强度减弱或熄灭，其衰减程度与毒物的毒性和浓度成一定的比例关系。通过灵敏的光电测定装置，检查发光细菌受毒物作用时的发光强度变化，可以评价待测物的毒性大小。发光细菌应用最多的是明亮发光杆菌，可以监测各种水体，对于气体中的可溶性有毒物质，可通过将其吸收、溶解在溶液中，然后观察其对发光细菌的影响。

（5）其他　除上述的微生物监测环境污染方法以外，还可通过测定水中藻类（硅藻、栅藻、小球藻等）生长量进行水质监测或物质的毒性检测；用测定硝化细菌相对代谢率的方法检测水及土壤中的有毒物，并以此评判水体、土壤环境及环境污染物的生物毒性等。

极端环境微生物基因组研究对深入认识生命本质应用潜力极大

在极端环境下能够生长的微生物称为极端微生物，又称嗜极菌。嗜极菌对极端环境具有很强的适应性，极端微生物基因组的研究有助于从分子水平研究极限条件下微生物的适应性，加深对生命本质的认识。

有一种嗜极菌，它能够暴露于数千倍强度的辐射下仍能存活，而人类一个剂量强度就会死亡。该细菌的染色体在接受几百万拉德α射线后粉碎为数百个片段，但能在一天内将其恢复。研究其DNA修复机制对于发展在辐射污染区进行环境的生物治理非常有意义。开发利用嗜极菌的极限特性可以突破当前生物技术领域中的一些局限，建立新的技术手段，使环境、能源、农业、健康、轻化工等领域的生物技术发生革命。来自极端微生物的极端酶，可在极端环境下行使功能，将极大地拓展酶的应用空间，是建立高效率、低成本生物技术加工过程的基础，例如PCR技术中的*Taq*DNA聚合酶、洗涤剂中的碱性酶等都具有代表意义。极端微生物的研究与应用将是取得现代生物技术优势的重要途径，其在新酶、新药开发及环境整治方面应用潜力极大。

三、微生物与农业

1. 微生物农药

微生物农药已成为生物防治的重要手段，它能够有效减少化学药物带来的对环境和公共安全的威胁。所谓微生物农药是指利用生物活体及其代谢产物制成的防治作物病害、虫害、杂草的制剂，也包括保护生物活体的保护剂、辅助剂和增效剂，以及模拟某些杀虫毒素和抗生素的人工制剂。微生物农药主要包括两大类，一是利用活体微生物进行防治；二是利用微生物的代谢产物作为农药——农用抗生素。

（1）微生物杀虫剂　利用微生物防治害虫至少已有七八十年的历史了，而近二十年来以“菌”治虫的研究更为人重视。已报道的杀虫微生物近1700种，包括细菌、真菌、病毒、立克次体和原生动物，其中主要的是细菌、真菌和病毒。

① 细菌杀虫剂　细菌杀虫剂是通过营养体、芽孢在虫体内繁殖以及通过产生生物活性蛋白毒素等途径来致死目标昆虫。昆虫病原细菌的种类较多，现已发现的有100多种，主要集中在芽孢杆菌属、肠杆菌属、假单胞杆菌属、微球菌属等。已被用作细菌杀虫剂的都是芽孢杆菌，如苏云金芽孢杆菌、球形芽孢杆菌、日本金龟子芽孢杆菌和缓病芽孢杆菌等。

苏云金芽孢杆菌寄主范围很广，能感染多种昆虫，很早就投入应用，在生物杀虫剂中所占的市场份额超过了90%。苏云金芽孢杆菌的杀虫活性成分是多种杀虫毒素，主要是伴孢晶体，又称δ-内毒素，它是一种蛋白质晶体，完整的伴孢晶体并无毒性，当幼虫吞食含伴孢晶体和芽孢的混合制剂后，在肠道中被水解产生的毒性肽很快发生毒性，最终导致其死亡。

在农林、贮粮和环卫害虫中，大面积应用苏云金制剂防治取得显著效果的主要有：菜青虫、小菜蛾、稻苞虫、稻纵卷叶螟、棉造桥虫、玉米螟、茶毛虫、避债蛾、印度谷螟、米蛾、蚊和蚋等。

其他杀虫细菌，如金龟子芽孢杆菌对鞘翅目害虫金龟子的幼虫——蛴螬有高度致病力；球形芽孢杆菌的一些菌株对蚊幼虫有很高的毒力，且它适于发酵罐大规模培养和制备。

② 真菌杀虫剂　在昆虫病原微生物中，真菌种类最多，约占病原微生物种类的60%以上。现在已知有500多种真菌能寄生于昆虫和螨类，导致寄主发病和死亡，主要集中在虫霉目和半知菌亚门中的白僵菌属、绿僵菌属、拟青霉属等。

球孢白僵菌是当今世界上研究和应用最广泛的一种杀虫真菌。其分生孢子（有效侵染体）可通过各种方式附着到虫体表面，在适宜条件下萌发并穿透寄主体壁进入血腔，最终导致虫体死亡。白僵菌的生产主要采用液态发酵、固态发酵和液固两相发酵，如图8-17所示。液固两相发酵在规模化工业生产上使用较好。球孢白僵菌能侵染鳞翅目、鞘翅目、同翅目、直翅目以及螨类，主要用以防治松毛虫、玉米螟、蚜虫等效果好。最近，国内有较多球孢白僵菌防治茶小绿叶蝉、温室粉虱和朱砂叶螨等刺吸式口器害虫的报道。

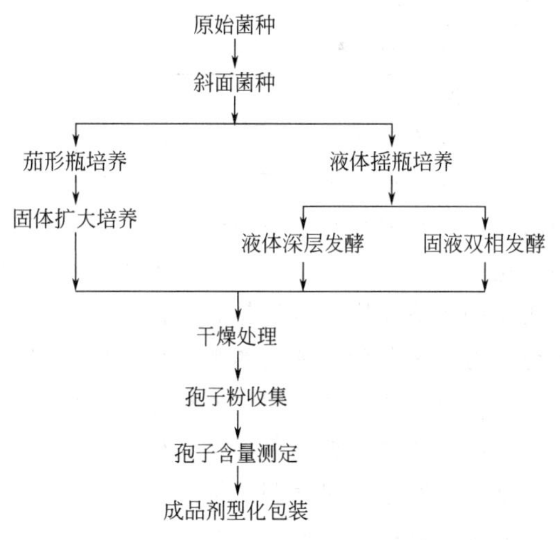

图8-17　白僵菌生产工艺流程

③ 病毒杀虫剂　病毒包涵体被碱性的昆虫消化液所水解而释放出病毒粒子后能侵染昆虫体内各种细胞，在胞内大量增殖致使细胞破裂，最后充满昆虫组织使昆虫死亡。据报道已分离的病毒大约有1600种，可导致约1100种昆虫和螨类患病。作为害虫防治的病毒，主要以核多角体病毒（NPV）和颗粒病毒（GV）的杆状病毒为主。病毒杀虫剂主要有以下两个优点：病毒包涵体的抗逆性很强，因此对害虫有长期的控制作用；病毒专性很强，对人、畜无害。

由于病毒是营专性寄生生活，目前尚无法在人工培养基上生长，只能用活虫体或活的细胞组织来生产病毒，做成制剂。近年来，国外各种类型的昆虫病毒都是通过人工饲养昆虫来大量生产病毒杀虫剂。产病毒杀虫剂的使用方法有喷雾、喷粉、直接施于土壤和释放带病毒昆虫到害虫中去等。昆虫病毒中研究最为深入的当属杆状病毒。主要感染鳞翅目昆虫，如黏虫、棉铃虫等。美国的棉铃虫病毒以及日本的赤松毛虫病毒，均已登记注册，成为正式农药。

（2）微生物杀菌剂　植物和其他生物一样，体内、体表及根茎叶等各部分都存在病原菌和对植物有益的腐生微生物系，如荧光假单胞菌可利用代谢产生的抗生素类物质抑制腐霉菌和丝核菌造成的根、茎部腐烂，绿色木霉可以直接寄生于立枯丝核菌的菌丝上等。因此，人们可以利用天然的或经过改良的植物腐生微生物与病原菌之间的相互关系来防治植物病害，其主要的防治理论基础是利用微生物之间的寄生、拮抗、竞争等作用。主要的微生物杀菌防治实例见表 8-5。

表 8-5　拮抗微生物杀虫剂

拮抗微生物	对象病害或病原菌	研究国家
假单胞菌 NRRL-B-12537	番茄萎蔫病/尖镰孢菌	美国
荧光假单胞菌	腐霉菌属	美国
绿色木霉菌	菊萎蔫病/尖镰孢菌	美国
一种木霉菌 T-315	苗立枯病/腐霉菌属、丝核菌属、小核菌属、尖镰孢菌	欧洲
链霉菌属	棉立枯病/真菌立枯丝核菌	美国
颠茄青枯菌	茄科植物土壤菌病	日本
一种青霉菌 ATCC 39271-2	植物真菌	美国
腐霉菌属 N2ATCC20692-3	植物腐霉菌	美国
一种假单胞菌 NRRLB-14149	黄瓜、豆科植物/腐霉菌	美国
嗜麦芽假单胞菌、黄杆菌属等	植物病害	美国

具有抑菌抗病的真菌多属半知菌和子囊菌，主要有木霉、白僵菌、青霉、毛壳霉等。据不完全统计，木霉至少对 18 个属 29 种植物病原真菌具有拮抗作用，如苗木立枯病菌、白绢病菌、灰霉病菌和树木根朽病菌等。青枯病是一种毁灭性土传病害，可引起烟草、辣椒、番茄、花生、生姜等植物患病，是世界上危害最大、分布最广的植物病害之一。木霉对青枯病有明显的防治作用。酵母是具有抑菌抗病作用的又一类重要真菌，如纤细假丝酵母和清酒假丝酵母可使灰葡萄孢造成的苹果伤口腐烂降低 50%。

应用较多的生防细菌主要有芽孢杆菌属、假单胞杆菌属和土壤放射杆菌等。比如其中的枯草杆菌可产生诸如枯草菌素、杆菌霉素等多肽类抑菌物质，这些抗菌物质通过抑制菌丝生长或孢子萌发达到对病菌的拮抗作用。

病毒类杀菌剂方面，人们可以利用植物感染弱毒病毒株系从而避免强毒病毒株的侵染而达到防病的目的，如用感染了病毒的小麦全蚀病菌接种小麦后可以抑制强毒性病毒株系的侵入。根据同样的道理，从日本烟草花叶病毒、黄瓜绿斑花叶病毒、柑橘萎缩病毒菌株筛选出了弱毒病毒株系，通过相应的接种之后，可以实现防治植物病毒的目的。

（3）微生物除草剂　杂草危害是一个世界性问题。微生物产生植物毒性物质及杀草活性物质，可以达到高效、安全除草的目的。微生物源除草剂是利用微生物所产生的次生代谢产物——植物毒素，使植物感病，产生病斑或枯萎而达到防治杂草的目的。

真菌是微生物除草剂研究最多的，其中刺盘孢菌属报道的情况最多，如茄炭疽病菌可侵染苘麻，导致严重的叶枯及叶片脱落；平头刺盘孢用于水稻和大豆田间防除大麻等。其他真菌除草剂还有美国 Abbott 公司开发的用于防除柑橘园杂草的棕榈疫霉菌，以及南瓜腐皮菌防治德克萨斯葫芦等。具有除草潜能的细菌主要是根际细菌，共有 7 个属。其中的黄单胞菌属既是重要的植物病原菌也是工业上应用较多的一类细菌。有报道说，野油菜黄单胞菌早熟禾变种在美国南部被用作防治草坪中的一年生早熟禾，防效可达 82%。

2. 农用抗生素

在微生物农药中，农用抗生素的发展远比活体微生物农药的发展快得多。近年来，能产生具有杀虫、杀菌或除草活性的新的抗生素层出不穷。而今，已商品化的农用抗生素几乎遍及了农药的所有领域。其中，作为杀菌剂的有春雷霉素、井冈霉素、农霉素、链霉素等，杀虫剂有杀蚜素、阿维菌素、杀螨素等，除草剂有双丙氯膦等。

植物用杀菌抗生素中，灭瘟素、春雷霉素和庆丰霉素对水稻稻瘟病病菌有强烈的抑制作用；井冈霉素对水稻纹枯病有很好的防治作用，是目前世界上应用面积最大的一种农用抗生素；多抗霉素可用于防治人参褐斑病、苹果斑点落叶病、番茄灰霉病等经济作物病害；公主岭霉素，对高粱散黑穗病和小麦腥黑穗病表现出很高的防治效果；中生菌素（克菌康）对水稻白叶枯病、苹果轮纹病、白菜软腐病有较好的防治效果。植物用杀虫抗生素中，杀蚜素是我国第一个报道的杀虫抗生素，能有效抑制柑橘锈螨、红蜘蛛、橘蚜等的危害；阿维菌素对动物寄生虫及多种农业害虫有很高的杀虫作用。

五十多年来，饲用抗生素在世界各国得到了广泛应用。随着人类环保意识的不断增强，以及病菌抗药性的不断出现，目前在饲料生产中使用的抗生素品种已与人用抗生素分开，主要有四环素类、大环内酯类、多肽类、氨基糖苷类、聚醚类等。

3. 微生物肥料

微生物肥料，也叫生物肥料、菌肥、细菌肥料，是以微生物的生命活动导致作物得到特定肥料效应的一种制品，是农业生产中使用肥料的一种。微生物肥料是活体肥料，它的作用主要靠它含有的大量有益微生物的生命活动来完成。因此，微生物肥料中有益微生物的种类、生命活动是否旺盛是其有效性的基础。使用微生物肥料具有提高化肥利用率、适于生产绿色食品、改善土壤物理性状提高土壤肥力等优点。此外，利用微生物的特定功能分解发酵城市生活垃圾及农牧业废弃物而制成微生物肥料不仅具有很高的经济价值，而且具有良好的环保意义。

微生物肥料的种类很多，如果按其制品中特定的微生物种类可分为细菌肥料（如根瘤菌肥、固氮菌肥）、放线菌肥（如抗生菌类、5406）、真菌类肥料（如菌根真菌）等；按其作用可分为根瘤菌肥料、固氮菌肥料、解磷菌类肥料、硅酸盐细菌类肥料、增产菌肥料等。我国的微生物肥料中，根瘤菌肥的应用最为广泛，其中大豆、花生、紫云英及豆科牧草接种面积较大，增产效果明显。

微生物肥料的生产采用严格条件的工业发酵过程，生产工艺必须符合微生物发酵要求。微生物菌肥发酵通常采用液体发酵和固体发酵，或液固结合的两步发酵法。微生物肥料的施用方法较多，主要有：拌种、穴施、基肥、追肥、蘸根、种肥、淋芽等。不同肥料对不同的作物有最适施用方法、施用量和施用时间。

4. 沼气

沼气是有机物质在厌氧条件下通过种类繁多、数量巨大且功能不同的各类微生物共同作用而产生的一种可燃气体，主要成分是 CH_4。通常沼气中 CH_4的含量为60%左右，是一种可直接利用的能源。也即沼气发酵是指在厌氧条件下将有机物转化为沼气的微生物学过程。各种废弃的有机物，如农作物秸秆、人畜粪便、工业废液废渣、城市垃圾等，都可以用来发酵生产沼气。通过这一方式，不仅可以消除环境污染，还可生产再生能源，因此具有很大的发展潜力。

沼气发酵微生物种类繁多，是一个极其复杂的微生物生态系统，按其功能可分为产甲烷微生物和不产甲烷微生物两大类。不产甲烷微生物包括水解细菌、产氢产酸菌和同型产乙酸菌三大类群。它们的作用就是将复杂的有机物变为简单的小分子化合物。参与这一步骤的微生物包括厌氧菌和兼性厌氧菌，以细菌为主，还有多种真菌和少数原生动物。产甲烷菌则负责产生乙酸的代谢。

在一些发展中国家的农村地区，人们建立了大量小型的家用沼气池，利用秸秆、杂草及人畜粪便等发酵生产沼气，供家庭烧火做饭和照明。由于产甲烷菌的广泛存在，沼气发酵并不需要接种。将不同原料适当配合后，平稳地投入发酵池，保证适当的发酵条件，如不漏水漏气，适宜温度（10～55℃）、适当 C∶N［（10～25）∶1］、合理水分（90%左右）及适当的酸碱度（pH7.0 左右）等，并适当搅拌，发酵就可以正常进行。农村家用沼气普遍采用的工艺是中国水压式沼气发酵工艺（混合原料），发酵工艺流程如图 8-18 所示。

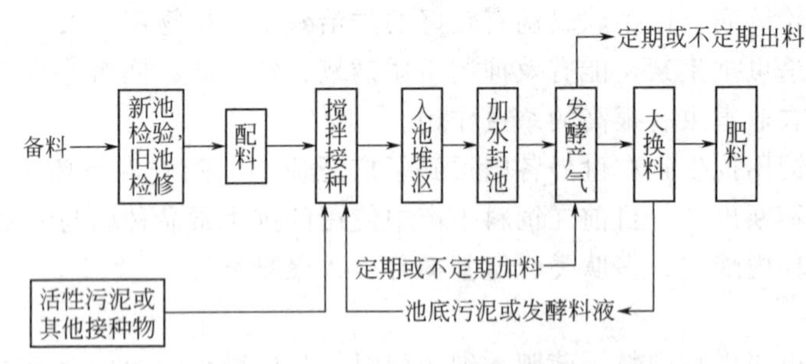

图 8-18 农村家用沼气发酵工艺

四、微生物与工业

1. 微生物冶金

用微生物提取金属（通称生物湿法冶金）是指利用某些微生物或其代谢产物对某些矿物（主要为硫化物）和元素所具有的氧化、还原、溶解、吸收（吸附）等作用，从矿石中溶浸金属或从水中回收（脱除）有价（有害）金属。

湿法冶金的冶金学原理主要包括两部分，一是间接作用（基于微生物生命活动中生成的代谢物的间接作用），即微生物通过作用产生硫酸和硫酸铁，然后通过硫酸或硫酸铁作为溶剂浸出矿石中的有用金属；二是直接作用（细菌对矿石的直接浸提作用），如细菌附着在包裹金属的金属硫化矿（如黄铁矿、砷黄铁矿等）上，直接氧化铁、硫，即细菌与矿石之间通过物理化学接触把金属溶解出来。

矿物浸出涉及的微生物及其作用是多种多样的，如氧化硫硫杆菌、氧化亚铁硫杆菌、氧化亚铁铁杆菌（简称 T. f）、氧化亚铁钩端螺旋菌、布赖尔利叶硫球菌和嗜热硫氧化菌等。矿业微生物的另一个重要应用是从溶液中吸附或积累金属，利用这类微生物回收或者去除废水中的金属技术已达到商业化的应用阶段。这部分微生物主要有细菌中的铜绿假单胞菌、大肠杆菌 K-12、枯草芽孢杆菌、生丝动胺菌，真菌中的酿酒酵母和根霉，藻类中的小球藻，以及放线菌中的放线菌纲微生物等。

浸矿用微生物可以从保存单位购买或是直接从要处理矿石的周围环境中分离。但前者由于是纯种菌株，仍需一段较长时间的驯化才能适应新环境。所以，工业上用到的微生物绝大部分是从取自矿石（或石油）的开采现场的水样或土样中直接分离出来的。

一般来说，微生物浸出的工艺流程包括原料准备、浸出、固液分离、金属回收和浸出剂再生等五个主要工序。在实践中，可根据具体的处理对象和要求，拟定具体实施流程，如图 8-19 所示为利用氧化亚铁硫杆菌浸出金属硫化矿矿石的通用流程。

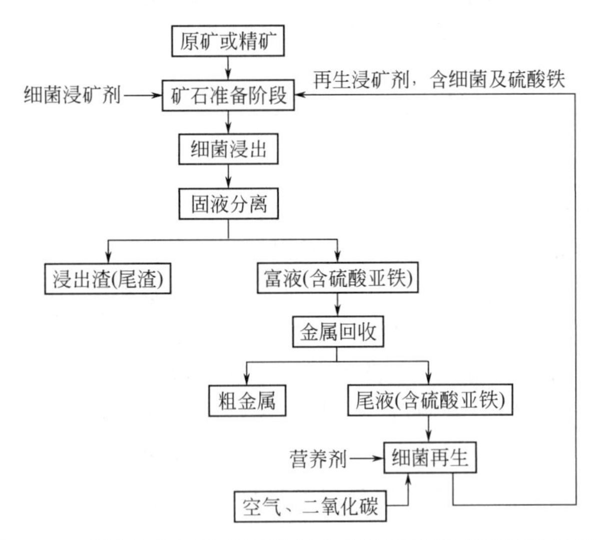

图 8-19　利用氧化亚铁硫杆菌浸出金属硫化矿矿石的通用流程

目前，世界上至少有 20 个国家 30～40 个矿山已经成功地大规模应用细菌浸出法来处理贫矿、废矿和难浸矿石。除铜、铀、金外，其他贱金属和稀有贵金属的生物提取同样具有工业潜力，包括锌、铅、钼、锰、镍、钴、镓、锗、镉等。

2. 微生物石油资源开采和精炼

利用微生物开采枯竭的油层是目前最经济的方法之一。微生物采油技术是通过将筛选的微生物注入油藏，利用微生物在油藏中的有益活动、微生物的代谢作用及代谢产物与油藏中液相和固相的相互作用、对原油/岩石/水界面性质的特性作用等，改变原油的某些物理化学特征，改善原油的流动性质，从而提高原油采收率的综合性技术。

微生物采油方法主要包括两大类：一是利用微生物产品（如生物聚合物和生物表面活性剂）作为油田化学剂进行驱油，目前该技术在国内外已趋于成熟；另一类是通过将微生物注入到油层，将储油岩层作为一个巨大的发酵罐，让微生物在其中生长繁殖，代谢出对提高采收率有用的代谢产物或者进行原油改良，从而提高原油采收率的方法。

地下发酵法用到的微生物菌株以自然界筛选为主，但也可以直接利用一部分油层中原有的微生物。利用微生物采油时，常用菌种如表 8-6 所示。

表 8-6　微生物采油常用菌种

菌　　种	好氧或厌氧	产物及其作用
梭状芽孢杆菌	厌氧	气体、酸类、醇类和表面活性剂
杆菌	兼性	酸类和表面活性剂
假单胞菌	好氧	表面活性剂和聚合物;能降解烃类

续表

菌　　种	好氧或厌氧	产物及其作用
黄单胞杆菌	好氧	聚合物
明串珠菌	兼性	聚合物
脱硫弧菌	厌氧	气体和酸类;还原硫酸盐
节细菌	兼性	表面活性剂和醇类
肠杆菌	兼性	气体、酸类
棒状杆菌	好氧	表面活性剂

3. 生物质转化燃料

20 世纪 70 年代两次石油危机的出现提醒人们，寻找可再生性的替代能源和化工原料已成为维持人类社会可持续发展的紧迫任务。地球上每年光合作用的产物高达 1500 多亿吨，是地球上最主要的可再生性资源，其中小部分淀粉、蛋白质和糖类已作为人类的粮食、饲料和发酵工业原料得到广泛的应用。虽然许多微生物都能够很容易地将淀粉水解产生的葡萄糖等糖类转化为各种各样的醇、酮、有机酸类化工产品，但是随着人口的增长，用淀粉和糖类生产燃料和化工产品的发展将受到限制。人们应该清醒地认识到，绝大部分光合作用的产物为木质纤维素类物质，主要包含纤维素、木质素和半纤维素等，它们才是地球上最丰富的可再生性生物质（能），它们与甲壳素、角蛋白等被称为是地球上未被充分利用的三大类资源物质。

乙醇是来自可再生资源的最有发展前景的液态燃料。燃料酒精在巴西、美国、加拿大等国家已经有多年的使用历史。但它们多以粮食如玉米、蔗糖等为原料来生产酒精。中国作为一个人口大国，以粮食为原料生产燃料始终不是长久之计。因此，考虑在微生物帮助下将各种农业残余物（玉米秸、麦秸、稻草等）、林业残余物（伐木产生的枝叶、死树、病树等）、专门栽培的作物（杂种白杨、柳、枫、甘蔗、甜菜、甜高粱等）以及各种废弃物（城市固体垃圾、废纸、制糖生成的甘蔗渣、玉米纤维和造纸废液等）降解转化为各种燃料和化工产品是较优选择。植物纤维类生物质转化为酒精的主要工艺过程如图 8-20 所示。

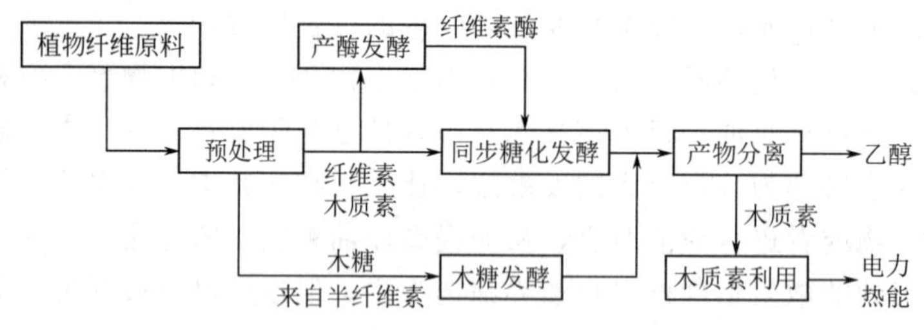

图 8-20　植物纤维类生物质转化为酒精的主要工艺过程

真菌被认为是自然界中有机物质特别是纤维素物质的主要降解者，主要包括褐腐真菌（卧孔菌和拟管革裥菌等）和白腐真菌（多孔菌、侧耳、蘑菇等）。能分解纤维素的丝状真菌主要有木霉属、青霉属、毛壳霉属、脉孢霉属等，丝状真菌通常只能分解纤维素和半纤维素，而无分解木质素的能力。在自然界中分布的其他纤维素的降解微生物还包括：芽孢杆菌属、热酸菌属、热杆菌属、假单胞菌属、纤维单胞属、小单孢菌属、链霉菌属等。

4. 生物产氢

早在19世纪，人们就已经认识到细菌和藻类具有产生分子氢的特性。20世纪70年代的"石油危机"，使各国政府和科学家意识到亟须寻求替代能源，生物制氢第一次被认为具有实用的可能。迄今为止，已研究报道的产氢生物类群包括光合生物（厌氧光合细菌、蓝细菌和绿藻）、发酵产氢（丁酸型、丙酸型和乙醇型）和古细菌产氢。

微藻，未来的燃料之路？

玉米和甘蔗都是众所周知的生物燃料作物，但是微藻比它们更高效——甚至比大名鼎鼎的柳枝稷更高效。一些微藻含油量超过60%，遗传工程师称他们还可以将这一比例提高。美国的生物燃料大多来自玉米。目前的一个问题是，大量农田被燃料作物占用，导致食品价格高涨。和玉米不同的是，微藻不和食物争夺农田。"微藻可生长在田边地角，甚至是农业和生活废水中，"内布拉斯加大学的生物化学家唐纳德·维克斯说，"它们是可持续性的，产量高，容易培植，还可以捕捉二氧化碳。"如果能够规模化地培植含油丰富的微藻——至少达到其他燃料作物今天的规模——它们最终可以取代美国70%的交通用燃油（包括喷气燃料、汽油、柴油）。目前，"每英亩（1英亩=4046.8564m^2）微藻可收获5000加仑（1美制加仑=3.7854L）燃油，"维克斯说，如果将6000万英亩土地（相当于俄勒冈州面积）全部用于培植燃料微藻，"每年可收获3000亿加仑微藻生物燃料。"要完全取代美国每年消费的所有汽油则需要4600亿加仑。

培植微藻用于生产生物燃料的关键是对它们进行基因改造，使它们的含油量提高。迄今为止，遗传学家们只深入地研究了一类微藻：一种常见的单细胞绿藻，学名莱茵衣藻。其他还有几千个品种同样可能是理想的生物燃料原料。维克斯说，"这方面的研究依然在初级阶段。"他将今天的微藻专家比作古代印第安人。经过8000年的栽培，他们将野生墨西哥类蜀黍植物变成了今天的玉米。"就微藻遗传学研究而言，我们还处在类蜀黍植物的时代。"

可再生生物燃料标准要求在美国销售的汽油中添加一定比例的可再生燃料，最近这一标准再次调高，微藻生物燃料可能因此获利。法令要求，到2022年，生物燃料的年产量将从目前的75亿加仑增加到360亿加仑。其中210亿加仑必须来自减少温室气体排放量达到或超过50%的燃料作物——微藻可完美实现这一目标。但是，绿色游说公司cLaustenllc的负责人康妮·L. 劳斯登担心，目前的规则太过具体，"生物燃料税收鼓励政策到处都是，"她指的是不同的生物燃料的原材料所享受的支持差别巨大。"我们需要为所有这些燃料制定统一的税收鼓励政策。不要因为某种技术还处于萌芽阶段，就尽情打压。"让微藻生物燃料达到商业化规模也是一个挑战：从0英亩到6000万英亩将需要大量的研究、发展和投资。但是，150年前，石油工业的诞生和成长同样戏剧化。只要有足够的经济和环境动力，微藻生物燃料同样可以成功。

第二节　微生物检验

各类产品从原料、加工、储藏、运输、销售等各个环节，都会受到环境中微生物的污染，不同来源的微生物可通过各种途径污染暴露于环境中的各类产品，并在其中生长繁殖引起变质，影响产品的特性，甚至产生毒素，造成食物中毒、疾病传播等后果。因此，许多产品在生产、销售或使用之前必须对其进行微生物学检验。微生物学检验是产品卫生标准中的一个重要内容，也是确保产品质量安全、防止致病菌污染和疾病传播的重要手段。

微生物的检验指标更多地用于评价产品的安全性。产品中的微生物种类很多，并非所有的微生物都需要检测。不同的产品要求不一样，检测范围也不同。微生物检验对象包括食品、化妆品、药品、一次性用品及其他生活用品、应施检疫的出口动物产品、环境以及有关国际条约或其他法律、法规规定的强制性卫生检验的进出口商品等。

一、食品微生物检验

食品安全问题已经成为国际组织、各国政府和广大消费者关注的焦点之一。根据世界卫生组织掌握的资料，在食源性疾病的危害因素中，微生物性食物中毒仍是首要危害。对食物中的微生物进行检验，既是商检机构、产品质量监督检验部门、卫生防疫部门工作的需要，也是食品生产企业进行产品质量控制、保证食品安全质量的手段之一。

1. 食品微生物检验的意义及范围

(1) 食品微生物检验的意义　食品微生物检验方法为食品监测必不可少的重要组成部分。通过测定微生物指标，判断食品在加工环境和食品原料及其在加工过程中被微生物污染及生长的情况，为食品环境卫生管理和食品生产管理及某些传染病的防疫措施提供科学依据。

① 它是衡量食品卫生质量的重要指标之一，也是判定被检食品能否食用的科学依据之一。

② 通过食品微生物检验，可以判断食品加工环境及食品卫生环境，能够对食品被细菌污染的程度做出正确的评价，为各项卫生管理工作提供科学依据，提供传染病和食物中毒的防治措施。

③ 通过食品微生物检验，可以有效地防止或者减少食物中毒以及人畜共患病的发生，保障人们的身体健康；同时，它对提高产品质量、避免经济损失、保证出口等方面具有政治上和经济上的重要意义。

(2) 食品微生物检验的范围　根据食品被微生物污染的原因和途径，食品微生物检验的范围包括以下几点。

① 生产环境的检验，包括车间用水、空气、地面、墙壁等。

② 原辅料检验，包括食用动物、谷物、添加剂等一切原辅材料。

③ 食品加工、储藏、销售诸环节的检验，包括食品从业人员的卫生状况检验和加工工具、运输车辆、包装材料的检验等。

④ 食品的检验，重要的是对出厂食品、可疑食品及食物中毒食品的检验。

2. 食品微生物检验主要指标

“指标菌”是在分类学或生态学上相似的一群微生物，能用来指示样品过去或现在所具有的而不能直接证明的某些特征。

指标菌的检测结果可评价食品的安全卫生状况，在食品检测工作中十分重要。我国卫生部颁布的食品微生物指标有菌落总数、大肠菌群和致病菌三项。

(1) 菌落总数　菌落总数是指食品检样经过处理，在一定条件下培养后所得 1g 或 1mL 检样中所含细菌菌落的总数。

菌落总数反映食品的新鲜度、被细菌污染的程度及食品生产的一般卫生状况。及时反映食品加工过程是否符合卫生要求，为被检食品卫生学评价提供依据。通常认为，食品中细菌数量越多，则可考虑致病菌污染的可能性越大，菌落总数的多少在一定程度上标志着食品卫生质量的优劣。

(2) 大肠菌群　大肠菌群系指一群在 37℃能发酵乳糖、产酸产气、需氧和兼性厌氧的革兰阴性无芽孢杆菌。

大肠菌群不是细菌学上的分类命名，而是根据卫生学方面的要求，提出的与粪便污染有关的细菌，即作为食品、水体等是否受过人畜粪便污染的指示菌。大肠菌群是寄居于人及温血动物肠道内的肠居菌，它随着大便排出体外。食品中如果大肠菌群数越多，说明食品受粪便污染的程度越大。

大肠菌群和大肠杆菌是评价卫生质量的重要指标，作为食品中的粪便污染指标。食品中检出大肠菌群，表明该食品有粪便污染，即可能有肠道致病菌存在，因而也就有可能通过污染的食品引起肠道传染病的流行。大肠菌群数的高低，表明粪便污染的程度，也反映了对人体健康危害性大小。大肠杆菌在外界存活时间与一些主要肠道致病菌接近，它的出现预示着某些肠道病原菌的存在，因此该菌是国际上公认的卫生监测指示菌。近年来，有些国家在执行 HACCP 管理中，将大肠杆菌检测作为微生物污染状况的监测指标和 HACCP 实施效果的评估指标。

(3) 致病菌　致病菌即能够引起人们发病的细菌。对不同的食品和不同的场合，应该选择一定的参考菌群进行检验。例如，海产品以副溶血性弧菌作为参考菌群，蛋与蛋制品以沙门菌、金黄色葡萄球菌、变形杆菌等作为参考菌群，米、面类食品以蜡样芽孢杆菌、变形杆菌、霉菌等作为参考菌群，罐头食品以耐热性芽孢菌作为参考菌群等。

(4) 霉菌及其毒素　我国还没有制定出霉菌的具体指标，鉴于有很多霉菌能够产生毒素，引起疾病，故应该对产毒霉菌进行检验。例如，曲霉属的黄曲霉、寄生曲霉等，青霉属的橘青霉、岛青霉等，镰刀霉属的串珠镰刀霉、禾谷镰刀霉等。

(5) 其他指标　微生物指标还应包括病毒，如肝炎病毒、猪瘟病毒、鸡新城疫病毒、马立克病毒、口蹄疫病毒、狂犬病病毒、猪水泡病毒等；另外，从食品检验的角度考虑，寄生虫也被很多学者列为微生物检验的指标。

3. 食品微生物检验主要工作流程

食品微生物检验的一般程序包括：检验前准备、样品的采集与送检、样品的预处理、样品检验和结果报告等。在检验过程中要遵循保证无菌要求，做到代表性、均匀性、程序性和适时性。

具体操作要求可参见实训部分相关内容。

二、化妆品的微生物学检验

化妆品因含有水分、油脂、蛋白质、多元醇等，为微生物的生长创造了良好的条件，造成产品变质。微生物对化妆品的污染，不仅影响产品本身的质量，而更严重的是它危及消费者的健康和安全。因此世界各国极为重视，各国都制定了化妆品中微生物的卫生标准，将化妆品中微生物的污染状况作为产品的一个质量指标，以防止和控制微生物对化妆品的污染，这对提高化妆品的质量和保证化妆品的安全性具有重要的意义。

1. 化妆品微生物污染来源

(1) 生产过程污染（从原料到产品）　又称一次污染，化妆品的原料污染是一次污染的最大原因。极易受微生物污染的原料为天然的动植物成分及其提取物，如从动物内脏和组织提取的明胶、胎盘提取液，以及中草药中的当归、芦荟、人参及其提取液等。这些原料来源于自然且营养成分丰富，极易受外界微生物污染。被微生物污染可能性大的其他原料有：增稠剂、天然胶质、粉体、离子交换水、表面活性剂等。其中特别应注意的是水，化妆品生产中主要是采用离子交换水，由于除去了活性氯，易被细菌污染。

(2) 设备、生产用具污染 如储存罐、搅拌器、研磨机、灌装设备等，都可能积聚微生物。

(3) 生产环境中受到污染 空气中的微生物主要是由于地面的尘埃飞扬进入空气中；此外，人的生产及日常活动可使大量微生物进入空气中。厂房空气中有相当数量的耐干燥的细菌、酵母菌及霉菌孢子，从空气中可分离到芽孢杆菌、梭状芽孢杆菌、葡萄球菌、链球菌、棒状杆菌等细菌种类；还可分离到青霉、曲霉、芽枝霉、茁霉、毛霉及酵母等。

(4) 生产人员 人体正常状态下带有无数的微生物，这些微生物可从生产人员身上带到制剂中。

2. 不同种类化妆品的染菌特点

(1) 膏霜类（护肤类）化妆品 含有一定量的水分，有可供微生物生长繁殖需要的碳源和氮源，大多数为中性、微碱性或微酸性，这都为微生物的生长繁殖提供了良好的条件。据调查这类化妆品微生物的污染率最高，污染的微生物种类也最多。检出率较高的有粪大肠菌群、铜绿假单胞菌、金黄色葡萄球菌，此外尚检出有蜡样芽孢杆菌、产气克雷伯菌、沙门菌、肠杆菌属等。

(2) 发用类 此类化妆品不但富含水分，而且也有微生物生长所需的营养，如水解蛋白、多元醇、维生素等。香波的主要成分烷基硫酸盐等较易繁殖铜绿假单胞菌等细菌与霉菌。

(3) 粉类 为干燥性化妆品。此类化妆品比上述两类化妆品微生物污染率低。其污染来源主要是原料。粉类化妆品中检出的抵抗力较强的需氧芽孢菌较多。

(4) 美容类 这类化妆品在制造过程中大多经过高温熔融，因而染菌量不高。但此类化妆品的微生物污染对人类健康影响最大，特别是用于眼周围的眼部化妆品和唇膏等，一旦被致病菌污染，将会引起严重后果。

3. 化妆品微生物检验主要指标

目前，我国对进出口化妆品规定一律按《化妆品安全技术规范》(2015 年版) 进行检验。

关于化妆品中微生物的控制指标，世界上并无统一标准，各国都是依据本国的情况自己制定。在各国关于化妆品中微生物控制指标的第一项是细菌总数指标，如我国规定在眼部、口唇、口腔黏膜用化妆品以及婴儿和儿童用化妆品细菌总数不得大于 500 个/mL 或 500 个/g，其他化妆品细菌总数不得大于 1000 个/mL 或 1000 个/g。它是指在单位容量 (mL) [或单位重量 (g)] 中的细菌个数，这里讲的细菌计数单位是个。而在实际检测化妆品的细菌总数时，活的细菌总数是通过对检测试样处理后，在一定条件下培养生长出来的细菌菌落形成单位 (colony forming units，以 CFU 表示) 的个数。

在各国关于化妆品中微生物的第二项指标是，化妆品中不得含有致病菌。关于致病菌的定义在微生物学中应是很清楚的，但其内涵所包括的细菌是很广的。而在化妆品中的微生物这项指标中，所指的致病菌应是特定的确定的细菌。特定菌 (special microorganism) 是化妆品中不得检出的特定微生物，包括致病菌和条件致病菌。有关特定菌的确定，目前世界尚无统一规定，各国有所不同。如美国规定的特定菌就有 10 种：大肠杆菌、克雷伯菌、沙门菌、变形杆菌、铜绿假单胞菌、金黄色葡萄球菌、嗜麦芽假单胞菌、多嗜假单胞菌、无硝不动杆菌、黏质沙雷菌；欧洲一些国家和日本规定的特定菌为 3 种：铜绿假单胞菌、金黄色葡萄球菌、大肠杆菌 (日本为大肠菌群)；世界卫生组织 (WHO) 规定的特定菌为两种：铜绿假单胞菌和金黄色葡萄球菌；我国规定的特定菌是 3 种：铜绿假单胞菌、金黄色葡萄球菌和粪大肠菌群。我国与日本规定的特定菌相同。

（1）菌落总数　菌落总数是指化妆品检样经过处理，在一定条件下培养后（如培养基成分、培养温度、培养时间、pH 值、需氧性质等），1g（1mL）检样中所含菌落的总数。所得结果只包括一群本方法规定的条件下生长的嗜中温的需氧性菌落总数。

测定菌落总数便于判明样品被细菌污染的程度，是对样品进行卫生学总评价的综合依据。其检验方法、菌落计数方法及报告方式与食品检样的相似，不同点在于需往营养琼脂培养基添加卵磷脂、吐温-80 以中和化妆品的防腐剂。

（2）粪大肠菌群　粪大肠菌群系一群需氧及兼性厌氧革兰阴性无芽孢杆菌，在 44.5℃±0.5℃培养 24～48h 能发酵乳糖产酸并产气。该菌直接来自粪便，是重要的卫生指示菌。若从化妆品产品中检出粪大肠菌群，表明该产品受到粪便污染，可能存在肠道致病微生物并引起疾病，是评价化妆品卫生质量的重要指标之一。化妆品中的粪大肠菌群的检测方法与食品检验相似，具体可查阅《化妆品安全技术规范》（2015 年版）。

（3）铜绿假单胞菌　铜绿假单胞菌在自然界分布甚广，空气、水、土壤中均有存在。对人有致病力，常引起人皮肤化脓感染，特别是烧伤、烫伤、眼部疾病患者被感染后，常使病情恶化，并可引起败血症，因此，在化妆品卫生标准中规定不得检出铜绿假单胞菌。

铜绿假单胞菌属于假单胞菌属，为革兰阴性杆菌，氧化酶阳性，能产生绿脓菌素。此外还能液化明胶，还原硝酸盐为亚硝酸盐，在 42℃条件下能生长等，据此可进行鉴定检验，具体可查阅《化妆品安全技术规范》（2015 年版）。

（4）金黄色葡萄球菌　金黄色葡萄球菌为革兰阳性球菌，呈葡萄状排列，无芽孢，无荚膜，能分解甘露醇，血浆凝固酶阳性。该菌是葡萄球菌中对人类致病力最强的一种，能引起人体局部化脓性病灶，严重时可导致败血症。根据本菌特有的形态及培养特征，应用 Baird-Parker 平板进行分离，该平板中的氯化锂可抑制革兰阴性细菌生长，丙酮酸可刺激金黄色葡萄球菌生长，以提高检出率，并利用分解甘露醇和血浆凝固酶等特征，以进行鉴别，具体可查阅《化妆品安全技术规范》（2015 年版）。

三、药品的微生物检验

药品的微生物检验包括无菌检查和微生物限度检查，这两个检查的内涵是不一样的，二者虽然都是对微生物的检验，但是其检验针对对象完全不同。药品微生物限度检验是控制药品质量的重要指标之一。药品染菌程度直接影响其内在质量。药品被微生物污染，其有效成分会遭到破坏，从而失去有效性，如各种含糖类制剂经污染菌氧化或发酵而分解，pH 值被改变等。药品被污染后还可产生毒素，应用被铜绿假单胞菌污染的眼科制剂时，有可能使患者再感染，产生溃疡，甚至失明；应用被肠道致病菌污染的药品，将会导致肠道疾病；应用表面创伤的药品，污染金黄色葡萄球菌，可能使患者发生败血症；吸入污染霉菌或细菌的气雾剂将会导致患者肺部感染等。所以，从 20 世纪 60 年代初一些发达的国家，相继将非规定灭菌药物染菌限度纳入国家标准，成为药品检验的常规检验之一。由于系统的研究，我国也建立了自己的药品微生物限度检验法，即《中国药典》2015 年版相关内容，除注射剂和输液剂进行无菌检查外，其他非规定灭菌制剂及其原辅料都要进行一定限度的微生物检查，同时规定不得有控制菌的存在。

1. 药品无菌检查

药品无菌检查法系用于检查药典要求无菌的药品、医疗器具、原料、辅料及其他品种是否无菌的一种方法。需要进行无菌检查的药品、敷料、灭菌器具的范围主要有以下几类：各种注射剂、眼用及外伤用制剂、可吸收的止血剂、外科用敷料、器材。按无菌检查法规定，上述种类制剂均不得检出需氧菌、厌氧菌及真菌等任何类型的活菌。若供试品符合无菌检查法的规定，仅表明了供试品在该检验条件下未发现微生物污染。

无菌检查应在环境洁净度 10 000 级下的局部洁净度 100 级的单向流空气区域内或隔离系统中进行，其全过程应严格遵守无菌操作，防止微生物污染，防止污染的措施不得影响供试品中微生物的检出。单向流空气区、工作台面及环境应定期按《医药工业洁净室（区）悬浮粒子、浮游菌和沉降菌的测试方法》的现行国家标准进行洁净度验证。隔离系统应按相关的要求进行验证，其内部环境的洁净度须符合无菌检查的要求。

药品无菌检查法的具体操作方法可分为直接接种法和薄膜过滤法。进行供试品无菌检查时，所采用的检查方法和检验条件应与验证的方法相同。直接接种法即每支（或瓶）供试品按规定量分别接种至各含硫乙醇酸盐流体培养基和改良马丁培养基的容器中，除另有规定外，每个容器中培养基的用量应符合接种的供试品体积不得大于培养基体积的 10%，同时，硫乙醇酸盐流体培养基每管装量不少于 15mL，改良马丁培养基每管装量不少于 10mL。培养基的用量和高度同方法验证；每种培养基接种的管数同供试品的检验数量。由于直接接种法具有操作简便等优点，特别适宜无抑菌和防腐作用药品的无菌检查。操作时，用适当的消毒液对供试品容器表面或外包装采用浸没或擦拭的方法彻底消毒。如果容器内有一定的真空度，可用适宜的无菌器材（如带有除菌过滤器的针头），向供试品容器内导入无菌空气，再按无菌操作启开容器取出内容物。

薄膜过滤法是各国药典和《中国药典》规定的第一种无菌检查的方法，适用于任何类型药品的无菌检查，具有适用性广、准确性强的特点。具体可查阅《中华人民共和国药典》(2015 年版)。

2. 药品微生物限度检查

药品微生物限度检查法系检查非规定灭菌制剂及其原料、辅料受微生物污染程度的方法。检查项目包括细菌数、霉菌数、酵母菌数及控制菌检查。微生物限度检查应在环境洁净度 10000 级下的局部洁净度 100 级的单向流空气区域内进行。检验全过程必须严格遵守无菌操作，防止再污染，防止污染的措施不得影响供试品中微生物的检出。单向流空气区域、工作台面及环境应定期按《医药工业洁净室（区）悬浮粒子、浮游菌和沉降菌的测试方法》的现行国家标准进行洁净度验证。

供试品检查时，如果使用了表面活性剂、中和剂或灭活剂，应证明其有效性及对微生物无毒性。除另有规定外，本检查法中细菌及控制菌培养温度为 30～35℃；霉菌、酵母菌培养温度为 23～28℃。检验结果以 1g、1mL、10g、10mL 或 $10cm^2$ 为单位报告，特殊品种可以最小包装单位报告。检验量即一次试验所用的供试品量（g、mL 或 cm^2）。除另有规定外，一般供试品的检验量为 10g 或 10mL；膜剂为 $100cm^2$；贵重药品、微量包装药品的检验量可以酌减。要求检查沙门菌的供试品，其检验量应增加 20g 或 20mL（其中 10g 或 10mL 用于阳性对照试验）。检验时，应从 2 个以上最小包装单位中抽取供试品，膜剂还不得少于 4 片。一般应随机抽取不少于检验用量（两个以上最小包装单位）的 3 倍量供试品。供试液的制备根据供试品的理化特性与生物学特性，采取适宜的方法制备。供试液制备若需加温时，应均匀加热，且温度不应超过 45℃。供试液从制备至加入检验用培养基，不得超过 1h。

具体可查阅《中华人民共和国药典》(2015 年版)。

四、环境微生物学检验

微生物体积小、重量轻，因此可以到处传播以致达到“无孔不入”的地步。微生物对各类产品的污染以及对人畜的感染途径是多方面的，其中通过空气、水、人和动物、用具及杂物等环境的污染不容忽视。

1. 公共场所空气微生物检验

对公共场所的卫生检测可按《公共场所卫生监测技术规范》（GB/T 17220—1998）进行采样，按照《公共场所卫生标准检验方法》（GB/T 18204.1～18204.4—2013）进行，检测结果依据《公共场所卫生标准》（GB 9663～9673—1996 和 GB 16153—1996）进行判定。

公共场所空气微生物检验主要检测空气中细菌总数（GB/T 18204.3—2013）。主要有两种方法，一是撞击法，即采用撞击式空气微生物采样器采样，通过抽气动力作用，使空气通过狭缝或小孔而产生高速气流，从而使悬浮在空气中的带菌粒子撞击到营养琼脂平板上，经37℃、48h 培养后，计算每立方米空气中所含的细菌菌落数的采样测定方法；二是自然沉降法，是指直径 9cm 的营养琼脂平板在采样点暴露 5min，经 37℃、48h 培养后，计数生长的细菌菌落数的采样测定方法。

此外，《一次性使用卫生用品卫生标准》（GB 15979—2002）中规定了一次性使用卫生用品的产品和生产环境卫生标准和相应的检验方法。药品生产的洁净室、医院手术室、无菌及微生物限度检查用实验室等场所都要进行空气微生物检测，检测的方法有下列两种：当洁净室级别在 30 万级以上（包括 30 万级）或无净化要求的场所，采用沉降菌检测法；当洁净室级别在 10 万级以上（包括 10 万级）的场所，采用浮游菌检测法。具体检测的方法可见：GB/T 16293—2010、GB/T 16294—2010 医药工业洁净室浮游菌检测方法与医药工业洁净室沉降菌检测方法。

2. 水质的微生物检测

在各种水体，特别是污染水体中存在有大量的有机物质，适于各种微生物的生长，因此水体是仅次于土壤的第二种微生物天然培养基。水体中的致病性微生物一般并不是水中原有微生物，大部分是从外界环境污染而来，特别是人和其他温血动物的粪便污染。水中常见的致病性细菌主要包括：志贺菌、沙门菌、大肠杆菌、小肠结肠炎耶尔森菌、霍乱弧菌、副溶血性弧菌等。

在实际控制中，对水质卫生质量的评价和控制，是无法对各种可能存在的致病微生物一一进行检测，而一般利用对指示菌的检测和控制，来了解水体是否受到过人畜粪便的污染，是否有肠道病原微生物存在的可能，从而评价水的质量，以保证水质的卫生安全。目前，世界各国一般认为大肠菌群是指示水质受粪便污染较好的指示菌。我国水质控制也采用大肠菌群作为指示菌，中华人民共和国国家标准《生活饮用水卫生标准》（GB 5749—2006）规定，生活饮用水中大肠菌群每升不得超过 3 个。在某些情况下，水体中的细菌总数也可指示水体受粪便等污染物污染的情况。这里的细菌总数其实是指营养琼脂培养后形成的菌落总数。目前世界各国对于控制饮用水的卫生质量，除采用大肠菌群等指标外，一般还采用细菌总数这个指标。我国国家标准《生活饮用水卫生标准》（GB 5749—2006）中规定生活饮用水细菌总数每毫升不得超过 100 个。

水质微生物检验方法按照国家标准《生活饮用水标准检验方法》（GB/T 5750.1～5750.13—2006）进行。

（1）细菌总数　国家标准中，细菌总数是指 1mL 水样在营养琼脂培养基中，于 37℃经24h 培养后，所生长的细菌菌落的总数。

对生活饮用水，直接吸取 1mL 水样于平皿中，加入营养琼脂后混匀，37℃培养 24h，进行计数。对水源水，根据情况对样品进行 10 倍梯度稀释，选择适宜稀释液 1mL，加注平皿，营养琼脂混匀，37℃培养 24h，进行计数。按照规定格式报告每毫升水中的细菌总数。

（2）总大肠菌群　国家标准中，利用总大肠菌群作为粪便污染的指标。总大肠菌群是指一群需氧及兼性厌氧的，37℃生长时能使乳糖发酵，在 24h 内产酸产气的革兰阴性无芽孢杆菌。水样中总大肠菌群数的含量，表明水被粪便污染的程度，而且间接地表明有肠道致病菌存在的可能。

国家标准提供了多管发酵法及滤膜法检测总大肠菌群的方法。多管发酵法检测总大肠菌群，分为三步：初发酵试验，平板分离，复发酵证实试验。初发酵试验，采用乳糖蛋白胨培养液 37℃培养 24h，观察产酸产气情况。对阳性管培养物，接种于品红亚硫酸钠培养基或伊红美蓝培养基，观察菌落特征，并进行革兰染色和镜检。对典型和可疑菌落，接种于乳糖蛋白胨培养液，进行复发酵证实试验，并根据标准所附检数表报告结果。

滤膜法检测总大肠菌群，就是利用微孔滤膜，过滤一定量水样，将水样中含有的细菌截留在滤膜上，然后将滤膜贴放在选择性培养基上（如品红亚硫酸钠培养基），经培养和证实试验后，直接计数滤膜上生长的典型大肠菌群菌落，并计算出每升水样中含有的总大肠菌群数。

我国食品中致病菌 2012 年首定限量标准

2012 年，卫生部在网站公布食品安全国家标准《食品中致病菌限量》征求意见稿，首次制定食品中致病菌限量标准。标准提出了沙门菌、金黄色葡萄球菌、副溶血性弧菌、单核细胞增生李斯特菌、大肠杆菌等几种主要致病菌在肉制品、水产制品、粮谷类制品、即食加工果蔬、饮料及冷冻饮品等多类食品中的限量要求。其中，公众比较熟悉的沙门菌在各类食品中的限量值均为 0，也就是说，样品中不得检出这类病菌，金黄色葡萄球菌在各类食品中的限量值均为 100 CFU/g。去年，个别国内知名速冻食品品牌产品被检出金黄色葡萄球菌超标。随后，卫生部公布了速冻食品新国标，在速冻食品中，金黄色葡萄球菌由不得检出变为限量检出。

卫生部表示，食品中致病菌限量标准是食品安全基础标准的重要组成部分。工作组充分梳理分析我国现行有效的食品卫生标准、食品质量标准、行业标准、农产品质量标准进行清理完善，优先解决目前我国食品卫生标准、食品质量标准、行业标准、农产品质量标准间重复、交叉、矛盾或缺失等问题，并参考分析了欧盟、日本、美国等地区食品中的致病菌限量标准和规定制定了这一标准。

据介绍，在标准制定过程中，充分考虑了致病菌或其代谢产物对健康造成实际或潜在危害的证据，原料中致病菌状况，加工过程对致病菌状况的影响，贮藏、销售和食用过程中致病菌状况的变化，食品的消费人群，致病菌指标应用的成本/效益分析等因素。

本章小结

1. 微生物发酵产品广泛应用于食品、工业、医药、农业等方面，主要包括以下四大块内容：一是利用微生物菌体本身，生产菌体蛋白和可食用的大型真菌等；二是培养获得微生物的初级代谢产物，包括各种调味品、维生素等；三是利用微生物的次级代谢产物，主要包括抗生素、色素等；最后是利用微生物合成大分子物质，主要是各种酶制剂。

2. 微生物在环境保护方面的应用，主要表现在三大方面：一是利用微生物处理水污染、气态污染物和固体废弃物等污染介质；二是利用微生物进行环境污染的修复；三是生产环境友好产品。此外，还可以用微生物监测环境污染。

3. 微生物在农业上的应用主要集中在微生物农药、微生物肥料和沼气发酵，微生物在工业上的应用主要集中在微生物冶金、微生物石油开采和精炼及微生物产能等方面。

4. 各类产品从原料、加工、储藏、运输、销售等各个环节，都会受到环境中微生物的污染，因此，许多产品在生产、销售或使用之前必须对其进行微生物学检验。微生物检验对象包括：食品、化妆品、药品、一次性用品及其他生活用品、应施检疫的出口动物产品、环境以及有关国际条约或其他法律、法规规定的强制性卫生检验的进出口商品。

5. 不同检验对象采用的检验指标和检验依据各不相同，比如我国食品微生物指标有菌落总数、大肠菌群和致病菌三项，检验依据是相应的食品安全国家标准；化妆品一律按《化妆品安全技术规范》进行检验，检验指标主要有菌落总数、致病菌（粪大肠菌群、铜绿假单胞菌、金黄色葡萄球菌等）；药品按照《中华人民共和国药典》（2015 年版）进行检验，主要包括药品无菌检查和药品微生物限度检查。

复习思考题

一、名词解释

次级代谢产物，生物降解，生物农药，微生物检验，菌落总数，药品微生物限度检查

二、问答题

1. 微生物发酵的初级代谢产物有哪些，有何应用？
2. 微生物发酵的次级代谢产物有哪些，有何应用？
3. 简述微生物在食品上的应用。
4. 简述微生物在农业上的应用。
5. 微生物检验的对象有哪些？
6. 简述食品微生物检验的意义及主要指标。
7. 简述化妆品微生物检验的意义及主要指标。
8. 简述药品微生物检验的意义及主要指标。
9. 简述环境微生物检验的意义及主要指标。
10. 根据微生物的广泛应用，选一个有意义的研究方向进行项目可行性分析，并设计一个简单的实验方案。

复习思考题

下卷　微生物实验实训技术

第一篇　入 职 培 训

一、微生物实验室规则

微生物实验室是训练学生掌握普通微生物学的基本操作技能，了解微生物学的基本知识，加深理解课堂讲授的微生物理论的必要场所。通过微生物实验课，提高学生实际操作技能，培养学生独立观察问题、思考问题、分析问题、解决问题和提出问题的能力，养成实事求是、严肃严谨的科学态度。微生物实验室是学生实践微生物学的场所，为了有效、安全地上好微生物实验课，需注意以下事项：

① 实验室需保持安静、整洁，不要高声喧哗及随意走动。

② 学生在上实验课前必须对实验内容有充分的了解，通过课前预习了解实验目的、实验原理和实验方法等，以保证掌握整个实验过程。

③ 每次实验前应清洁实验桌面、洗净双手、减少杂菌污染。

④ 实验过程注意安全第一，严格按操作规程进行。乙醇、乙醚、丙酮等易燃物品切勿靠近火源。如遇火险，迅速用湿布或沙土掩盖灭火，必要时使用灭火器。实验中如不慎打碎盛菌容器致皮肤受损等意外情况发生时，应立即报告指导教师，迅速处理。

⑤ 爱护实验室的贵重仪器如显微镜、电子天平等。按说明书小心操作，轻拿轻放。对实验室的各种耗材和药品等要节约使用，减少浪费。

⑥ 实验记录要认真、详细、及时填写，尤其对需要连续观察的实验，需记下每次观察的现象和结果，保证实验结果的连续性，便于分析。

⑦ 需养成良好习惯，做完实验将实验室收拾整齐、打扫干净。对用过的仪器及各种器皿需及时清洗消毒，并回归原位。对受污染的桌面、仪器等，可用3%来苏儿液或5%石炭酸液浸泡0.5h后再做清洗。

⑧ 每次实验需进行培养的材料应标明组别及处理方法，并在指定位置进行培养。实验涉及的各种物品，未经指导教师许可，不得带出实验室。

⑨ 以实事求是的科学态度详细填写实验报告，认真思考各种实验现象产生的原因。

⑩ 离开实验室前应洗净双手，检查电源、火源、气源、门窗等是否关闭。

二、实验室的急救

1. 玻璃割伤

除去伤口的碎片，用医用双氧水擦洗，用纱布包扎。其他“机械类”创伤也类似于此，不要用手触摸伤口或用水洗涤伤口。

2. 烫伤

涂抹苦味酸溶液、烫伤膏或万花油，不可用水冲洗；特别严重的地方不能涂油脂类物，可用纯净碳酸氢钠，上面覆以干净的纱布。

3. 浓酸洒落

洒在桌面上，先用碳酸氢钠溶液中和，然后用水冲洗，再用抹布擦净；沾在皮肤上，应迅速拭去，再用大量清水或碳酸氢钠冲洗，然后涂上碳酸氢钠油膏。如受氢氟酸腐蚀受伤，应迅速用水冲洗，再用稀苏打溶液（碳酸氢钠饱和溶液或1%～2%乙酸溶液）冲洗，然后浸泡在冰冷的饱和硫酸镁溶液中半小时，最后涂敷氧化锌软膏（或硼酸软膏）。伤势严重时，应立即送医院急救。酸雾吸入者用2%碳酸氢钠雾化吸入。若经口误服，则应立即洗胃，可用牛奶、豆浆及蛋白水、氧化镁悬浮液，忌用碳酸氢钠及其他碱性药洗。

4. 浓碱洒落

洒在桌面上，先用稀醋酸中和，然后用水冲洗，用抹布擦干净；沾在皮肤上，应迅速拭去，再用大量清水冲洗皮肤，并用硼酸或稀醋酸液中和碱类。若经口误服，引起消化道灼伤，用牛奶、豆浆及蛋白水或木炭粉保护黏膜。

5. 眼睛的化学灼伤

凡是溶于水的化学药品进入眼睛，最好立刻用大量水冲洗眼睛，如是碱灼伤则再用20%硼酸溶液淋洗，最后滴入蓖麻油，然后用蒸馏水冲洗；若是酸灼伤，则用3%碳酸氢钠溶液淋洗。

6. 碱金属氰化物、氢氰酸灼伤皮肤

用高锰酸钾溶液洗，再用硫化铵溶液漂洗，然后用水冲洗。

7. 溴灼伤皮肤

立即用乙醇洗涤，然后用水冲净，涂上甘油或烫伤油膏。

8. 甲醇及醇类中毒

中毒者离开污染区，经口进入，立即催吐或彻底洗胃。

9. 触电事故

应立即拉开电闸，切断电源，尽快地用绝缘物（干燥的木棒、竹竿）将触电者与电源隔离。

10. 失火

实验室中万一发生着火事故，切不可慌乱，应立即采取下列措施：

(1) 移掉一切可燃物，关闭电闸，切断电源，停止通风，防止火势扩展。

(2) 扑灭着火源。如果是酒精等有机溶剂着火，用湿抹布、沙子盖灭或用灭火器扑灭；衣服着火，应立即用湿抹布或石棉布压灭火焰，切不可慌张乱跑。

(3) 扑灭化学火灾注意的事项

① 与水发生作用的化学药品不能用水扑救，如金属钾、钠、镁、钛、铝粉、电石、过氧化钠等，对于这些物质小范围的燃烧可用沙子覆盖灭火。

② 有机溶剂着火。比水轻的有机溶剂如苯、石油烃类、醇、醚、酮、酯等类物质，不可用水来扑灭，若用水会扩大燃烧面积，酿成更大的火灾。火势不大时，可用沙土或泡沫灭火器灭火。比水重、不溶于水的有机溶剂，如二硫化碳，可用水扑救，也可用泡沫灭火器、二氧化碳灭火器灭火。

③ 反应器内的燃烧。在敞口器皿中燃烧如油浴着火，可用石棉布盖住，以隔绝空气使火熄灭。

若救援人员发现火势无法有效控制，应立即向消防部门报火警，同时，尽可能转移易爆、有毒物品，迅速撤离现场到安全地带。

11. 伤害事故可能导致被强毒微生物感染

如针头刺破、锐器割伤、黏膜暴露等途径接触到感染性液体，首先进行局部处理，用肥皂和水清洗污染的皮肤，挤压伤口尽可能挤出损伤处的血液，用肥皂或清水冲洗，用消毒液浸泡或涂抹消毒，并包扎伤口。在操作过程中发生培养物、污染材料溅落身体表面等情况，首先使用喷淋装置，尽快将污染物冲洗掉，然后再进行局部处理。暴露的黏膜应尽快用生理盐水或清水冲洗干净。实验室负责人应向上级部门报告，对受伤害者进行隔离观察，同时根据情况预防性用药。

12. 培养物等传染性物质的破碎

被传染性物质污染的小玻璃瓶及其他容器破碎时，用布或纸巾覆盖，而后将消毒剂倾倒其上，放置30min后即可清除掉，玻璃碎片应当用镊子清理。污染区域应当用消毒剂清洗。

破碎物品清理时如果使用了簸箕，应将其进行高压灭菌或用有效的消毒剂浸泡24h。清理使用过的布、纸巾、抹布及拖把，放入污染废弃物容器中。上述步骤均应佩戴手套。

三、微生物实验常用的仪器和器皿

1. 微生物实验常用的仪器

(1) 恒温培养箱　有隔水和非隔水式两种类型，温度可以调节，使用控温仪进行温度控制，其目的是可以避免由于温度偶然升高导致细菌死亡或生长受影响，也可以避免发生火灾。培养箱在初次使用时，要每天观察温度变化，可以在箱门外面贴一张记录表，随手将温度记录在表中，此表为质控图，记录每天的温箱温度，一旦发现温度升高或降低，应及时调整。温箱温度正常的波动幅度应为所设定温度±0.5℃。温箱内可放置一水盘或湿布，并经常更换以保持箱内一定的湿度，防止干燥。

(2) 全温振荡培养箱　适用于生物、生化、细胞、菌种等各种液态、固态化合物的振荡培养，具有加热和制冷双向调温系统。按功能区分有水浴和气浴两种。在使用时装入试验瓶，并保持平衡，接通电源，设定恒温温度和转速，调速应从低速起动，向高速慢慢过渡。另外，机器在高速振荡时会出现移位现象，所以在使用时需有人看管。

(3) 生物显微镜　用于微生物、细胞、细菌、组织培养、沉淀物等的观察。显微镜物镜一般分为低倍镜、高倍镜和油镜。油镜是用来观察细菌菌体形态及标本的，应注意保护。使用结束后，应用擦镜纸擦去油镜头上的香柏油，再用擦镜纸蘸上二甲苯（或乙醇-乙醚混合液）擦拭。

(4) 冰箱　冰箱是细菌室内用于贮存制备好的培养基、菌种、菌液、药物、血清及标本等的必需设备。温度可以随意调节，使用时箱内禁止放入温热物品。放置冰箱内的器皿应加盖加塞，取放物品动作要快并迅速关闭箱门，以免箱内温度上升，定期进行清洁、整理及除冰。

(5) 离心机　离心机要安放在合适地方，以保证离心机稳固和水平。操作时，液体注入离心管中后，连同外护套等金属管放在粗天平上平衡，离心时金属管底应垫以橡皮或棉花，以防玻璃离心管破碎。离心沉淀开始或停止时，使速度逐渐增快或减慢。关闭电门后，应待其自然停止旋转，不得用手强行制止。离心机必须保持干燥与清洁，每1～2个月给机器轴心加机油一次。

(6) 超净工作台　也称净化工作台，是当前国内外最普遍应用的无菌操作装置。其原理是内设鼓风机，驱动空气通过高效滤器净化后，让净化后的空气徐徐通过台面空间，使工作场地构成无菌环境。根据净化后气流方向的不同，超净工作台有几种类型：侧流式为净化后气流由左侧或右侧通过台面流向对侧；直流式为气流从下向上或相反方向流动；外流式为气流迎着操作者面吹来。三者都能达到净化效果。

(7) 酸度计　主要用来精密测量液体介质的酸碱度，配上相应的离子选择电极也可以测量离子电极电位（mV）。使用酸度计校正pH时，可将电极放入盛有培养基的容器内，在磁力搅拌器的作用下，边测pH边滴加碱或酸校正。有条件的实验室可配置袖珍酸度计，用来校正配量很少的培养基的pH。

(8) 电热干燥箱　电热干燥箱主要用于烘干和干热灭菌玻璃器皿。在进行干热灭菌时，温度一般要达到160℃。由于温度较高，而且需灭菌的玻璃器皿数量较大，因此应选择比较大型规格的电热干燥箱。有些电热干燥箱往往带有鼓风机，鼓风电热干燥箱虽然升温较慢，但温度均匀，效果较好。鼓风与升温应同时开始，待温度达到100℃时可停止鼓风。禁止先升温后鼓风，因上升温度较高时，鼓风能使新鲜空气进入局部的高温区，有时会引起火灾或使玻璃器皿破裂。干热灭菌后，要待温度降到60℃以下时，再打开箱门，以免玻璃器皿突然遇到冷空气而炸裂。塑料器械、塑料制品、橡胶等不能在电热干燥箱内灭菌。

（9）低温冰箱　各种培养用的溶液，如培养液、生理盐水、消化液、血清和各种待培养的组织等都要贮存在 0℃或更低的温度条件下。普通冰箱是组织培养的必需设备。血清、酶、消化液和配制好的抗生素等溶液需要低温保存以防失去活性。不同生物制品要求保存温度不同，有的在保鲜温度（4℃），有的则必须低温保存。因此，尚须配置－20℃以下的低温冰箱，冰箱内应经常保持清洁，禁止存放易挥发、易燃和有毒的物品。

（10）高压蒸汽灭菌锅　可分为手提式灭菌锅和立式高压灭菌锅。它是利用电热丝加热水产生蒸汽，并能维持一定压力的装置，主要由一个可以密封的桶体、压力表、排气阀、安全阀、电热丝等组成，适用于对玻璃器皿、溶液培养基等进行消毒灭菌。

2. 微生物实验常用的器皿

（1）试管　微生物学实验室所用的玻璃试管，其管壁必须比化学实验室用的厚些，这样在塞棉花塞时，管口才不会破损。试管的形状要求直口（勿使用翻口），不然，微生物容易从棉塞与管口的缝隙间进入试管而造成污染，也不便于加盖试管帽。有的实验要求尽量减低试管内水分的蒸发，则需要使用螺口试管，盖以螺口胶木帽或塑料帽。培养细菌一般用棉塞或者硅胶泡沫塑料塞。试管根据用途可分为三种型号。

① 大试管（ϕ18mm×180mm）　可用于盛装制平板的固体培养基；可用于制备琼脂斜面；也可用于盛装液体培养基进行微生物的振荡培养。

② 中试管（ϕ6mm×160mm）　可用于制备琼脂斜面、盛液体培养基，或用于菌液、病毒悬液的稀释及血清学试验。

③ 小试管［ϕ(10～12)mm×100mm］　一般用于糖发酵试验或血清学试验，和其他需要节省材料的试验。

（2）杜氏小管　又称德汉氏小管，是一种用于观察细菌在糖发酵培养基内产气情况的小套管（ϕ6mm×36mm），倒置于盛有液体培养基的试管或三角烧瓶内（图 1）。

（3）吸管

① 玻璃吸管　又称玻璃移液管。微生物学实验室常用的刻度玻璃吸管为：0.1mL、1mL、2mL、5mL、10mL，一般用于吸取溶液和菌悬液。这种吸管一般有两种类型，一种称之为血清学吸管，这种吸管刻度指示的容量包括管尖的液体体积，使用时要将所吸液体吹尽［图 2(a)］；另一种类型称之为测量吸管，这种吸管其刻度指示的容量不包括管尖的液体体积，使用时不能将所吸液体吹尽，而是到达所设计的刻度为止［图 2(b)］。此外，吸取不计量的液体，如染色液、离心上清液、无菌水、少量抗原、抗体、酸、碱溶液等可用具乳胶头的毛细吸管，即滴管［图 2(c)］。

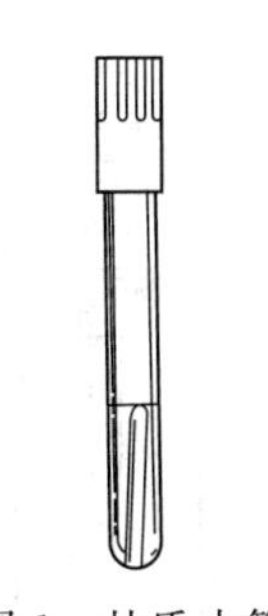

图 1　杜氏小管

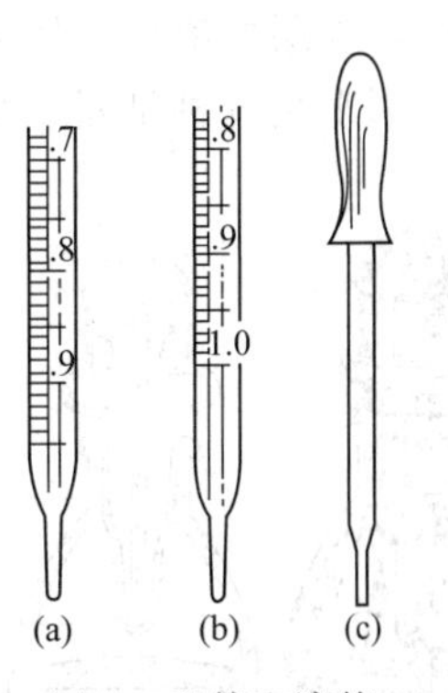

图 2　吸管和滴管

(a) 血清学吸管；(b) 测量吸管；(c) 滴管

② 微量吸管 微量吸管又称微量加样器，主要用于吸取微量液体，其规格型号较多，每个微量吸管在一定范围内可调节几个体积，并标有使用范围，如：0.5～10μL、2～10μL、10～100μL、10～1000μL 等。

使用时：a. 将合适大小的塑料吸嘴牢固地套在微量吸管的下端；b. 旋动调节键［图 3(a)］，使数字显示器［图 3(b)］显示出所需吸取的体积；c. 用大拇指按下调节键［图 3(c)］并将吸嘴插入液体中；d. 缓慢放松调节键，使液体进入吸嘴，并将其移至接收试管中；e. 按下调节键，使液体进入接收管；f. 按下排除键，以去掉用过的空吸嘴或直接用手取下吸嘴。

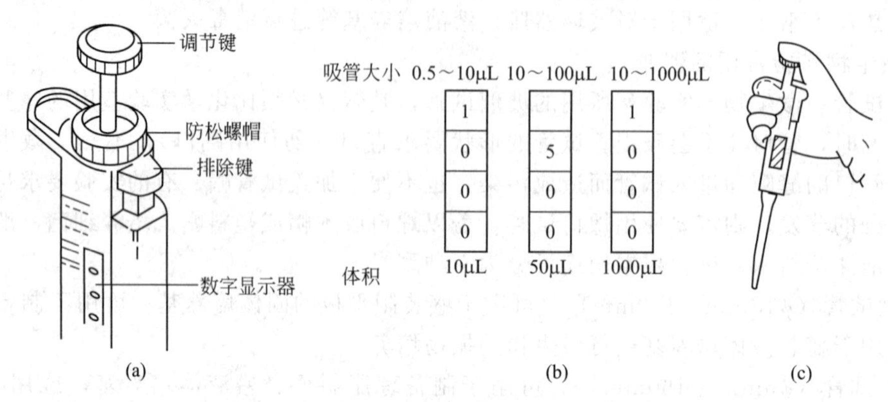

图 3 微量吸管

(a) 结构；(b) 数字显示器；(c) 按调节键

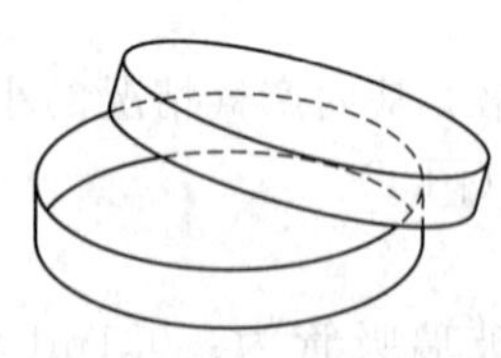

图 4 培养皿

(4) 培养皿 常用的培养皿（图 4）皿底直径 90mm、高 15mm，皿底、皿盖均为玻璃制成，但有特殊需要时，可使用陶器皿盖，因其能吸收水分，使培养基表面干燥。在培养皿内倒入适量固体培养基制成平板，可用于微生物培养、分离纯化、菌落计数、菌落形态观察、遗传突变株筛选等。

(5) 锥形瓶与烧杯 三角烧瓶有 100mL、250mL、500mL 和 1000mL 等不同规格的，常用于盛无菌水、培养基和振荡培养微生物等。常用的烧杯有 50mL、100mL、250mL、500mL 和 1000mL 等，用来配制培养基与各种溶液等。

(6) 载玻片与盖玻片 普通载玻片大小为 75mm×25mm，常用于微生物涂片、染色，进行形态观察。盖玻片规格为 18mm×18mm。

(7) 双层瓶 由内外两个玻璃瓶组成（图 5），内层小锥形瓶内放香柏油，供油镜头观察微生物时使用，外层瓶盛放二甲苯（或乙醇-乙醚混合液），用以擦净油镜头。

(8) 滴瓶 用来装各种染料、生理盐水等（图 6）。

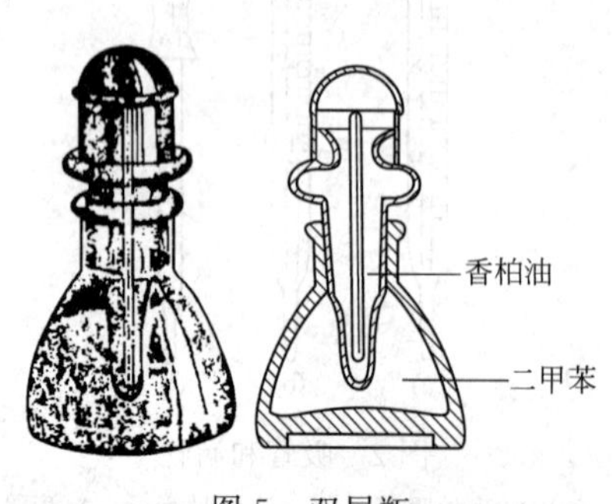

图 5 双层瓶

图 6 滴瓶

（9）接种工具 微生物接种使用的工具有接种环、接种针、接种钩、接种铲、玻璃涂布器等（图7）。制造环、针、钩、铲的金属可用铂或镍，原则是软硬适度，能经受火焰反复烧灼，又易冷却。接种细菌和酵母菌用接种环和接种针，其铂丝或镍丝的直径以0.5mm为适当，环的内径约2～4mm，环面应平整。用涂布法在琼脂平板上分离单个菌落时需用玻璃涂布器，是将玻璃棒弯曲或将玻璃棒一端烧红后压扁而成的（图8）。

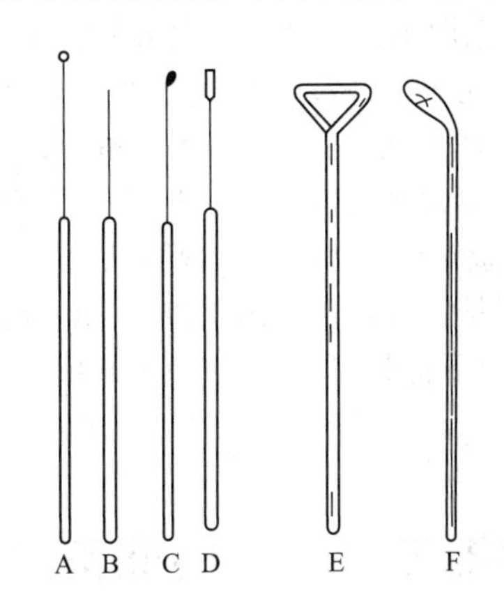

图7 接种工具

A—接种环；B—接种针；C—接种钩；

D—接种铲；E，F—玻璃涂布器

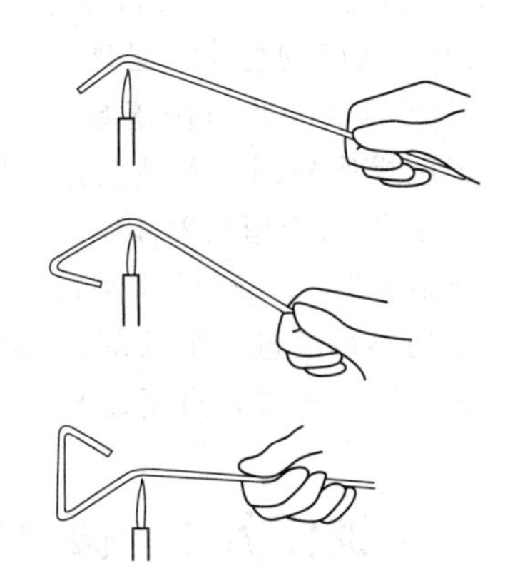

图8 玻璃涂布器的制作

四、无菌室使用要求

无菌室通过空气的净化和空间的消毒为微生物检验提供一个相对无菌的工作环境。在微生物检验中，要求严格在无菌室内再结合使用超净工作台。无菌室一般是在微生物实验室内专辟一个小房间，面积不宜过大，约4～5m^{2}即可，高2.5m左右。无菌室外要设一个缓冲间，缓冲间的门和无菌室的门不要朝向同一方向，以免气流带进杂菌。无菌室和缓冲间都必须密闭，室内装备的换气设备必须有空气过滤装置。无菌室内的地面、墙壁必须平整，不易藏污纳垢，便于清洗。具体使用要求如下：

① 无菌室应设有无菌操作间和缓冲间，无菌操作间洁净度应达到10000级，室内温度保持在20～24℃，湿度保持在45%～60%。超净台洁净度应达到100级。

② 无菌室应保持清洁，严禁堆放杂物，以防污染。

③ 严防一切灭菌器材和培养基污染，已污染者应停止使用。

④ 无菌室应备有工作浓度的消毒液，如5%的甲酚溶液、70%的酒精、0.1%的新洁尔灭溶液等。

⑤ 无菌室应定期用适宜的消毒液灭菌清洁，以保证无菌室的洁净度符合要求。

⑥ 需要带入无菌室使用的仪器、器械、平皿等一切物品，均应包扎严密，并应经过适宜的方法灭菌。

⑦ 工作人员进入无菌室前，必须用肥皂或消毒液洗手消毒，然后在缓冲间更换专用工作服、鞋、帽子、口罩和手套（或用70%的乙醇再次擦拭双手），方可进入无菌室进行操作。

⑧ 无菌室使用前必须打开无菌室的紫外灯辐照灭菌30min以上，并且同时打开超净台进行吹风。操作完毕，应及时清理无菌室，再用紫外灯辐照灭菌20min。

⑨ 供试品在检查前，应保持外包装完整，不得开启，以防污染。检查前，用70%的酒精棉球消毒外表面。

⑩ 每次操作过程中，均应做阴性对照，以检查无菌操作的可靠性。

⑪ 吸取菌液时，必须用吸耳球吸取，切勿直接用口接触吸管。

⑫ 接种针每次使用前后，必须通过火焰灼烧灭菌，待冷却后，方可接种培养物。

⑬ 带有菌液的吸管、试管、培养皿等器皿应浸泡在盛有5%来苏儿溶液的消毒桶内消毒，24h后取出冲洗。

⑭ 如有菌液洒在桌上或地上，应立即用5%石炭酸溶液或3%的来苏儿倾覆在被污染处至少30min，再做处理。工作衣帽等受到菌液污染时，应立即脱去，高压蒸汽灭菌后洗涤。

⑮ 凡带有活菌的物品，必须经消毒后，才能在水龙头下冲洗，严禁污染下水道。

⑯ 无菌室应每月检查菌落数。在超净工作台开启的状态下，取内径90mm的无菌培养皿若干，无菌操作分别注入融化并冷却至约45℃的营养琼脂培养基约15mL，放至凝固后，倒置于30～35℃培养箱培养48h，证明无菌后，取平板3～5个，分别放置工作位置的左中右等处，开盖暴露30min后，倒置于30～35℃培养箱培养48h，取出检查。100级洁净区平板杂菌数平均不得超过1个菌落，10000级洁净室平均不得超过3个菌落。如超过限度，应对无菌室进行彻底消毒，直至重复检查合乎要求为止。

实训任务1　微生物实验常用器皿、物品的准备

【实训目的】

1. 熟悉微生物实验所需的各种常用器皿名称和规格。
2. 掌握对各种器皿清洗和包扎的方法。
3. 掌握玻璃器皿的干热灭菌操作过程。

【实训任务阐述】

为了保证实验顺利进行，要求把实验用器皿清洗干净，按不同实验要求进行干燥、包扎或消毒灭菌。玻璃器皿是微生物实验中必不可少的重要用具，一般要求采用中性硬质玻璃，以保证在消毒和灭菌过程中不受损坏。不同玻璃器皿的洗涤方法、高温灭菌前的包装方式、灭菌彻底与否将直接影响实验的顺利进行及实验结果的正确可靠。

玻璃器皿多采用干热灭菌方式进行除菌。干热灭菌是利用高温使微生物细胞内的蛋白质凝固变性而达到灭菌的目的，所需温度为160～170℃，时间1～2h。干热灭菌温度不能超过180℃，否则，包器皿的纸或棉塞就会烧焦，甚至引起燃烧。

【实训材料】

1. 常用各种器皿，包括试管、德汉氏小管、吸管、培养皿、锥形瓶等。
2. 清洗工具和去污粉、肥皂、洗涤液。
3. 电热干燥箱。

【实训准备】

阅读本实训任务的全部内容，并查阅教材及相关资料，完成以下预习工作。

1. 带菌器皿在洗涤前应如何处理？
2. 绘制实训工作流程图。

工作流程图：

【实训步骤及操作记录】

在相应位置记录关键步骤的实际操作情况和观察到的现象以及原始数据。如遇异常，请将异常情况和解决方法记录在相应位置。

实训步骤	要点记录
1　新购置玻璃器皿的清洗 新购置的玻璃器皿中含有游离碱，长期使用后会在内壁析出，呈乳白色碱膜，器皿变得不透明，影响观察，同时也会影响培养基的酸碱度。新购置的玻璃器皿应在酸溶液（2%的盐酸或洗涤液）内先浸泡数小时，以中和游离碱。浸泡后用自来水冲洗干净。洗净后的试管倒置于试管筐内，锥形瓶倒置于洗涤架上，培养皿将皿底与皿盖分开排放，自然晾干或置于搪瓷盘内于电烘箱内烘干备用。 2　使用过的玻璃器皿的清洗 2.1　试管、培养皿、三角烧瓶、烧杯等 使用后应立即放入洗涤液中浸泡，然后用瓶刷或海绵刷清洗，再用自来水充分冲洗干净。热的肥皂水去污能力更强，可有效地洗去器皿上的油污。洗衣粉和去污粉较难冲洗干净而常在器壁上附有一层微小粒子，故要用水多次甚至10次以上充分冲洗，或可用稀盐酸摇洗一次，再用水冲洗。玻璃器皿经洗涤后，若内壁的水均匀分布成一薄层，表示油垢完全洗净，若挂有水珠，则还需用洗涤液浸泡数小时，然后再用自来水充分冲洗。 装有固体培养基的器皿应先将其刮去，然后洗涤。带菌的器皿在洗涤前先浸在2%来苏儿或0.25%新洁尔灭消毒液内24h，或用沸水煮沸0.5h，再用上述方法洗涤。如果培养基内含有致病菌，应先经高压蒸汽灭菌，然后将培养物倒去，再进行洗涤。 2.2　玻璃移液管 吸过血液、血清、糖溶液或染料溶液等的玻璃移液管，使用后应立即投入盛有自来水的量筒或标本瓶内（量筒或标本瓶底部应垫以脱脂棉花，否则移液管投入时容易破损），免得干燥后难以冲洗干净，待实验完毕，再集中冲洗。若移液管顶部塞有棉花，可用吸耳球吹去或用铁丝钩出，也可将移液管尖端与装在水龙头上的橡皮管连接，用水将棉花冲出，然后再装入移液管自动洗涤器内冲洗，没有移液管自动洗涤器的实验室可用冲出棉花的方法多冲洗片刻。必要时再用蒸馏水淋洗。洗净后，放搪瓷盘中晾干，若要加速干燥，可放电热干燥箱内烘干；吸过含有微生物培养物的吸管亦应立即投入盛有2%来苏儿或0.25%新洁尔灭消毒液的标本缸内，浸泡24h后取出按上述方法清洗。 2.3　载玻片与盖玻片 用过的载玻片与盖玻片如滴有香柏油，要先用擦镜纸擦去或浸在二甲苯内轻摇数次，使油垢溶解，再在肥皂水中煮沸5～10min，用软布或脱脂棉花擦拭，立即用自来水冲洗，然后在稀洗涤液中浸泡0.5～2h，用自来水冲去洗涤液，最后用蒸馏水淋洗数次，待干后浸泡于95%乙醇中保存备	

用。使用时在火焰上烧去乙醇。用此法洗涤和保存的载玻片和盖玻片清洁透亮，没有水珠。检查过活菌的载玻片或盖玻片应先在 2% 来苏儿或 0.25% 新洁尔灭溶液中浸泡 24h，然后按上述方法洗涤与保存。

3 玻璃器皿的包装

3.1 培养皿的包装

将洗涤干净并风干的培养皿按顺序放入金属（铜或不锈钢）圆筒内的带底框架中（图 9），加盖。也可用报纸将 5～10 套培养皿卷成一排，第 1 套和最后 1 套的皿盖朝外，卷筒两端的报纸折叠后压紧。包好后置干燥箱内干热灭菌或高压蒸汽灭菌，冷却后备用。

3.2 玻璃移液管的包装

每支待灭菌的干燥的玻璃移液管在粗头端 0.5cm 处塞入一小段约 1.5cm 长的棉花，目的是避免在使用时将杂菌吹入管中或将微生物吸出管外。塞入的棉花小柱松紧要适当，过紧则吸取费力，过松则棉花会下滑。将塞好棉花柱的玻璃移液管尖端斜放在旧报纸条的近左端，以 45°角为宜，并将左端多余的一段纸覆折在吸管上，左手按住吸管尖端的纸折，右手转动吸管，使报纸条将吸管裹紧，右端多余的报纸打一个小结（图 10）。按此方法包好的移液管可单独灭菌，也可集中用报纸扎成捆后进行干热灭菌或湿热灭菌。

3.3 试管和锥形瓶的包装

试管管口可用棉花塞或硅胶泡沫塞塞好，外加一层牛皮纸包好，用棉线绳扎紧。三角烧瓶一般用纱布包裹的棉花塞，或 4～8 层纱布封口，外加牛皮纸，再用棉线绳扎紧。有条件的实验室可用铝箔纸代替棉塞封口，省去细绳扎捆。封口的试管可按实验需要，将数个扎成捆后进行干热灭菌或湿热灭菌。

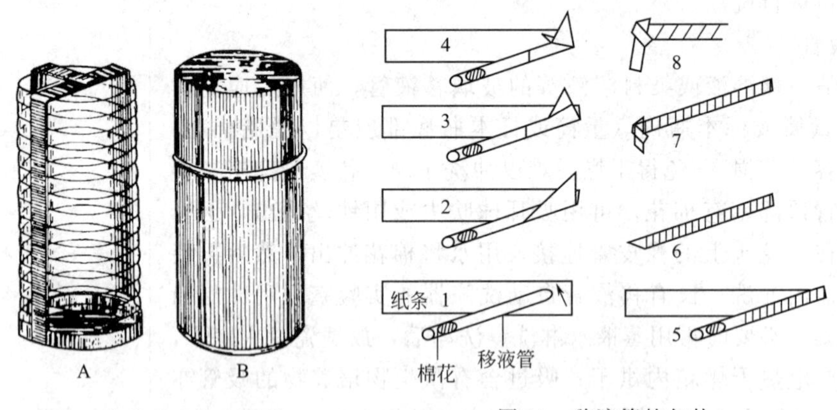

图 9 装培养皿的金属筒

A—内部框架；B—带盖外筒

图 10 移液管的包扎

4 玻璃器皿的灭菌

玻璃器皿主要用电热干燥箱进行干热灭菌，培养基和其他不耐热的橡皮塞等不可以用此法灭菌。操作方法如下。

4.1 装入待灭菌物品

将包装好的待灭菌物品（培养皿、吸管等）放入电热干燥箱内，关好箱门。注意：物品不要摆得太满、太紧，以免妨碍空气流通，灭菌物品不要接触箱体内壁的铁板，以防包装纸烤焦起火。

4.2　升温

接通电源，拨动开关，打开箱顶的排气孔，使箱内湿空气能逸出。旋动恒温调节器至绿灯亮，让温度逐渐上升。当温度升至100℃时，关闭排气孔。在升温过程中，如果红灯熄灭，绿灯亮，表示箱内停止加温，此时如果还未达到所需的160～170℃温度，则需转动调节器使红灯再亮，如此反复调节，直至达到所需温度。

4.3　恒温

当温度升到160～170℃时，借恒温调节器的自动控制，保持此温度2h。注意：干热灭菌过程中，严防恒温调节的自动控制失灵而造成安全事故。

4.4　降温

切断电源、自然降温。

4.5　开箱取物

待箱内温度下降到60℃以下，打开箱门，取出灭菌物品。注意：电热干燥箱内温度未降到60℃以前，切勿自行打开箱门，以免骤然降温导致玻璃器皿炸裂。

异常情况及解决方法：

【实训工作小结】

1. 简单谈谈这次实训的收获。
2. 你觉得本次实训最难掌握的技术是什么？
3. 如何判断玻璃器皿是否清洗干净？
4. 灭菌前为什么要进行包扎？
5. 干热灭菌有哪些注意事项？在什么情况下不能使用干热灭菌？

实训任务2　实验室环境和人体体表微生物的检测

【实训目的】

1. 证明在实验室环境和人体体表存在着微生物。
2. 观察不同微生物的菌落形态特征。
3. 比较不同取样处微生物的数量和类型。
4. 体会无菌操作的重要性。

【实训任务阐述】

微生物以其微小的形体广泛地分布在自然环境的各个角落，包括空气、土壤、水、动植物、人体的体表和某些脏器等中。由于空气、器皿、人体体表等处缺乏微生物进行繁衍所需要的足够水分和营养物，它们只是“暂居”于此。一旦满足它们的营养要求，在适宜的温度条件下，它们将迅速地生长、繁殖，其“子孙后代”将会聚集在一起，形成一个肉眼可见的群体——菌落。每一种微生物的菌落都具有特征性的形态，例如，菌落的大小，表面干燥或湿润、隆起或扁平、粗糙或光滑，边缘整齐或不整齐，菌落透明、半透明或不透明，颜色以及质地疏松或紧密等。

本实训任务是对初学者的入门实验，通过从实验室内空气、实验者的头发等处取样，用无菌操作法接种于牛肉膏蛋白胨琼脂培养基，培养后平板上生长出微生物菌落，可验证微生物在自然环境中的存在，并观察微生物菌落的形态和数量。

【实训材料】

1. 培养基

牛肉膏蛋白胨琼脂平板。

2. 用具

无菌水，无菌棉签，接种环，试管架，酒精灯，记号笔，废物缸等。

【实训准备】

阅读本实训任务的全部内容，并查阅教材及相关资料，完成以下预习工作。

绘制实训工作流程图。

工作流程图：

【实训步骤及操作记录】

在相应位置记录关键步骤的实际操作情况和观察到的现象以及原始数据。如遇异常，请将异常情况和解决方法记录在相应位置。

实训步骤	要点记录
1　写标签 在发给的平板皿底用记号笔于一侧注明姓名、日期、班级、组别、样品来源等字样，字体尽量要小，可用拼音字母的字头简化。此时，切勿打开皿盖，以免染菌影响实验结果。 注意：培养皿的记号一般写在皿底上。如果写在皿盖上，若同时观察两个以上培养皿的结果，打开皿盖时容易混淆。 2　实验室环境微生物检测 2.1　空气中微生物的检测 将一个牛肉膏蛋白胨琼脂平板放在当时做实验的实验室，移去皿盖，使琼脂培养基表面暴露在空气中；将另一牛肉膏蛋白胨琼脂平板放在无菌室或无人走动的其他实验室，移去皿盖。1h后盖上两个皿盖。 2.2　实验台上微生物的检测 左手拿装有棉签的试管，在火焰旁用右手的手掌边缘和小指、无名指夹持棉塞，将其取出，将管口很快地通过酒精灯的火焰，烧灼管口；轻轻地倾斜试管，用右手的拇指和食指将棉签小心地取出，塞回棉塞，并将空试管放在试管架上。左手取灭菌水试管，如上述方法拨出棉塞并烧灼管口，将棉签插入水中，再提出水面，在管壁上挤压一下以除去过多的水分，小心将棉签取出，烧灼管口，塞回棉塞，并将无菌水试管放在试管架上。用湿棉签在实验台面上擦拭约 $2cm^2$ 的范围。在火焰旁用左手拇指和食指或中指使平皿开启成一缝，再将棉签伸入，在固体培养基	

表面近皿底边缘处接种，然后用灭菌的接种环进行划线，整个划线操作均要求无菌。

3　人体细菌的检查

3.1　手指

分别在两个琼脂平板上标明洗手前与洗手后（班级、姓名、日期）。移去皿盖，将未洗过的手指在琼脂平板的表面轻轻地来回划线，盖上皿盖。用肥皂和刷子，用力刷手，在流水中冲洗干净，干燥后，在另一琼脂平板表面来回移动，盖上皿盖。

3.2　头发

在揭开皿盖的琼脂平板的上方，用手将头发用力摇动数次，使微生物降落到琼脂平板表面，然后盖上皿盖。

3.3　咳嗽

将去皿盖的琼脂平板放在离口约 6～8cm 处，对着琼脂平板表面用力咳嗽，然后盖上皿盖。

4　培养

将所有的琼脂平板翻转，使皿底朝上，放在 37℃培养箱，培养 1～2 天。

5　微生物的观察

观察微生物的数目、大小、干湿、形态、边缘、凹凸等。

6　记录结果

6.1　菌落计数

在划线的平板上，如果菌落很多而重叠，则数平板最后 1/4 面积内的菌落数。不是划线的平板，也一分为四，数 1/4 面积的菌落数。

6.2　菌落描述

根据菌落大小、形状、高度、干湿等特征观察不同的菌落类型。但要注意，如果细菌数量太多，会使很多菌落生长在一起，或者限制了菌落生长而变得很小，因而外观不典型，故观察菌落的特点时，要选择分离得很开的单个菌落。

菌落特征描写方法如下。

① 大小：大、中、小、针尖状。可先将整个平板上的菌落粗略观察一下，再决定大、中、小的标准，或由教师指出一个大小范围。

② 颜色：黄色、金黄色、灰色、乳白色、红色、粉红色等。

③ 干湿：干燥、湿润、黏稠。

④ 形态：圆形、不规则等。

⑤ 高度：扁平、隆起、凹下。

⑥ 透明程度：透明、半透明、不透明。

⑦ 边缘：整齐、不整齐。

异常情况及解决方法：

【实训工作报告】

（1）按下表所列出各项将实训结果填入。

样品来源	菌落数（近似值）	菌落类型	特征描述						
			大小	颜色	干湿	形态	高度	透明程度	边缘
		1							
		2							
		3							
		4							

(2) 与其他同学所做的结果进行比较。

【实训工作小结】

1. 简单谈谈这次实训的收获。

2. 你觉得本次实训最难掌握的技术是什么?

3. 比较各种来源的样品，哪一种样品的平板菌落数与菌落类型最多?

4. 人多的实验室与无菌室（或无人走动的实验室）相比，平板上的菌落数与菌落类型有什么区别?请解释一下造成这种区别的原因。

第二篇　微生物常规实验技术

微生物是活跃在现代生物技术产业的主力军。它们不仅在发酵工业上大显身手，制造出各种可口的食品、饮料，以及抗生素、维生素、氨基酸、多肽等药物和营养补充剂，还能帮助科学家们更好地认识生命现象，提高人类生存质量和健康水平。由微生物操作发展衍生而来的各项基本实验技术，像灭菌技术、纯培养技术等，更是现代生物技术的基石和鼻祖；转基因技术、免疫学技术、单克隆抗体技术等一系列高新生物技术领域都或多或少打有“微生物”烙印。

和化学实验不同的是，在微生物学实验中我们要和微生物“打交道”。进行微生物操作，首先要爱微生物。要怀有严谨、善良和好奇的心态，来学习微生物学实验技术。

最基本的微生物学实验技术有哪些呢？概括起来就是：

仔细地认识微生物；精心地养育微生物；悉心地保存微生物。

项目一　微生物染色及显微形态观察技术

先和微生物“见个面”、认识认识吧。

可是，微生物的个子实在是太小了，小得只能用“微米（μm）”、“纳米（nm）”来衡量。而我们的眼睛能分辨的最小距离只有0.175mm，肉眼是无论如何也看不清它们的“庐山真面目”的，因此只能通过另外的“眼睛”——显微镜来观察。

然而，只有显微镜这只“眼睛”还是不能很好地观察微生物。为什么呢？因为微生物，尤其是细菌，它们的细胞小而透明，当细菌悬浮于水滴内时，由于菌体和背景没有显著的明暗差别，因此很难看清它们的形态，更不易辨识其结构。所以，用普通光学显微镜观察微生物时，往往要先对其染色，借助于颜色的反衬作用，可以更清楚地观察微生物形态及某些亚细胞结构。

下面先来学习普通光学显微镜的构造和各部分的功能，以及在微生物镜检中常用的显微镜油镜的原理和使用方法，最后了解常用的微生物染色剂，并掌握常用的微生物染色方法。

一、普通光学显微镜的构造及功能

光学显微镜是由机械装置和光学系统两大部分组成（图11）。

1. 机械装置

显微镜的机械装置包括镜座与镜臂、镜筒、转换器、载物台及调焦装置等。

（1）镜座与镜臂　镜座是显微镜的基本支架，位于显微镜底部，马蹄形，由它支撑整个显微镜。镜臂是显微镜的脊梁，支撑镜筒。直筒显微镜的镜臂与镜座之间有一倾斜关节，可使显微镜倾斜一定角度，便于观察。

（2）镜筒　由金属制成的圆筒，上接目镜，下接转换器。镜筒的长度约160mm，有些显微镜的镜筒长度是可调节的。

（3）转换器　是一个用于安装物镜的圆盘，可装3～4个物镜。转动转换器，可按需要将其中任何一个物镜通过镜筒与目镜构成一个放大系统。

（4）载物台　用于安放玻片。中心有一小孔，以利于光线通过。载物台上有一副金属的标本夹或标本移动器。通过调节移动器上的螺旋可使标本做横向或纵向移动。有些移动器上还有刻度尺，构成精密的平面坐标系，用以确定标本的位置，便于重复观察。

(5) 调焦装置 是调节物镜和标本间距离的物件，分粗调节器和微调节器，可使镜筒或镜台上下移动。用粗调节器只能粗放地调节焦距，难于观察到清晰的物像，微调节器用于进一步调节焦距。当物体在物镜的焦点上时，可得到清晰的图像。

2. 光学系统

光学系统指目镜、物镜、聚光器及反光镜。光学系统使标本物像放大，形成倒立的放大物像。

(1) 目镜 一般由两块透镜组成，分别称接目透镜和场镜。在两块透镜中间或场镜的下方有一视场光阑。目镜上常标有 5×、10×、16×等放大倍数，不同放大倍数的目镜其口径是统一的，可根据需要选择合适的目镜进行观察。

(2) 物镜 为显微镜中最重要的光学部件，作用是将被检物像做第一次放大，形成一个倒立的实像。由多块透镜组成，决定成像质量和分辨能力。根据物镜的放大倍数和使用方法的不同，分为低倍物镜、高倍物镜及油镜三种，低倍物镜有 4×、10×及 20×；高倍物镜有 40×及 45×；油镜为 95×及 100×。物镜的性能取决于物镜的数值孔径，标于物镜的外壳上，此外还刻有镜筒长度及所要求盖玻片厚度等主要参数（图 12）。

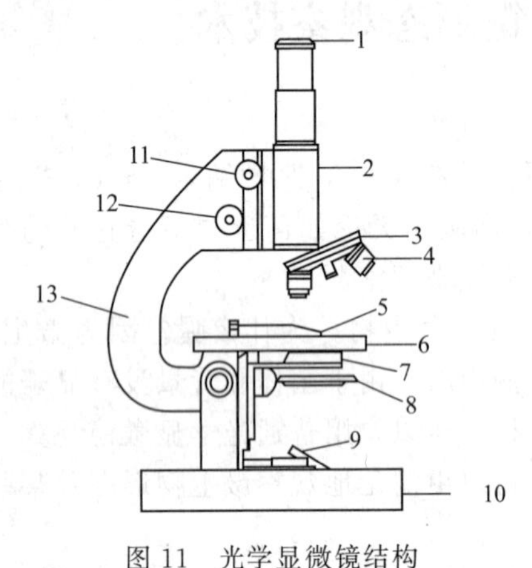

图 11 光学显微镜结构

1—目镜；2—镜筒；3—转换器；4—物镜；5—标本夹；6—载物台；7—聚光镜；8—可变光圈；9—反光镜；10—镜座；11—粗调节器；12—细调节器；13—镜臂

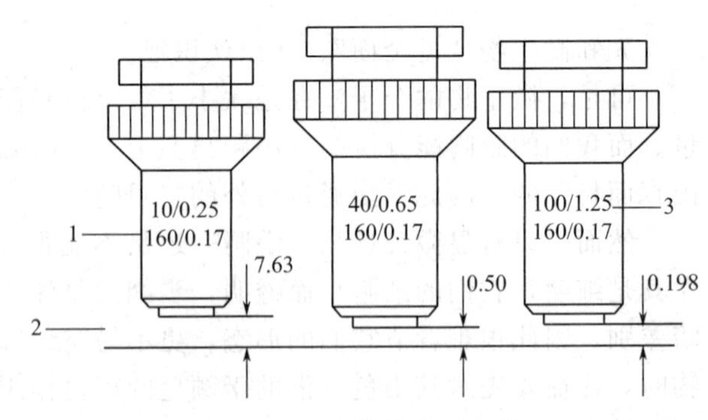

图 12 显微镜的主要参数

1—筒长及指定盖玻片厚度；2—工作距离；3—放大倍数与数值孔径

(3) 聚光器 安装在载物台下，一般由聚光透镜、虹彩光圈和升降螺旋组成，其作用是将光源经反光镜反射来的光线聚集在标本上，增强照明度，便于观察。用低倍镜时聚光器应下降，用油镜时升至最高。在聚光器的下方装有虹彩光圈（可变光圈），它由十几张金属薄片组成，可放大或缩小以调节光强。

(4) 反光镜 是普通光学显微镜的取光物件，使光线射向聚光镜。它一面是凹面镜，一面是平面镜。在光源充足或用低倍和高倍镜时，用平面镜；光线较弱或用油镜时常用凹面镜。目前，实验室普遍使用带内置光源的电光源显微镜，其镜座上装有光源，并有电流调节螺旋，可通过调节电流大小来调节光强。

二、显微镜油镜的原理和使用方法

在普通光学显微镜常用配置的几种物镜中，油镜的放大倍数最大，对微生物的研究最为重要。油镜通常标有“oil”字样，有时也用一红圈或黑圈为标志。油镜的使用较其他物镜特殊，需在载玻片与镜头之间滴加镜油，原因如下。

1. 增强照明亮度

由于油镜的放大倍数可达100×，因此其镜头的焦距很短，直径很小，但所需要的光照强度却最大。从承载标本的玻片透过来的光线，因介质密度不同，有些光线会因折射或全反射而不能进入镜头，以致在使用油镜时会因射入的光线较少而使物像不清。因此在使用时，油镜与载玻片之间常隔着一层油质，称油浸系，即滴加折射率与玻璃相似的镜油（实验室常用香柏油），使通过载玻片的光线直接经油浸系进入物镜而不发生折射（图13）。

2. 提高显微镜的分辨率

分辨率（D）是决定显微镜性能优劣的关键因素。所谓分辨率是指显微镜工作时能分辨出物体两点之间的最小距离的能力。D 值越小，表明分辨率越高，可用下列公式表示：

$$分辨率(最大可分辨距离)D=\lambda/2\mathrm{NA}$$

式中，λ 为光波波长；NA为物镜的数值孔径值。

由上式可见，要提高分辨率，必须缩短光的波长和增大物镜的数值孔径值。由于光学显微镜所用的照明光源是可见光（波长平均为0.55μm），故必须靠增大物镜的数值孔径值来提高显微镜的分辨率。

显微镜的放大倍数是由其数值孔径值来决定的，即物镜的镜口角和玻片与镜头间介质的折射率，可用公式 $\mathrm{NA}=n\cdot\sin\alpha/2$ 表示，式中，α 为镜口角，是通过标本的光线延伸到物镜前透镜边缘所形成的夹角（图14）。它取决于物镜的直径和焦距，一般在实际应用中最大只能达到140°，即 $\sin\alpha/2=\sin70°=0.94$。影响数值孔径值的另一因素是物镜与标本间介质的折射率 n，香柏油折射率为1.515，空气为1.0，因此以香柏油为介质时可使数值孔径值达到1.2～1.4，大于以空气为介质的0.94。若以可见光的平均波长0.55μm来计算，则数值孔径值通常在0.65左右的高倍镜只能分辨出距离不小于0.4μm的物体；而用数值孔径值为1.25的油镜能分辨直径在0.2μm以上的物体。大多数细菌的直径为0.5μm左右，因此用油镜可清晰观察细胞的形态及某些结构。

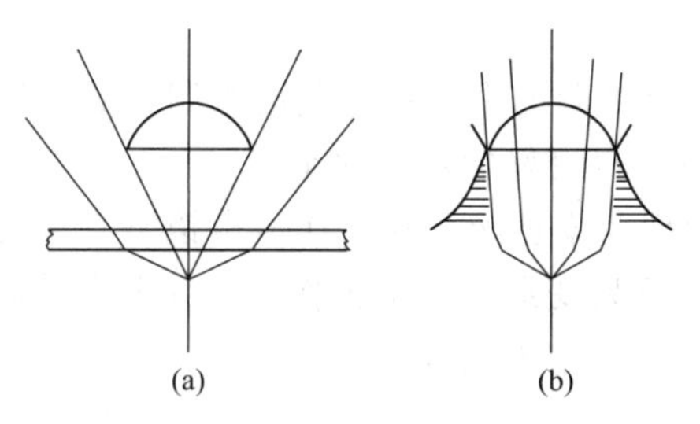

图13　物镜与干燥系（a）和油浸系（b）光线通路

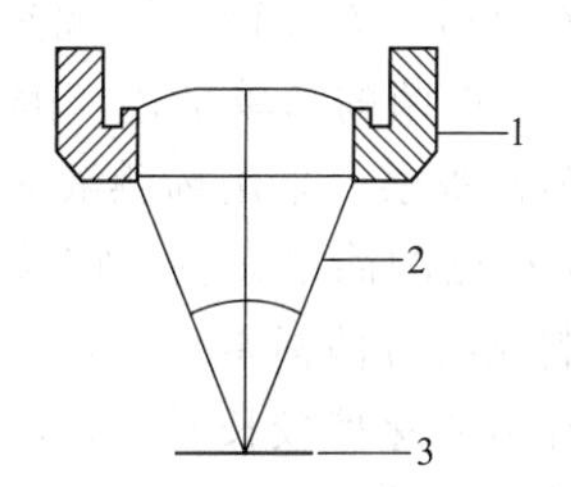

图14　物镜的镜口角

1—物镜；2—镜口角；3—标本面

显微镜的总放大率是指物镜放大率和目镜放大率的乘积。物镜和目镜搭配不同，其分辨率也不同。例如用放大率为40倍的物镜（NA＝0.65）和放大率为24倍的目镜，虽然总放大率为960倍，其分辨的最小距离只有0.42μm。若用放大率为90倍的油镜（NA＝1.25）和放大率为10倍的目镜，虽然总放大率为900倍，却能分辨0.22μm的物体。

三、微生物常用染色剂

染色剂分为天然染色剂和人工染色剂两种。天然染色剂有胭脂红、地衣素、石蕊、苏木素等，它们多从动植物体中提取而得，其成分均较复杂。目前主要采用人工染色剂，它们多从煤焦油中提取，是苯的衍生物。为了使它们易溶于水，通常制成盐类。

染色剂按其电离后染色剂离子所带电荷的性质分为酸性染色剂、碱性染色剂和中性染色剂。

1. 酸性染色剂

这类染色剂电离后，染色剂离子带负电，如沪红、刚果红、藻红、苯胺黑、苦味酸和酸性复红等。可与碱性物质复合成盐，当培养基中糖类分解产生酸，使 pH 下降时，细菌所带正电荷增加，就可为酸性染色剂着色。

2. 碱性染色剂

这类染色剂电离后，染色剂离子带正电，可与酸性物质结合成盐。微生物实验一般常用的碱性染色剂有美蓝、结晶紫、碱性复红、中性红、孔雀绿、番红等。

3. 中性染色剂

酸性染色剂和碱性染色剂的结合物称中性染色剂，也称复合染色剂。如瑞士染料与吉姆萨染料，后者常用于细胞核染色。

此外还有一些染色剂如苏丹染料，它们的化学亲和力低，不能和被染物结合成盐类，它们的染色能力视其能否溶于被染物而定。这类染色剂不溶于水，但溶于脂肪溶剂中。

四、微生物常用染色方法

1. 简单染色法

简单染色是指用单一染料处理微生物，该方法操作简便，易于掌握，适用于微生物一般形态的观察。

(1) 细菌的简单染色　实验室常用碱性染料对细菌进行简单染色，这是因为细菌在中性环境中一般带负电荷，碱性染料在电离时，染料离子带正电荷，故碱性染料的染色部分很容易与细菌结合使细菌着色。经染色后的细菌细胞与背景形成鲜明的对比，在显微镜下更易于识别。常用的碱性染料有美蓝、结晶紫、碱性复红等。

当细菌分解糖类产酸使培养基 pH 下降时，细菌所带正电荷增加，此时可用伊红、酸性复红或刚果红等酸性染料染色。

(2) 放线菌的简单染色　和细菌的简单染色一样，放线菌也可用石炭酸复红或碱性美蓝等染料着色后，在显微镜下观察其形态。

(3) 酵母菌的简单染色　酵母菌的细胞大小比细菌的大，在由蒸馏水制成的水浸片中也能进行镜检观察。采用稀碘液对其进行染色，可获得更好的观察效果。

(4) 霉菌的简单染色　霉菌常用乳酸石炭酸棉蓝染色液制片，在显微镜下直接观察。此染色液制成的霉菌标本片特点是细胞不易干燥，不易变形，有染色作用，并兼有杀菌防腐作用，使标本能保持较长时间；溶液本身呈蓝色，有一定染色效果。

2. 鉴别染色法

(1) 细菌的革兰染色　革兰染色法是细菌学中重要的鉴别染色法，该染色法是 1884 年由丹麦病理学家 Christain Gram 创立，而后一些学者在此基础上做了某些改进。

革兰染色法是先将细菌用初染液（草酸铵结晶紫）染色，加媒染剂（革兰碘液）媒染后，用脱色剂（95%乙醇）脱色，再用复染剂（沙黄染液）染色。根据此染色反应结果可将所有细菌分为革兰阳性和革兰阴性两大类，呈蓝紫色的为革兰阳性细菌，以 G^+ 表示；呈红色的为革兰阴性细菌，以 G^- 表示。细菌在革兰染色中的呈色差异是由两类细菌细胞壁的结构和组成不同而决定的。当用草酸铵结晶紫初染后，所有细菌都被染成蓝紫色。碘作为媒染剂，可增加染料和细胞的亲和力，与结晶紫结合形成结晶紫-碘复合物。当用脱色剂处理时，两类细菌的脱色效果不同。革兰阳性细菌染色时，结晶紫-碘复合物不易被洗脱而保留在细胞内，经脱色和复染后仍保留初染剂的蓝紫色；而革兰阴性细菌则不同，结晶紫-碘复合物比较容易被洗脱出来，用复染剂复染后，细胞被染上复染剂的红色。

(2) 酵母菌的死活细胞鉴别染色　可用美蓝染色液对酵母菌进行死活细胞的染色鉴别。美蓝是一种弱氧化剂，它的氧化型呈蓝色、还原型呈无色。用美蓝对酵母细胞进行染色时，由于活细胞的新陈代谢作用旺盛，细胞具有较强的还原能力，能将进入细胞的美蓝还原而使细胞无色，故具有还原能力的酵母活细胞是无色的，而死细胞或代谢作用微弱的衰老细胞则被染料染成蓝色，据此可对酵母菌的死活细胞进行鉴别。需要注意的是，一个活酵母菌的还原能力是有限的，必须严格控制染料的浓度和染色时间。

以上介绍的简单染色法和鉴别染色法，适用于对微生物形态的观察及某些细胞结构和生理状态的鉴别。除此之外，还有细菌的芽孢染色、荚膜染色和鞭毛染色等对细菌特定细胞结构的染色方法，常用于细菌特殊形态结构及生理特性的观察和鉴别。

实训任务3　微生物标本片的观察及绘图

【实训目的】

1. 熟悉普通光学显微镜的构造及各部分的功能。
2. 学习并掌握显微镜油镜的原理和使用方法。
3. 学习并掌握用显微镜观察微生物代表性标本片及正确绘图的方法。
4. 认识微生物的基本形态。

【实训任务阐述】

使用普通光学显微镜对微生物进行形态观察，并把观察到的结果准确客观地记录下来，是微生物学实验的一项重要基本功。这项基本功包括：①能够根据不同的微生物标本和不同的观察要求，合理调试显微镜完成观察任务；②对观察结果进行准确客观的绘制记录；③对显微镜妥善进行保养维护，以保证其良好的工作状态并延长其使用寿命。

实验室新到一批微生物标本片，需按不同显微倍数对其进行观察，并绘出标本形态。

【实训材料】

1. 实验菌种

金黄色葡萄球菌、枯草芽孢杆菌等的标本片。

2. 实验所需溶液或试剂

香柏油、二甲苯。

3. 实验其他器材

光学显微镜、擦镜纸。

【实训准备】

阅读本实训任务的全部内容，并查阅教材及相关资料，完成以下预习工作。

1. 光学显微镜的光学系统由哪几部分组成？各部分有何功能？
2. 油镜应如何使用和保养？
3. 绘制实训工作流程图。

工作流程图：

【实训步骤及操作记录】

在相应位置记录关键步骤的实际操作情况和观察到的现象以及原始数据。如遇异常，请将异常情况和解决方法记录在相应位置。

实训步骤	要点记录
1　光学显微镜的安置与调试 1.1　光学显微镜的安置 将显微镜置于平整的实验台上，保持镜座距实验台边缘约3～4cm。切忌单手拎提，应一手握住镜臂，一手托住底座，使显微镜保持直立、平稳。镜检时姿势要端正，使用显微镜时应双眼同时睁开观察，既可减少眼睛疲劳，也便于边观察边绘图记录。 1.2　调节光源 显微镜的照明光源有安装在镜座内的内置光源及通过反光镜采集的外置光源两种。内置光源可通过调节电压以获得适当的照明亮度。外置光源指自然光或灯光，通常利用反光镜采集。使用反光镜时，应根据光源的强度及所用物镜的放大倍数选用凹面或平面镜，避免直射光源，可通过调节角度使视野内的光线均匀、亮度适宜，便于观察。 1.3　调节目镜 目镜的调节常根据使用者的个人情况，调整双筒显微镜的目镜间距。在左目镜上一般还配有屈光度调节环，可适应眼距不同或两眼视力有差别的不同观察者。 1.4　调节聚光器数值孔径值 调节聚光器虹彩圈值与物镜的数值孔径值相符或略低。有些显微镜的聚光器只标有最大数值孔径值，而没有具体的光圈数刻度。使用这种显微镜时可在样品聚焦后取下一目镜，从镜筒中一边看着视野，一边缩放光圈，调整光圈的边缘与物镜边缘黑圈相切或略小于其边缘。因为各物镜的数值孔径值不同，所以每转换一次物镜都应进行这种调节。 注意：在聚光器的数值孔径值确定后，若需改变光照强度，可通过升降聚光器或改变光源的亮度来实现。 2　显微观察 2.1　低倍镜观察 将金黄色葡萄球菌或枯草芽孢杆菌的染色玻片标本置于载物台上，用标本夹固定，移动载物台使观察对象处在物镜正下方。首先，下降10×物镜，使其接近标本，用粗调节器缓慢升起镜筒，使视野中的标本初步聚焦，继而用细调节器调节使图像清晰；其次，通过移动载物台，认真观察标本各部位，按要求找到合适的目的物，仔细观察并记录所观察到的结果。 2.2　高倍镜观察 在低倍镜下找到合适的观察目标并将其移至视野中心，然后轻轻转动物镜转换器将高倍镜移至工作位置。从侧面观察，转动粗调节器，将镜筒徐徐放下，由目镜观察，仔细调节光圈，使光线明亮适宜。用粗调节器缓	

慢上升镜筒至物像出现，再用细调节器调节至物像清晰，找到适宜观察部位并将其移至视野中心，准备用油镜观察。对聚光器光圈及视野亮度进行适当调节后，微调细调节器使物像清晰，利用推进器移动标本仔细观察并记录所观察到的结果。

注意：当物像在一种物镜中已清晰聚焦后，转动物镜转换器将其他物镜转到工作位置进行观察时，物像将保持基本准焦的状态，此现象称为物镜的同焦。利用这种同焦现象，可保证在使用高倍镜或油镜等放大倍数高、工作距离短的物镜时仅用细调节器即可对物像清晰聚焦，从而避免由于使用粗调节器时的大意而损坏镜头或标本。

2.3　油镜观察

在高倍镜下找到要观察的样品区域后，用粗调节器将镜筒升高，然后将油镜转到工作位置。在待观察的样品区域加香柏油，从侧面注视，转动粗调节器，缓慢降下镜筒，使油镜浸在香柏油中并接近标本。用目镜观察，进一步调节光线，转动粗调节器缓慢提升油镜至物像出现，再用细调节器调节至物像清晰。如果油镜头已离开油面仍未找到物像，则有两种可能：一是油镜下降还未到位；二是油镜上升过快，必须再从侧面观察，将油镜降下，重复操作。将聚光器升至最高位置并开足光圈，若所用聚光器的数值孔径值超过1.0，还应在聚光镜与载玻片之间加香柏油，保证其达到最大效能。

3　显微镜用毕后的处理

3.1　上升镜筒，取下标本。

3.2　清洁镜头

用擦镜纸擦拭镜头上的香柏油，然后蘸少许二甲苯擦去镜头上残留的油迹，最后用干净的擦镜纸擦去残留的二甲苯。擦镜头时要顺着镜头直径方向擦，不能沿圆周方向擦。随后再用绸布擦净显微镜的金属部件。

注意：切忌用手或其他纸擦拭镜头，以免使镜头沾上污渍或产生划痕。

3.3　用擦镜纸清洁其他物镜及目镜。

3.4　还原显微镜

将各部分还原，反光镜垂直于镜座，将物镜转成“八”字形，再向下旋。同时把聚光镜降到最低位置，以免物镜与聚光镜发生碰撞危险。

3.5　清洁标本片

染色玻片标本上的香柏油可用二甲苯使之溶解，再用吸水纸轻轻压在涂片上，吸掉二甲苯和香柏油，以免损坏涂片。

异常情况及解决方法：

【实训工作报告】

标本片名称	10×物镜下	40×物镜下	100×物镜下
		绘制者： 绘制时间：	

【实训工作小结】

1. 简单谈谈这次实训的收获。
2. 你觉得本次实训最难掌握的技术是什么?
3. 油镜和普通物镜在使用方法上有何不同? 应注意什么?
4. 为什么在用高倍镜和油镜观察标本之前要先用低倍镜进行观察?

实训任务4　细菌的简单染色

【实训目的】

1. 学习微生物涂片、染色的基本技术。
2. 掌握细菌的简单染色法。

【实训任务阐述】

实验室现有一支金黄色葡萄球菌试管斜面培养物，请通过镜检观察该菌的形态并绘制镜检结果。

【实训材料】

1. 实验菌种

金黄色葡萄球菌。

2. 实验试剂

美蓝染液。

3. 实验器材

显微镜、载玻片、接种环、酒精灯、无菌水、香柏油、二甲苯、吸水纸、擦镜纸、洗瓶、纱布、玻片架等。

【实训准备】

阅读本实训任务的全部内容，并查阅教材及相关资料，完成以下预习工作。

1. 细菌有几种基本形态？
2. 观察细菌时为何要对其进行染色？
3. 绘制实训工作流程图。

工作流程图：

【实训步骤及操作记录】

在相应位置记录关键步骤的实际操作情况和观察到的现象以及原始数据。如遇异常，请将异常情况和解决方法记录在相应位置。

实训步骤 | 要点记录

1 细菌涂片的制作（图 15）

1.1 涂片

用接种环从试管培养液中取一环菌，于载玻片中央涂成薄层即可；或先滴一小滴无菌水于载玻片中央，用接种环从斜面挑出少许菌体，与载玻片的水滴混合均匀，涂成一薄层，一般涂布直径以 1cm 大小范围为宜。

1.2 干燥

涂片后可自然干燥，也可在酒精灯上略加热，使之迅速干燥。

1.3 固定

固定的方法主要取决于用什么染色法。常用的有火焰固定法和化学固定法。火焰固定法的主要操作要领是：手持载玻片一端，涂片面向上，于火焰上通过 2～3 次，使细胞质凝固，以固定细菌的形态，并使其牢固附在载玻片上、不易脱落。

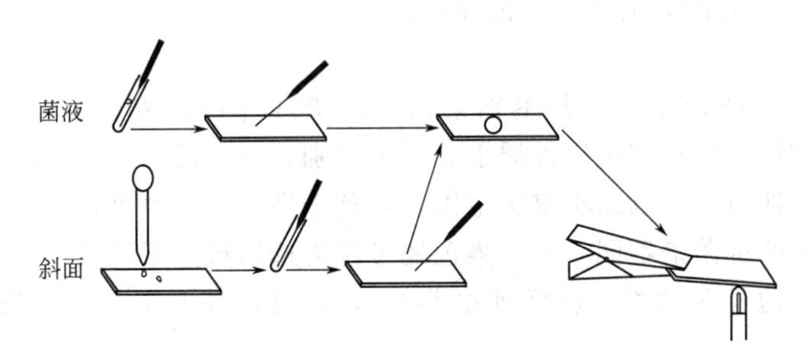

图 15 细菌涂片的制作

2 简单染色法

2.1 染色

滴加美蓝液（或其他染液）覆盖载玻片涂菌部位，染色时间随不同染色液而定。吕氏碱性美蓝染色液染 2～3min，石炭酸复红染色液染 1～2min。

2.2 水洗

夹住载玻片一端，斜置，用细小水流由上至下冲洗去多余的染液，直到流下的水无色为止。

2.3 干燥

自然风干，或用吸水纸吸去水分，或微微加热以加快干燥。

2.4 镜检

待涂片完全干燥后用油镜观察。

异常情况及解决方法：

【实训工作报告】

在相应位置绘制镜检结果。

菌种名称：______________

显微镜放大倍数：______________

菌种形态判别：呈______状，为______菌

绘制者：______________

【实训工作小结】

1. 简单谈谈这次实训的收获。
2. 你觉得本次实训最难掌握的技术是什么？
3. 涂片固定操作是否会对细菌细胞的形态和大小造成影响？如果会，如何减少影响？

实训任务 5 细菌的革兰染色

【实训目的】

1. 了解革兰染色法的原理及其在细菌分类鉴定中的重要性。
2. 学习并掌握革兰染色法并能对结果进行正确判断。

【实训任务阐述】

革兰染色法是细菌学中广泛使用的一种鉴别染色法，1884 年由丹麦医师 Gram 创立。革兰阳性菌和革兰阴性菌在化学组成和生理性质上有很多差别，染色反应不一样。在医学检验中，根据细菌的革兰染色性质，可以缩小鉴定范围，有利于进一步分离鉴定，以对疾病做出诊断。又由于各种抗生素的抗菌谱不同，革兰染色还可作为选用抗生素的参考。

现有大肠杆菌、枯草芽孢杆菌样本（斜面纯培养物），请镜检并鉴定其革兰染色性质，并与文献结果相比较。

【实训材料】

1. 实验菌种

大肠杆菌、枯草芽孢杆菌。

2. 实验试剂

草酸铵结晶紫液、革兰碘液、95% 乙醇、沙黄（番红）染液。

3. 实验器材

显微镜、载玻片、接种环、酒精灯、无菌水、香柏油、二甲苯、吸水纸、擦镜纸、洗瓶、纱布、玻片架等。

【实训准备】

阅读本实训任务的全部内容，并查阅教材及相关资料，完成以下预习工作。

1. 革兰阴/阳性细菌的细胞壁成分和结构有何不同?

2. 革兰染色的原理是什么?

3. 绘制实训工作流程图。

工作流程图：

【实训步骤及操作记录】

在相应位置记录关键步骤的实际操作情况和观察到的现象以及原始数据。如遇异常，请将异常情况和解决方法记录在相应位置。

实训步骤	要点记录
1 细菌涂片的制作 1.1 涂片 用接种环从试管培养液中取一环菌，于载玻片中央涂成薄层即可；或先滴一小滴无菌水于载玻片中央，用接种环从斜面挑出少许菌体，与载玻片的水滴混合均匀，涂成一薄层，一般涂布直径以1cm大小范围为宜。 1.2 干燥 涂片后可自然干燥，也可在酒精灯上略加热，使之迅速干燥。 1.3 固定 固定的方法主要取决于用什么染色法。常用的有火焰固定法和化学固定法。火焰固定法的主要操作要领是：手持载玻片一端，涂片面向上，于火焰上通过2～3次，使细胞质凝固，以固定细菌的形态，并使其牢固附在载玻片上，不易脱落。 2 革兰染色法 2.1 初染 草酸铵结晶紫染色1～2min，水洗。 2.2 媒染 用碘液冲去残水，并用碘液覆盖约1min，水洗。 2.3 脱色 用滤纸吸去玻片上残留的水分，将玻片倾斜，在白色背景下，用滴管连续滴加95%乙醇脱色，直至流出的乙醇无紫色为止，时间20～30s，立即水洗并吸干水分。 2.4 复染 用番红复染约2min，水洗。	

2.5 镜检

干燥后用油镜观察，革兰阳性细菌呈蓝紫色，革兰阴性细菌呈红色。以分散开的细菌革兰染色反应为准，过于密集的细菌常由于脱色不完全而呈假阳性。

异常情况及解决方法：

【实训工作报告】

菌种	大肠杆菌	枯草芽孢杆菌	混菌
形态	放大倍数：____× 颜色：______色	放大倍数：____× 颜色：______色	放大倍数：____× 颜色：______色
G^+/G^-判定			

大肠杆菌、枯草芽孢杆菌革兰染色鉴定报告

鉴定试剂：
鉴定依据：
检测结果：大肠杆菌：(染色结果____色)革兰染色____性
枯草芽孢杆菌：(染色结果____色)革兰染色____性

鉴定者：
日期：

【实训工作小结】

1. 简单谈谈这次实训的收获。
2. 你觉得本次实训最难掌握的技术是什么？
3. 结合实训，你觉得革兰染色的关键步骤有哪些？
4. 在染色过程中为什么需要进行混菌染色鉴定？
5. 如何判断染色结果是否为假阴/阳性？

实训任务6 酵母菌的形态观察及死活细胞的鉴别

【实训目的】

1. 观察酵母菌的形态结构及出芽生殖方式。
2. 学习区分酵母菌死活细胞的实验方法。
3. 掌握酵母菌的一般形态特征及其与细菌的区别。

【实训任务阐述】

酵母菌的细胞形态及生理特性与细菌相比有较大的不同。对酵母细胞进行镜检，不仅可以观察其细胞形态，还可以观察到活体状态下的生殖等生理过程。所以酵母菌的镜检方式有别于我们已经观察过的细菌。

实验室现有一支酿酒酵母斜面培养物，请用美蓝染液对其进行死活细胞的染色鉴别，并观察酵母菌的细胞形态及出芽生殖方式。

【实训材料】

1. 实验菌种

酿酒酵母斜面培养物。

2. 实验器材

显微镜、载玻片、盖玻片、滴管、试管、蒸馏水、目镜测微尺、镜台测微尺、接种环、酒精灯、美蓝染液、香柏油、二甲苯、吸水纸、擦镜纸等。

【实训准备】

阅读本实训任务的全部内容，并查阅教材及相关资料，完成以下预习工作。

1. 酵母细胞的主要形态和生殖方式有哪些？

2. 使用美蓝染液对酵母细胞进行死活鉴别的原理是什么？

3. 绘制实训工作流程图。

工作流程图：

【实训步骤及操作记录】

在相应位置记录关键步骤的实际操作情况和观察到的现象以及原始数据。如遇异常，请将异常情况和解决方法记录在相应位置。

实训步骤	要点记录
1　美蓝浸片的观察 1.1　取菌 在载玻片中央加一滴 0.1%吕氏碱性美蓝染色液，以无菌操作用接种环挑取少量酵母菌放在染液中，混合均匀。 注意：染液不宜过多或过少，否则在盖上盖玻片时，菌液会溢出或出现大量气泡而影响观察。 1.2　制片 用镊子取一块盖玻片，先将一边与菌液接触，然后慢慢将盖玻片放下使其盖在菌液上。 注意：盖玻片不宜平着放下，以免产生气泡而影响观察。 1.3　第一次镜检 将制片放置约 3min 后镜检，先用低倍镜，然后用高倍镜观察酵母的形态和出芽情况，并根据颜色来区别死活细胞。 1.4　第二次镜检 染色约 0.5h 后再次进行观察，注意死细胞数量是否增加。	

2　更换染液，重复实验

用0.05％吕氏碱性美蓝染色液重复上述操作。

异常情况及解决方法：

【实训工作报告】

在相应位置绘制镜检结果。

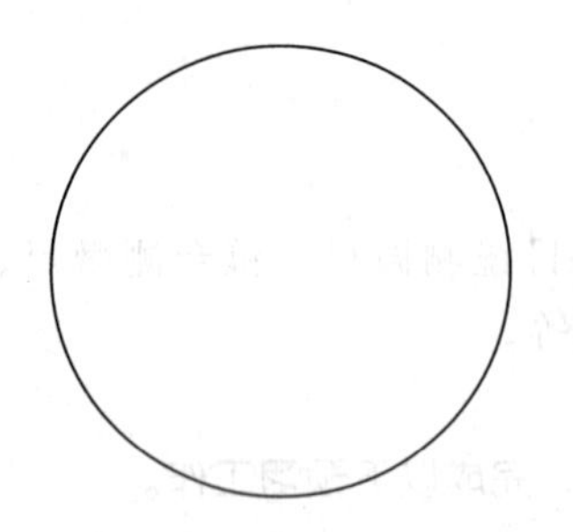

菌种名称：________________

显微镜放大倍数：____________

菌种呈_____状，生殖方式为_____生殖。

绘制者：____________

染　色　液	染色 3 min		染色 30 min	
	活细胞数目	死细胞数目	活细胞数目	死细胞数目
0.1％美蓝染液				
0.05％美蓝染液				

【实训工作小结】

1. 简单谈谈这次实训的收获。
2. 你觉得本次实训最难掌握的技术是什么？
3. 美蓝染色液浓度和作用时间的不同，对酵母菌死细胞数量有何影响？试分析原因。
4. 在显微镜下，酵母菌有哪些突出的特征区别于一般的细菌？

实训任务7　放线菌、霉菌的形态观察

【实训目的】

1. 学习并掌握观察放线菌、霉菌形态的基本方法。
2. 了解放线菌、霉菌的基本形态特征。

【实训任务阐述】

放线菌和霉菌都是丝状微生物，其细胞形态和细菌及酵母菌相比有着很大差异，因而镜检方法也与细菌及酵母菌不同。

请用插片观察法和直接制片法，分别对实验室保藏的龟裂链霉菌和黑曲霉的形态结构进行镜检观察并绘图。

【实训材料】

1. 实验菌种

龟裂链霉菌（平板插片法培养物）、黑曲霉（平板培养物）菌种。

2. 实验培养基

高氏1号琼脂平板、马铃薯或查氏琼脂培养基等。

3. 实验染料

乳酸石炭酸棉蓝液、美蓝液等。

4. 实验其他器材

显微镜、载玻片、盖玻片、接种环、培养皿、无菌吸管、镊子、酒精灯、解剖针、香柏油、二甲苯、擦镜纸等。

【实训准备】

阅读本实训任务的全部内容，并查阅教材及相关资料，完成以下预习工作。

1. 放线菌的生长特性和细胞形态特征。

2. 霉菌的生长特性和细胞形态特征。

3. 绘制实训工作流程图。

工作流程图：

【实训步骤及操作记录】

在相应位置记录关键步骤的实际操作情况和观察到的现象以及原始数据。如遇异常，请将异常情况和解决方法记录在相应位置。

实训步骤	要点记录
1 放线菌插片观察 1.1 取样 用镊子将链霉菌平板插片法培养物中的盖玻片小心拔出，擦去背面培养物。 1.2 制片 将盖玻片有菌的一面朝下放在载玻片上，用无菌水制成玻片。 1.3 镜检 置显微镜下先用低倍镜观察，再换高倍镜。 2 霉菌直接制片观察 2.1 取样制片 于洁净载玻片上，滴一滴乳酸石炭酸棉蓝染色液，用解剖针从霉菌菌落的边缘处取小量带有孢子的菌丝，先置于50%乙醇中浸一下以洗去脱落的孢子，再放置于载玻片的染色液中，用解剖针细心地将菌丝挑散开，然后小心地盖上盖玻片，注意不要产生气泡。 2.2 镜检 置显微镜下先用低倍镜观察，必要时再换高倍镜。	

异常情况及解决方法：

【实训工作报告】

在相应位置绘制镜检结果。

菌种名称：________________

显微镜放大倍数：____________

基本形态特征：______________

____

绘制者：____________

菌种名称：________________

显微镜放大倍数：____________

基本形态特征：______________

____

绘制者：____________

【实训工作小结】

1. 简单谈谈这次实训的收获。

2. 你觉得本次实训最难掌握的技术是什么？

3. 比较显微镜下细菌、放线菌与霉菌在形态上的异同。

项目二 微生物大小测定及计数

一、微生物大小测定的原理与方法

微生物细胞的大小是微生物基本的形态特征，也是分类鉴定的依据之一。测量微生物细胞大小可用显微镜测微尺，包括目镜测微尺和镜台测微尺。

镜台测微尺是中央部分刻有精确等分线的特制载玻片，一般将 1mm 等分为 100 格，每格长 0.01mm，上面贴有一圆形盖片。镜台测微尺并不直接用来测量细胞的大小，而是用于校正目镜测微尺每格的相对长度。

目镜测微尺是一块可放入接目镜隔板上的圆形玻片，中央有精确的等分刻度，将 5mm 分为 50 小格和 100 小格两种。测量时，需将其放在接目镜中的隔板上，用以测量经显微镜放大后的细胞物像。目镜测微尺每格代表的实际长度随所用接目镜和接物镜的组合放大倍数而改变，故用目镜测微尺测量微生物大小时，必须先用镜台测微尺进行校正，以求出该显微镜在一定放大倍数的目镜和物镜下，目镜测微尺每小格所代表的相对长度，然后根据微生物细胞相当于目镜测微尺的格数，计算出细胞的实际大小。

微生物细胞的大小，一般球菌用直径来表示，杆菌用宽和长的范围表示。具体使用方法见实训任务 8“实训步骤”。

二、显微直接计数法测定的原理与方法

显微镜计数法是指利用血细胞计数板进行计数，是一种常用的微生物计数法。此法的优点是直观、简便、快速。将经过适当稀释的菌悬液（或孢子悬浮液）放在血细胞计

数板的计数室内，在显微镜下进行计数。由于计数室的容积是一定的（$0.1mm^3$），因而可根据在显微镜下观察的微生物数目换算成单位体积内的微生物数目，此法所测得的结果是活菌体和死菌体的总和。现已采用活菌染色、微室培养（短时间）、加细胞分裂抑制剂等方法只计算活菌体数目。

血细胞计数板是一块特制的厚玻片，玻片上有四条槽和两条嵴，中央有一短横槽和两个平台，两嵴的表面比两个平台的表面高 0.1 mm，每个平台上刻有不同规格的格网，中央 $1mm^2$ 面积上刻有 400 个小方格（图 16）。

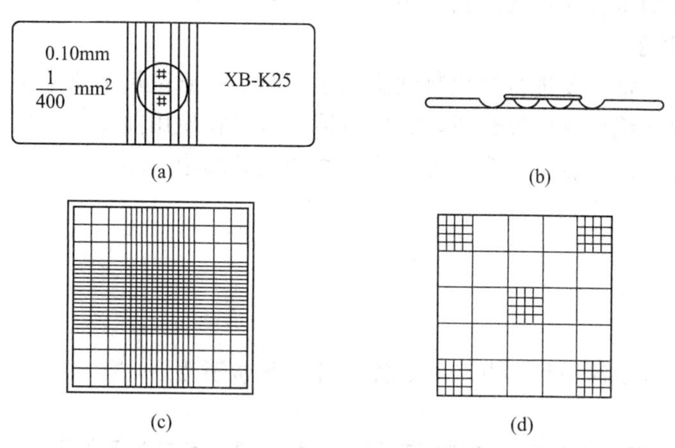

图 16　血细胞计数板构造图

(a) 正面图；(b) 纵面图；(c) 放大后方格网；(d) 放大后计数室

血细胞计数板有两种规格，一种是将 $1cm^2$ 面积分为 25 个大格，每大格再分为 16 个小格［25×16，图 17（a）］；另一种是 16 个大格，每个大格再分为 25 个小格［16×25，图 17（b）］。两者都是总共有 400 个小格。当用盖玻片置于两条嵴上，从两个平台侧面加入菌液后，400 个小方格（$1mm^2$）计数室内形成 $0.1mm^3$ 的体积。通过对一定大格内（一般为 16×25 的计数板，按对角线方位取左上、左下、右上、右下四个大方格；25×16 的计数板，除上述 4 个大方格外，还要计数中央的 1 个大方格）微生物数量的统计，求出平均值，乘以 16 或 25 得出计数室中的总菌数，可计算出 1mL 菌液所含有的菌体数。它们都可用于酵母、细菌、霉菌孢子等悬液的计数，基本原理相同。

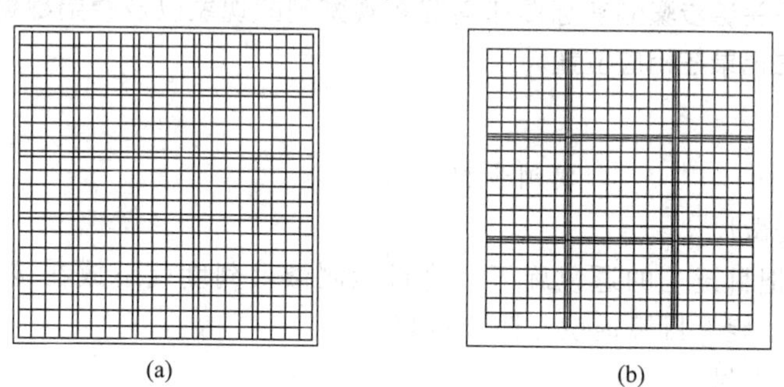

图 17　两种不同刻度的计数板

(a) 25 大格×16 小格计数板；(b) 16 大格×25 小格计数板

如果是 25 个大方格的计数板，设 5 个大方格的总菌数为 A，菌液稀释倍数为 B，则：

$$1mL\ 菌液中的总菌数=(A/5)\times 25\times 10^4\times B=50000AB(个)$$

同理，如果是 16 个大方格的计数板，设 4 个大方格的总菌数为 A，菌液稀释倍数为

B，则

$$1mL\ 菌液中的总菌数=(A/4)\times16\times10^4\times B=40000AB(个)$$

实训任务 8　酵母菌的大小测定

【实训目的】

学习使用显微测微尺测量微生物大小。

【实训任务阐述】

微生物学研究中常常要进行微生物细胞大小的测量。测微尺是测量细胞大小常用工具之一，由目镜测微尺与镜台测微尺组成，其中目镜测微尺在使用前需进行校正。

现有酵母菌悬液样品若干，观察酵母形态并测定其细胞大小。

【实训材料】

1. 实验菌种

酿酒酵母。

2. 实验器材

目镜测微尺、镜台测微尺、载玻片、盖玻片、显微镜等。

【实训准备】

阅读本实训任务的全部内容，并查阅教材及相关资料，完成以下预习工作。

1. 测微尺的组成和工作原理。
2. 更换物镜后，为何要对目镜测微尺重新进行校正？
3. 绘制实训工作流程图。

工作流程图：

【实训步骤及操作记录】

在相应位置记录关键步骤的实际操作情况和观察到的现象以及原始数据。如遇异常，请将异常情况和解决方法记录在相应位置。

实训步骤	要点记录
1　放置目镜测微尺 取出接目镜，把目镜上的透镜旋下，将目镜测微尺刻度朝下放在接目镜镜筒内的隔板上，旋上目镜透镜，插入镜筒内。 2　放置镜台测微尺 将镜台测微尺刻度朝上放在显微镜的载物台上，对准聚光器。 3　校正目镜测微尺 先用低倍镜观察，将镜台测微尺有刻度的部分移至视野中央调焦，看清镜台测微尺刻度后，转动目镜，使目镜测微尺的刻度线和镜台测微尺的刻度线平行。利用移动器，使两个测微尺在某一区域内两刻度线完全重合，	

分别数出两重合线之间镜台测微尺和目镜测微尺各自的格数（图 18）。

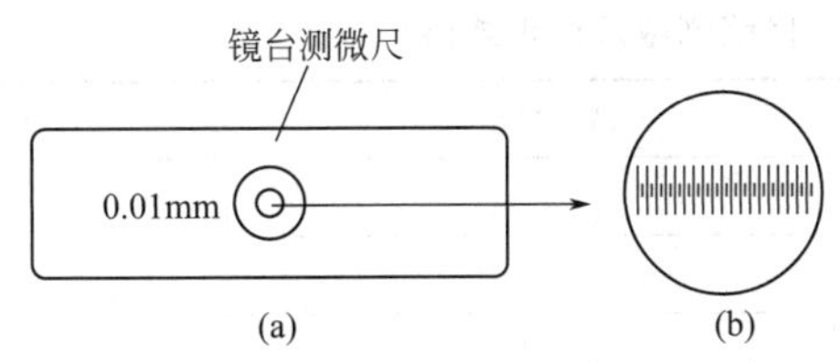

A. 镜台测微尺(a)及其中央部分的放大(b)

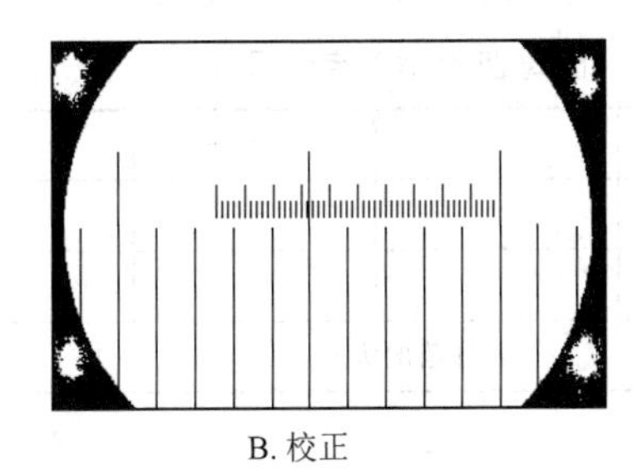

B. 校正

图 18　目镜测微尺及校正

4　计算

已知镜台测微尺每格长 10μm，根据公式：目镜测微尺每格长度（μm）＝两重合线间镜台测微尺格数×10/两重合线间目镜测微尺格数，即可计算出在不同放大倍数下，目镜测微尺每格代表的实际长度。例如，若在两重合刻度线之间目镜测微尺为 50 格，镜台测微尺为 10 格，则此时目镜测微尺每小格所代表的实际长度＝（10 格×10μm）/50 格＝2μm。

用同样的方法换成高倍镜和油镜进行校正，分别测出在高倍镜和油镜下，两重合线之间两测微尺分别占有的格数。

5　菌体大小测定

目镜测微尺校正完毕后，取下镜台测微尺，换上菌体染色制片（测定酵母菌细胞大小时，先将酵母培养物制成水浸片），校正焦距使菌体清晰，转动目镜测微尺（或转动染色标本），测出待测菌的长和宽各占几小格。将测得的格数乘以目镜测微尺每小格所代表的长度，即可换算出此单个菌体的大小值。在同一涂片上需测定 10～20 个菌体，求出其平均值，才能代表该菌的大小。而且一般是用对数生长期的菌体来进行测定。

6　测定完毕

取出目镜测微尺后，将接目镜放回镜筒，再将目镜测微尺和镜台测微尺分别用擦镜纸擦拭干净，放回盒内保存。

异常情况及解决方法：

【实训工作报告】

目镜测微尺校正结果

物　镜	目微尺格数	物微尺格数	目微尺校正值/μm
10			
40			
100			

注：需将目镜测微尺校正值的计算过程在“实训步骤及操作记录”中体现。

酵母菌大小测定记录

项目	1	2	3	4	5	平　均　值
长						
宽						
酵母菌的大小						

【实训工作小结】

1. 简单谈谈这次实训的收获。
2. 你觉得本次实训最难掌握的技术是什么？
3. 你的测定结果与教材中的描述是否相符？
4. 你认为微生物细胞大小受什么因素的影响？

实训任务9　酵母菌培养液的菌体数量测定

【实训目的】

掌握使用血细胞计数板进行微生物计数的基本方法。

【实训任务阐述】

无论是进行微生物的发酵培养，还是进行微生物的检验，都有可能要求采用适当的方法测定一定体系内的微生物细胞数量。微生物细胞数量的测定方法有很多，最直接的就是利用血细胞计数板对单位体积内的所有微生物细胞进行直接测定。

现在，实验室有一批酵母培养液，请利用血细胞计数板测定其中的酵母细胞数。

【实训材料】

1. 实验菌种

酿酒酵母。

2. 实验器材

血细胞计数板、盖玻片、显微镜等。

【实训准备】

阅读本实训任务的全部内容，并查阅教材及相关资料，完成以下预习工作。

1. 血细胞计数板的工作原理是什么？
2. 绘制实训工作流程图。

工作流程图：

【实训步骤及操作记录】

在相应位置记录关键步骤的实际操作情况和观察到的现象以及原始数据。如遇异常，请将异常情况和解决方法记录在相应位置。

实训步骤	要点记录
1 菌悬液制备 以无菌生理盐水将酿酒酵母制成适当浓度的菌悬液。 2 镜检计数室 在加样前，先对计数板的计数室进行镜检。若有污物，则需清洗，吹干后进行计数。 3 加样 将清洁干燥的血细胞计数板盖上盖玻片，用无菌毛细管将摇匀的菌悬液由盖玻片边缘滴一小滴，让菌液沿缝隙靠毛细管作用自动进入计数室，一般计数室均能充满菌液。注意加样时计数板内不可有气泡。 4 显微镜计数 加样后静置5min，然后将血细胞计数板置于显微镜下，先用低倍镜找到计数室位置，然后换成高倍镜进行计数。 注意：显微镜光线的强弱适当，对于用反光镜采光的显微镜还要注意光线不要偏向一边，否则视野中不易看清楚计数室方格数，或只见竖线或横线。在计数前若发现菌液太浓或太稀，需重新调节稀释度后再计数。一般样品稀释度要求每小格内约有5～10个菌体为宜。每个计数室选4个或5个大方格中的菌体进行计数（具体见项目二的前言部分）。位于格线上的菌体一般只数上方和右边线上的。如遇酵母出芽，芽体大小达到母细胞的一半时，即作为两个菌体计数。 5 清洗血细胞计数板 使用完毕后，将血细胞计数板在水龙头上用水冲洗干净，切勿用硬物洗刷，洗完后自行晾干或用吹风机吹干。镜检观察每小格内是否有残留的菌体或其他杂物。	

异常情况及解决方法：

【实训工作报告】

酵母菌细胞数测定记录

次 数	1					2					平 均 值
中方格序号	1	2	3	4	5	1	2	3	4	5	/
细胞数											
细胞数/mL											

【实训工作小结】

1. 简单谈谈这次实训的收获。

2. 你觉得本次实训最难掌握的技术是什么？

3. 在使用血细胞计数板的过程中，加样品这一步骤需要注意什么？

实训任务10 比浊法测定大肠杆菌的生长曲线

【实训目的】

1. 熟悉细菌分批培养的细胞群体生长状态。

2. 掌握比浊法测定大肠杆菌培养物浓度和生长曲线绘制技术。

【实训任务阐述】

将一定量的微生物转入新鲜液体培养基中，在适宜的条件下培养细胞要经历延迟期、对数期、稳定期和衰亡期这四个阶段。如果在整个培养过程中选取几个时间点，测定该时刻的生物量，再以培养时间为横坐标，以生物量的对数为纵坐标作图，所绘制的曲线称为该微生物的生长曲线。不同的微生物在相同的培养条件下其生长曲线不同，同样的微生物在不同的培养条件下所绘制的生长曲线也不同。测定微生物的生长曲线，了解其生长繁殖规律，这对人们根据不同的需要，有效地利用和控制微生物的生长具有重要意义。

由于单细胞微生物（特别是细菌）悬液的浓度与浊度成正比，因此可以用分光光度计测定菌悬液的光密度（OD值），即比浊法来推知菌液的浓度。另外，比浊法的空白对照很重要，因为培养液往往有颜色，有一定的消光度，必须用无菌的相同培养液作为测定参比予以校正。

本次实训，要求采用比浊法测定大肠杆菌的培养物浓度，并绘制生长曲线。

【实训材料】

1. 实验菌种

20h培养的大肠杆菌培养液。

2. 培养基和试剂

12瓶250mL内装25mL牛肉膏蛋白胨培养液的三角瓶，121℃灭菌30min；无菌生理盐水。

3. 实验器材

分光光度计、无菌试管12个、离心机、冰箱、摇床等。

【实训准备】

阅读本实训任务的全部内容，并查阅教材及相关资料，完成以下预习工作。

1. 微生物生长曲线有何特点？

2. 用比浊法测定大肠杆菌培养物浓度时，为何要用无菌的相同培养液作测定参比？

3. 绘制实训工作流程图。

工作流程图：

【实训步骤及操作记录】

在相应位置记录关键步骤的实际操作情况和观察到的现象以及原始数据。如遇异常，请将异常情况和解决方法记录在相应位置。

实训步骤 | 要点记录

1 种子液制备

将培养 20h 的大肠杆菌培养液离心收集菌体，加入无菌生理盐水成菌悬液，细胞数约为 10^9 个/mL。

2 接种、培养和取样

取 11 个盛培养液的三角瓶，各接 2.5mL 菌悬液作种子，在摇床上相同位置 37℃振荡培养（250r/min），并立即取下一瓶为 0 时的增殖状态。之后于培养 2h、4h、6h、8h、10h、12h、14h、16h、18h、20h 各取一瓶约 11 个间隔的菌液，分别吸取 5mL 菌液于无菌试管中，置于 4℃下保存。

3 OD 值测定与绘图

用未接种的培养液为空白对照，将上述保存于 4℃下的菌液于 400～440nm 波长处比色。要求消光度在 0.3～0.6，若超过，用未接种的培养液适当稀释。以菌悬液 OD 值为纵坐标、培养时间为横坐标，绘出大肠杆菌在摇瓶状态培养的生长曲线。

异常情况及解决方法：

【实训工作报告】

取样时间/h	0	2	4	6	8	10	12	14	16	18	20
OD 值											

大肠杆菌的生长曲线

培养方式：摇瓶振荡；培养温度：37℃

绘制者：______

绘制日期：________

【实训工作小结】

1. 简单谈谈这次实训的收获。
2. 你觉得本次实训最难掌握的技术是什么？
3. 试对你所绘制的大肠杆菌生长曲线进行分析。

项目三　微生物培养基制备技术

一、培养基的配制原理和方法

培养基是人工配制的适合微生物生长繁殖或积累代谢产物的营养基质，用以培养、分离、鉴定、保存各种微生物或积累代谢产物。在自然界中，微生物种类繁多，营养类型多样，加之实验和研究的目的不同，所以培养基的种类很多。但是，不同种类的培养基中，一般应含有水分、碳源、氮源、无机盐、生长因子等。不同微生物对 pH 要求不一样，霉菌和酵母的培养基 pH 一般是偏酸性，而细菌和放线菌的培养基 pH 则为中性或微碱性，所以在配制培养基时，应该根据不同微生物的要求将培养基的 pH 调到合适的范围。虽然培养基种类很多，但是它们只是在配方和配制方法上略有差异，所以只要熟练掌握一种培养基的配制方法，就能根据不同的配方和配制说明配制出各种各样的培养基。

此外，由于配制培养基的各类营养物质和容器等含有各种微生物，因此，已配制好的培养基必须立即灭菌，以防止其中的微生物生长繁殖而消耗养分和改变培养基的酸碱度所带来的不利影响。

1. 牛肉膏蛋白胨培养基

牛肉膏蛋白胨培养基是一种应用最广泛和最普通的细菌基础培养基，有时又称为普通培养基。由于这种培养基中含有一般细菌生长繁殖所需要的最基本的营养物质，故可供作微生物生长繁殖之用。基础培养基含有牛肉膏、蛋白胨和 NaCl。其中牛肉膏为微生物提供碳源、能量、磷酸盐和维生素，蛋白胨主要提供氮源和维生素，而 NaCl 提供无机盐。在配制固体培养基时还要加入一定量琼脂作凝固剂，琼脂在常用浓度下于 96℃时融化，实际应用时，一般在沸水浴中或电炉上垫以石棉网煮沸融化，以免琼脂烧焦。琼脂在 40℃时凝固，通常不被微生物分解利用。固体培养基中琼脂的含量根据琼脂的质量和气温的不同而有所不同。

牛肉膏蛋白胨培养基的配方如下：牛肉膏 3.0g，蛋白胨 10.0g，NaCl 5.0g，水 1000.0mL，pH 7.4～7.6。

2. 高氏 1 号培养基

高氏 1 号培养基是用来培养和观察放线菌形态特征的合成培养基。如果加入适量的抗菌药物，则可用来分离各种放线菌。此合成培养基的主要特点是含有多种化学成分已知的无机盐，这些无机盐可能相互作用而产生沉淀。如高氏 1 号培养基中的磷酸盐和镁盐相互混合时易产生沉淀，故在混合培养基成分时，一般是按配方的顺序依次溶解各成分，甚至有时还需要将两种或多种成分分别灭菌，使用时再按比例混合。此外，合成培养基有的还要补充微量元素，如高氏 1 号培养基中的 $FeSO_4 \cdot 7H_2O$ 的量只有 0.001%，因此在配制培养基时需预先配成高浓度的 $FeSO_4 \cdot 7H_2O$ 母液，然后按需加入一定量到培养基中。

高氏 1 号培养基的配方如下：可溶性淀粉 20g，NaCl 0.5g，KNO_3 1.0g，$K_2HPO_4 \cdot 3H_2O$ 0.5g，$MgSO_4 \cdot 7H_2O$ 0.5g，$FeSO_4 \cdot 7H_2O$ 0.01g，琼脂 15～25g，水 1000mL，pH 7.4～7.6。

二、微生物实验室中常用的灭菌方法及其原理

在微生物实验中，需要进行纯培养，不能有任何杂菌污染，因此对所用器材、培养基和工作场所都要进行严格的消毒和灭菌。消毒是指消灭病原菌和有害微生物。灭菌是指杀死或消灭环境中的所有微生物的营养体、芽孢和孢子。

消毒与灭菌的方法很多，可分为物理法和化学法两大类。物理法包括加热灭菌（干热灭菌和湿热灭菌）、过滤除菌、紫外线辐射灭菌等。化学法主要是利用无机或有机化学药剂对实验用具和其他物体表面进行消毒与灭菌。人们可根据微生物的特点、待灭菌材料与实验目的和要求来选用具体的方法。一般来说，玻璃器皿可用干热灭菌；培养基用高压蒸汽灭菌，某些不耐高温的培养基如血清、牛乳等可用巴斯德消毒法、间歇式灭菌法或过滤除菌法；无菌室、无菌罩等可用紫外线辐射、化学药剂喷雾或熏蒸等方法灭菌。

消毒与灭菌不仅是从事微生物学和整个生命科学研究必不可少的重要环节和实用技术，而且在医疗卫生、环境保护、食品、生物制品等各方面均具有重要的应用价值，应根据不同的使用要求和条件选用合适的消毒灭菌方法。

1. 干热灭菌

干热灭菌是利用高温使微生物细胞内的蛋白质凝固变性而达到灭菌的目的。细胞内的蛋白质凝固性与其本身的含水量有关。在菌体受热时，环境和细胞内含水量越大，则蛋白质凝固就越快；反之含水量越小，凝固缓慢。因此，与湿热灭菌相比，干热灭菌所需温度高（160～170℃）、时间长（1～2h）。但干热灭菌温度不能超过 180℃，否则，包器皿的纸或棉塞就会烤焦，甚至引起燃烧。常用干热灭菌设备见图 19。

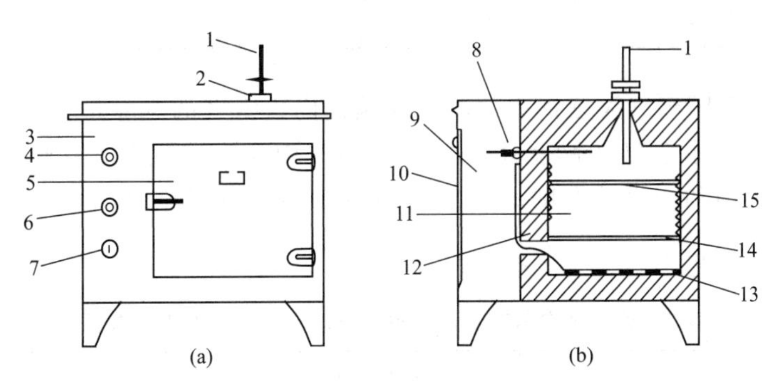

图 19　电烘箱的外观和结构

（a）外观；（b）结构

1—温度计；2—排气阀；3—箱体；4—控温器旋钮；5—箱门；6—指示灯；7—加热开关；8—温度控制阀；9—控制室；10—侧门；11—工作室；12—保温层；13—电热器；14—散热板；15—搁板

2. 湿热灭菌（高压蒸汽灭菌）

高压蒸汽灭菌是将待灭菌的物品放在一个密闭的加压灭菌锅内，通过加热，使灭菌锅隔套间的水沸腾而产生蒸汽。待水蒸气急剧地将锅内的冷空气从排气阀中排尽，然后关闭排气阀，继续加热，此时由于蒸汽不能溢出，从而增加了灭菌器内的压力，使沸点增高，得到高于 100℃的温度，导致菌体蛋白质凝固变性而达到灭菌的目的。

在同一温度下，湿热的杀菌效力比干热大，其原因有三个方面：一是湿热中细菌菌体吸收水分，蛋白质较易凝固，因蛋白质含水量增加，所需凝固温度降低（表 1）；二是湿热的穿透力比干热大（表 2）；三是湿热的蒸汽有潜热存在，每 1g 水在 100℃时，由气态变为液态时可放出 2.26kJ（千焦）的热量，这种潜热能迅速提高被灭菌物体的温度，从而增加灭菌效力。

表 1　蛋白质含水量与凝固所需温度的关系

卵白蛋白含水量/%	30min 内凝固所需温度/℃
50	56
25	74～80
18	80～90
6	145
0	160～170

表 2　干热与湿热穿透力及灭菌效果的比较

温度/℃	时间/h	透过布层的温度			
		10 层	20 层	100 层	灭菌
干热（130～140）	4	72	86	70.5	不完全
湿热（105.3）	3	101	101	101	完全

注意：在使用高压蒸汽灭菌锅灭菌时，灭菌锅内冷空气的排除是否完全极为重要，因为空气的膨胀压大于水蒸气的膨胀压，故当水蒸气中含有空气时，在同一压力下，含空气蒸汽的温度低于饱和蒸汽的温度。灭菌锅内留有不同分量空气时，压力与温度的关系见表 3。

表 3　灭菌锅内留有不同分量空气时，压力与温度的关系

压力数		全部空气排出时的温度/℃	2/3 空气排出时的温度/℃	1/2 空气排出时的温度/℃	1/3 空气排出时的温度/℃	空气全不排出时的温度/℃
kgf/cm^2	lb/in^2					
0.35	5	108.8	100	94	90	72
0.70	10	115.6	109	105	100	90
1.05	15	121.3	115	112	109	100
1.40	20	126.2	121	118	115	109
1.75	25	130.0	126	124	121	115
2.10	30	134.6	130	128	126	121

灭菌的温度及维持的时间随灭菌物品的性质和容量等具体情况而有所改变。一般培养基用 $1.05kgf/cm^2$，121.3℃，15～30min 可达到彻底灭菌的目的。含糖培养基用 $0.56kgf/cm^2$（$8lb/in^2$），112.6℃灭菌 15min，但为了保证效果，可将其他成分先行于 121.3℃，20min 灭菌，然后以无菌操作手续加入灭菌的糖溶液。盛于试管内的培养基以 $1.05kgf/cm^2$，于 121.3℃灭菌 20min 即可，而盛于大瓶内的培养基最好以 $1.05kgf/cm^2$ 灭菌 30min。

蒸汽压力所用单位为 kgf/cm^2，它与 lb/in^2 和温度的换算关系见表 4。

表4　蒸汽压力与蒸汽温度换算关系

蒸汽压力 / 大气压	压力表读数		蒸汽温度/℃
	kgf/cm²	lb/in²	
1.00	0.00	0.00	100.0
1.25	0.25	3.75	107.0
1.50	0.50	7.50	112.0
1.75	0.75	11.25	115.0
2.00	1.00	15.00	121.0
2.50	1.50	22.50	128.0
3.00	2.00	30.00	134.5

注：1大气压＝101325Pa。

3. 辐射灭菌（紫外线灭菌）

紫外线灭菌是用紫外线灯进行的。波长为200～300nm的紫外线都有杀菌能力，其中以260nm的杀菌力最强。在波长一定的条件下，紫外线的杀菌效率与强度和时间的乘积成正比。紫外线杀菌机理主要是因为它诱导了胸腺嘧啶二聚体的形成和DNA链的交联，从而抑制了DNA的复制。另一方面，由于辐射能使空气中的氧电离成［O］，再使O_2氧化生成臭氧（O_3）或使水（H_2O）氧化生成过氧化氢（H_2O_2），O_3和H_2O_2均有杀菌作用。紫外线穿透力不大，所以只适用于无菌室、超净台、手术室内的空气及物体表面的灭菌。紫外线灯距离照射物以不超过1.2m为宜。

此外，为了加强紫外线灭菌效果，在打开紫外线灯以前，可在无菌室内（或超净台内）喷洒3%～5%的石炭酸溶液，一方面使空气中附着有微生物的尘埃降落，另一方面也可以杀死一部分细菌。无菌室内的桌面、凳子可用2%～3%的来苏儿擦洗，然后再打开紫外灯照射，即可增强杀菌效果，达到灭菌目的。

4. 过滤除菌（微孔滤膜过滤除菌）

过滤除菌是通过机械作用滤去液体或气体中细菌的方法。根据不同的需要选用不同的滤器和滤板材料。微孔滤膜过滤器是由上下两个分别具有出口和入口连接装置的塑料盖盒组成，出口处可连接针头，入口处可连接针筒，使用时将滤膜装入两塑料盖盒之间，旋紧盖盒，当溶液从针筒注入滤器时，此滤器将各种微生物阻留在微孔滤膜上，从而达到除菌的目的。根据待除菌溶液量的多少，可选用不同大小的滤器。此法除菌的最大优点是可以不破坏溶液中各种物质的化学成分和活性，但由于滤量有限，所以一般只适用于实验室中小量溶液的过滤除菌，较大量溶液的滤菌应选用较大的玻璃滤膜过滤器。

实训任务11　常用培养基的制备

【实训目的】

1. 明确培养基的配制原理。
2. 掌握配制培养基的一般方法和步骤。

【实训任务阐述】

配制若干液体、固体及半固体牛肉膏蛋白胨培养基。

【实训材料】

1. 实验试剂

牛肉膏、蛋白胨、NaCl、琼脂、1mol/L NaOH、1mol/L HCl。

2. 实验其他器材

试管、三角瓶、烧杯、量筒、玻璃棒、天平、药匙、高压蒸汽灭菌锅、pH 试纸、棉塞、纱布、记号笔。

【实训准备】

阅读本实训任务的全部内容，并查阅教材及相关资料，完成以下预习工作。

1. 请对牛肉膏蛋白胨培养基做一营养分析（即指出配方中的每一试剂各充当了哪种生长要素）。

2. 绘制实训工作流程图。

工作流程图：

【实训步骤及操作记录】

在相应位置记录关键步骤的实际操作情况和观察到的现象以及原始数据。如遇异常，请将异常情况和解决方法记录在相应位置。

实训步骤	要点记录
1 称量 按培养基配方比例依次准确称取牛肉膏、蛋白胨、NaCl 放入烧杯中。牛肉膏常用玻璃棒挑取，放在小烧杯或表面皿中称量，用热水溶化后倒入烧杯，也可放在称量纸上，称量后直接放入水中，稍微加热，牛肉膏便会与称量纸分离，取出称量纸即可。 注意：蛋白胨易受潮，在称取时动作要迅速。另外，称药品时严防药品混杂，称取一种药品后，将药匙洗净擦干后再称取另一种药品；或一把药匙称取一种药品；药品的瓶盖也注意不要盖错。 2 溶化 在上述烧杯中先加入少量水，用玻璃棒搅匀，然后在石棉网上加热使其溶解，或在磁力搅拌器上加热溶解。将药品完全溶解后，补充水分到所需的总体积，如果配制固体培养基时，将称好的琼脂放入已溶的药品中，再加热溶化，最后补足所损失的水分。用三角瓶盛固体培养基时，一般也可将一定量的液体培养基分装于三角瓶中，然后按 1.5%～2.0% 的量将琼脂直接加入各三角瓶中，不必加热溶化，在灭菌时使加热与溶化同步进行，节省时间。 注意：在溶解琼脂时，要小心控制火力，以免培养基因沸腾而溢出容器。同时，需不断搅拌，以防琼脂糊底烧焦。配制培养基时，不可用铜或铁锅加热溶化，以免离子进入培养基中，影响细菌生长。	

3 调 pH

在未调 pH 前，先用精密 pH 试纸测量培养基的原始 pH。如果偏酸，用滴管向培养基中逐滴加入 1mol/L NaOH，边加边搅拌，并随时用 pH 试纸测其 pH，直至 pH 达 7.6，反之，用 1mol/L HCl 逐滴加入进行调节。对于某些要求 pH 较精确的微生物，可用酸度计进行 pH 的调节。

注意：调节 pH 时不要过度，因回调会影响培养基内各离子的浓度。配制 pH 低的琼脂培养基时，若预先调好 pH 并在高压蒸汽下灭菌，琼脂会因水解不能凝固。因此，应将培养基的成分和琼脂分开灭菌后再混合，或在中性 pH 条件下灭菌，然后再调整 pH。

4 过滤

趁热用滤纸或多层纱布过滤，以利某些实验结果的观察。一般无特殊要求的情况下，这一步可省略。

5 分装

按实验要求，可将配制的培养基分装于试管或三角瓶内。

5.1 液体分装

分装高度以试管高度的 1/4 左右为宜。分装三角瓶的量则根据需要而定，一般以不超过三角瓶容积的一半为宜，如果是用于振荡培养的，则根据通气量的要求酌情减少。有的液体培养基在灭菌后，需要补加一定量的其他无菌成分如抗生素，则装量一定要准确。

5.2 固体分装

分装试管，其装量不超过管高的 1/5，灭菌后制成斜面。分装三角瓶的量以不超过三角瓶容积的一半为宜。

5.3 半固体分装

试管一般以试管高度的 1/3 为宜，灭菌后垂直待凝固。分装过程中，注意不要使培养基沾在管（瓶）口上，以免污染棉塞。

6 加塞及包扎

培养基分装完毕后，在试管口或三角瓶上塞好棉塞，以阻止外界微生物进入培养基内造成污染，并保证有良好的通气性能。加塞后，将全部试管用麻绳捆好，再在棉塞外包一层牛皮纸，以防止灭菌时冷凝水润湿棉塞，最后用麻绳扎好。用记号笔注明培养基名称、配制日期、组别。三角瓶加塞后，外包牛皮纸，用麻绳以活结形式扎好，使用时容易解开，同样用记号笔注明培养基名称、配制日期、组别。

7 灭菌

将上述培养基于 0.103MPa、121℃、20min 高压蒸汽灭菌。

8 摆斜面

将灭菌的试管培养基冷却至 50℃左右，将试管口一端倾斜搁在玻璃棒或其他合适高度的器具上，搁置的斜面长度以不超过试管总长的一半为宜（图 20）。

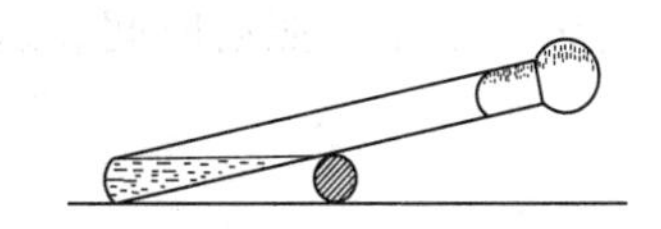

图 20 斜面搁置示意图

9 无菌检查

将灭菌培养基于37℃保温24～48h，以检查灭菌是否彻底。

异常情况及解决方法：

【实训工作报告】

培养基名称	分装类型	数量	灭菌条件	制备时间	无菌检查结果	存放地点	制备者

【实训工作小结】

1. 简单谈谈这次实训的收获。
2. 你觉得本次实训最难掌握的技术是什么？
3. 配制培养基时为什么要调节pH？
4. 高压蒸汽灭菌时应该注意什么（排冷空气、灭菌完成后的放汽等）？
5. 如何检查实验结果，看灭菌是否彻底？

实训任务12 无菌室的消毒处理及超净工作台的使用

【实训目的】

1. 掌握紫外线灭菌法对无菌室进行消毒处理。
2. 掌握超净工作台的使用方法。

【实训任务阐述】

采用单独紫外线照射和化学消毒剂-紫外线照射结合使用的方法对无菌室进行消毒处理，并检验和比较处理结果。学习超净台的使用方法。

【实训材料】

1. 培养基

牛肉膏蛋白胨平板。

2. 试剂

3%～5%石炭酸，2%～3%来苏儿溶液，75%酒精。

3. 仪器

紫外线灯、超净工作台等。

【实训准备】

阅读本实训任务的全部内容，并查阅教材及相关资料，完成以下预习工作。

1. 可用于消毒灭菌的化学试剂有哪些？它们各自的工作浓度和适用范围如何？
2. 辐射灭菌的方法有哪些？它们各自的辐射剂量、照射时间和适用范围如何？
3. 绘制实训工作流程图。

工作流程图：

【实训步骤及操作记录】

在相应位置记录关键步骤的实际操作情况和观察到的现象以及原始数据。如遇异常，请将异常情况和解决方法记录在相应位置。

实训步骤	要点记录
1 无菌室的消毒处理 1.1 单用紫外线照射 1.1.1 清扫 打扫无菌室，清理不必要的物品。 1.1.2 灭菌 在无菌室内打开紫外线灯开关，照射30min，将开关关闭。 1.1.3 检验 将牛肉膏蛋白胨平板放置在无菌室的适当位置，打开皿盖15min，然后盖上皿盖，置于37℃培养24h。共做3套。检查每个平板上生长的菌落数。如果不超过4个，说明灭菌效果良好，否则，需延长照射时间或同时加强其他措施。 1.2 化学消毒剂与紫外线照射结合使用 1.2.1 清扫 打扫无菌室，清理不必要的物品。 1.2.2 灭菌 ①在无菌室内，先喷洒3%～5%石炭酸溶液，再用紫外线灯照射15min。或②无菌室内的桌面、凳子用2%～3%来苏儿溶液擦洗，再用紫外线灯照射15min。 1.2.3 检验 检查灭菌效果［方法同“单用紫外线照射”1.1.3］。 2 超净工作台的使用 2.1 清理超净工作台台面，移除不必要的物品。 2.2 使用前15～20min，用75%酒精擦拭台面及物品。 2.3 使用前15～20min，接通超净台电源，打开紫外线灯照射。 2.4 使用前10min，将通风机启动。 2.5 操作时打开照明开关，关闭紫外线灯。 2.6 用75%酒精擦拭双手和前臂。 2.7 将牛肉膏蛋白胨平板放置在超净台的适当位置，打开皿盖15min，然后盖上皿盖，置于37℃培养24h。共做3套。或进行其他无菌操作。 2.8 清理工作台面，收集废弃物，关闭风机及照明开关，用清洁剂及消毒剂擦拭消毒。 2.9 最后开启工作台紫外灯，照射消毒20～30min后，关闭紫外灯，切断电源。 2.10 检查每个平板上生长的菌落数。如果不超过4个，说明灭菌效果良好，否则，需延长照射时间或同时加强其他措施。 注意：因紫外线对眼结膜及视神经有损伤作用，对皮肤有刺激作用，	

故不能直视紫外线灯光，更不能在紫外线灯光下工作！

异常情况及解决方法：

【实训工作报告】

无菌室的不同消毒处理方法效果比较

处理方法	平板菌落数			效果比较
	1	2	3	
紫外线照射				
3%～5%石炭酸＋紫外线照射				
2%～3%来苏儿＋紫外线照射				

超净台的灭菌效果

处理方法	平板菌落数			灭菌效果
	1	2	3	
紫外线照射				

【实训工作小结】

1. 简单谈谈这次实训的收获。
2. 你觉得本次实训最难掌握的技术是什么？
3. 为什么在紫外线灯照射时，要关闭照明开关？

实训任务 13　液体过滤除菌

【实训目的】

1. 了解过滤除菌的原理。
2. 掌握微孔滤膜过滤除菌的方法。

【实训任务阐述】

含糖溶液在高温条件下会发生美拉德反应，从而造成营养物质破坏等后果。为避免这类现象的产生，含糖溶液更适合采用过滤除菌。

现实验室有一瓶2%的葡萄糖溶液，请采用微孔滤膜过滤器对其进行除菌。

【实训材料】

1. 溶液，培养基

2%的葡萄糖溶液，牛肉膏蛋白胨平板。

2. 实验其他器材

注射器，微孔滤膜过滤器，0.22μm 滤膜，无菌试管，镊子，玻璃涂布棒等。

【实训准备】

阅读本实训任务的全部内容，并查阅教材及相关资料，完成以下预习工作。

1. 通过0.22μm 滤膜过滤，可以除掉哪些微生物？不能除掉哪些微生物？
2. 绘制实训工作流程图。

工作流程图：

【实训步骤及操作记录】

在相应位置记录关键步骤的实际操作情况和观察到的现象以及原始数据。如遇异常，请将异常情况和解决方法记录在相应位置。

实训步骤	要点记录
1 组装、灭菌 将 0.22μm 孔径的滤膜装入清洗干净的塑料滤器中，旋紧压平，包装后灭菌待用（0.1MPa，121℃灭菌 20min）。 2 连接 将灭菌滤器的入口在无菌条件下，以无菌操作方式连接于装有待滤溶液（2%葡萄糖溶液）的注射器上，将针头与出口处连接并插入带橡皮塞的无菌试管中。 3 压滤 将注射器中的待滤溶液加压缓缓挤入过滤到无菌试管中，滤毕，将针头拔出。 4 无菌检查 无菌操作吸取除菌滤液 0.1mL 于牛肉膏蛋白胨平板上，涂布均匀，置于 37℃培养 24h，检查是否有菌生长。 5 清洗 弃去塑料滤器上的微孔滤膜，将塑料滤器清洗干净，并换上一张新的微孔滤膜，组装包扎，再经灭菌后使用。	

异常情况及解决方法：

【实训工作报告】

溶液名称	处理量	处理时间	无菌检查结果	存放地点	操作者

【实训工作小结】

1. 简单谈谈这次实训的收获。

2. 你觉得本次实训最难掌握的技术是什么？

3. 过滤除菌应注意哪些问题？

4. 如果你需要配制一种含有某种抗生素的牛肉膏蛋白胨培养基，其抗生素的终浓度（或工作浓度）为 50μg/mL，你将如何操作？

实训任务14 理化因素对微生物生长的影响

【实训目的】

1. 了解紫外线及日光的杀菌作用原理，学习紫外线杀菌的实验方法。
2. 了解氧气对微生物生长的影响，学习测定微生物需氧性的方法。
3. 了解温度对微生物生长的影响，学习测定微生物最适生长温度的方法。
4. 了解 pH 对微生物生长的影响，学习测定微生物最适 pH 的方法。
5. 了解化学药剂的杀菌和消毒作用，掌握常用消毒剂的浓度和使用方法。

【实训任务阐述】

观察光照、氧气、温度、pH 和化学试剂对微生物生长的影响。

【实训材料】

1. 实验菌种

大肠杆菌、枯草芽孢杆菌、金黄色葡萄球菌、黑曲霉、酿酒酵母、保加利亚乳杆菌、根瘤菌等斜面菌种。

2. 实验培养基

葡萄糖牛肉膏蛋白胨琼脂培养基、普通肉汤琼脂培养基、牛肉膏蛋白胨琼脂斜面培养基、牛肉膏蛋白胨液体培养基（pH 为 3、5、7、9，用 1mol/L NaOH 和 1mol/L HCl 调节培养基 pH 值）等。

3. 实验仪器和器具

40W 紫外灯，三角形黑色图案纸，直径 0.5cm 的无菌圆形滤纸片，接种环，酒精灯，无菌培养皿，无菌操作台，无菌吸管，三角涂棒，无菌镊子等。

4. 实验试剂

1mol/L NaOH 和 1mol/L HCl，95%、77%、40% 的酒精，0.5%、4% 的石炭酸，0.01%、0.1%的新洁尔灭，1g/L $HgCl_2$，200μg/L 链霉素，200μg/L 青霉素，无菌水，无菌生理盐水和冰块等。

【实训准备】

阅读本实训任务的全部内容，并查阅教材及相关资料，完成以下预习工作。

1. 各种理化因素如何影响微生物的生长？
2. 不同微生物对理化因素的耐受性或适应性是否相同？请举例说明。
3. 绘制实训工作流程图。

工作流程图：

【实训步骤及操作记录】

在相应位置记录关键步骤的实际操作情况和观察到的现象以及原始数据。如遇异常，请将异常情况和解决方法记录在相应位置。

实训步骤 | 要点记录

1 紫外线和日光的实验

1.1 制作培养皿平板

将融化的牛肉膏蛋白胨琼脂培养基按无菌操作法倒入平皿中，冷凝成平板。

1.2 接种和标记

用大肠杆菌和枯草芽孢杆菌各涂平皿4个，分别标记1、2、3、4和1′、2′、3′、4′，以无菌操作换上预先准备好的中央贴上三角形的无菌黑色纸皿盖。

1.3 照射和培养

1和1′在直射日光下照射10min，2和2′照射20min，3和3′照射30min，照射完毕后换上原来的平皿盖。4和4′不照射作对照。上述所有平皿于37℃下培养48h后观察结果。

1.4 照射和培养

按1.3步同样方法，只是日光换成紫外线照射处理。注意照射前应开紫外灯（40W）预热30min，照射时平皿离紫外灯距离为25～30cm。将平皿于37℃下培养48h观察结果。

1.5 结果观察

观察平皿面上贴有三角形黑纸的细菌生长与周围部分对照，并绘图表示。

2 氧气对微生物生长的影响

2.1 制备培养基

按照实验书配方制备葡萄糖牛肉膏蛋白胨琼脂培养基，然后分别倒入每个20mL的试管5mL灭菌备用。

2.2 制备菌悬液

用无菌环按照无菌操作分别取适量的大肠杆菌、黑曲霉、保加利亚乳杆菌、根瘤菌分别放入四支无菌水试管中，然后混匀制成菌悬液。

2.3 接种

取灭完菌的培养基试管8个，用移液器分别取每种微生物的菌悬液0.2mL接种到试管中，每种菌接种两个试管作重复。接种后立即振荡混匀，并且放入冰块中冷凝。

2.4 培养

把所有接种后的试管放入28～30℃的培养箱中培养3天。

2.5 观察实验结果

取出培养后的试管，观察并记录每种菌的生长情况。判断每种微生物是属于厌氧、好氧还是微好氧。

3 温度对微生物生长的影响

3.1 制备培养基

按照上面实验要求配制牛肉膏蛋白胨琼脂培养基，然后倒入20mL试管，灭菌制备斜面备用。

3.2 接种

分别取8支试管，然后按照斜面接种法接入大肠杆菌和黑曲霉，注意接种时不要把斜面划破。

3.3 培养

然后把 8 支试管分为 4 组，分别放置在不同温度的培养箱中进行培养。培养箱的温度分别是 10℃、28℃、37℃、50℃。

3.4 观察结果

培养 3 天后，观察在不同温度微生物的生长情况，确定每种菌的最适生长温度。

4 pH 对微生物生长的影响

4.1 制备培养基

按照实验书配制要求制备牛肉膏蛋白胨液体培养基，分别用 1mol/L NaOH 和 1mol/L HCl 调制到 pH 值为 3.0、4.0、5.0、6.0、7.0、8.0、9.0、10.0，然后将每种 pH 值的培养基分别装入 2 个 20mL 试管中，每管加入 5～6mL，灭菌备用。

4.2 接种

用接种环分别从斜面刮取适量的大肠杆菌和黑曲霉，分别接入 pH 值为 3.0、4.0、5.0、6.0、7.0、8.0、9.0、10.0 的培养基中，混匀，在 37℃培养 48h。

4.3 观察结果

培养后取出试管，观察在不同 pH 值下微生物的生长情况。

5 化学因素对微生物生长的影响

5.1 制备培养基

把牛肉膏蛋白胨琼脂培养基按照无菌操作倒入无菌培养皿，冷凝形成平板。

5.2 制备菌悬液

取无菌水 3 支，用接种环分别取大肠杆菌、枯草杆菌和金黄色葡萄球菌各适量接入无菌水中，充分混匀，制成菌悬液。

5.3 接种

用无菌吸管取 0.2mL 菌悬液接种于平板上，用三角涂棒涂匀。

5.4 加药剂

把灭菌的滤纸片放入下表所列的试剂中，浸泡。在培养皿背面划分 4～6 等份，每等份标明一种消毒剂的名称。然后用无菌镊子夹取浸药的滤纸片（注意把药液沥干），分别平铺在含菌平板相应的标记区，注意药剂之间勿互相沾染。

消毒剂浓度									
酒精			石炭酸		新洁尔灭		$HgCl_2$	链霉素	青霉素
95%	77%	40%	0.5%	4%	0.01%	0.1%	1g/L	200μg/L	200μg/L

5.5 培养和观察

将平皿置于 28℃下培养 48～72h 后观察抑菌圈的大小。

异常情况及解决方法：

【实训工作报告】

日光对细菌生长的影响

供试菌株		大肠杆菌	枯草芽孢杆菌
照射时间	10min		
	20min		
	30min		
	0min		

紫外线对细菌生长的影响

供试菌株		大肠杆菌	枯草芽孢杆菌
照射时间	10min		
	20min		
	30min		
	0min		

氧气对微生物生长的影响

供试菌株	大肠杆菌	黑 曲 霉	保加利亚乳杆菌	根 瘤 菌
生长情况记录				
与氧的关系				

温度对微生物生长的影响

项目	10℃		28℃		37℃		50℃	
生长情况记录	①	②	①	②	①	②	①	②
与温度的关系								

注：① 表示大肠杆菌；②表示黑曲霉。

pH 对微生物生长的影响

pH	3.0	4.0	5.0	6.0	7.0	8.0	9.0	10.0
大肠杆菌								
黑曲霉								

注：生长好，用+++；生长较好，用++；生长一般，用+；生长差，用－；不生长，用0。

不同浓度的化学药剂的抑菌圈直径（培养 48h）

消毒剂	酒精			石炭酸		新洁尔灭		$HgCl_2$	链霉素	青霉素
浓度 / 菌种	95%	77%	40%	0.5%	4%	0.01%	0.1%	1g/L	200μg/L	200μg/L
大肠杆菌										
枯草杆菌										
金黄色葡萄球菌										

【实训工作小结】

1. 简单谈谈这次实训的收获。
2. 你觉得本次实训最难掌握的技术是什么？
3. 微生物的最适生长温度是否是代谢最适温度，为什么？
4. pH 对微生物生长影响如何？
5. 化学药剂对微生物所形成的抑菌圈未长菌部分是否说明微生物细胞已被杀死？
6. 对于一种给定的食品，你能否利用所学知识判断该食品不含防腐剂？

项目四　微生物常用分离培养技术

自然界中各种微生物混杂生活在一起，即使取很少量的样品也是微生物共存的群体。要研究某种微生物的特性，首先需对该微生物进行分离，使之处于纯培养状态。

微生物分离培养技术是微生物学实验的中心技术。应用时应根据不同的实验目的，选用合适的分离培养技术。

一、微生物接种与无菌操作技术

接种技术是微生物学研究中最常用的基本操作，广泛应用于微生物的分离纯化、传代、保藏、发酵等中。具体来说，就是在无菌条件下，用接种环、接种针或无菌吸管等专用工具，从一个培养基（可以是固体培养基，也可以是液体培养基）中挑取所需的微生物，转接到另一个培养基（可以是固体培养基，也可以是液体培养基）中进行培养的过程。从广义上来讲，平板划线、平板涂布，以及试管斜面、穿刺培养物的制作，都属于接种技术。

无菌操作是微生物接种技术的关键，为获得微生物的纯种培养，要求接种过程中必须严格进行无菌操作，一般要求在无菌室、超净工作台上进行。常用的接种工具有接种针、接种环、玻璃棒等，其灭菌方法见图21。实验室常用的接种方法有斜面接种、液体接种及穿刺接种等。

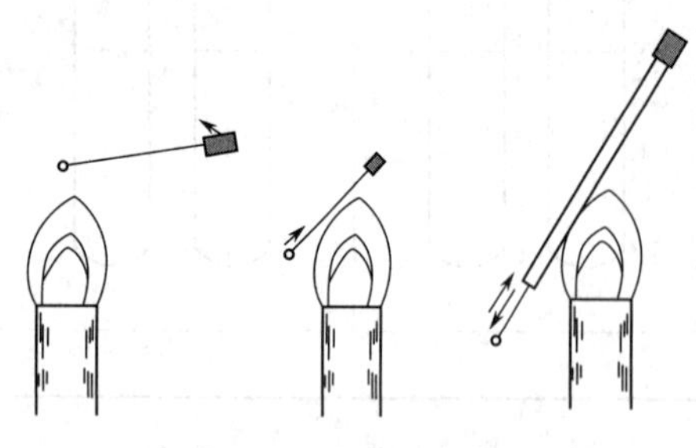

图21 接种环或针灭菌

二、微生物常用分离纯化方法

微生物的分离纯化技术是微生物学中重要的基本技术之一。在土壤、水、空气或人及动植物体内，不同种类的微生物绝大多数都是混杂生活在一起。为了研究利用某一微生物，就必须从混杂的微生物群中将其分离，得到只含有这一种微生物的纯培养，这种获得纯培养的方法称为微生物的分离与纯化。

为获得某种微生物的纯培养，一般根据该微生物对营养、酸碱度或氧等条件要求的不同，供给它们适宜的培养条件或加入某种抑制剂，造成只适合此菌生长而抑制其他菌生长的环境，从而淘汰一些不需要的微生物，再用稀释平板法或划线分离法等分离、纯化该微生物，使它们在培养基上形成单菌落，从而得到纯培养。

平板划线分离技术是微生物分离纯化中的常用技术，其目的是通过划线将样品在平板上进行稀释，使之形成单个菌落。用无菌的接种环取培养物少许在平板上进行划线。划线的方法很多，常见的比较容易出现单个菌落的划线方法有斜线法、曲线法、方格法、放射法、四格法等。当接种环在培养基表面上往后移动时，接种环上的菌液逐渐稀释，最后在所划的线上分散着单个细胞，经培养，每一个细胞长成一个菌落。

平板涂布技术则应用于样品（如土壤、水样，也可以是待检的样品）中微生物的分离以及微生物计数。通常是将样品、样品浸出液或菌悬液稀释至一定倍数，取0.1～0.2 mL滴加至平板上，再用无菌涂布棒涂布均匀。另外，在测定微生物对某种物质的耐受性的实验中，也经常会用到平板涂布技术。

除了培养皿（平板），平口试管也是微生物生长繁殖的好场所，特别是在微生物菌种的传代、保藏中，试管斜面培养和试管穿刺培养非常常见。试管培养的无菌环境要优于平板培养，因此对已经分离纯化菌种的固体培养多采用试管斜面或穿刺法；另外，由于试管体积较小、容易密封、便于携带，试管培养物还非常适合菌种的短期运输转移。

三、微生物常用培养方法

研究或利用微生物，都要先培养微生物。在实验室或在生产实践上培养微生物时，不仅要提供丰富而均匀的营养物质，还要为微生物提供适宜的温度、pH等培养条件。此外，还要防止杂菌的污染。

1. 固体培养

（1）好氧菌的培养　实验室中好氧菌的培养方法主要有试管斜面、培养皿平板及较大型的克氏扁平、茄子瓶等的平板培养方法。生产实践上，好氧菌的固体培养采用浅盘固体培养的方式进行，它是将接过种的固体基质薄薄地摊铺在容器表面，这样，既可使微生物获得充分的氧气，又可让微生物在生长过程中产生的热量及时释放。

(2) 厌氧菌的培养　厌氧菌的培养不同于好氧菌的培养，它除了需要特殊的培养装置以外，还要配制特殊的培养基。在这种培养基里，除了要满足六种营养要素外，还要加入还原剂（半胱氨酸、维生素 C 等）和氧化还原势的指示剂（如刃天青）。厌氧菌的培养主要有高层琼脂柱培养法、Hungate 滚管技术、厌氧培养皿、厌氧罐技术、厌氧手套箱等方法，其中厌氧手套箱技术、Hungate 滚管技术和厌氧罐技术是现代研究厌氧菌最有效的三项基本技术。

2. 液体培养

(1) 好氧菌的培养　在进行液体培养时，一般可通过增加液体与氧的接触面积或提高氧分压来提高溶解氧速率。具体措施有：浅层液体培养；利用往复式或旋转式摇床对三角瓶培养物作振荡培养；在深层液体培养器的底部通入加压空气，并用气体分布器使其以小气泡形式均匀喷出；对培养液进行机械搅拌，并在培养器的壁上设置阻挡装置。

① 实验室进行好氧菌液体培养的常用方法有：a. 试管液体培养。装液量可多可少，此法的通气效果一般不够理想，仅适合培养兼性厌氧菌。b. 三角瓶浅层培养。在静止状态下，微生物的生长速度和生长量与三角瓶内的通气状况、装液量和棉塞通气程度有很大的关系。因此这种方法一般也仅适宜培养兼性厌氧菌。c. 摇瓶培养。即将三角瓶内培养液用 8 层纱布包住瓶口以取代一般的棉花塞，同时降低瓶内的装液量，把它放到往复式或旋转式摇床上做有节奏的振荡，以达到提高溶解氧量的目的。此法是荷兰的 A. J. Kluyver 等于 1933 年最早试用，目前仍广泛地用于菌种的筛选以及生理、生化和发酵等试验中。

② 生产实践上好氧菌的液体培养方法有：a. 浅盘培养。这是一种用较大型的盘子对微生物进行浅层液体静止培养的方法。在早期青霉素发酵和柠檬酸发酵中，均使用过浅盘培养。b. 利用发酵罐作深层液体培养。这是近代发酵工业中最典型的培养方法。发酵罐的主要作用是为微生物提供丰富而均匀的养料、良好的通气和搅拌、适宜的温度和酸碱度，并能确保防止杂菌的污染。为此，除了罐体有合理的结构外，还要有一套必要的附属装置，例如培养基配制系统、蒸汽灭菌系统、空气压缩和过滤系统以及发酵产物的后处理系统等。它的发明在微生物培养技术的发展过程中具有革命性的意义。

(2) 厌氧菌的培养　在实验室中，用液体培养基培养厌氧菌时，一般采用加了有机还原剂（如巯基乙酸、半胱氨酸、维生素 C 或庖肉等）或无机还原剂（铁丝等）的深层液体培养基，并在其上方封以凡士林-石蜡层，以保证它们的氧化还原电位（E_h）达到－420～－150mV 的范围。如果能将其放入前述的厌氧罐或厌氧手套箱中培养，则效果会更好。

生产实践上能作大规模液体培养的厌氧菌仅限于丙酮丁醇梭菌的丙酮丁醇发酵。因为该菌是严格厌氧菌，故不但可省略通气、搅拌设备，简化工艺过程，还能大大节约能源的消耗。

实训任务 15　土壤中三大类微生物的分离培养及菌落特征观察

【实训目的】

1. 了解从土壤中分离与纯化微生物的基本原理和方法。

2. 掌握几种常用的微生物分离基本操作技术。

【实训任务阐述】

众所周知，土壤是微生物的“大本营”，许多为人类做出巨大贡献的工业微生物菌株都来源于土壤。为了得到具有应用潜力的原始菌株，微生物工作者往往会将目光投向土壤——这座巨大的宝库。为了能从土壤中分离筛选到一株心仪的菌株，往往需要走遍全国，收集成千上万份不同的土壤样品进行分离筛选。

当然在我们的实训课上，大家不必长途跋涉、千辛万苦地收集那么多土样，我们只要采集校园中某一地点的土样，采用稀释分离法或平板划线分离法进行三大类微生物的分离，从而掌握分离土壤中微生物的一般方法。

【实训材料】

1. 实验样品

新鲜土壤。

2. 实验培养基

灭菌的牛肉膏蛋白胨琼脂培养基、淀粉琼脂培养基（高氏1号培养基）、马丁培养基（10mL装）。

3. 实验试剂

带有玻璃珠装有45mL无菌水的三角瓶、装有9mL无菌水的试管、5000U/mL的链霉素液、0.5%重铬酸钾液。

4. 实验其他器材

无菌培养皿、无菌吸管、无菌三角玻棒、天平、记号笔、接种环、酒精灯、火柴、标签纸、胶水、水浴锅等。

【实训准备】

阅读本实训任务的全部内容，并查阅教材及相关资料，完成以下预习工作。

1. 土壤为何能够富集微生物？

2. 本次实训需要用到哪些微生物学无菌操作？

3. 绘制实训工作流程图。

工作流程图：

【实训步骤及操作记录】

在相应位置记录关键步骤的实际操作情况和观察到的现象以及原始数据。如遇异常，请将异常情况和解决方法记录在相应位置。

实训步骤	要点记录
1 稀释分离法 1.1 倒平板 将牛肉膏蛋白胨培养基、高氏1号培养基、马丁培养基加热熔化，待冷却至55～60℃时，高氏1号培养基中加入0.5%重铬酸钾液数滴，马丁培养基中加入链霉素溶液（终浓度为30U/mL），混匀后分别倒平板，每种培养基做三个平行平板。 倒平板的方法：右手持熔化的培养基置于酒精灯旁，用左手将试管塞或瓶塞轻轻地拔出，保持试管或瓶口对着火焰。左手拿培养皿，利用大拇指和食指将皿盖在火焰附近打开一缝，迅速倒入培养基约15mL，盖好盖后将培养皿平放在超净工作台上，轻轻摇动培养皿，使培养基均匀分布在培养皿底部，凝固备用（图22）。	

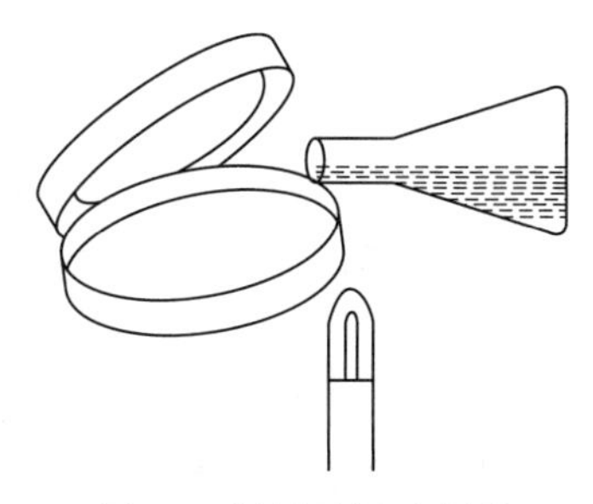

图 22 倾倒平板示意图

1.2 制备土壤稀释液

称取土样 10g，放入盛 90mL 无菌水并带有玻璃珠的三角瓶中，振荡约 20min，使土样中菌体或孢子均匀分散，制成 10^{-1} 稀释度的土壤稀释液。用一支 1mL 无菌吸管从中吸取 1mL 土壤悬浮液加入盛有 9mL 无菌水的试管中充分混匀，然后用无菌吸管从此试管中吸取 1mL 加入另一盛有 9mL 无菌水的试管中，混合均匀，以此类推分别配制成 10^{-1}、10^{-2}、10^{-3}、10^{-4}、10^{-5}、10^{-6}、10^{-7}、10^{-8}、10^{-9} 不同稀释度的土壤悬浮液（图 23）。

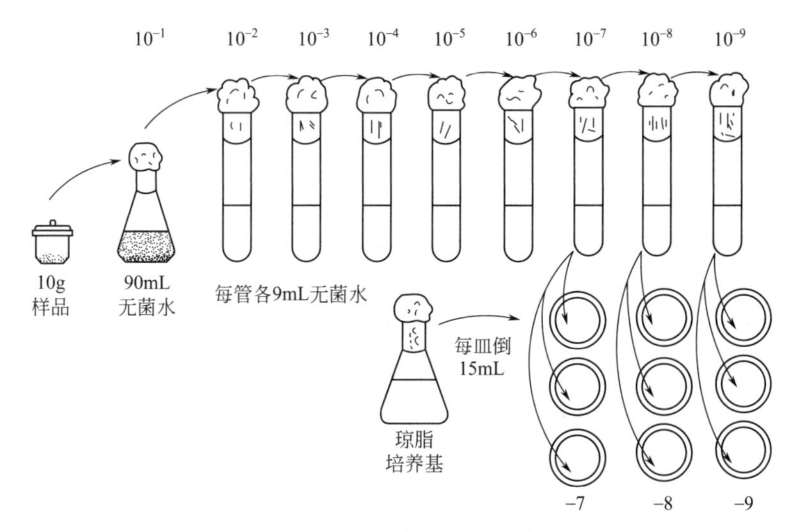

图 23 土壤稀释液制备

1.3 涂布

将上述每种培养基的平板底面分别用记号笔写上 10^{-7}、10^{-8}、10^{-9} 三种稀释度，然后用无菌吸管分别从 10^{-7}、10^{-8}、10^{-9} 三管土壤稀释液中各吸取 0.1mL 按记号放入平板中，每个稀释度做三个重复，用无菌玻璃棒在培养基表面轻轻地涂布均匀，室温下静置 5～10min，使菌液吸附进培养基中（图 24）。

1.4 培养

将高氏 1 号琼脂培养基平板和马丁培养基平板倒置于 28℃温室中培养 3～5 天，牛肉膏蛋白胨琼脂培养基倒置于 37℃温室中培养 2～3 天。

1.5 挑菌落

将培养后长出的单菌落分别挑取少许细胞接种到上述三种培养基的斜面上，分别置于 28℃、37℃温室培养。待菌落长出后，检查其特征是否一致，同时将细胞涂片染色后用显微镜检查是否为单一的微生物。若发现有杂菌，需再进行分离纯化，直到获得纯培养。

2　平板划线分离法

2.1　倒平板

按稀释分离法倒平板，并用记号笔标明培养基名称、土样编号和实验日期。

2.2　划线

在近火焰处，左手持培养皿，右手拿接种环在上述 10^{-1} 的土壤悬液中蘸一环，在平板上划线。划线的方法很多，但无论采用何种方法，其目的都是通过划线将样品在平板上进行稀释，使之形成单菌落。常用的划线方法有下列两种（图 25）。

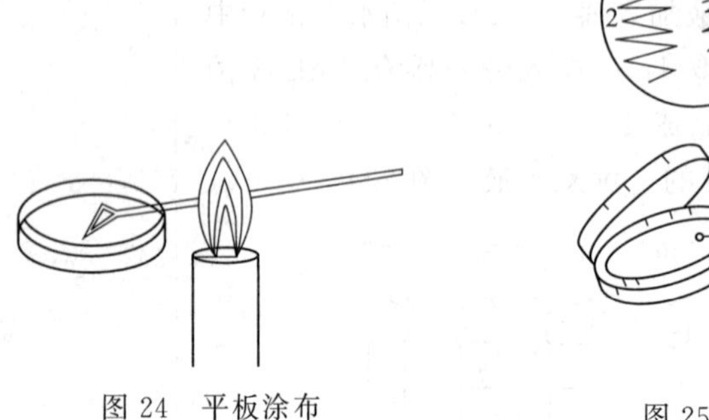

图 24　平板涂布

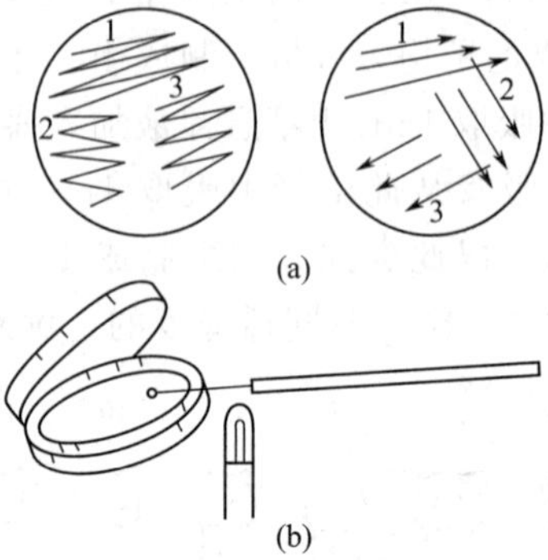

图 25　平板划线示意图

（a）平板划线分离图；（b）划线分离图

① 用接种环以无菌操作蘸取一环土壤悬液，在平板一边作第一次平行划线 3～4 条，再转动培养皿约 70°角，并将接种环上剩余菌液烧掉，待冷却后通过第一次划线部分作第二次平行划线，再用同样的方法通过第二次划线部分作第三次划线和通过第三次平行划线部分作第四次平行划线。划线完毕后，盖上培养皿盖，倒置于温室培养。

② 将蘸有菌液的接种环在平板上作连续划线。划线完毕后，盖上皿盖，倒置于培养箱中培养。

2.3　挑菌落

同稀释分离法，一直到分离的微生物认为纯化为止。

异常情况及解决方法：

【实训工作报告】

土壤采集地点				分离方法	稀释分离法
分离得到的微生物数量及菌落形态描述					
细菌		放线菌		霉菌	
数量	____株	数量	____株	数量	____株
菌落形态		菌落形态		菌落形态	

土壤采集地点				分离方法	平板划线分离法
分离得到的微生物数量及菌落形态描述					
细菌		放线菌		霉菌	
数量	____株	数量	____株	数量	____株
菌落形态		菌落形态		菌落形态	

【实训工作小结】

1. 简单谈谈这次实训的收获。

2. 你觉得本次实训最难掌握的技术是什么？

3. 同一土壤样品稀释液在不同培养基上的微生物分离生长情况有何差异？

4. 比较两种分离方法的异同。

实训任务16　微生物的接种

【实训目的】

1. 了解微生物的常用接种技术。

2. 掌握无菌操作的基本环节。

【实训任务阐述】

微生物接种是对微生物进行分离、培养和保藏的核心技术，关键在于其全过程需要严格执行无菌操作。学习并掌握微生物接种的无菌操作技术，实现微生物的纯培养，是每一个微生物学实验学习者的必修课。

现在，需要通过微生物接种的无菌操作技术，制作1支金黄色葡萄球菌试管斜面培养物、1瓶大肠杆菌液体培养物和1支枯草芽孢杆菌试管穿刺培养物。

【实训材料】

1. 实验菌种

大肠杆菌、金黄色葡萄球菌、枯草芽孢杆菌。

2. 实验培养基

牛肉膏蛋白胨培养基（斜面、液体、半固体）。

3. 实验用具

接种环、接种针、无菌吸管、酒精灯等。

【实训准备】

阅读本实训任务的全部内容，并查阅教材及相关资料，完成以下预习工作。

1. 无菌操作对实验室环境有何要求？

2. 何为火焰无菌圈？如何利用火焰无菌圈？

3. 绘制实训工作流程图。

工作流程图：

【实训步骤及操作记录】

在相应位置记录关键步骤的实际操作情况和观察到的现象以及原始数据。如遇异常，请将异常情况和解决方法记录在相应位置。

实训步骤	要点记录

1 斜面接种

从生长良好的微生物斜面试管中挑取少量菌苔接种至空白斜面培养基上（图 26）。

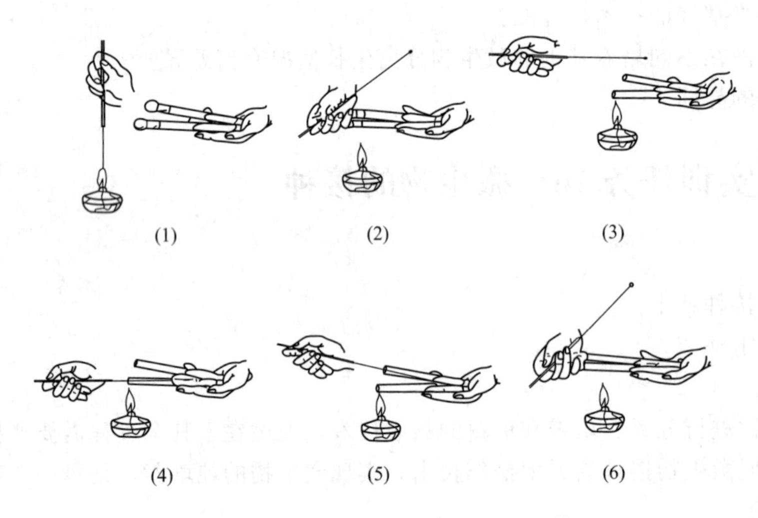

图 26 斜面接种时的无菌操作

1.1 在空白牛肉膏蛋白胨斜面试管上标明待接种的菌种名称、菌株号、日期和接种者；如贴标签则应在离试管口 1/3 处。

1.2 点燃酒精灯。

1.3 将菌种试管和空白斜面试管，用大拇指和其余四指握在左手中，试管底部放在手掌内并使中指位于两试管间，斜面向上呈水平状，在火焰边用右手松动试管塞以利于接种时拔出。

1.4 右手拿接种环通过火焰灼烧灭菌，在火焰边用右手的手掌边缘和小指、小指和无名指分别夹持棉塞将其取出，并灼烧管口。

1.5 将灭菌的接种环伸入接种试管中，先将接种环接触试管内壁或未长菌的培养基，使接种环的温度冷却，然后挑取少量菌苔。将接种环退出菌种试管，迅速伸入待接种的斜面试管，用接种环在斜面上自试管底部向上轻轻划波浪线。

1.6　接种环退出斜面试管后，用火焰灼烧试管口，在火焰边塞好试管。接种环应逐渐接近火焰再灼烧，如果接种环上沾的菌体较多时，应先将其在火焰边烤干，然后再灼烧，以免使未烧死的菌体飞溅出污染环境。这在接种病原菌时尤为必要。

2　液体接种

2.1　从斜面菌种接种到液体培养基中

2.1.1　接种环、试管的灼烧灭菌与斜面接种相同。

2.1.2　将蘸有菌种的接种环插入液体培养基中轻轻搅拌，使菌体分散于液体中。接种后塞好棉塞，轻摇培养基使菌体均匀分布，以利于生长。

2.1.3　接种环逐渐接近火焰再灼烧。

2.2　从液体培养基中接种到液体培养基中

2.2.1　在火焰旁将无菌移液管伸入试管内，吸取菌液，转接到待接种的培养基内，塞好棉塞，轻摇培养基使菌体均匀分布，以利生长。

2.2.2　接种环逐渐接近火焰再灼烧。

3　穿刺接种（图 27）

3.1　接种前的准备工作同斜面接种步骤。

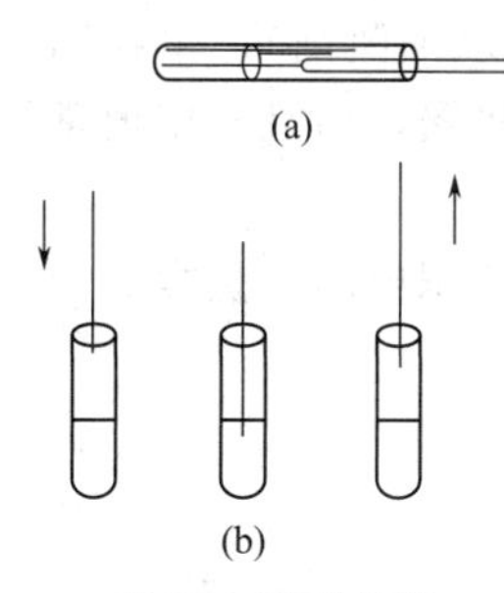

图 27　穿刺接种

3.2　灼烧接种针，用接种针挑取少量菌苔从半固体培养基的中心垂直刺入并接近试管底部，但不要穿透，然后沿原穿刺线路将针退出，塞好试管。

3.3　塞好棉塞，灼烧接种针。

4　培养

将已接种的斜面培养基、液体培养基、半固体培养基置于 37℃ 培养1～2 天后观察结果。

异常情况及解决方法：

【实训工作报告】

菌种名称	培养方式	培养条件	培养时间	培养结果

【实训工作小结】

1. 简单谈谈这次实训的收获。
2. 你觉得本次实训最难掌握的技术是什么？
3. 为什么从事微生物实验工作的基本要求是无菌操作？
4. 你所学习的几种接种方式分别适用于何种情况？

实训任务 17 微生物的平板菌落计数

【实训目的】

1. 学习平板菌落计数的基本原理和方法。
2. 熟练掌握系列稀释操作技术以及平板涂布技术。

【实训任务阐述】

平板菌落计数法是根据微生物在固体培养基上所形成的一个菌落是由一个单细胞繁殖而成的现象进行的，也就是说一个菌落即代表一个单细胞。计数时，先将待测样品做一系列稀释，再取一定量的稀释菌液接种到培养皿中，使其均匀分布于平皿中的培养基内，经培养后，由单个细胞生长繁殖形成菌落，统计菌落数目，即可换算出样品中的含菌数。我国的食品安全国家标准《食品微生物学检验 菌落总数测定》就采用平板菌落计数法。

此法的优点是能测出样品中的活菌数，常用于某些成品检定（如杀虫菌剂）、生物制品检定以及食品、水源的污染程度的检定等。但平板菌落计数法的手续较繁，而且测定值常受各种因素的影响。

实验室现有1瓶大肠杆菌悬液，请用平板菌落计数法测定其单位体积内的活菌数。

【实训材料】

1. 实验菌种

大肠杆菌悬液。

2. 培养基

牛肉膏蛋白胨培养基。

3. 实验器材

1mL无菌吸管，无菌平皿，盛有4.5mL无菌水的试管，试管架和记号笔等。

【实训准备】

阅读本实训任务的全部内容，并查阅教材及相关资料，完成以下预习工作。

1. 微生物的平板菌落计数是否需要进行无菌操作？
2. 绘制实训工作流程图。

工作流程图：

【实训步骤及操作记录】

在相应位置记录关键步骤的实际操作情况和观察到的现象以及原始数据。如遇异常，请将异常情况和解决方法记录在相应位置。

实训步骤

要点记录

如：原始数据记录等。

1 编号

取无菌平皿9套，分别用记号笔标明10^{-4}、10^{-5}、10^{-6}各3套。另取6支盛有9.0mL无菌水的试管，排列于试管架上，依次标明10^{-1}、10^{-2}、10^{-3}、10^{-4}、10^{-5}、10^{-6}。

2 稀释

用1mL无菌吸管精确地吸取0.5mL大肠杆菌悬液放入10^{-1}的试管中，注意吸管尖端不要碰到液面，以免吹出时，管内液体外溢。然后仍用此吸管将管内悬液来回吸吹三次，吸时伸入管底，吹时离开水面，使其混合均匀。另取一支吸管自10^{-1}试管吸0.5mL放入10^{-2}试管中，吸吹三次，其余依次类推。

3 取样

用3支1mL无菌吸管分别精确地吸取10^{-4}、10^{-5}、10^{-6}的稀释菌液各1.0mL，对号放入编好号的无菌培养皿中。

4 倒平板

于上述盛有不同稀释度菌液的培养皿中，倒入熔化后冷却至45℃左右的牛肉膏蛋白胨琼脂培养基约10～15mL，置水平位置，迅速旋动混匀，待凝固后，倒置于37℃温室中培养。

5 计数

培养24h后，取出培养皿，算出同一稀释度三个平皿上的菌落平均数，并按下列公式进行计算：

每毫升中总活菌数＝同一稀释度三次重复的菌落平均数×稀释倍数

操作说明：一般选择每个平板上长有30～300个菌落的稀释度计算每毫升的菌数最为合适。同一稀释度的三个重复的菌数不能相差很悬殊。由10^{-4}、10^{-5}、10^{-6}三个稀释度计算出的每毫升菌液中总活菌数也不能相差悬殊，如相差较大，表示试验不精确。

平板菌落计数法中所选择倒平板的稀释度是很重要的，一般以三个稀释度中的第二稀释度倒平板所出现的平均菌落数在50个左右为最好。

平板菌落计数法的操作除上述的以外，还可用涂布平板的方法进行。二者操作基本相同，所不同的是：涂布平板法是先将牛肉膏蛋白胨琼脂培养基熔化后倒平板，待凝固后编号，并于37℃温室中烘烤30min左右，使其干燥，然后用无菌吸管吸取0.2mL菌液对号接种于不同稀释度编号的培养皿中的培养基上，再用无菌玻璃刮棒将菌液在平板上涂布均匀，平放于实验台上20～30min，使菌液渗透入培养基内，然后再倒置于37℃的温室中培养。

异常情况及解决方法：

【实训工作报告】

稀释度	10^{-4}				10^{-5}				10^{-6}			
菌落数	1	2	3	平均	1	2	3	平均	1	2	3	平均
每毫升中总活菌数												

【实训工作小结】

1. 简单谈谈这次实训的收获。
2. 你觉得本次实训最难掌握的技术是什么？
3. 为什么熔化后的培养基要冷却至45℃左右才能倒平板？
4. 要使平板菌落计数准确，需要掌握哪几个关键？为什么？
5. 同一菌液用血细胞计数板和平板菌落计数法同时计数，所得结果是否一样？为什么？

实训任务18 微生物的生理生化鉴定

【实训目的】

1. 了解细菌生理生化试验在细菌分类学上的意义。
2. 熟悉检测细菌是否具有分解和利用淀粉、纤维素的能力的方法。
3. 了解糖发酵的原理和在肠道细菌鉴定中的重要作用。
4. 熟悉检测细菌分解葡萄糖的代谢产物和利用柠檬酸的能力。

【实训任务阐述】

微生物对大分子物质例如淀粉和纤维素不能直接利用，必须分泌胞外酶将大分子分解，才能被微生物利用。如果细菌产生淀粉酶，此酶可以使淀粉水解为麦芽糖和葡萄糖。淀粉遇碘变蓝色，但淀粉水解区域遇碘无色，表明细菌产生淀粉酶。如果细菌分泌纤维素酶，使纤维素分解，可以通过液体和固体培养进行试验。在液体培养基中滤纸条被分解后发生断裂或失去原有的物理性质；在固体培养基上，细菌降解纤维素可形成水解斑，从而能判断细菌能否分解纤维素。

糖发酵试验是最常用的生化反应，在肠道细菌的鉴定上尤为重要。绝大多数细菌都能利用糖类作为碳源和能源，但它们在分解糖的能力上有很大的差异，有些细菌能分解某种糖并产酸（如乳酸、醋酸、丙酸等）和气体（如氢、甲烷、二氧化碳等）；有些细菌只产酸不产气。如大肠杆菌能分解乳糖和葡萄糖产酸并产气；伤寒杆菌能分解葡萄糖产酸不产气，不能分解乳糖；普通变形杆菌分解葡萄糖产酸产气，不能分解乳糖。酸的产生可用指示剂来断定。在配制培养基时预先加入溴甲酚紫［pH5.2（黄色）～6.8（紫色）］，当发酵产酸时，可使培养基由紫色变为黄色。气体的产生可由发酵管中倒置的德汉氏小管中有无气泡来证明。

V-P试验可测定细菌发酵葡萄糖的变化。某些细菌在糖代谢过程中，分解葡萄糖产生丙酮酸，而丙酮酸又可缩合，脱羧而转变成乙酰甲基甲醇。乙酰甲基甲醇在碱性条件下被氧化为二乙酰，它与蛋白胨中氨基酸的胍基作用后产生红色化合物，即为V-P试验阳性。

细菌利用柠檬酸盐的能力不同。如各种肠细菌可利用柠檬酸为碳源，而大肠杆菌则不利用柠檬酸盐。故能否利用柠檬酸盐是一项鉴别性特征。培养基中含有柠檬酸钠时，如微生物能将柠檬酸分解为CO_2，则培养基中由于有游离钠离子呈碱性，使培养基中酚红指示剂（pH6.8～8.4，黄→红）由淡粉红色变为玫瑰红色以识别之。

以上微生物的生理生化反应，用以证明不同微生物生化功能的多样性，被作为微生物分类鉴定的重要内容和依据。

本次实训要求对实验室提供的菌种进行淀粉水解试验、纤维素水解试验、糖发酵试验、V-P 试验和柠檬酸盐利用试验等。

【实训材料】

1. 实验菌种

大肠杆菌斜面、枯草芽孢杆菌斜面、普通变形杆菌斜面、产气肠杆菌斜面各 1 支。

2. 实验培养基

盛有葡萄糖发酵培养基的试管和乳糖发酵培养基的试管各 3 支（内装有倒置的德汉氏小管），固体淀粉培养基（牛肉膏蛋白胨培养基加 0.2%的可溶性淀粉），柠檬酸盐斜面培养基，葡萄糖蛋白胨水培养基，蛋白胨水培养基等。

用于检测细菌分解纤维素的无机盐基础培养基如下：

K_2HPO_4 0.5g，KH_2PO_4 0.5g，NH_4NO_3 1.0g，$MgSO_4 \cdot 7H_2O$ 0.5g，$CaCl_2$ 0.1g，$FeCl_3$ 0.02g，NaCl 1.0g，酵母膏 0.05g，水 1000mL，pH 7.0

3. 实验仪器及器具

培养皿、普通的新华 1 号滤纸、试管、试管架、接种环、酒精灯、杜氏发酵管等。

4. 实验试剂

卢戈碘液、甲基红指示剂、20%葡萄糖、蔗糖、V-P 试验用的试剂（A 液：5% α-萘酚，B 液：40%NaOH 溶液）。

【实训准备】

阅读本实训任务的全部内容，并查阅教材及相关资料，完成以下预习工作。

绘制实训工作流程图。

工作流程图：

【实训步骤及操作记录】

在相应位置记录关键步骤的实际操作情况和观察到的现象以及原始数据。如遇异常，请将异常情况和解决方法记录在相应位置。

实训步骤	要点记录
1　淀粉水解试验 1.1　制备淀粉培养基平板 按要求配制淀粉培养基，然后倒入无菌平皿中，凝固后制成平板。 1.2　划分平皿 在培养皿背面划分四个区域，分别标上大肠杆菌和枯草芽孢杆菌。 1.3　接种 用接种环取少量待测菌点接种在培养基表面（对应背面的菌名）。 1.4　培养 将接种后的平皿倒置在 37℃恒温培养箱中培养 24h。	

1.5 检测

取出平板，打开平皿盖，滴加少量的碘液于平板上，轻轻旋转，使碘液均匀铺满整个平板。如果菌落周围出现无色透明圈，表明该菌具有分解淀粉的能力，为阳性，不能水解为阴性；可以根据透明圈的大小初步判断该菌水解淀粉能力的强弱。

1.6 实验结果记录

记录两菌的实验结果，并画图表示。

2 纤维素的水解实验

2.1 制备培养基

按上面所列方法，配制无机盐基础培养基，并且分装于6支试管中，灭菌备用。

在基础培养基的配方基础上加入0.8%的纤维素粉和1.5%琼脂配制培养基，灭菌后分别倒入平皿中凝固备用。

2.2 标记

将两支试管标上大肠杆菌，另两支标上枯草芽孢杆菌，两支作为空白对照。

2.3 试管测试法

在上面的灭菌含有培养基的试管中，分别加入一条无菌的宽1cm、长为5～7cm的滤纸条。若测定好氧菌，滤纸条有部分在培养基外面；若为厌氧微生物，则纸条完全浸在培养基中。把所有试管包括对照在37℃恒温培养箱培养1周后观察，能将滤纸条分解为一团纤维或将滤纸条折断的为阳性，没有变化的则为阴性。

2.4 平皿测试法

用2.1中的含纤维素的平板接种大肠杆菌和枯草芽孢杆菌，同时接种不含纤维素的培养基作对照。均在37℃恒温培养箱培养一周后观察，菌落周围有透明圈的为阳性，没有透明圈的为阴性。

2.5 实验结果记录

记录两菌的实验结果，并画图表示。

3 细菌的糖发酵试验

3.1 制备培养基

按照要求制备葡萄糖发酵培养基和乳糖发酵培养基，加入溴甲酚紫作指示剂（发酵产酸可由紫色变为黄色），然后各分装3支试管（内装有倒置的德汉氏小管）灭菌备用。

3.2 标记

在试管上标明培养基的名称和要接种的菌种以及对照组。

3.3 接种

在每一组中，一管接入大肠杆菌，一管接入枯草芽孢杆菌，另一管不接种作对照。接种完，轻摇使试管混匀，要防止倒置的小管进入气泡。于37℃保温培养24h、48h、72h后检查。

3.4 实验结果记录

培养后检查实验结果记录在“实训工作报告”的相应位置。

4　细菌 V-P（乙酰甲基甲醇）试验

4.1　制备培养基

按要求制备葡萄糖蛋白胨水培养基，然后于 20mL 试管中各装入 5mL 灭菌备用。

4.2　接种

将试验菌大肠杆菌和产气肠杆菌分别接种于装有葡萄糖蛋白胨水培养基的培养液中，置于 37℃恒温培养箱中培养 48h（如为阴性可适当延长时间）。

4.3　结果观察

取培养液 1mL 加入无菌的小试管中，加 1mL 40%NaOH 和 0.5mL α-萘酚，用力振荡，在 37℃恒温培养箱中保温 15～30min 后观察其颜色变化。如培养液为红色则 V-P 试验为阳性，黄色为 V-P 试验阴性。

4.4　实验结果记录

记录实验结果于"实训工作报告"的相应位置。

5　柠檬酸盐利用试验

5.1　制备培养基

按要求制备柠檬酸盐培养基，灭菌制备斜面备用。

5.2　接种

将试验菌大肠杆菌和产气肠杆菌分别在斜面上划线接种，置于 37℃恒温培养箱中培养 48h。

5.3　结果观察

若该菌能利用柠檬酸盐，则可在此斜面上生长并将培养基由原来的淡粉红色变为玫瑰红色，此为阳性；颜色不变者为阴性。

5.4　实验结果记录

实验结果记录于"实训工作报告"的相应位置。

异常情况及解决方法：

【实训工作报告】

淀粉水解试验结果

试验现象(绘图)	淀粉水解圈直径/mm				水解淀粉能力比较
	大肠杆菌		枯草芽孢杆菌		
	1	2	1	2	

纤维素水解试验结果

试管测试法			
菌种	大肠杆菌	枯草芽孢杆菌	空白对照
培养结果			
纤维素水解能力	____性	____性	/

平皿测试法			
菌种	大肠杆菌	枯草芽孢杆菌	空白对照
培养结果			
纤维素水解能力	____性	____性	/

细菌糖发酵试验结果

糖类		葡萄糖			乳糖		
培养时间/h		24	48	72	24	48	72
枯草芽孢杆菌	产酸						
	产气						
大肠杆菌	产酸						
	产气						
对照	产酸						
	产气						

注：检查时与对照比较。

记录符号："＋"表示产生。产酸是指发酵液由紫色变为黄色。产气是指玻璃小管内有气体积累。"—"表示不产生。

细菌 V-P 试验结果

V-P 试验结果	阳性	阴性
大肠杆菌		
产气肠杆菌		

柠檬酸盐利用试验结果

柠檬酸试验结果	阳性	阴性
大肠杆菌		
产气肠杆菌		

【实训工作小结】

1. 简单谈谈这次实训的收获。
2. 你觉得本次实训最难掌握的技术是什么？
3. 不同微生物利用葡萄糖发酵的结果是否相同？
4. 仅根据一种生化反应结果，能否将不同的两种细菌区别开来？为什么？
5. 细菌的各种生化反应试验中，接种后的培养时间有长有短，为什么？

项目五　菌种保藏技术

毫无例外地，每一位和微生物打过交道并结下情谊的人都将菌种视为珍宝。如何在较长的时间内最大限度地保持微生物菌种原有的各种优良特性及活力成为首要问题。通过长期的理论研究和实践经验的积累，人们逐步建立了几种行之有效的菌种保藏方法。

一、菌种保藏的基本原理

微生物具有容易变异的特性，因此，在保藏过程中，必须使微生物的代谢处于最不活跃或相对静止的状态，才能在一定时间内使其不发生变异而又保持生活能力。

低温、干燥和隔绝空气是使微生物代谢能力降低的重要因素，故菌种保藏方法虽多，但都是根据这三个因素而设计的。

二、菌种保藏方法

保藏方法大致可分为以下几种：传代培养保藏法，包括斜面培养、穿刺培养、疱肉培养基培养等（后者作保藏厌氧细菌用），采用4～6℃冰箱保藏。液体石蜡覆盖保藏法是传代培养的变相方法，能适当延长保藏时间，它是在斜面培养物和穿刺培养物上面覆盖灭菌的液体石蜡，此法实用而效果好，霉菌、放线菌、芽孢细菌可保藏2年以上不死，酵母菌可保藏1～2年，一般无芽孢细菌也可保藏1年左右。载体保藏法是将微生物吸附在适当的载体，如土壤、沙子、硅胶、滤纸上，而后进行干燥的保藏法，例如沙土保藏法和滤纸保藏法应用相当广泛，细菌、酵母菌、丝状真菌均可用此法保藏，前两者可保藏2年左右，有些丝状真菌甚至可保藏14～17年之久。寄主保藏法用于目前尚不能在人工培养基上生长的微生物，如病毒、立克次体、螺旋体等，它们必须在生活的动物、昆虫、鸡胚内感染并传代。冷冻保藏法可分低温冰箱（−30～−20℃，−80～−50℃）、干冰酒精快速冻结（约−70℃）和液氮（−196℃）等保藏法。冷冻干燥保藏法是先使微生物在极低温度（−70℃左右）下快速冷冻，然后在减压下利用升华现象除去水分（真空干燥），此法为菌种保藏方法中最有效的方法之一，适用于菌种长期保存，一般可保存数年至十余年，但设备和操作都比较复杂。

其中滤纸保藏法、液氮保藏法和冷冻干燥保藏法等均需使用保护剂来制备细胞悬液，以防止因冷冻或水分不断升华对细胞造成的损害。保护性溶质可通过氢和离子键对水和细胞所产生的亲和力来稳定细胞成分的构型，保护剂有牛乳、血清、糖类、甘油、二甲亚砜等。

实训任务19 菌种的简易保藏

【实训目的】

1. 了解菌种保藏的目的和原理。
2. 掌握实验室常用的斜面低温保藏法和超低温冷冻保藏法。

【实训任务阐述】

斜面低温保藏法和超低温冷冻保藏法由于操作简便、不需要特殊设备、短期保藏效果好等优点，一直以来被大多数微生物学实验室以及发酵工厂采纳为最常用的菌种保藏方法。

实验室也采用这两种方法来保藏日常教学用菌株。请采用这两种方法对本实验菌株进行保藏。

【实训材料】

1. 实验菌种

大肠杆菌、酿酒酵母、放线菌和黑曲霉。

2. 实验培养基

牛肉膏蛋白胨斜面培养基、高氏1号培养基、淀粉琼脂培养基等。

3. 实验试剂

灭菌生理盐水、甘油等。

4. 实验仪器及器具

灭菌吸管、灭菌试管、螺口管、高压蒸汽灭菌锅、冰箱、超低温冰箱（－80℃）。

【实训准备】

阅读本实训任务的全部内容，并查阅教材及相关资料，完成以下预习工作。

1. 斜面低温保藏法和超低温冷冻保藏法的菌种保藏期限是多久？
2. 这两种菌种保藏法有何异同？
3. 绘制实训工作流程图。

工作流程图：

【实训步骤及操作记录】

在相应位置记录关键步骤的实际操作情况和观察到的现象以及原始数据。如遇异常，请将异常情况和解决方法记录在相应位置。

实训步骤	要点记录
1 斜面低温保藏法 1.1 将菌种接种在适宜的固体斜面培养基上，使菌充分生长。 1.2 棉塞部分用油纸包扎好，移至2～8℃的冰箱中保藏。 注意：保藏时间依微生物的种类而有不同，霉菌、放线菌及有芽孢的细菌保存2～4个月，移种一次；酵母菌两个月，细菌最好每月移种一次。 2 超低温冷冻保藏法 2.1 在螺口试管中，每管加入1mL含20%甘油的生理盐水。	

2.2　将上述螺口试管于121℃灭菌20min，冷却备用。

2.3　将待保藏菌株菌体液体培养。培养液离心，弃去上清液。

2.4　将离心收集的菌体取一环放入无菌螺口试管的含20%甘油的生理盐水中混匀。

2.5　将做好标记的螺口试管插入保藏塑料盒孔中，盖好盖子，置于－80℃冰箱定位存放。

异常情况及解决方法：

【实训工作报告】

序号	保藏菌种	培养条件	保藏方式	保藏条件	保藏时间	保藏者
1						
2						
3						
4						
5						
6						
7						
8						

【实训工作小结】

1. 简单谈谈这次实训的收获。
2. 你觉得本次实训最难掌握的技术是什么？
3. 简单谈谈菌种保藏的重要性。

实训任务20　菌种的液氮保藏

【实训目的】

1. 了解菌种保藏的目的和原理。
2. 掌握菌种的液氮保藏方法。

【实训任务阐述】

采用液氮保藏法对微生物菌种进行保藏。

【实训材料】

1. 实验菌种

大肠杆菌、酿酒酵母、放线菌和黑曲霉。

2. 实验培养基

牛肉膏蛋白胨斜面培养基、高氏1号培养基、淀粉琼脂培养基等。

3. 实验试剂

10%的甘油蒸馏水溶液、10%二甲亚砜蒸馏水溶液、灭菌水等。

4. 实验仪器及器具

灭菌吸管、管形安瓿、高压蒸汽灭菌锅、程序降温仪、液氮冷冻保藏器。

【实训准备】

阅读本实训任务的全部内容，并查阅教材及相关资料，完成以下预习工作。

1. 请简单阐述液氮保藏法的“慢冻快融”操作及意义。
2. 哪几种菌种保藏方法需要使用保护剂？
3. 绘制实训工作流程图。

工作流程图：

【实训步骤及操作记录】

在相应位置记录关键步骤的实际操作情况和观察到的现象以及原始数据。如遇异常，请将异常情况和解决方法记录在相应位置。

实训步骤	要点记录
1　准备安瓿 用于液氮保藏的安瓿，要求能耐受温度突然变化而不致破裂。因此，需要采用硼硅酸盐玻璃制造的安瓿，安瓿的大小通常为75mm×10mm的。 2　加保护剂与灭菌 保存细菌、酵母菌或霉菌孢子等容易分散的细胞时，则将空安瓿塞上棉塞，于1.05kgf/cm^2、121.3℃灭菌15min；若作保存霉菌菌丝体用，则需在安瓿内预先加入保护剂，如10%的甘油蒸馏水溶液或10%二甲亚砜蒸馏水溶液，加入量以能浸没以后加入的菌落圆块为限，而后再于1.05kgf/cm^2、121.3℃灭菌15min。 3　接入菌种 将菌种用10%的甘油蒸馏水溶液制成菌悬液，装入已灭菌的安瓿；霉菌菌丝体则可用灭菌打孔器，从平板内切取菌落圆块，放入含有保护剂的安瓿内，然后用火焰熔封。浸入水中检查有无漏洞。 4　冻结 再将已封口的安瓿以每分钟下降1℃的慢速冻结至－30℃。若细胞急剧冷冻，则在细胞内会形成冰的结晶，因而降低存活率。 5　保藏 经冻结至－30℃的安瓿立即放入液氮冷冻保藏器的小圆筒内，然后再将小圆筒放入液氮保藏器内。液氮保藏器内的气相为－150℃，液态氮内为－196℃。 6　恢复培养 保藏的菌种需要用时，将安瓿取出，立即放入38～40℃的水浴中进行急剧解冻，直到全部融化为止。再打开安瓿，将内容物移入适宜的培养基上培养。	

异常情况及解决方法：

【实训工作报告】

序号	保藏菌种	培养条件	保藏方式	保藏条件	保藏时间	保藏者
1						
2						
3						
4						

【实训工作小结】

1. 简单谈谈这次实训的收获。
2. 你觉得本次实训最难掌握的技术是什么?
3. 液氮保藏法的优缺点有哪些?
4. 你认为在普通实验室采用哪种保藏方法最好?

第三篇　微生物应用技术

微生物在人们的日常生产、生活中有着重要的作用，也被广泛地应用于食品、农业、医药、环保等方面，形成了第三大生物产业——微生物产业。本篇重点介绍育种技术及发酵产品生产等微生物应用方面的实训项目。

项目一　微生物育种技术

微生物的生长繁殖、代谢活性、致病性等特征都可以通过基因从亲代细胞传递给子代细胞，这种遗传是相对稳定的。在遗传过程中，微生物群体中总是会有少数个体发生可遗传的变异。微生物遗传信息的改变可以通过基因突变、基因重组以及基因转座来进行。这是微生物育种的理论基础。

工业应用中，微生物育种工作是整个生产过程的核心部分，而生产所使用的菌种几乎都是由低产的野生种通过人工诱变、杂交或基因工程育种手段获得的。本项目将重点介绍诱变等常规育种技术。

实训任务 21　微生物诱变育种

【实训目的】

1. 通过紫外线诱变，掌握物理诱变的基本原理与方法。
2. 通过亚硝基胍诱变，掌握化学诱变的基本原理与方法。
3. 学习并掌握营养缺陷突变株和高产突变株的筛选方法。

【实训任务阐述】

基因突变分为自发突变和诱发突变。诱发突变的效应与自发突变几乎没有差异，但突变频率高，这些能使突变率提高至自发突变水平以上的因素称为诱变剂，具体有物理诱变剂、化学诱变剂、生物诱变剂三类。微生物在接触诱变剂后，会因细胞内 DNA 分子中碱基的转换、颠换、聚合等变化，而发生突变，产生营养缺陷突变型、产量突变型、形态突变型等。

物理诱变剂常用的是紫外线。其主要作用是使 DNA 双链之间或同一条链上相邻的两个胸腺嘧啶形成二聚体，阻碍双链的解旋、复制及碱基的正常配对，导致突变。紫外线照射引起的 DNA 损伤可在光复活酶作用下进行修复，故为避免光复活，紫外线照射处理时及处理后的操作应在红光或暗室中进行，照射处理后的微生物也应放在暗处培养。紫外诱变的剂量由紫外灯的功率、照射距离和时间决定。诱变时一般选用 15W 的紫外灯（波长约为 253.7nm），有有效的诱变作用，照射距离一般控制在 30cm 左右，照射时间一般芽孢杆菌的营养体为 1～3min、革兰阳性菌及无芽孢杆菌为 0.5～1.5min、放线菌的分生孢子为 0.5～2min。

常用的化学诱变剂有烷化剂、亚硝酸盐类等。硫酸二乙酯（DES）是一种烷化剂，其主要作用是能与 DNA 中的碱基发生化学反应，引起 DNA 复制时碱基对的转换或颠换。硫酸二乙酯有毒，具有致癌作用，操作时应格外注意，避免试剂直接与皮肤等接触。诱变中止时，可以用大量稀释法或加入硫代硫酸钠终止诱变。

本实训是采用紫外线、硫酸二乙酯诱变处理大肠杆菌和米曲霉，筛选营养缺陷型菌株和高产菌株。

【实训材料】

1. 实验菌种

大肠杆菌 B_9 斜面菌种、米曲霉沪酿 3.042 斜面菌种。

2. 培养基

(1) LB 斜面培养基　胰蛋白胨 10g、酵母膏 10g、NaCl 5g、琼脂 15g、蒸馏水 1000mL，pH7.2。

(2) 完全培养基（CM）　牛肉膏 10g、蛋白胨 5g、酵母膏 5g、NaCl 5g、琼脂 18g、蒸馏水 1000mL，pH7.0～7.5。

(3) 基本培养基（MM）　葡萄糖 20g、$MgSO_4 \cdot 7H_2O$ 0.2g、$NaNH_4HPO_4 \cdot 4H_2O$ 3.5g、$K_2HPO_4 \cdot 4H_2O$ 11.9g、$(NH_4)_2SO_4$ 1g、柠檬酸 2g、蒸馏水 1000mL，pH 7.2。若配制固体培养基，需加入 2%的琼脂。

(4) 豆芽汁培养基　黄豆用水浸泡一夜，放在室内（20℃左右），盖上湿布，每天冲洗 1～2 次，弃去腐烂不发芽者，待芽长至 3cm 左右即可。取新鲜豆芽 100g 加入 1000mL 水，煮沸 0.5h，以纱布过滤，取滤液补足水至原量，加入 50g 葡萄糖或蔗糖，自然 pH 值。若配制固体培养基加入 2%的琼脂。

(5) 酪素培养基　用于蛋白酶菌株的筛选。分别配制 A 液（称取 $Na_2HPO_4 \cdot 7H_2O$ 1.07g、干酪素 4g，加入适量蒸馏水，加热溶解）和 B 液（称取 KH_2PO_4 0.36g，加水溶解）。将 A 液、B 液混合后，加入 0.3mL 酪素水解液，加琼脂 20g，最后用蒸馏水定容至 1000mL。

酪素水解液的配制：1g 酪蛋白溶于碱性缓冲液中，加入 1%的枯草芽孢杆菌蛋白酶 25mL，加水至 100mL，于 30℃水解 1h。配制培养基时，1000mL 培养基中加入上述水解液 100mL。

3. 溶液

(1) 10×A 缓冲液的配制　K_2HPO_4 105g、KH_2PO_4 45g、$(NH_4)_2SO_4$ 10g、二水合柠檬酸钠 5g，加蒸馏水 1000mL，pH7.0。

(2) 氨基酸混合液的配制　15 种氨基酸每种各称取 10mg，按表 5 组合成 5 组氨基酸，混合研磨后，装入小管，放入干燥器内避光保存。使用时配制成溶液，过滤除菌后用于生长谱测定。

表 5　5 组氨基酸组合

组　别	氨基酸种类				
①	组氨酸	苏氨酸	谷氨酸	天冬氨酸	亮氨酸
②	精氨酸	苏氨酸	赖氨酸	甲硫氨酸	苯丙氨酸
③	酪氨酸	谷氨酸	赖氨酸	色氨酸	丙氨酸
④	甘氨酸	天冬氨酸	甲硫氨酸	色氨酸	丝氨酸
⑤	胱氨酸	亮氨酸	苯丙氨酸	丙氨酸	丝氨酸

(3) 核酸碱基混合液的配制　称取腺嘌呤、次黄嘌呤、黄嘌呤、鸟嘌呤、胸腺嘧啶、尿嘧啶、胞嘧啶各 10mg，混合研磨后，装入小管，放入干燥器内避光保存。使用时配制成溶液，过滤除菌后用于生长谱测定。

（4）维生素混合液配制 按表6中所列维生素的种类及用量称取各维生素，混合后装入小管，放入干燥器内避光保存。使用时配制成溶液，过滤除菌后用于生长谱测定。

表6 维生素混合液成分

维生素	维生素 B_1（硫胺素）	维生素 B_2（核黄素）	维生素 B_6（吡哆素）	泛酸	生物素	对氨基苯甲酸	肌醇	烟酰胺	胆碱
用量/mg	0.001	0.5	0.1	0.1	0.001	0.1	1.0	0.1	2.0

（5）部分氨基酸组合液的配制 分别取19种氨基酸按表7组合成9组氨基酸混合液，1～5组每组含4种氨基酸、6～9组每组含5种氨基酸，组合的特点是每种氨基酸同时在两组中出现。供营养缺陷型遗传标记的确认用。

表7 9组氨基酸组合

组 别	1	2	3	4	5
6	丙氨酸	精氨酸	天冬酰胺	天冬酰胺	半胱氨酸
7	谷氨酸	谷氨酰胺	甘氨酸	组氨酸	异亮氨酸
8	亮氨酸	赖氨酸	蛋氨酸	苯丙氨酸	脯氨酸
9	丝氨酸	苏氨酸	色氨酸	酪氨酸	缬氨酸

（6）生理盐水的配制 称取 NaCl 0.85g，溶解于100mL蒸馏水中，配制成0.85%的NaCl溶液。

（7）其他 0.05mol/L磷酸盐缓冲液（pH7.0）、25%的硫代硫酸钠溶液。

4. 器具

紫外线灯箱、磁力搅拌器、台式离心机、恒温振荡培养箱、恒温箱、显微镜、烧杯、试管、接种环、培养皿、移液管（10mL、1mL）、三角瓶（150mL）、容量瓶、涂布棒、血细胞计数板、灭菌玻璃珠、记号笔、黑纸、影印工具等。

【实训准备】

阅读本实训任务的全部内容，并查阅教材及相关资料，完成以下预习工作。

1. 诱变育种的方法有哪些？
2. 如何筛选营养缺陷型突变株？
3. 绘制实训工作流程图。

工作流程图：

【实训步骤及操作记录】

在表格相应位置记录每一步骤的实际操作情况和观察到的现象以及原始数据。如遇异常，请将异常情况和解决方法记录在表格相应位置。

实训步骤

要点记录

1 大肠杆菌诱变育种

1.1 平板制备

取直径 9cm 的培养皿 36 套，将完全培养基、基本培养基熔化后，冷却至 60℃左右，无菌操作下分别倒 30 个和 6 个平板，每个平皿 20mL 培养基，倒完后水平放置，冷却备用。

1.2 菌悬液制备

将大肠杆菌 B_9 菌株接种至 LB 斜面，于 37℃活化培养 1 天，然后挑取一环接种至含 25mL LB 液体培养基的 250mL 三角瓶，于 37℃培养过夜。倒入 3 支离心管，以 3000r/min 离心 10min。倒出上清液，搅匀沉淀，用生理盐水洗涤一次，然后定容至 25mL，制成菌悬液。显微镜直接计数，调整菌悬液浓度为 10^8 个/mL。

1.3 诱变

诱变前开启紫外灯管，预热 20min。然后，分别取制备好的菌悬液 5mL 加入到 3 个小培养皿中，每个平皿中加入已灭菌的搅拌子，置于磁力搅拌器上，将磁力搅拌器置于距离 15W 紫外灯下 30cm 处。先在紫外线下带盖照射 1min 灭菌，然后开启搅拌器，对菌悬液进行搅拌，再打开皿盖，分别照射 1min、1.5min、2min 后盖上皿盖，关闭紫外灯和搅拌器。

1.4 中间培养

在红灯下取未照射的菌悬液（对照）和照射处理的三个剂量菌悬液各 1mL 至装有 9mL 生理盐水的试管中，10 倍等梯度连续稀释至 10^{-7}，取照射过的原菌液、10^{-1}的菌悬液及未照射的原菌液（10^0）和 10^{-1}的菌悬液各 0.1mL 涂布于完全培养基，每个稀释度各涂 3 个平板。各平板于 37℃下培养 2 天，注意诱变处理的菌悬液涂布的平板应用黑纸包好，装入培养筒内避光培养。取未经照射的 10^{-6}、10^{-7} 菌悬液各 0.1mL 分别加到 4 个平皿中，加入 10mL 完全培养基，混匀，于 37℃培养 2 天后，统计活菌数。注意：避光培养，避免光复活。

1.5 营养缺陷型突变株的筛选

1.5.1 营养缺陷型的检出

采用影印法检出营养缺陷型突变株。取已制备好的完全培养基和基本培养基各 6 个，分别编上号码，做好方位标记。选取已培养好的菌落浓密适宜的平板（每皿 30～60 个菌落），记录每个平板上的菌落数，用影印法分别转印至基本培养基和完全培养基上，于 37℃培养 2 天，分别将完全培养基平板和基本培养基平板对照观察。

1.5.2 营养缺陷型的鉴定

（1）生长谱法鉴定营养缺陷型突变株　将检出的营养缺陷型突变株接种至装有 5mL 完全培养基的离心管中，于 37℃振荡培养 16～18h。将菌悬液以 3500r/min 离心 10min，弃去上清液，用无菌生理盐水洗涤菌体后再离心，重复操作 3 次，最后加入 5mL 生理盐水制成菌悬液。分别吸取 1mL 菌悬液加入 4 个无菌培养皿中，各加入 15mL 基本培养基，混匀，水平冷却，制成平板。在制好的平板底部划分三个区域，做好标记，在其中分别放入浸有混合氨基酸、混合核酸碱基、混合维生素溶液的滤纸片，于37℃培养2天后，检查结果。

(2) 确定营养缺陷型突变株的遗传标记 对其具体缺陷的氨基酸类型还需做进一步遗传标记的确定。先将待测菌株培养至对数期，离心收集菌体，用生理盐水洗涤3次，制成菌悬液后，在9组含氨基酸的基本培养基上划线接种。若在某纵横两组氨基酸平板上有菌生长，依据表7可查出该菌属于哪种氨基酸营养缺陷型。类似地，可采用浸有某一种营养成分的滤纸片鉴定核酸碱基或维生素缺陷型。

2 米曲霉诱变育种

2.1 孢子悬浮液的制备

取生长良好的米曲霉纯种斜面，加入5mL磷酸盐缓冲液（pH7.0），洗下孢子。移入装有10mL磷酸盐缓冲液（pH7.0）及玻璃珠的三角瓶中，充分振荡，将孢子打散，用脱脂棉过滤至装有30mL磷酸盐缓冲液（pH7.0）的三角瓶中。用血细胞计数板技术，将孢子浓度调整至10^6个/mL。

2.2 诱变剂的配制

硫酸二乙酯（DES）是难溶于水的油状液体，常将其配制成醇溶液。取硫酸二乙酯0.8mL加入到4.2mL的无水乙醇中，配制成20%的硫酸二乙酯醇溶液。

2.3 诱变处理

在150mL三角瓶中加入32mL磷酸盐缓冲液（pH7.0）、8mL孢子悬液、0.4mL硫酸二乙酯醇溶液（硫酸二乙酯的最终浓度为1%）。于30℃下分别恒温振荡处理10min、20min、30min、60min，各取不同处理时间的混合液1mL，加入0.5mL 25%硫代硫酸钠溶液终止反应。上述处理液各吸取1mL，进行10倍等梯度连续稀释，各取最后三个稀释度的菌液0.1mL分别涂布于酪素培养基平板上，平板背面注明组别、处理时间、稀释度，30℃培养48h。同时，将未经处理的孢子悬液经10倍等梯度连续稀释，取10^{-3}、10^{-4}、10^{-5}三个稀释度的菌液各0.1mL分别涂布于酪素培养基平板上，每个稀释度涂两个平板，平板背面注明组别、处理时间、稀释度，30℃培养48h。对培养好的平板进行菌落计数，按下式分别求出各处理时间的存活率和致死率。

$$存活率=(处理后菌液浓度/孢子悬液浓度)\times100\%$$

$$致死率=1/存活率$$

2.4 筛选

取上述菌落计数结果为10～12个的处理液平板和对照平板，分别测量透明圈直径和菌落直径，计算HC值（即透明圈直径和菌落直径的比值）。比较孢子悬液和各处理液菌落的HC值范围，根据结果说明诱变效应。并选取HC值大的菌落转接到斜面保藏培养基上。在此基础上利用摇瓶培养进行进一步复筛。

异常情况及解决方法：

【实训工作报告】

1. 大肠杆菌诱变结果

(1) 紫外线处理后的存活率

剂量	稀释度	个/mL			平均值/(个/mL)	存活率/%
		1	2	3		
对照	10^0 10^{-1}					
紫外诱变 1min	10^0 10^{-1}					
紫外诱变 1.5min	10^0 10^{-1}					
紫外诱变 2min	10^0 10^{-1}					

存活率(%)=诱变处理后的存活菌数/未诱变处理的活菌数×100%

(2) 营养缺陷型的鉴定结果

突变型菌株	缺陷类型	生长区	缺陷的标记
1			
2			
3			
4			
5			
6			

2. 米曲霉诱变结果

(1) 硫酸二乙酯处理后的存活率

剂量	菌数/平板					存活率/%	致死率/%
	10^{-1}	10^{-2}	10^{-3}	10^{-4}	10^{-5}		
0min(对照)							
化学诱变 10min							
化学诱变 20min							
化学诱变 30min							
化学诱变 60min							

（2）米曲霉的筛选结果

菌　　株	透明圈直径	菌落直径	HC值
1(原菌株)			
2			
3			
4			
5			
6			
…			

【实训工作小结】

1. 简单谈谈这次实训的收获。
2. 你觉得本次实训最难掌握的技术是什么？
3. 结合实训，说明紫外线诱变应注意什么？
4. 化学诱变时，为什么要用缓冲溶液制备菌悬液？
5. 简述硫代硫酸钠溶液终止硫酸二乙酯诱变作用的机理。

实训任务 22　从自然界中筛选α-淀粉酶生产菌种

【实训目的】

1. 掌握从环境中采集样品的方法。
2. 学会利用选择性培养基平板进行微生物的分离。

【实训任务阐述】

α-淀粉酶是一种液化型淀粉酶，能水解淀粉分子的*α*-1,4-糖苷键。*α*-淀粉酶生产菌广泛分布于自然界，尤其是在含有淀粉类物质的土壤等样品中。

从自然界筛选菌种过程一般分为采样、增殖培养、纯种分离和性能测定四个步骤。筛选时一般是根据该微生物对营养、酸碱度、氧等条件的要求不同，提供其生长适宜的培养条件，或加入某种抑制剂（利于要分离的微生物的生长，抑制其他菌种的生长），从而淘汰其他一些不需要的微生物，再用平板划线法、稀释涂布平板法、稀释混合平板法等方法分离、纯化，直至得到纯菌株。

α-淀粉酶生产菌可在以淀粉为唯一碳源的培养基上生长。可利用碘液滴加在培养基表面，观察菌落的透明圈大小，来判断淀粉酶的生产能力，透明圈直径与菌落直径之比越大，说明其产淀粉酶的能力越强。

【实训材料】

1. 培养基

（1）淀粉琼脂培养基　牛肉膏 5g、蛋白胨 10g、NaCl 5g、可溶性淀粉 2g、琼脂 15～20g、蒸馏水 1000mL、pH7.2。121℃灭菌 20min。

（2）麸曲培养基　麸曲 7g、玉米面 1g、$(NH_4)_2SO_4$ 0.04g、NaOH 0.08g，水 10mL，

混匀，装入 250mL 三角瓶中。121℃灭菌 30min。

2. 溶液

(1) 碘液

卢戈碘液：碘 1g，碘化钾 2g，蒸馏水 300mL。先将碘化钾加到 3～5mL 的蒸馏水中，溶解后再加碘，用力摇匀，使碘完全溶解，然后补足水分。卢戈碘液不能长时间存放，一次不宜配制过多。

碘原液：碘 2.2g，碘化钾 0.4g，加蒸馏水定容至 100mL。

标准稀碘液：取 15mL 碘原液，加入碘化钾 8g，加蒸馏水定容至 200mL。

比色稀碘液：取 2mL 碘原液，加入碘化钾 20mg，加蒸馏水定容至 500mL。

(2) 其他溶液

0.2%可溶性淀粉液：称取可溶性淀粉 0.2g，先用少量蒸馏水混合，再将其缓慢加入到煮沸的蒸馏水中，继续煮沸 2min，冷却后加水至 100mL。

磷酸氢二钠-柠檬酸缓冲液（pH 6.0）：称取 $Na_2HPO_4 \cdot 12H_2O$ 11.31g，柠檬酸 2.02g，加水定容至 250mL。

标准糊精液：称取糊精 0.3g，悬浮于少量水中，再倾入 400mL 沸水中，冷却后，加水稀释至 500mL。

3. 器具

培养箱、试管、三角瓶、涂布棒、吸管、接种环、无菌铁铲、无菌纸、无菌袋、无菌培养皿等。

【实训准备】

阅读本实训任务的全部内容，并查阅教材及相关资料，完成以下预习工作。

1. 菌种筛选的一般程序是什么？

2. α-淀粉酶高产菌的筛选依据是什么？

3. 绘制实训工作流程图。

工作流程图：

【实训步骤及操作记录】

在相应位置记录关键步骤的实际操作情况和观察到的现象以及原始数据。如遇异常，请将异常情况和解决方法记录在相应位置。

实训步骤	要点记录
1　分离纯化 1.1　采样 用无菌铁铲在淀粉厂周围采取土壤样品，置于无菌牛皮纸袋中，标注采样人、采样时间、采样地点、周围环境等信息。 1.2　样品稀释 用无菌纸称取 10g 样品，放入装有 90mL 无菌水及若干个玻璃珠的三角瓶中，振摇约 20min，使土样与水充分混合，将菌打散。对土壤悬液进	

行 10 倍等梯度连续稀释至 10^{-6}。

1.3 分离

用记号笔在事先制好的淀粉培养基平板上标清 10^{-4}、10^{-5} 和 10^{-6} 三种稀释度，然后用无菌吸管分别取 10^{-4}、10^{-5}、10^{-6} 的土壤稀释液各 0.2mL 对号涂布到对应标好稀释度的淀粉培养基平板上。

1.4 培养

涂布好的培养基平板倒置于 28℃培养箱中培养 48h。

1.5 产酶菌株的检查

将卢戈碘液滴加在培养基表面，观察菌落周围的透明圈，若有无色透明圈出现说明淀粉被水解，菌株有产淀粉酶的能力，且透明圈直径与菌落直径之比越大，菌株产淀粉酶的能力越强。据此将产生淀粉酶能力强的菌落分别挑取接种到斜面上，28℃培养至菌苔长出。然后用显微镜涂片染色检查菌苔是否单纯，若有其他杂菌，需再一次进行分离、纯化，直到获得纯培养。

2 麸曲培养

取纯化菌落斜面一支，向其中加入 5mL 无菌水，将培养物用接种环刮下，振荡混匀，制成菌悬液。取制好的菌悬液 2mL，接种至麸曲培养基中，搅匀，36℃下培养 24h。

3 性能测定

主要对菌株所产淀粉酶的酶活力进行测定。

3.1 酶液的制备

在培养成熟的麸曲中，加 100mL 水，搅匀，30℃水浴保温 30min，然后用滤纸过滤，取滤液（即细菌 α-淀粉酶液）待测。

3.2 酶活力的测定

在三角瓶中加入 2mL 0.2%可溶性淀粉溶液、0.5mL 磷酸氢二钠-柠檬酸缓冲液，在 60℃水浴中平衡 10min，然后加入 3mL 制备好的酶液，充分混匀，即刻计时，定时取出一滴反应液，滴于事先盛有比色稀碘液的比色板穴中，当由紫色逐渐变为棕橙色，与标准比色管颜色相同时，即为反应终点，记录下时间（t，min）。

3.3 酶活力的计算

淀粉酶活力单位：1g 或 1mL 酶制剂或酶液，60℃时，在 1h 内液化可溶性淀粉的质量（g），单位是 g/[g（或 mL）·h]。

$$淀粉酶活力单位=(60/t)\times 2\times 0.002\times n/3$$

式中，n 是酶的稀释倍数。

酶活力测定时，应注意：淀粉液应当天配制使用，不能久贮；测定液化时间应控制在 2～3min 内。

异常情况及解决方法：

【实训工作报告】

1. 产酶菌株的检查

	菌落形态	细胞形态
形态		
	透明圈的情况：	放大倍数：____ ×
染色结果	—	

2. 酶活力测定结果

淀粉酶活力单位=

【实训工作小结】

1. 简单谈谈这次实训的收获。

2. 你觉得本次实训最难掌握的技术是什么？

3. 如何检查经过一次分离的菌种是否为纯种？不纯怎么办？

4. 若要筛选纤维素酶产生菌，在哪里取样？如何进行？

实训任务 23　蛋白酶高产菌株的选育

【实训目的】

学习并掌握复合诱变选育蛋白酶高产菌株的基本思路和方法。

【实训任务阐述】

多诱变因子处理，即复合因子处理，是指采用两种以上诱变因子共同诱发菌体突变，利用的是多种诱变剂的协同效应，能取长补短，达到更好的诱变效果。

本实训是以米曲霉沪酿 3.042 为出发菌株，采用紫外线、硫酸二乙酯（DES）、亚硝基胍（NTG）及^{60}Co γ-射线等诱变剂处理，以酪素平板上菌落周围的酪素水解透明圈直径与菌落直径的比值作为初筛的指标，再以蛋白酶含量为复筛指标，选育出蛋白酶活力高于出发菌株的新菌株。

【实训材料】

1. 实验菌种

米曲霉沪酿 3.042。

2. 培养基

(1) 豆芽汁培养基　黄豆用水浸泡一夜，放在室内（20℃左右），盖上湿布，每天冲洗 1～2 次，弃去腐烂不发芽者，待芽长至 3cm 左右即可。取新鲜豆芽 100g 加入 1000mL 水，煮沸 0.5h，以纱布过滤，取滤液加入 5%的葡萄糖或蔗糖，自然 pH 值。若配制固体培养基则加入2%的琼脂。

(2) 酪素培养基　用于蛋白酶菌株的筛选。分别配制A液（称取 $Na_2HPO_4 \cdot 7H_2O$ 1.07g、干酪素4g，加入适量蒸馏水，加热溶解）和B液（称取 KH_2PO_4 0.36g，加水溶解）。将A液、B液混合后，加入0.3mL酪素水解液，加琼脂20g，最后用蒸馏水定容至1000mL。

酪素水解液的配制：1g酪蛋白溶于碱性缓冲液中，加入1%的枯草芽孢杆菌蛋白酶25mL，加水至100mL，30℃水解1h。配制培养基时，1000mL培养基中加入上述水解液100mL。

(3) 麸曲培养基　冷榨豆饼55%、麸皮45%，按总固体料量的90%加水，充分润湿混匀，每个三角瓶（300mL）装湿料20g。

3. 溶液

20%的硫酸二乙酯醇溶液（取硫酸二乙酯0.8mL加入到4.2mL的无水乙醇中配制而成）、0.01%的十二烷基硫酸钠（SDS）溶液、0.05%的十二烷基硫酸钠（SDS）溶液、pH7.0磷酸盐缓冲液、pH6.0磷酸盐缓冲液、生理盐水、25%硫代硫酸钠溶液、50μg/mL标准酪氨酸溶液、0.55mol/L碳酸钠、Folin-酚试剂、0.5%酪蛋白溶液、10%三氯乙酸溶液等。

4. 器具

诱变箱、培养箱、显微镜、涂布棒、试管、三角瓶、培养皿、血细胞计数板、记号笔等。

【实训准备】

阅读本实训任务的全部内容，并查阅教材及相关资料，完成以下预习工作。

1. 复合因子诱变处理与单一因子诱变处理的区别是什么？有什么优点？
2. 蛋白酶高产菌株筛选的依据是什么？
3. 绘制实训工作流程图。

工作流程图：

【实训步骤及操作记录】

在相应位置记录关键步骤的实际操作情况和观察到的现象以及原始数据。如遇异常，请将异常情况和解决方法记录在相应位置。

实训步骤	要点记录
1　出发菌株的选择 选择生长快、适合于固体曲培养、蛋白酶活力较高的米曲霉沪酿3.042，将其分离纯化后接入豆芽汁斜面培养基上，培养5～7天，待孢子生长丰满后备用。 2　诱变处理 2.1　紫外线处理 2.1.1　孢子悬液的制备 取生长良好的出发菌株纯种斜面，加入5mL 0.05%十二烷基硫酸钠	

(SDS) 溶液，洗下孢子，移入事先装有 10mL 0.01%十二烷基硫酸钠(SDS) 溶液和玻璃珠的 150mL 三角瓶中，振荡将孢子打散，用脱脂棉过滤至装有 30mL 0.01%十二烷基硫酸钠 (SDS) 溶液的三角瓶中，用血细胞计数板计数，将孢子浓度调整至 10^6个/mL。

2.1.2　诱变处理

取制备好的孢子悬液 10mL，加入到培养皿（直径 90mm，带磁棒）中，置于诱变箱磁力搅拌器上，分别照射 4min、6min、8min、10min、12min、14min，然后，在红光下取各照射时间下的处理液 1mL，经 10 倍等梯度连续稀释后，取适宜稀释度（每平板 10～12 个菌落为宜）的稀释液 0.1mL 涂布于酪素平板上，用黑纸包好后于 32℃培养 48h。

2.2　硫酸二乙酯 (DES) 处理及硫酸二乙酯 (DES) 与氯化锂 (LiCl) 复合处理

2.2.1　孢子悬液的制备

取生长良好的出发菌株纯种斜面，用 pH7.0 磷酸盐缓冲液制备孢子悬液（浓度为 10^6个/mL）。

2.2.2　硫酸二乙酯 (DES) 处理

取 pH7.0 磷酸盐缓冲液 32mL、孢子悬液 8mL、硫酸二乙酯 (DES) 溶液 0.4mL，充分混合（硫酸二乙酯的终浓度为 1%，体积分数），30℃恒温振荡处理 10min、20min、30min、60min，然后，分别取各处理时间下的处理液 1mL，向其中加入 0.5mL 25%的硫代硫酸钠溶液中止反应，之后，从其中吸取 1mL，进行 10 倍等梯度连续稀释，取合适稀释度的稀释液各 0.1mL，涂布于酪素平板上，32℃培养 48h。

2.2.3　硫酸二乙酯 (DES) 与氯化锂 (LiCl) 复合处理

将硫酸二乙酯处理的孢子悬液 0.2mL，涂布于含有终浓度为 0.5%氯化锂的酪素平板上，32℃培养 48h。

2.3　亚硝基胍 (NTG) 处理

2.3.1　孢子悬液制备

从经上述诱变剂处理后的突变个体中选择蛋白酶活力显著提高的优良菌株作为出发菌株，用 pH6.0 磷酸盐缓冲液制备孢子悬液（浓度为 10^6个/mL）。

2.3.2　亚硝基胍 (NTG) 处理具体操作

精确称取 4mg 亚硝基胍，加入 2～3 滴胺甲醇溶液，在水浴中充分溶解，之后加入 4mL 孢子悬液，使亚硝基胍的终浓度为 1mg/mL，充分混合后，于 30℃恒温水浴中振荡处理 30min、60min、90min，然后，分别取各处理时间下的处理液 1mL，作大量稀释中止亚硝基胍诱变反应。最后，从其中吸取 1mL，进行 10 倍等梯度连续稀释，取合适稀释度的稀释液各 0.1mL，涂布于酪素平板上，32℃培养 48h。

2.4　^{60}Co γ 射线处理

2.4.1　孢子悬液制备

选择经亚硝基胍处理的蛋白酶高产菌，用生理盐水制备孢子悬液（浓度为 10^6个/mL）。

2.4.2 $^{60}Co\gamma$射线诱变处理

分别取10mL孢子悬液加入试管中，处理前于32℃恒温振荡10h，使孢子处于萌发前状态。分别以6万伦琴（R，1R=2.58×10^{-4}C/kg）、8万伦琴、10万伦琴、12万伦琴、14万伦琴、16万伦琴剂量的γ射线处理孢子悬液。然后，分别取各处理剂量下的处理液1mL，进行10倍等梯度连续稀释，取合适稀释度的稀释液各0.1mL，涂布于酪素平板上，32℃培养48h。

3 筛选

3.1 初筛

初筛采用透明圈法。观察上述诱变处理后，经酪素培养基培养获得的平板上菌体生长的情况，测定菌落周围的酪素水解透明圈直径与菌落直径，计算其比值，选取比值大的菌落，每种处理挑选200个菌落，然后接入斜面，32℃培养4～5天，长好后在冰箱中保存，作为复筛菌株。

3.2 复筛

3.2.1 麸曲摇瓶培养

用麸曲摇瓶培养进行复筛。取初筛菌株一环，接种入麸曲培养基中，摇匀，32℃下培养12～13h，待麸曲表面呈现少量白色菌丝时，进行第一次摇瓶，使物料松散，排出曲料中的CO_2并降温，有利于菌丝生长。继续培养至18h，进行第二次摇瓶，继续培养至30h，结束发酵。麸曲培养物用作中性、碱性、酸性蛋白酶含量的测定。

3.2.2 蛋白酶活力的测定

（1）取样 随机称取上述摇瓶培养物1g，加蒸馏水100mL（或200mL），40℃水浴浸酶1h，取上清浸液测定酶活性。另取1g培养物于105℃烘干测定含水量。

（2）酶活力测定 酶活力单位定义为：30℃ pH 7.5条件下水解酪蛋白（底物为0.5%酪蛋白），每分钟产酪氨酸1μg为一个酶活力单位。

① 酪氨酸标准曲线的制作：取6支试管（标号0、1、2、3、4、5），按顺序分别加入0.00mL、0.20mL、0.40mL、0.60mL、0.80mL和1.00mL 50μg/mL标准酪氨酸溶液，再补水至1.00mL，摇匀后各加入5.0mL 0.55mol/L碳酸钠溶液，摇匀。依次加入1.00mL Folin-酚试剂，摇匀并计时，于30℃水浴中保温15min。然后在680nm处测定吸光度（以0号管作对照）。最后，以酪氨酸含量（μg）为横坐标，以吸光度为纵坐标，绘制酪氨酸标准曲线。

② 酶反应：将2.0mL 0.5%的酪蛋白溶液加入到试管中，于30℃水浴中预热5min，再加入1.0mL已预热好的米曲霉突变株麸曲培养物浸出液，立即计时，水浴中准确保温10min，取出后立即加入2.0mL 10%三氯乙酸溶液，摇匀静置数分钟，干滤纸过滤，收集滤液，即A样品液。另取一支试管，先加入1.0mL已预热好的米曲霉突变株麸曲培养物浸出液和2.0mL的10%三氯乙酸溶液，摇匀，放置数分钟，再加入2.0mL 0.5%的酪蛋白溶液，于30℃水浴保温10min，然后干滤纸过滤，收集滤液，即A对照液。以上两过程，应各做一次平行实验。

③ 滤液中酪氨酸含量的测定：取 3 支试管，分别加入 1.0mL 的水、1.0mL 的 A 样品液、1.0mL 的 A 对照液，之后各加入 0.55mol/L 碳酸钠溶液 5.0mL 和 Folin-酚试剂 1.00mL，摇匀，按标准曲线制作方法保温并测定吸光度值。根据吸光度值，从标准曲线上查出 A 样品液、A 对照液中的酪氨酸含量，根据以下计算公式计算出酶活力单位。

蛋白酶的活力单位=（A 样品 OD_{680} −A 对照 OD_{680}）NKV/t

式中，K 为标准曲线上 A 样品 OD_{680} 值为 1 时对应的酪氨酸的质量，μg；V 为酶促反应的总体积，mL；t 为酶促反应时间，min；N 为酶的稀释倍数。

最终，依据酶活力大小，进行复筛，每一种处理经复筛后留选 5 株高产优良菌株。

异常情况及解决方法：

【实训工作报告】

1. 诱变结果

自行设计表格对不同诱变处理的结果进行记录与比较。

2. 筛选结果

（1）酪氨酸标准曲线

标准曲线方程：

相关系数 R：

（2）酶活力测定结果

蛋白酶活力单位=

【实训工作小结】

1. 简单谈谈这次实训的收获是什么。
2. 你觉得本次实训最难掌握的技术是什么？
3. 通过查阅资料，写出蛋白酶高产菌株的其他诱变策略。

实训任务 24　抗药性突变株的选育

【实训目的】

1. 理解抗药性突变株筛选的基本原理。
2. 学习利用梯度平板法进行抗药性突变株的筛选。

【实训任务阐述】

微生物的基因突变，会出现各种突变型，其中有些突变能使微生物在有害的环境中生存下来，例如抗药性突变等。抗药性突变的产生源于 DNA 分子的某一特定位置的结构发生改变，与药物是否存在没有关系，药物只是作为分离某一种抗药性菌株的手段，而不是引发抗药性突变产生的诱导物。因此，可利用含有一定药物浓度的平板来筛选极个别具有抗药性的突变个体（可在平板生长，形成菌落），将这些菌落进一步纯化，再进行抗性试验，即可获得抗药性突变株。

抗药性突变既可以作为遗传标记，也可以获得新的高产菌株。故掌握抗药性突变株的分离方法是十分必要的。为了便于选择适当的药物浓度，抗药性突变株的筛选常用梯度平板法。梯度平板的制备：先在已灭菌的空培养皿中倒入不含药物的底层培养基，将培养皿倾斜放置，待凝固后将平板放平，再倒入含有链霉素的上层培养基，获得链霉素浓度从高到低的药物梯度平板。在此平板上涂布大量敏感菌（或经诱变处理的菌株），经培养后，在链霉素浓度高的部位长出的菌落中能分离得到抗链霉素的突变株。

【实训器材】

1．实验菌种

大肠杆菌（Str^s）。

2．培养基

LB 液体培养基、LB 琼脂培养基，具体配方同实训任务 21 LB 斜面培养基，其中 LB 液体培养基不加琼脂即可。

3．试剂

链霉素、无菌生理盐水、70％乙醇等。

4．器具

接种环、无菌吸管、培养皿、烧杯、试管、酒精灯、涂布棒、培养箱、水浴锅等。

【实训准备】

阅读本实训任务的全部内容，并查阅教材及相关资料，完成以下预习工作。

1．抗药性突变株筛选的一般程序是什么？

2．如何制备药物平板？

3．绘制实训工作流程图。

工作流程图：

【实训步骤及操作记录】

在表格相应位置记录每一步骤的实际操作情况和观察到的现象以及原始数据。如遇异常，请将异常情况和解决方法记录在表格相应位置。

实训步骤	要点记录
1　大肠杆菌培养液的制备 用接种环刮取大肠杆菌一环，接种于装有 5mL LB 培养基的试管中，37℃振荡培养 24h。 2　药物梯度平板的制备 将 10mL 已熔化的不含药物的 LB 琼脂培养基倒入已灭菌的空培养皿中，立即将其一端垫起，使培养基覆盖整个底部，并使培养基表面在垫起的一端刚好达到培养皿的底与边的交界处，在此状态下使培养基凝固。然后，将已凝固的平板底部高琼脂这一边用记号笔标上“低”，并将平板放回水平位置。之后，将含有 100μg/mL 链霉素的 LB 琼脂培养基 10mL 倒在底层培养基上，水平放置冷却，凝固后即获得一个链霉素浓度从一	

端 0μg/mL 到另一端 100μg/mL。具体制备方法和敏感菌在其上的生长分布见图 28。

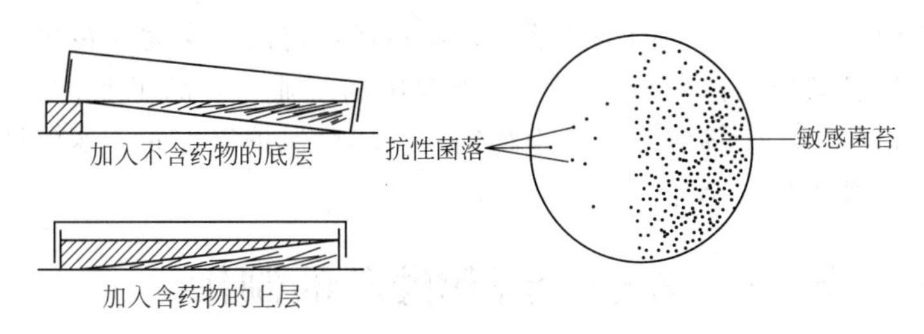

图 28　药物梯度平板制备及敏感菌生长示意图

3　抗药性突变株的筛选

用无菌吸管吸取 0.2mL 大肠杆菌培养液加到药物梯度平板上，用涂布棒涂匀。然后，将平板倒置于 37℃培养箱中培养 48h。经培养后，平板上随着药物浓度的增大，长出菌落逐渐减少，在高浓度一端就可获得抗链霉素的菌株。从中选择 1～2 个生长在梯度平板中部的单个菌落，用接种环接触单个菌落朝高药物浓度的方向划线，将该平板倒置于 37℃培养箱中培养 48h，二次筛选。

异常情况及解决方法：

【实训工作报告】

记录突变株生长情况，并画图表示经一次培养和二次培养的梯度平板上菌体的生长情况。

项目	第一次平板培养	第二次平板培养
菌落生长情况（绘图）		
菌落数		

【实训工作小结】

1. 简单谈谈这次实训的收获。
2. 你觉得本次实训最难掌握的技术是什么？
3. 除梯度平板法外还有哪些方法能筛选抗药性突变株？
4. 大肠杆菌发生抗链霉素的突变是由链霉素引起，对不对？为什么？

项目二 微生物发酵技术

广义的发酵是指利用微生物，在适宜的条件下，将原料经特定的代谢途径转化为人类所需要的产物的过程。微生物发酵应用范围极广，主要涉及医药工业、食品工业、能源工业、化学工业、农业、改造植物基因、生物农药、微生物饲料、环境保护等方面。本项目主要介绍酸乳、甜酒酿、啤酒等发酵产品的制作。

实训任务 25 乳酸发酵和酸乳的制作

【实训目的】

1. 了解乳酸菌的生长特性。
2. 学习乳酸发酵及酸乳制作的方法。

【实训任务阐述】

乳酸菌是一类能发酵利用糖类物质而产生大量乳酸的细菌，是一类对人体有益的菌群。乳酸菌发酵能产生大量的有机酸、醇类及各种氨基酸等代谢物，具有抑制腐败菌、提高消化率以及防癌等生理功效。

乳酸可由乳酸菌代谢糖而获得，在食品、医药、纺织、卷烟等众多行业都有应用。酸乳是以鲜牛奶或奶粉为主要原料，经乳酸菌发酵而制得的产品。其生产过程为：原料乳先经加热杀菌（一般采用90℃、30min）和均质，降低到适宜的温度，再添加糖和稳定剂搅拌均匀，接种乳酸菌发酵剂，适宜的温度下发酵完毕后，置于4℃左右的冷库内冷却成熟，最终获得成品酸乳。

应用于酸乳生产的乳酸菌主要有乳杆菌属、链球菌属，此外还有双歧杆菌属。生产中常用的有保加利亚乳杆菌、嗜酸乳杆菌、嗜热链球菌、乳链球菌、两歧双歧杆菌、婴儿双歧杆菌、长双歧杆菌等。可单菌种发酵，但一般是两种或两种以上菌种混合使用效果更好。例如，目前酸乳发酵常用的发酵剂即为保加利亚乳杆菌和嗜热链球菌的混合菌种。

【实训材料】

1. 菌种

乳酸菌：从市场销售的各种新鲜酸乳或泡制酸菜的酸液中分离。

酸乳发酵剂：嗜热乳酸链球菌、保加利亚乳酸杆菌。

2. 培养基

（1）BCG牛乳培养基

A液：脱脂奶粉100g、水500mL、1.6%溴甲酚绿（BCG）乙醇溶液1mL，80℃加热处理20min。

B液：酵母膏10g、水500mL、琼脂20g，pH6.8，121℃灭菌20min。

使用时，趁热按无菌操作将A、B液混匀后倒平板。

（2）乳酸菌培养基　牛肉膏5g、酵母浸膏5g、蛋白胨10g、葡萄糖10g、乳糖5g、氯化钠5g、蒸馏水1000mL，pH6.8，121℃灭菌30min。

（3）脱脂乳试管　将脱脂乳液（或脱脂乳粉）与5%蔗糖水按1∶10的比例配制，装量以试管的1/3为宜，115℃灭菌15min备用。

3. 试剂

脱脂乳粉或全脂乳粉、鲜牛奶、蔗糖、碳酸钙、NAD溶液等。

4. 器具

恒温水浴锅、酸度计、高压蒸汽灭菌锅、超净工作台、培养箱、显微镜、酸乳瓶（200～280mL）、培养皿、试管、三角瓶（300mL）、接种环、酒精灯等。

【实训准备】

阅读本实训任务的全部内容，并查阅教材及相关资料，完成以下预习工作。

1. 如何分离筛选乳酸菌？

2. 简述乳酸发酵与酸乳制作的工艺流程。

3. 绘制实训工作流程图。

工作流程图：

【实训步骤及操作记录】

在表格相应位置记录每一步骤的实际操作情况和观察到的现象以及原始数据。如遇异常，请将异常情况和解决方法记录在表格相应位置。

实训步骤	要点记录
1 乳酸菌的分离纯化 1.1 乳酸菌分离 取市售新鲜酸乳或泡制酸菜的酸液，以10倍等梯度连续稀释至10^{-5}，取其中2个稀释度（10^{-4}、10^{-5}）的稀释液各0.1～0.2mL，分别接入BCG牛乳培养基琼脂平板上，用无菌涂布棒涂匀，或者直接用接种环蘸取原液进行平板划线分离，之后于40℃下培养48h。圆形稍扁平的黄色菌落及其周围培养基变为黄色者，初步定为乳酸菌。 1.2 乳酸菌鉴定 选取乳酸菌典型菌落接种至脱脂乳试管中，40℃培养8～24h。若牛乳出现凝固，无气泡，呈酸性；镜检时细胞为杆状或链球状（两种形状的菌种均分别选入），革兰染色呈阳性，即可判断其为乳酸菌。将其连续传代2～3次，最终选择性能稳定、能在3～6h凝固的牛乳管，冷藏，作菌种待用。 2 乳酸发酵及检测 2.1 乳酸发酵 取分离好保藏备用的乳酸菌斜面1支，将其接种于装有300mL乳酸菌培养液的500mL三角瓶中，于40～42℃静置培养。发酵实验分两组进行，一组是在接种培养后，每6～8h取样分析一次，测定pH值；另一组是在接种培养24h后，每瓶加3g $CaCO_3$（防止发酵液过酸，导致菌种死亡），每6～8h取样分析一次，对乳酸进行定性、定量检测，记录结果。	

2.2 乳酸检测

2.2.1 定性测定

取 10mL 酸乳上清液，加入到试管中，再加 1mL 10% H_2SO_4、1mL 2% $KMnO_4$，此时乳酸转化为乙醛，把事先在含氨的硝酸溶液中浸泡的滤纸条搭在试管口上，微火加热试管至溶液沸腾，若滤纸变黑，则说明有乳酸存在，这是乙醛受热挥发的结果。

2.2.2 定量测定

取稀释 10 倍的酸乳上清液 0.2mL，加到 3mL pH9.0 的缓冲液中，再加入 0.2mL NAD 溶液，混匀后测定 OD_{340nm} 值（记为 A_1）；然后加入 0.02mL L-(+)-LDH、0.02mL D-(−)-LDH，25℃保温 1h，测定 OD_{340nm} 值（记为 A_2）。同时，用蒸馏水代替酸乳上清液作对照，测定步骤及条件完全相同，测出的相应值为 B_1 和 B_2。按下式计算乳酸含量。

$$乳酸\ (g/100mL) = (V \times M \times \triangle e \times D) \div 1000 \times e \times L \times V_s$$

式中，V 为比色液最终体积，3.44mL；M 为乳酸的摩尔质量；Δe 为 $(A_2-A_1)-(B_2-B_1)$；D 为稀释倍数，10；e 为 NADH 在 340nm 处的吸光系数，6.3×10^3 L/(mol·cm)；L 为比色皿的厚度，0.1cm；V_s 为取样体积，0.2mL。

3 酸乳的制作

3.1 培养基的配制

将脱脂乳与水按 1∶(7～10)(质量之比）的比例调配，然后加入 5%～6%的蔗糖，充分混合，于 80～85℃灭菌 10～15min，然后冷却至 35～40℃备用。

3.2 接种

将纯种嗜热乳酸链球菌、纯种保加利亚乳酸杆菌以及嗜热乳酸链球菌和保加利亚乳酸杆菌等量混合的菌液分别作为发酵剂，按照 2%～5%的接种量分别接入上述培养基质中，接种后摇匀，分装到已灭菌的酸乳瓶中，每一种发酵剂的发酵液重复分装 3～5 瓶，随后将瓶盖拧紧密封。

3.3 发酵

将接种后的酸乳瓶置于 40～42℃恒温箱中培养 3～4h。培养时注意观察，在出现凝乳后停止培养。然后转入 4～5℃的低温下冷藏 24h 以上，经此后熟阶段，达到酸乳酸度适中（pH4～4.5），凝块均匀致密，无乳清析出，无气泡，获得较好的口感和特有风味。

3.4 风味鉴定

对采用乳酸球菌和乳酸杆菌等量混合发酵的酸乳与单菌株发酵的酸乳进行品尝、比较，对酸乳的凝乳情况、口感、香味、异味、pH 值等不同分项进行评价，记录结果。品尝时若出现异味，表明酸乳污染了杂菌。

异常情况及解决方法：

【实训工作报告】

1. 乳酸菌分离结果

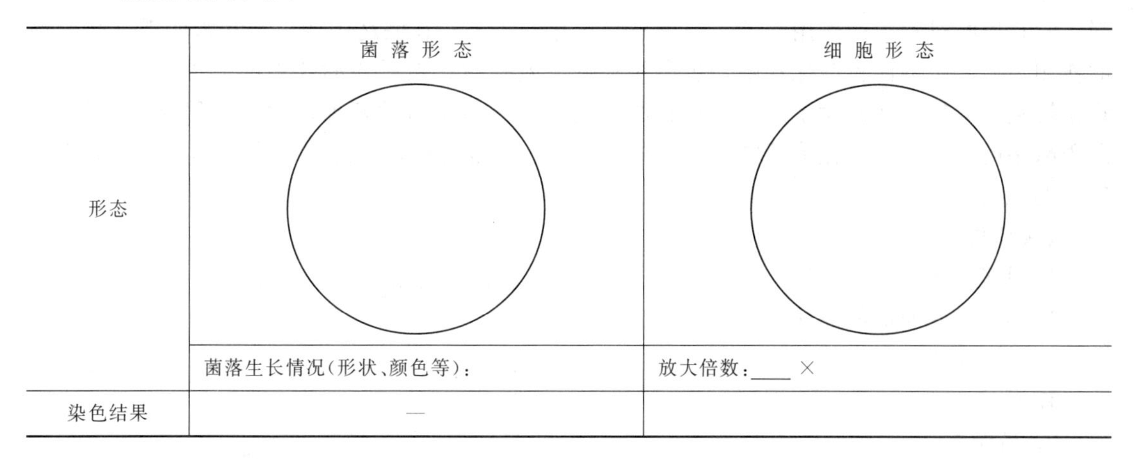

	菌落形态	细胞形态
形态		
	菌落生长情况(形状、颜色等):	放大倍数:____ ×
染色结果	—	

2. 乳酸发酵结果

自行设计表格记录乳酸发酵检测结果，并对结果进行分析。

3. 酸乳品评结果

乳酸菌类	品评项目					结论
	凝乳情况	口感	香味	异味	pH 值	
球菌						
杆菌						
球菌杆菌混合(1∶1)						

【实训工作小结】

1. 简单谈谈这次实训的收获。

2. 你觉得本次实训最难掌握的技术是什么?

3. 发酵酸乳为什么能引起凝乳? 为什么采用乳酸菌混合发酵的酸乳比单菌发酵的酸乳口感和风味更佳?

4. 试设计一个从市售鲜酸乳中分离纯化乳酸菌，并以分离得到的乳酸菌制作乳酸菌饮料的操作流程。

实训任务 26　甜酒酿的制作和酒药中糖化菌的分离

【实训目的】

1. 了解糖化菌、酵母菌的工业用途。

2. 理解酿酒的基本原理。

3. 进一步掌握微生物的分离、培养等基本方法和无菌操作技术。

4. 学习甜酒酿的制作方法。

【实训任务阐述】

甜酒酿是我国的传统发酵食品，是用糯米（或大米）经甜酒药发酵制成的酒类产品。我国酿酒工业中的小曲酒和黄酒生产中的淋饭酒在某种程度上就是由甜酒酿发展而来的。

甜酒酿发酵用到的菌种是甜酒药，它是根霉、毛霉和酵母菌等微生物的混合糖化发酵剂。它在发酵过程中的作用在于，经过蒸煮糊化的糯米，在酒药中的根霉和米曲霉等微生物的作用下，其中的淀粉糖化水解，蛋白质水解成氨基酸；然后在酒药中的酵母菌的作用下，将糖转化成酒精，从而赋予甜酒酿特有的香气、风味和丰富的营养。随着发酵时间的延长，甜酒酿中的糖分逐渐转化成酒精，因而糖度下降、酒度提高，故适时结束发酵是保持甜酒酿口味的关键。

【实训材料】

1. 实验菌种

新鲜、未变质的甜酒药。

2. 发酵原料

糯米。

3. 培养基

马铃薯蔗糖琼脂培养基（10mL/管）：马铃薯 200g，蔗糖 20g，琼脂 15～20g，水 1000mL，自然 pH 值。具体制法是：将马铃薯去皮、切块，加水煮沸 30min，或在 80℃的热水中浸泡 1h，用 4～6 层纱布过滤，再加糖及琼脂，熔化后补足水至 1000mL。121℃灭菌 20min。

4. 器具

水果瓶或带盖搪瓷杯、高压锅、淘米水、脸盆、防水纸、绳子、凉开水、显微镜、载玻片、培养皿、盖玻片、接种环、解剖针、酒精灯、镊子等。

【实训准备】

阅读本实训任务的全部内容，并查阅教材及相关资料，完成以下预习工作。

1. 酒药中的糖化菌有哪些？
2. 简述甜酒酿制作的工艺过程。
3. 绘制实训工作流程图。

工作流程图：

【实训步骤及操作记录】

在表格相应位置记录每一步骤的实际操作情况和观察到的现象以及原始数据。如遇异常，请将异常情况和解决方法记录在表格相应位置。

实训步骤	要点记录
1 甜酒药中糖化菌的分离 1.1 糖化菌的分离 取无菌培养皿两个，先在培养皿中加入两滴 5000U/mL 的链霉素液，然后用已融化的马铃薯蔗糖琼脂培养基倒平板，使链霉素与培养基充分混匀，制成平板。取一环已被碾碎的甜酒药粉，在上述平板上划线，然后倒置于 28～30℃恒温箱中培养 4～6 天。培养好后观察平板上的菌落形态，用	

接种环挑取霉菌菌落的孢子或菌丝体接种于新鲜的马铃薯蔗糖琼脂平板上，再进行划线培养，直至获得纯培养，即平板上只有一种霉菌的菌落或菌苔。

1.2 糖化菌个体形态的观察

打开皿底用低倍镜直接观察分离菌的孢囊梗、孢囊、囊轴、假根、匍匐菌丝等各部分结构形态。然后，取一干净的载玻片，滴一滴乳酚油，用解剖针挑取少量带有孢囊的分离菌的菌丝放在悬滴液中，将菌丝分散平铺，然后盖上盖玻片，轻轻一压，注意应避免气泡产生。对制好的切片用显微镜进行观察，先用低倍镜观察菌丝有无隔膜、孢囊梗的形态、孢囊的着生方式、孢囊和囊轴的形态及大小。然后换用中倍镜观察，绘制分离菌的形态图，注明各部位名称。并根据菌落和菌体形态特征，判断该分离菌是何种真菌。

2 甜酒酿的制作

2.1 浸米

将糯米放于水中浸泡12～24h，使米中的淀粉粒吸水膨胀，便于蒸煮糊化。

2.2 蒸饭

浸好的米用自来水冲洗干净，捞起放于铺有滤布的钢丝碗中，于高压锅内隔水蒸熟（0.1MPa下10～20min），要求“熟而不糊”，外硬内软，内无白心，疏松易散，透而不烂，均匀一致。

2.3 淋饭

用清洁冷水淋洗蒸熟的糯米饭，使其降温至35℃左右，同时使饭粒松散。

2.4 落缸搭窝

米饭冷却到35℃左右后，装入发酵容器内，然后将事先碾碎的酒药粉均匀拌入饭内，搭成凹形圆窝（喇叭形），面上再洒少许酒药粉，最后盖上盖。

2.5 保温发酵

30℃下进行发酵。发酵2天后，当窝内甜液达饭堆2/3高度时，进行搅拌，再发酵1天左右即可食用。

异常情况及解决方法：

【实训工作报告】

1. 糖化菌形态观察结果

	菌落形态	细胞形态
形态	（圆圈）	（圆圈）
	菌落生长情况(形状、颜色等)：	菌丝形态(隔膜、孢囊等)：

2. 甜酒酿发酵情况

自行设计表格记录甜酒酿发酵现象，分析发酵情况。

3. 甜酒酿品评结果

品评项目				结　论
色	香	味	综合	

【实训工作小结】

1. 简单谈谈这次实训的收获。
2. 你觉得本次实训最难掌握的技术是什么？
3. 甜酒酿制作中有哪些微生物参与发酵？各自起何种作用？

实训任务 27　固定化酵母发酵生产啤酒

【实训目的】

1. 熟悉微生物细胞固定化的方法与原理。
2. 学习用固定化酵母进行啤酒发酵的方法。

【实训任务阐述】

细胞固定化技术是指利用物理或化学的手段将游离的生物细胞定位于限定的空间区域内，并使其保持活性且可反复使用的一种技术。对应的细胞称固定化细胞。

固定化细胞与游离细胞相比，具有以下优点：一是细胞生长停滞时间短、细胞浓度高、反应速度快、抗污染能力强，可以进行连续发酵，反复使用，应用成本低；二是能有效地避免产物的反馈抑制；三是适合于多酶顺序连续反应；四是易于进行辅助因子的再生，故更适合氧化还原反应、合成反应等需要辅助因子的反应。

目前制备固定化细胞有吸附法、包埋法、共价结合法、交联法、多孔物质包络法、超滤法以及多种固定化方法的联用等方法，其中包埋法应用较为普遍。包埋法分为凝胶包埋法和微胶囊法。凝胶包埋法是利用凝胶包埋来进行固定化的方法。如将细胞悬浮物与一定浓度的海藻酸钠溶液混合，再与适当浓度的氯化钙溶液接触，则形成海藻酸钙凝胶，用于生产酒精、啤酒、抗生素、有机酸和酶制剂等各种代谢产物；还可采用琼脂、壳聚糖、明胶、胶原、蛋清、槐豆胶等各种天然的凝胶物质以及醋酸纤维等合成聚合物以及利用辐射作用能聚合的物质等进行包埋制备固定化细胞。微胶囊法是利用半通透性聚合物薄膜将细胞包裹起来形成微型胶囊的方法，具体可分为界面聚合法、液体干燥法、分相法、液膜法等几种。

啤酒发酵是啤酒酵母利用麦芽汁中的可发酵性物质代谢而成的。其发酵方法有上面发酵法、下面发酵法，有传统的发酵技术，也有现代的发酵技术，现代发酵又可分为圆柱露天锥形发酵罐发酵、高浓稀释发酵、连续发酵。利用固定化细胞可实现啤酒的连续发酵。

【实训材料】

1. 实验菌种

啤酒酵母。

2. 培养基

(1) 斜面培养基　采用麦芽汁琼脂培养基。具体制法是：取干大麦芽磨碎，按照料水比1∶4（一份麦芽加四份水）配料，在60～65℃糖化3～4h，用碘液检验糖化是否完全（0.5mL糖化液加2滴碘液，若不出现蓝色，即表示糖化完全）。将糖化液用4～6层纱布过滤，滤液倒在糖化液中搅拌煮沸后再过滤，也可用鸡蛋清澄清（用一个鸡蛋清加水20mL，调匀至生泡沫，倒入糖化液中，搅拌煮沸，再过滤）。将滤液稀释到5～6°Bé，pH值约为6.4，最后加入2%琼脂，即可制成麦芽汁琼脂培养基。

(2) 种子培养基　麦芽汁加入0.3%酵母膏，pH值调节至5.0，每个小三角瓶装入75mL液体培养基。

(3) 发酵培养基　250mL三角瓶中装入8%～12%麦芽汁150mL。

3. 固定化细胞材料

① 2.5%海藻酸钠溶液10mL，加热溶解，高压灭菌后冷却至45℃备用。

② 50mL 1.5%$CaCl_2$溶液，灭菌后冷却备用。

4. 其他

无菌生理盐水、ϕ2mm滴管、旋转蒸发仪、酒精密度计、三角瓶等。

【实训准备】

阅读本实训任务的全部内容，并查阅教材及相关资料，完成以下预习工作。

1. 常用的细胞固定化的方法有哪些？

2. 如何利用包埋法对酵母细胞进行固定化？

3. 绘制实训工作流程图。

工作流程图：

【实训步骤及操作记录】

在表格相应位置记录每一步骤的实际操作情况和观察到的现象以及原始数据。如遇异常，请将异常情况和解决方法记录在表格相应位置。

实训步骤	要点记录
1　酵母菌液的制备 将培养24h的新鲜酵母斜面菌种，接种于三角瓶种子培养基中，在28℃静置培养48h或在28℃于100r/min的转速下振荡培养24h。 2　酵母细胞的固定化 将5mL预热至35℃的酵母培养液加入到冷却至45℃的海藻酸钠溶液中，混匀，用无菌滴管以缓慢而稳定的速度向1.5%$CaCl_2$的溶液中滴入，边滴边摇动三角瓶，即可制得直径约为3mm的凝胶珠。在$CaCl_2$溶液中钙化30 min，备用。注意：海藻酸钠吸水后易结成块，要让其吸胀均匀。 3　固定化酵母细胞发酵啤酒 将制得的固定化酵母细胞移入生理盐水中，洗去其表面的$CaCl_2$，然后将固定化酵母凝胶珠全部转移到发酵培养基（麦芽汁）中，室温下静置培	

养 7 天后测乙醇含量。发酵结束后，固定化酵母细胞用生理盐水清洗，即可再接入新的发酵培养基，进行第二次发酵。

4　发酵液中酒精含量的测定

取发酵成熟的发酵液 50mL，再加水 100mL 进行蒸馏，收集前馏分 50mL，用酒精密度计测定酒精含量。注意：由于酒精密度比水小，酒精含量越高，密度计上浮越多。

异常情况及解决方法：

【实训工作报告】

1. 固定化细胞凝胶珠直径的测定。

无菌操作条件下取出 5～10 粒经过钙化的凝胶珠，测定其直径并计算平均值。将结果填入下表。

编号	1	2	3	4	5	6	7	8	9	10	平均
直径/mm											

2. 观察固定化细胞啤酒发酵液蒸馏前的颜色，闻其气味并记录。

发酵结束后，在无菌操作条件下取出 5～10 粒凝胶珠，测定其直径，计算平均值，并与发酵前的凝胶珠进行比较。将结果填入下表。

编号	1	2	3	4	5	6	7	8	9	10	平均
直径/mm											

3. 自行设计表格记录发酵液的酒精含量，并查阅啤酒国家标准，将两者对照比较。

【实训工作小结】

1. 简单谈谈这次实训的收获。
2. 你觉得本次实训最难掌握的技术是什么？
3. 固定化细胞的特点有哪些？
4. 结合实训，说说啤酒发酵前后固定化细胞有什么不同？
5. 除了海藻酸钠包埋法外，细胞固定化的方法还有哪些？各有什么特点？

第四篇　微生物检验技术

一、食品微生物检验概述

微生物的存在和污染始终贯穿在整个食品生产过程中。一方面微生物在自然界中的分布十分广泛，不同的环境中存在的微生物类型和数量不尽相同；另一方面食品从原料、生产、加工、贮藏、运输、销售到烹调等各个环节，常常与环境发生各种方式的接触，进而导致微生物的污染。污染食品的微生物来源可分为土壤、空气、水、操作人员、动植物、加工设备、包装材料等方面。因此，通过测定微生物指标，判断食品在加工环境和食品原料及其在加工过程中被微生物污染及生长的情况，为食品环境卫生管理和食品生产管理及某些传染病的防疫措施提供科学依据。

二、食品微生物检验程序

食品微生物检验的一般程序包括：样品采集、样品送检、样品处理、样品检验和结果报告等。在检验过程中要遵循保证无菌要求，做到有代表性、均匀性、程序性和适时性。

1. 采集样品

采样前要了解所采样品的来源、加工、储藏、包装、运输等情况，采样时必须做到：使用的器械和容器需经灭菌，严格进行无菌操作；不得加防腐剂；液体样品应搅拌均匀后采样，固体样品应在不同部位采取以使样品具代表性；取样后及时送检。

国际食品微生物标准委员会（ICMSF）制定的食品微生物学分析采样方法，目前已在国内外被逐步推广采用。ICMSF 方法中包括二级法及三级法两种。为了强调抽样与检样之间的关系，ICMSF 已经阐述了把严格的抽样计划与食品危害程度相联系的概念（ICMSF，1986）。在中等或严重危害的情况下使用二级抽样方案，对健康危害低的则建议使用三级抽样方案。二级法只设有 n、c 及 m 值，三级法则有 n、c、m 及 M 值。

n：系指一批产品采样个数。

c：系指该批产品的检样菌数中，超过限量的检样数，即结果超过合格菌数限量的最大允许数。

m：系指合格菌数限量，将可接受与不可接受的数量区别开。

M：系指附加条件，判定为合格的菌数限量，表示边缘的可接受数与边缘的不可接受数之间的界限。

（1）二级抽样方案　自然界中材料的分布曲线一般是正态分布，以其一点作为食品微生物的限量值，只设合格判定标准 m 值，超过 m 值的，则为不合格品。检查在检样是否有超过 m 值的，来判定该批是否合格。以生食海产品鱼为例：$n=5$，$c=0$，$m=10^2$，$n=5$ 即抽样 5 个，$c=0$ 即意味着在该批检样中，未见到有超过 m 值的检样，此批货物为合格品。

（2）三级抽样方案　设有微生物标准 m 及 M 值两个限量如同二级法，超过 m 值的检样，即算为不合格品。其中以 m 值到 M 值的范围内的检样数作为 c 值，如果在此范围内，即为附加条件合格，超过 M 值者，则为不合格。例如，冷冻生虾的细菌数标准 $n=5$，$c=3$，$m=10^1$，$M=10^2$，其意义是从一批产品中，取 5 个检样，经检样结果，允许≤3 个检样的菌数是在 m 和 M 值之间，如果有 3 个以上检样的菌数是在 m 和 M 值之间或一个检样菌数超过 M 值者，则判定该批产品为不合格品。

2. 样品送检

采集好的样品应及时送到食品微生物检验室，一般不应超过 3h，如果路程较远，可将不需冷冻的样品保持在1～5℃的环境中，勿使冻结，以免细菌遭受破坏。

样品送检时，必须认真填写申请单，以供检验人员参考。

检验人员接到送检单后，应立即登记，填写序号，并按检验要求，立即将样品放在冰箱或冰盒中，并积极准备条件进行检验。

3. 样品处理

样品处理应在无菌室内进行，若是冷冻样品必须事先在原容器中解冻，解冻温度为2～5℃不超过18h或45℃不超过15min。采用均质法，均质比搅拌效果好。检样的量至少需要10g，一般在25～50g；检样与稀释剂或培养基的比例一般为1∶9。

(1) 固体样品　称取不同部位的样品，用无菌刀、剪子或镊子剪碎放入灭菌容器内，均质，制成1∶10混悬液，进行检验。生肉及内脏，先进行表面消毒，再剪去表面样品，采集深层样品。

(2) 液体样品　原包装样品用点燃的酒精棉球消毒瓶口，再用经石炭酸或来苏儿消毒液消过毒的纱布将瓶口盖住，用经火焰消毒的开关器开启。摇匀后用无菌吸管吸取；含有二氧化碳的液体食品，按上述方法开启瓶盖后，将样品倒入无菌磨口瓶中，盖上消毒纱布，将盖开一小缝，轻轻摇动，使气体逸出后进行检验；将冷冻食品放入无菌容器内，融化后检验。

4. 检验

每种指标都有一种或几种检验方法，可根据不同的食品、不同的目的来选择恰当的检验方法。通常所用的检验方法为现行国家标准，或国际标准（如FAO标准、WHO标准等），或食品进口国的标准（如美国FDA标准、日本厚生省标准、欧共体标准等）。

食品卫生微生物检验室接到检验申请单，应立即登记，填写试验序号，并按检验要求立即将样品放在冰箱或冰盒中，积极准备条件按照要求的检验方法进行检验。

5. 结果报告

样品检验完毕后，检验人员应及时填写报告单，签名后送主管人核实签字，加盖单位印章，以示生效，并立即交给食品卫生监督人员处理。

一般阳性样品发出后3天（特殊情况可适当延长）方能处理样品；进口食品的阳性样品，需保存6个月方能处理。阴性样品可及时处理。

实训任务28　食品中菌落总数的测定

【实训目的】

1. 正确解读食品微生物检验国家标准，能独立完成相关的无菌器材准备工作。
2. 学习并掌握食品中菌落总数的检验方法。
3. 学习并掌握食品中菌落总数的检验报告方法，并正确填写检验报告单。
4. 养成严谨、良好的检验观念与习惯。

【实训任务阐述】

菌落总数的测定，一般是将被检样品制成几个不同的10倍递增稀释液，然后从每个稀释液中分别取出1mL置于灭菌平皿中与营养琼脂培养基混合，在一定温度下，培养一定时间后（一般为48h），记录每个平皿中形成的菌落数目，依据稀释倍数，计算出每克（或每毫升）原始样品中所含细菌菌落总数。

基本操作一般包括：

无菌取样—样品均质—样品稀释—样品接种—恒温培养—结果观察—结果报告。

检验方法参见：中华人民共和国国家标准《食品安全国家标准 食品微生物学检验 菌落总数测定》(GB 4789.2—2010)。

【实训准备】

阅读“实训任务阐述”并查阅相关资料，完成下列预习内容。

1. 食品中菌落总数检验依据是什么？

2. 绘制实训工作流程图。

工作流程图：

3. 列出实训所需的无菌器材种类及数量。

(1)培养基种类及用量   (2)需要的玻璃皿种类及数量   (3)其他

【实训步骤及操作记录】

在表格相应位置记录关键步骤的实际操作情况和观察到的现象以及原始数据。如遇异常，请将异常情况和解决方法记录在表格相应位置，并撰写心得体会。

实训步骤	要点记录
1　样品的稀释 1.1　检样 (1) 固体和半固体样品　称取25g样品置于盛有225mL磷酸盐缓冲液或生理盐水的无菌均质杯内，8000～10000r/min均质1～2min，或放入盛有225mL稀释液的无菌均质袋中，用拍击式均质器拍打1～2min，制成1∶10的样品匀液。 (2) 液体样品　以无菌吸管吸取25mL样品置于盛有225mL磷酸盐缓冲液或生理盐水的无菌锥形瓶（瓶内预置适当数量的无菌玻璃珠）中，充分混匀，制成1∶10的样品匀液。 1.2　稀释 用1mL无菌吸管或微量移液器吸取1∶10样品匀液1mL，沿管壁缓慢注入盛有9mL稀释液的无菌试管中（注意吸管或吸头尖端不要触及稀释液	你的样品如何取样？如何检样？样品稀释度如何选择？依据是什么？

面），振摇试管或换用 1 支无菌吸管反复吹打使其混合均匀，制成 1∶100 的样品匀液。

按上述操作程序，制备 10 倍系列稀释样品匀液。每递增稀释一次，换用 1 次 1 mL 无菌吸管或吸头。

2　接种

根据对样品污染状况的估计，选择 2～3 个适宜稀释度的样品匀液（液体样品可包括原液），在进行 10 倍递增稀释时，吸取 1mL 样品匀液于无菌平皿内，每个稀释度做两个平皿。同时，分别吸取 1mL 空白稀释液加入两个无菌平皿内作空白对照。

及时将 15～20mL 冷却至 46℃ 的平板计数琼脂培养基（可放置于 46℃±1℃恒温水浴箱中保温）倾注平皿，并转动平皿使其混合均匀。

3　培养

待琼脂凝固后，将平板翻转，36℃ ± 1℃ 培养 48h ± 2h。水产品 30℃±1℃培养 72h±3h。如果样品中可能含有在琼脂培养基表面弥漫生长的菌落时，可在凝固后的琼脂表面覆盖一薄层琼脂培养基（约 4mL），凝固后翻转平板，按上述条件进行培养。

4　菌落计数

可用肉眼观察，必要时用放大镜或菌落计数器，记录稀释倍数和相应的菌落数量。菌落计数以菌落形成单位（colony-forming units，CFU）表示。

选取菌落数在 30～300CFU 之间、无蔓延菌落生长的平板计数菌落总数。低于 30 CFU 的平板记录具体菌落数，大于 300 CFU 的可记录为多不可计。每个稀释度的菌落数应采用两个平板的平均数。

其中一个平板有较大片状菌落生长时，则不宜采用，而应以无片状菌落生长的平板作为该稀释度的菌落数；若片状菌落不到平板的一半，而其余一半中菌落分布又很均匀，即可计算半个平板后乘以 2，代表一个平板菌落数。

当平板上出现菌落间无明显界线的链状生长时，则将每条单链作为一个菌落计数。

5　结果与报告

若只有一个稀释度平板上的菌落数在适宜计数范围内，计算两个平板菌落数的平均值，再将平均值乘以相应稀释倍数，作为每克（毫升）样品中的菌落总数结果。

若有两个连续稀释度的平板菌落数在适宜计数范围内时，按以下公式计算：

$$N=\sum C/(n_1+0.1n_2)d$$

式中　N——样品中菌落数；

$\sum C$——平板（含适宜范围菌落数的平板）菌落数之和；

n_1——第一稀释度（低稀释倍数）平板个数；

n_2——第二稀释度（高稀释倍数）平板个数；

d——稀释因子（第一稀释度）。

示例：

稀释度	1∶100(第一稀释度)	1∶1000(第二稀释度)
菌落数(CFU)	232,244	33,35

$$N = \sum C/(n_1 + 0.1n_2)d$$

$$= \frac{232 + 244 + 33 + 35}{[2 + (0.1 \times 2)] \times 10^{-2}} = \frac{544}{0.022} = 24727$$

上述数据进行数字修约后，表示为 25000 或 2.5×10^4。

若所有稀释度的平板上菌落数均大于 300CFU，则对稀释度最高的平板进行计数，其他平板可记录为多不可计，结果按平均菌落数乘以最高稀释倍数计算。

若所有稀释度的平板菌落数均小于 30CFU，则应按稀释度最低的平均菌落数乘以稀释倍数计算。

若所有稀释度（包括液体样品原液）平板均无菌落生长，则以小于 1 乘以最低稀释倍数计算。

若所有稀释度的平板菌落数均不在 30～300CFU 之间，其中一部分小于 30CFU 或大于 300CFU 时，则以最接近 30CFU 或 300CFU 的平均菌落数乘以稀释倍数计算。

菌落数小于 100CFU 时，按"四舍五入"原则修约，以整数报告。

菌落数大于或等于 100CFU 时，第 3 位数字采用"四舍五入"原则修约后，取前 2 位数字，后面用 0 代替位数；也可用 10 的指数形式来表示，按"四舍五入"原则修约后，采用两位有效数字。

若所有平板上为蔓延菌落而无法计数，则报告菌落蔓延。

若空白对照上有菌落生长，则此次检测结果无效。

称重取样以 CFU/g 为单位报告，体积取样以 CFU/mL 为单位报告。

异常情况及解决方法：

【实训工作报告】

样品名称	
样品状态描述	
检验项目	
检验依据	

菌落总数检验原始数据及结果报告

稀释度	对照							
	1	2	1	2	1	2	1	2
菌落数								
平均值								

续表

检验结果 /[CFU/mL(g)]		该类产品 卫生标准	
检验结论			

检验起止时间： 年 月 日 至 年 月 日
检验人：

【实训工作小结】

1. 简单谈谈这次实训的收获。
2. 你觉得本次实训最难掌握的技术是什么？
3. 充气饮料、酸性样品、高盐样品检样时分别需进行哪些特殊操作？
4. 若空白对照上长菌，则检验结果是否有效？分析哪些因素会导致这种情况出现？
5. 若稀释倍数大的比稀释倍数小的平皿上生长的菌落数还多，则检验结果是否有效？分析哪些因素会导致这种情况出现？

实训任务 29 食品中大肠菌群数的测定

【实训目的】

1. 正确解读食品微生物检验国家标准，能独立完成相关的无菌器材准备工作。
2. 学习并掌握食品中大肠菌群检验方法。
3. 学习并掌握食品中大肠菌群检验报告方法，并正确填写检验报告单。
4. 养成严谨、良好的检验观念与习惯。

【实训任务阐述】

大肠菌群指的是具有某些特性的一组与粪便污染有关的细菌，即：需氧及兼性厌氧、在37℃能分解乳糖产酸产气的革兰阴性无芽孢杆菌。因此，大肠菌群的检测一般都是按照它的定义进行的。大肠菌群检验国标法采用两步法，操作简述如下。

推测试验：样品稀释后，选择三个稀释度，每个稀释度接种三管 LST 肉汤。36℃±1℃培养 48h±2h，观察是否产气。

证实试验：将产气管培养物接种在煌绿乳糖胆盐（BGLB）肉汤管中，36℃±1℃培养48h±2h，观察是否产气。以 BGLB 产气为阳性。查 MPN 表，报告每毫升（克）样品中大肠菌群的 MPN 值。

检验方法参见：中华人民共和国国家标准《食品安全国家标准食品微生物学检验 大肠菌群计数》（GB 4789.3—2010 第一法）。

【实训准备】

阅读“实训任务阐述”并查阅相关资料，完成下列预习内容。

1. 食品中大肠菌群检验依据是什么？
2. 绘制实训工作流程图。

工作流程图：

3. 列出实训所需的无菌器材种类及数量。

(1)培养基种类及用量 (2)需要玻璃皿种类及数量 (3)其他

【实训步骤及操作记录】

在表格相应位置记录关键步骤的实际操作情况和观察到的现象以及原始数据。如遇异常，请将异常情况和解决方法记录在表格相应位置，并撰写心得体会。

实训步骤	要点记录
1 样品的稀释 1.1 检样 (1) 固体和半固体样品 称取25g样品，放入盛有225mL磷酸盐缓冲液或生理盐水的无菌均质杯内，8000～10000r/min均质1～2min，或放入盛有225mL磷酸盐缓冲液或生理盐水的无菌均质袋中，用拍击式均质器拍打1～2min，制成1∶10的样品匀液。 (2) 液体样品 以无菌吸管吸取25mL样品置于盛有225mL磷酸盐缓冲液或生理盐水的无菌锥形瓶（瓶内预置适当数量的无菌玻璃珠）中，充分混匀，制成1∶10的样品匀液。样品匀液的pH值应在6.5～7.5之间，必要时分别用1mol/L NaOH或1mol/L HCl调节。 1.2 稀释 用1mL无菌吸管或微量移液器吸取1∶10样品匀液1mL，沿管壁缓缓注入9mL磷酸盐缓冲液或生理盐水的无菌试管中（注意吸管或吸头尖端不要触及稀释液面），振摇试管或换用1支1mL无菌吸管反复吹打，使其混合均匀，制成1∶100的样品匀液。 1.3 接种 根据对样品污染状况的估计，按上述操作，依次制成10倍递增系列稀释样品匀液。每递增稀释1次，换用1支1mL无菌吸管或吸头。从制备样品匀液至样品接种完毕，全过程不得超过15min。 2 初发酵试验 每个样品，选择3个适宜的连续稀释度的样品匀液（液体样品可以选择原液），每个稀释度接种3管月桂基硫酸盐胰蛋白胨（LST）肉汤，每管接种1mL（如接种量超过1 mL，则用双料LST肉汤），36℃±1℃培养24h±2h，观察倒管内是否有气泡产生，24h±2h产气者进行复发酵试验，如未产气则继续培养至48h±2h，对产气者进行复发酵试验。未产气者为大肠菌群阴性。	你的样品稀释度如何选择？各稀释度接种量为多少？是否需要双料管？结果如何判定？

3　复发酵试验

用接种环从产气的LST肉汤管中分别取培养物一环，移种于煌绿乳糖胆盐肉汤（BGLB）管中，36℃±1℃培养48h±2h，观察产气情况。产气者，计为大肠菌群阳性管。

4 大肠菌群最可能数（MPN）的报告

按确证的大肠菌群LST阳性管数，检索MPN表（见表8），报告每克（毫升）检样中大肠菌群的MPN值。

表8　大肠菌群最可能数（MPN）检索表

阳性管数			MPN	95%可信限		阳性管数			MPN	95%可信限	
0.10	0.01	0.001		下限	上限	0.10	0.01	0.001		下限	上限
0	0	0	<3.0	—	9.5	2	2	0	21	4.5	42
0	0	1	3.0	0.15	9.6	2	2	1	28	8.7	94
0	1	0	3.0	0.15	11	2	2	2	35	8.7	94
0	1	1	6.1	1.2	18	2	3	0	29	8.7	94
0	2	0	6.2	1.2	18	2	3	1	36	8.7	94
0	3	0	9.4	3.6	38	3	0	0	23	4.6	94
1	0	0	3.6	0.17	18	3	0	1	38	8.7	110
1	0	1	7.2	1.3	18	3	0	2	64	17	180
1	0	2	11	3.6	38	3	1	0	43	9	180
1	1	0	7.4	1.3	20	3	1	1	75	17	200
1	1	1	11	3.6	38	3	1	2	120	37	420
1	2	0	11	3.6	42	3	1	3	160	40	420
1	2	1	15	4.5	42	3	2	0	93	18	420
1	3	0	16	4.5	42	3	2	1	150	37	420
2	0	0	9.2	1.4	38	3	2	2	210	40	430
2	0	1	14	3.6	42	3	2	3	290	90	1.000
2	0	2	20	4.5	42	3	3	0	240	42	1.000
2	1	0	15	3.7	42	3	3	1	460	90	2,000
2	1	1	20	4.5	42	3	3	2	1100	180	4.100
2	1	2	27	8.7	94	3	3	3	>1100	420	—

注 1. 本表采用3个稀释度［0.10g(mL)、0.01g(mL) 和0.001g(mL)］，每个稀释度接种3管。

2. 表内所列检样量如改用1g(mL)、0.1g(mL) 和0.01g(mL) 时，表内数字应相应降低10倍；如改用0.01g(mL)、0.001g(mL)、0.0001g(mL) 时，则表内数字应相应增高10倍，其余类推。

异常情况及解决方法：

【实训工作报告】

样品名称	
样品状态描述	
检验项目	
检验依据	

大肠菌群数检验原始数据及结果报告

稀释度	对照											
	1	2	3	1	2	3	1	2	3	1	2	3
初发酵												
复发酵												

注："P"表示阳性结果，"N"表示阴性结果。

MPN值检索结果			
检验结果/[MPN/mL(g)]		该类产品卫生标准	
检验结论			

检验起止时间：　　年　　月　　日　　至　　　年　　月　　日

检验人：

【实训工作小结】

1. 简单谈谈这次实训的收获。

2. 你觉得本次实训最难掌握的技术是什么？

3. 双料管如何配制？

4. 若三个稀释度接种量分别为：原液10mL、原液1mL、原液0.1mL、最终实验结果三个稀释度的阳性管数分别为：3根、1根、0根，请问该样品的大肠菌群数为多少？

实训任务30　食品中霉菌和酵母菌计数

【实训目的】

1. 学习并掌握食品中霉菌和酵母菌检验方法。

2. 学习并掌握食品中霉菌和酵母菌检验报告方法，并正确填写检验报告单。

3. 养成严谨、良好的检验观念与习惯。

【实训任务阐述】

霉菌和酵母菌广泛分布于自然界。由于它们生长缓慢和竞争能力不强，故常常在不适于细菌生长的食品中出现。霉菌和酵母菌也作为评价食品卫生质量的指示菌，并以霉菌和酵母菌计数来判定食品被污染的程度。

基本操作与菌落总数检验一致，一般包括：无菌取样—样品均质—样品稀释—样品接种—恒温培养—结果观察—结果报告。

检验方法参见：中华人民共和国国家标准《食品安全国家标准 食品微生物学检验 霉菌和酵母计数》(GB 4789.15—2010)。

【实训准备】

阅读"实训任务阐述"并查阅相关资料，完成下列预习内容。

1. 食品中霉菌和酵母菌检验的依据是什么？

2. 绘制实训工作流程图。

工作流程图：

3. 列出实训所需的无菌器材种类及数量。

(1)培养基种类及用量 (2)需要玻璃皿种类及数量 (3)其他

【实训步骤及操作记录】

在表格相应位置记录关键步骤的实际操作情况和观察到的现象以及原始数据。如遇异常，请将异常情况和解决方法记录在表格相应位置，并撰写心得体会。

实训步骤	要点记录
1　样品的稀释 1.1　检样 (1) 固体和半固体样品　称取 25g 样品至盛有 225mL 灭菌蒸馏水的锥形瓶中，充分振摇，即为 1∶10 稀释液。或放入盛有 225mL 无菌蒸馏水的均质袋中，用拍击式均质器拍打 2min，制成 1∶10 的样品匀液。 (2) 液体样品　以无菌吸管吸取 25mL 样品至盛有 225mL 无菌蒸馏水的锥形瓶（可在瓶内预置适当数量的无菌玻璃珠）中，充分混匀，制成 1∶10 的样品匀液。 1.2　稀释 取 1mL 1∶10 稀释液注入含有 9mL 无菌水的试管中，另换一支 1mL 无菌吸管反复吹吸，此液为 1∶100 稀释液。 按上述操作程序，制备 10 倍系列稀释样品匀液。每递增稀释一次，换用 1 次 1mL 无菌吸管。 1.3　接种 根据对样品污染状况的估计，选择 2～3 个适宜稀释度的样品匀液（液体样品可包括原液），在进行 10 倍递增稀释的同时，每个稀释度分别吸取 1mL 样品匀液于 2 个无菌平皿内。同时分别取 1mL 样品稀释液加入 2 个无菌平皿作空白对照。及时将 15～20mL 冷却至 46℃ 的马铃薯-葡萄糖-琼脂或孟加拉红培养基（可放置于 46℃±1℃ 恒温水浴箱中保温）倾注平皿，并转动平皿使其混合均匀。	

2 培养

待琼脂凝固后，将平板倒置，28℃±1℃培养5天，观察并记录。

3 菌落计数

肉眼观察，必要时可用放大镜，记录各稀释倍数和相应的霉菌和酵母数。以菌落形成单位（colonyforming units，CFU）表示。

选取菌落数在10～150CFU的平板，根据菌落形态分别计数霉菌和酵母数。霉菌蔓延生长覆盖整个平板的可记录为多不可计。菌落数应采用两个平板的平均数。

4 结果与报告

计算两个平板菌落数的平均值，再将平均值乘以相应稀释倍数计算。

若所有平板上菌落数均大于150 CFU，则对稀释度最高的平板进行计数，其他平板可记录为多不可计，结果按平均菌落数乘以最高稀释倍数计算。

若所有平板上菌落数均小于10 CFU，则应按稀释度最低的平均菌落数乘以稀释倍数计算。

若所有稀释度平板均无菌落生长，则以小于1乘以最低稀释倍数计算；如为原液，则以小于1计数。

菌落数在100以内时，按“四舍五入”原则修约，采用两位有效数字报告。

菌落数大于或等于100时，前3位数字采用“四舍五入”原则修约后，取前2位数字，后面用0代替位数来表示结果；也可用10的指数形式来表示，此时也按“四舍五入”原则修约，采用两位有效数字。

称重取样以CFU/g为单位报告，体积取样以CFU/mL为单位报告，报告或分别报告霉菌和/或酵母数。

异常情况及解决方法：

【实训工作报告】

<table>
<tr><td>样品名称</td><td colspan="8"></td></tr>
<tr><td>样品状态描述</td><td colspan="8"></td></tr>
<tr><td>检验项目</td><td colspan="8"></td></tr>
<tr><td>检验依据</td><td colspan="8"></td></tr>
<tr><td colspan="9">霉菌和酵母菌检验原始数据及结果报告</td></tr>
<tr><td rowspan="2">稀释度</td><td colspan="2">对照</td><td colspan="2"></td><td colspan="2"></td><td colspan="2"></td></tr>
<tr><td>1</td><td>2</td><td>1</td><td>2</td><td>1</td><td>2</td><td>1</td><td>2</td></tr>
<tr><td>霉菌和酵母菌数</td><td></td><td></td><td></td><td></td><td></td><td></td><td></td><td></td></tr>
<tr><td>平均值</td><td colspan="2"></td><td colspan="2"></td><td colspan="2"></td><td colspan="2"></td></tr>
<tr><td>检验结果
/[CFU/mL(g)]</td><td colspan="3"></td><td colspan="2">该类产品
卫生标准</td><td colspan="3"></td></tr>
<tr><td>检验结论</td><td colspan="8"></td></tr>
</table>

检验起止时间：　　年　月　日　至　　年　月　日

检验人：

【实训工作小结】

1. 简单谈谈这次实训的收获。

2. 你觉得本次实训最难掌握的技术是什么?

3. 请对你的实训结果进行简单分析。

实训任务31 食品中金黄色葡萄球菌定性检验

【实训目的】

1. 了解食品中致病菌检验的特点及基本程序。

2. 学习并掌握食品中金黄色葡萄球菌检验方法。

3. 养成严谨、良好的检验观念与习惯。

【实训任务阐述】

食品中致病菌限量标准是食品安全基础标准的重要组成部分。致病菌的检验耗时一般较长，包括前增菌、选择性增菌、镜检以及血清学验证等一系列的检测程序，需要5～7天。前增菌的目的是使受伤菌得到修复。

金黄色葡萄球菌是葡萄球菌属一个种，为革兰阳性球菌，呈葡萄串状排列，直径为0.5～1μm,无芽孢、无鞭毛、无荚膜。在普通肉汤培养基中，形成圆形、凸起、边缘整齐、表面光滑的菌落，菌落色素不稳定，但多数为金黄色。需氧或兼性厌氧；最适生长温度为30～37℃；最适生长pH为6～7。耐盐性强，能在含7%～15%氯化钠的培养基中生长。对氯化汞、新霉素、多黏菌素具有很强的抗性，多数产肠毒素的菌株在血琼脂平板上能形成溶血圈，并能产生血浆凝固酶，这些是鉴定致病性金黄色葡萄球菌的重要指标。

检验方法参见：中华人民共和国国家标准《食品安全国家标准食品微生物学检验 金黄色葡萄球菌检验》(GB 4789.10—2010第一法)。

【实训准备】

阅读“实训任务阐述”并查阅相关资料，完成下列预习内容。

1. 食品中金黄色葡萄球菌的检验依据是什么?

2. 绘制实训工作流程图。

工作流程图：

3. 列出实训所需的无菌器材种类及数量。

(1)培养基种类及用量 (2)需要玻璃皿种类及数量 (3)其他

【实训步骤及操作记录】

在表格相应位置记录关键步骤的实际操作情况和观察到的现象以及原始数据。如遇异常，请将异常情况和解决方法记录在表格相应位置，并撰写心得体会。

实训步骤	要点记录
1　样品的处理 称取25g样品至盛有225mL 7.5%氯化钠肉汤或10%氯化钠胰酪胨大豆肉汤的无菌均质杯内，8000～10000r/min均质1～2min，或放入盛有225mL 7.5%氯化钠肉汤或10%氯化钠胰酪胨大豆肉汤的无菌均质袋中，用拍击式均质器拍打1～2min。若样品为液态，吸取25mL样品至盛有225mL 7.5%氯化钠肉汤或10%氯化钠胰酪胨大豆肉汤的无菌锥形瓶（瓶内可预置适当数量的无菌玻璃珠）中，振荡混匀。 2　增菌 将上述样品匀液于36℃±1℃培养18～24h。金黄色葡萄球菌在7.5%氯化钠肉汤中呈浑浊生长，污染严重时在10%氯化钠胰酪胨大豆肉汤内呈浑浊生长。 3　分离培养 将上述培养物分别划线接种到Baird-Parker平板和血平板，血平板36℃±1℃培养18～24h。Baird-Parker平板36℃±1℃培养18～24h或45～48h。 金黄色葡萄球菌在Baird-Parker平板上，菌落直径为2～3mm，颜色呈灰色到黑色，边缘为淡色，周围为一浑浊带，在其外层有一透明圈。用接种针接触菌落有似奶油至树胶样的硬度，偶然会遇到非脂肪溶解的类似菌落；但无浑浊带及透明圈。长期保存的冷冻或干燥食品中所分离的菌落比典型菌落所产生的黑色较淡些，外观可能粗糙并干燥。在血平板上，形成菌落较大，圆形、光滑凸起、湿润、金黄色（有时为白色），菌落周围可见完全透明的溶血圈。挑取上述菌落进行革兰染色镜检及血浆凝固酶试验。 4　鉴定 （1）染色镜检　金黄色葡萄球菌为革兰阳性球菌，排列呈葡萄球状，无芽孢，无荚膜，直径约为0.5～1μm。 （2）血浆凝固酶试验　挑取Baird-Parker平板或血平板上可疑菌落1个或以上，分别接种到5mL BHI（脑心浸液培养基）和营养琼脂小斜面，36℃±1℃培养18～24h。 取新鲜配置兔血浆0.5 mL，放入小试管中，再加入BHI培养物0.2～0.3mL，振荡摇匀，置36℃±1℃温箱或水浴箱内，每半小时观察一次，观察6 h，如呈现凝固（即将试管倾斜或倒置时，呈现凝块）或凝固体积大于原体积的一半，被判定为阳性结果。同时以血浆凝固酶试验阳性和阴性葡萄球菌菌株的肉汤培养物作为对照。也可用商品化的试剂，按说明书操作，进行血浆凝固酶试验。	

结果如可疑，挑取营养琼脂小斜面的菌落到 5mL BHI，36℃±1℃培养 18～48h，重复试验。

5 葡萄球菌肠毒素的检验

可疑食物中毒样品或产生葡萄球菌肠毒素的金黄色葡萄球菌菌株的鉴定，应按 GB 4789.10—2010 附录 B 检测葡萄球菌肠毒素。

6 结果报告

在 25g（mL）样品中检出或未检出金黄色葡萄球菌。

异常情况及解决方法：

【实训工作报告】

样品名称		
样品状态描述		
检验项目		
检验依据		
金黄色葡萄球菌定性培养现象及结果报告		
增菌		
分离	B-P 平板	
	血平板	
鉴定	血浆凝固酶试验	
其他		
检验结论		

检验起止时间：　　年　月　日　至　年　月　日

检验人：

【实训工作小结】

1. 简单谈谈这次实训的收获。
2. 你觉得本次实训最难掌握的技术是什么？
3. 确认葡萄球菌为金黄色葡萄球菌的依据至少应包括哪几个试验？
4. 金黄色葡萄球菌的形态、染色、培养特征如何？

实训任务 32 空气中细菌总数测定

【实训目的】

1. 了解微生物在空气中的分布状况。
2. 比较实验室外面学校空气、普通实验室里面和无菌室的微生物数量和种类。
3. 学习并掌握空气中微生物的检测和计数的基本方法，了解空气的污浊程度。

【实训任务阐述】

在我们周围的环境中存在着种类繁多、数量庞大的微生物。空气中也不例外。空气微生物群的组成及浓度很不稳定，随时间、空间、气象条件、人口疏密、季节的变化而呈现不同的分布。当空气中的微生物落到适合于它们生长繁殖的固体培养基的表面时，在适温下培养一段时间后，每一个分散的菌体或孢子就会形成一个个肉眼可见的细胞群体即菌落。观察大小、形态各异的菌落，就可大致鉴别空气中存在的微生物的种类。

自然沉降法是指直径 9cm 的营养琼脂平板在采样点暴露 5min，经 37℃、48h 培养后，计数生长的细菌菌落数的采样测定方法。本实验通过检测学校空气、普通实验室空气中存在的微生物，从而了解空气中常见的微生物类群，掌握检测方法。

检验方法参见：《公共场所卫生标准检验方法　细菌总数测定》（自然沉降法）（GB/T 18204.1—2013）。

【实训准备】

阅读“实训任务阐述”并查阅相关资料，完成下列预习内容。

1. 空气中细菌总数检验依据是什么？

2. 绘制实训工作流程图。

工作流程图：

3. 列出实训所需的无菌器材种类及数量。

（1）培养基种类及用量 （2）需要玻璃皿种类及数量 （3）其他

【实训步骤及操作记录】

在表格相应位置记录关键步骤的实际操作情况和观察到的现象以及原始数据。如遇异常，请将异常情况和解决方法记录在表格相应位置，并撰写心得体会。

实训步骤	要点记录
1　采样点选择 设置采样点时，应根据现场的大小，选择有代表性的位置作为空气细菌检测的采样点。通常设置 5 个采样点，即室内墙角对角线交点为一采样点，该交点与四墙角连线的中点为另外 4 个采样点。采样高度为 1.2～	

1.5m。采样点应远离墙壁 1m 以上，并避开空调、门窗等空气流通处。

2 采样与培养

将营养琼脂平板置于采样点处，打开皿盖，暴露 5min，盖上皿盖，翻转平板，置 36℃±1℃恒温箱中，培养 48h。

3 计数

计数每块平板上生长的菌落数，求出全部采样点的平均菌落数。以每平皿菌落数（CFU/皿）报告结果。

异常情况及解决方法：

【实训工作报告】

采样地点	
检验项目	
检验依据	

空气中细菌总数检测及结果报告

稀释度	对照					
细菌数						
平均值						
检验结果/(CFU/m³)			卫生标准			
检验结论						

检验起止时间： 年 月 日 至 年 月 日

检验人：

【实训工作小结】

1. 简单谈谈这次实训的收获。
2. 你觉得本次实训最难掌握的技术是什么？
3. 请简要分析你的实验结果。

附　　录

附录一　教学用染色液的配制

1. 普通染色液

（1）吕氏碱性美蓝染色液

溶液 A：美蓝（次甲基蓝，甲烯蓝），0.6g；95%乙醇，30mL。

溶液 B：KOH，0.01g；蒸馏水，100mL。

分别配制溶液 A 和溶液 B，配好后混合即可。

（2）齐氏石炭酸品红染色液

溶液 A：碱性品红，0.3g；95%乙醇，10mL。

溶液 B：石炭酸（苯酚），5g；蒸馏水，95mL。

将碱性品红在研钵中研磨后，逐渐加入体积分数为 95%的乙醇，继续研磨使之溶解，配成溶液 A。将石炭酸溶解于水中配成溶液 B。将溶液 A 和溶液 B 混合即成石炭酸品红染色液。使用时将混合液稀释 5～10 倍，稀释液易变质失效，最好随配随用。

2. 革兰染色液

（1）草酸铵结晶紫染色液

溶液 A：结晶紫，2.5g；95%乙醇，25mL；溶液 B：草酸铵，1g；蒸馏水，100mL。

溶液 A 和溶液 B 混合后便成为草酸铵结晶紫染色液，需静置 48h 后使用。

（2）卢戈碘液

碘，1g；碘化钾，2g；蒸馏水，300mL。

先将碘化钾溶于少量蒸馏水，再将碘溶解在碘化钾溶液中，等碘全溶后加入其余的水即成。

（3）95%的酒精溶液。

（4）番红复染液

番红，2.5g；体积分数 95%乙醇，100mL。

取 10mL 番红乙醇溶液与 80mL 蒸馏水混匀即成番红复染液。

3. 芽孢染色液

（1）孔雀绿染色液

孔雀绿，5g；蒸馏水，100mL。

（2）番红水溶液

番红，0.5g；蒸馏水，100mL。

4. 荚膜染色液

（1）石炭酸品红［配法同普通染色液（2）］

（2）黑色素水溶液

黑色素，5g；蒸馏水，100mL；福尔马林（40%甲醛），0.5mL。

将黑色素在蒸馏水中煮沸 5min，然后加入福尔马林作防腐剂。

5. 鞭毛染色液（鞭毛染色）

（1）银染色法

A 液：丹宁酸，5g；$FeCl_3$，1.5g；蒸馏水，100mL。

待以上成分溶解后，加入1% NaOH溶液1mL和15%甲醛溶液2mL。配好后，当日使用，次日效果差，第三日则不宜使用。

B液：硝酸银（$AgNO_3$），2g；蒸馏水，100mL。

待硝酸银溶解后，取出10mL备用，向其余的90 mL硝酸银中滴入浓氢氧化铵，使之成为很浓厚的悬浮液，再继续滴加氢氧化铵，直到新形成的沉淀又重新刚刚溶解为止。再将备用的10mL硝酸银慢慢滴入，则出现薄雾，但轻轻摇动后，薄雾状沉淀又消失，再滴入硝酸银，直到摇动后仍呈现轻微而稳定的薄雾状沉淀为止。如所呈雾不重，此染剂可使用一周，如雾重，则银盐沉淀出，不宜使用。

（2）Leifson染色法

A液：碱性复红（basic fuchsin），1.2g；95%乙醇，100mL。

B液：丹宁酸，3g；蒸馏水，100mL。

如加0.2%苯酚，可长期保存。

C液：NaCl，1.5g；蒸馏水，100mL。

染色液贮于磨口瓶中，在室温下较稳定。使用前将上述溶液等体积混合。

6. 结晶紫稀释染色液（放线菌染色用）

结晶紫染色液（同2），5mL；蒸馏水，95mL。

7. 碘液（酵母染色用）

碘，2g；碘化钾，4g；蒸馏水，100mL。

配制方法同2。

8. 乳酸石炭酸棉蓝染色液（霉菌形态观察用）

石炭酸，10g；乳酸（相对密度1.21），10mL；甘油，20mL；蒸馏水，10mL；棉蓝，0.02g。

将石炭酸加在蒸馏水中加热溶解，然后加入乳酸和甘油，最后加入棉蓝，使其溶解即成。

9. 伴孢晶体染色液

（1）汞溴酚蓝染色液（M.B.B.液）

升汞，10g；95%酒精，100mL；溴酚蓝，100mL。

将升汞溶入酒精，待充分溶解后加入溴酚蓝，溶化后即成。

（2）番红（沙黄）染色液

番红，2.0g；蒸馏水，100mL。

10. 聚-β-羟基丁酸染色液

（1）3g/L苏丹黑

苏丹黑B，0.3g；70%乙醇，100mL。

制法：将二者混合后用力振荡，放置过夜备用，用前最好过滤。

（2）褪色剂：二甲苯。

（3）复染液：50g/L番红水溶液。

附录二　洗涤液配方及细菌滤器清洗方法

1. 洗涤液配方

（1）浓配方

重铬酸钾（工业用），40g；蒸馏水，160mL；浓硫酸（粗），800mL。

（2）稀配方

重铬酸钾（工业用），50.0g；蒸馏水，850mL；浓硫酸（粗），100mL。

配法：将重铬酸钾溶解在蒸馏水中（可加热），待冷却后，再慢慢地加入浓硫酸，边加边搅拌，配好后存放备用，此液可多次使用，每次用后倒回原瓶中贮存，直至洗涤液变成青褐色时，才失去效用。

注意：用洗涤液进行洗涤时，要尽量避免稀释。欲加快作用速度，可将洗涤液加热至40～50℃进行洗涤。器皿上带有大量有机质时，不可直接用洗涤液来洗涤，应尽量先行清除后再用，否则洗涤液很快会失效。金属器皿不能用洗涤液洗涤。洗涤液有强腐蚀性，如溅于桌椅上，应立即用水冲洗或用湿布擦去。皮肤或衣服上沾有洗涤液，应立即用水冲洗，然后再用碳酸钠溶液或氨水洗。

2. 6号除菌滤器的化学洗涤法

经细菌过滤后的滤器，应立即加入洗涤液抽滤一次，洗涤液的用量，可按滤器的容量来决定。在洗涤液未滤尽前，取下滤器将其浸泡在洗涤液中48h，滤片的两面均需完全接触溶液，然后取出用蒸馏水抽滤洗净，烘干即可。

附录三　常用消毒剂的配制

1. 5%石炭酸溶液

石炭酸（苯酚），5g；水，100mL。

2. 0.1%升汞水（剧毒）

升汞（$HgCl_2$），1g；盐酸，2.5mL；水，997.5mL。

3. 10%漂白粉溶液

漂白粉，10g；水，100mL。

4. 5%甲醛溶液

甲醛原液（40%），100mL；水，700mL。

5. 3%双氧水（过氧化氢）

30%双氧水原液，100mL；水，900mL。

6. 75%乙醇

95%乙醇，75mL；水，20mL。

7. 2%来苏儿（煤酚皂液）

50%来苏儿，40mL；水，960mL。

8. 0.25%新洁而灭

5%新洁而灭，5mL；水，95mL。

9. 0.1%高锰酸钾溶液

高锰酸钾，1g；水，1000mL。

10. 3%碘酊

碘，3g；碘化钾，1.5g；95%乙醇，100mL。

附录四　常用培养基的配制

1. 肉膏蛋白胨培养基（培养细菌用）

牛肉膏，5g；蛋白胨，10g；NaCl，5g；琼脂，15～20g；水，1000mL。pH，7～7.2。121℃灭菌20min。

2. 淀粉琼脂培养基（高氏1号培养基，培养放线菌用）

可溶性淀粉，20g；KNO_3，1g；NaCl，0.5g；K_2HPO_4，0.5g；$MgSO_4$，0.5g；$FeSO_4$，0.01g；琼脂，20g；水，1000mL。pH，7.2～7.4。

配制时，先用少量冷水将淀粉调成糊状，在火上加热，边搅拌边加水及其他成分，溶化后，补足水分至1000mL。121℃灭菌20min。

3. 查氏培养基（培养霉菌用）

$NaNO_3$，2g；K_2HPO_4，1g；KCl，0.5g；$MgSO_4$，0.5g；$FeSO_4$，0.01g；蔗糖，30g；琼脂，15～20g；水，1000mL。pH，自然。121℃灭菌20min。

4. 马丁琼脂培养基（分离土壤真菌用的选择培养基）

葡萄糖，10g；蛋白胨，5g；KH_2PO_4，1g；$MgSO_4 \cdot 7H_2O$，0.5g；（1/300）孟加拉红水溶液，100mL；琼脂，15～20g；水，800mL。pH，自然。

112.6℃灭菌30 min。临用前加入0.03%链霉素稀释液100mL，使每毫升培养基中含链霉素30μg。0.03%链霉素配法：在1g装链霉素瓶中注入无菌水5mL，溶解后，吸取0.5mL链霉素溶液，接入330mL蒸馏水中即成0.03%链霉素稀释液。

5. 马铃薯培养基（培养食用菌用）

马铃薯（去皮），200g；蔗糖（或葡萄糖），20g；琼脂，15～20g；水，1000mL。pH，自然。

制法：马铃薯去皮，切成块煮沸半小时，然后用纱布过滤，再加糖及琼脂，溶化后补足水至1000mL。121.3℃ 灭菌20min。

6. 麦芽汁琼脂培养基（培养酵母菌用）

(1) 取大麦或小麦若干，用水洗净，浸水6～12h，置15℃阴暗处发芽，上盖纱布一块，每日早、中、晚淋水一次，麦根伸长至麦粒的2倍时，即停止发芽，摊开晒干或烘干，贮存备用。

(2) 将干麦芽磨碎，一份麦芽加四份水，在65℃水浴锅中糖化3～4h，糖化程度可用碘滴定之。

(3) 将糖化液用4～6层纱布过滤，滤液如浑浊不清，可用鸡蛋白澄清，方法是将一个鸡蛋白加水约20mL，调匀至生泡沫为止，然后倒在糖化液中搅拌煮沸后再过滤。

(4) 将滤液稀释到5～6°Bé，pH值约6.4，加入2%琼脂即成。121℃ 灭菌20min。

7. 半固体肉膏蛋白胨培养基（穿刺接种用）

肉膏蛋白胨液体培养基，100mL；琼脂，0.35～0.4g；pH，7.6。121℃ 灭菌20min。

8. 合成培养基（用生长谱法测定微生物对营养的要求）

$(NH_4)_3PO_4$，1g；KCl，0.2g；$MgSO_4 \cdot 7H_2O$，0.2g；豆芽汁，10mL；琼脂，20g；蒸馏水，1000mL。pH，7。

加 12mL 0.04%的溴甲酚紫（pH5.2～6.8，颜色由黄色变紫色，作指示剂）。121℃ 灭菌 20min。

9. 豆芽汁蔗糖（或葡萄糖）培养基（培养酵母菌）

琼脂，15～20g；黄豆芽，100g；蔗糖（或葡萄糖），50g；水，1000mL。pH，自然。

称新鲜豆芽 100g，放入烧杯中，加水 1000mL，煮沸约 0.5h，用纱布过滤。补足水至原量，再加入蔗糖（或葡萄糖）50g，煮沸溶化。121℃灭菌 20min。

10. 蔗糖酵母膏培养基（培养根瘤菌用）

蔗糖（或甘露醇），10g；酵母膏，4g；K_2HPO_4，0.5g；$MgSO_4 \cdot 7H_2O$，0.5g；NaCl，0.2g；0.5% $NaMoO_4$ 溶液，4mL；0.5% H_3BO_3 溶液，4mL；$CaCO_3$，5g；琼脂，15～20g；水，1000mL。pH，7.2～7.4。

11. 淀粉培养基（淀粉水解试验）

蛋白胨，10g；NaCl，5g；牛肉膏，5g；可溶性淀粉，2g；蒸馏水，1000mL；琼脂，15～20g。

制法：先将可溶性淀粉加少量蒸馏水调成糊状，再加入到溶化好的培养基中调匀即可。121℃灭菌 20min。

12. 明胶培养基（水解明胶试验用）

牛肉膏蛋白胨液，100mL；明胶，12～18g。pH，7.2～7.4。

在水浴锅中将上述成分溶化，不断搅拌。完全溶化后，调节 pH 值。间歇灭菌或 112.6℃灭菌 30min。

13. 蛋白胨水培养基

蛋白胨，10g；NaCl，5g；水，1000mL。pH，7.6。

121℃ 灭菌 20min。

14. 糖发酵培养基

蛋白胨，5g；牛肉膏，3g；糖（葡萄糖、乳糖、蔗糖），10g；1.6% 溴甲酚紫 (B.C.P)，1mL。

制法：将牛肉膏、蛋白胨、糖加热溶解，加蒸馏水至足量，调 pH7.2～7.5。加 1.6% 溴甲酚紫 1mL，充分混匀。分装于装有杜氏小管的大试管中，115℃灭菌 20min。配制用的试管必须洗干净，避免结果混乱。

15. 葡萄糖蛋白胨水培养基

蛋白胨，5g；葡萄糖，5g；K_2HPO_4，2g；蒸馏水，1000mL。

将上述各成分溶于 1000mL 水中，调 pH7.0～7.2，过滤，分装试管，每管 10mL，112.6℃灭菌 30min。

16. 硝酸盐培养基

肉汤蛋白胨培养基，1000mL；KNO_3，1g。pH，7～7.6。

制法：将上述成分加热融解，调 pH 至 7.6，过滤，分装试管。121℃灭菌 20min。

17. H_2S 试验用培养基

蛋白胨，20g；NaCl，5g；柠檬酸铁铵，0.5g；$Na_2S_2O_3$，0.5g；琼脂，15～20g；蒸馏水，1000mL。pH，7.2。

先将琼脂、蛋白胨融化，冷至 60℃加入其他成分。分装试管，112.6℃灭菌 15min，备用。

18. 柠檬酸盐培养基

$NH_4H_2PO_4$，1g；K_2HPO_4，1g；NaCl，5g；$MgSO_4 \cdot 7H_2O$，0.2g；柠檬酸钠，2g；琼脂，15～20g；蒸馏水，1000mL；1%溴麝香草酚蓝酒精液，10mL。

将上述各成分加热溶解后，调 pH 至 6.8，然后加入指示剂，摇匀，用脱脂棉过滤。制成后为黄绿色，分装试管。121℃灭菌 20min 制成斜面。

19. 复红亚硫酸钠培养基（远藤培养基）

蛋白胨，10g；乳糖，10g；K_2HPO_4，3.5g；琼脂，20～30g；蒸馏水，1000mL；无水亚硫酸钠，5g 左右；5%碱性复红乙醇溶液，20mL。

先将琼脂加入 900mL 蒸馏水中，加热溶解，再加入 K_2HPO_4 及蛋白胨，使之溶解，补足蒸馏水至 1000mL，调 pH 值至 7.2～7.4，加入乳糖，混合均匀溶解后，115℃灭菌 20min。称取亚硫酸钠置一无菌空试管中，加入无菌水少许使之溶解，再在水浴中煮沸 10min 后，立即加于 20mL 5%碱性复红乙醇溶液中，直至深红色褪成淡粉红色为止。将此亚硫酸钠与碱性复红的混合液全部加至上述已灭菌的并仍保持溶化状态的培养基中，充分混匀，倒平板，放冰箱备用。贮存时间不宜超过 2 周。

20. 伊红美蓝培养基（EMB 培养基）

蛋白胨水琼脂培养基，100mL；2%伊红水溶液，2mL；20%乳糖溶液，2mL；0.5%美蓝水溶液，1mL。

将已灭菌的蛋白胨水琼脂培养基（pH7.6）加热溶化，冷却至 60℃左右时，再把已灭菌的乳糖溶液、伊红水溶液及美蓝水溶液按上述量以无菌操作加入。摇匀后，立即倒平板。乳糖在高温灭菌时易被破坏，必须严格控制灭菌温度，一般是 $10lb/in^2$（磅/英寸^2）灭菌 20min。

21. 乳糖蛋白胨培养液（“水的细菌学检查”用）

蛋白胨，10g；牛肉膏，3g；乳糖，5g；NaCl，5g；1.6%溴甲酚紫乙醇溶液，1mL；蒸馏水，1000mL。

将蛋白胨、牛肉膏、乳糖及 NaCl 加热溶解于 1000mL 蒸馏水中，调 pH 值至 7.2～7.4，加入 1.6%溴甲酚紫乙醇溶液 1mL，充分混匀，分装于有小倒管的试管中。$10lb/in^2$ 灭菌 20min。

22. 三倍浓缩乳糖蛋白胨培养液

按乳糖蛋白胨培养液中各成分的 3 倍量配制，蒸馏水仍为 1000mL。

参考文献

[1] 周德庆．微生物学教程［M］．第3版．北京：高等教育出版社，2011.
[2] 沈萍．微生物学［M］．北京：高等教育出版社，2000.
[3] 何国庆，贾英民．食品微生物学［M］．北京：中国农业大学出版社，2002.
[4] 李阜棣，胡正嘉．微生物学［M］．北京：中国农业出版社，1979.
[5] 车振明．微生物学［M］．武汉：华中科技大学出版社，2016.
[6] 杨玉红．食品微生物学［M］．北京：中国轻工业出版社，2011.
[7] 李莉．微生物基础技术［M］．武汉：武汉理工大学出版社，2010.
[8] 周长林．微生物学［M］．北京：中国医药科技出版社，2009.
[9] 程殿林．微生物工程技术原理［M］．北京：化学工业出版社，2007.
[10] 诸葛斌，诸葛健．现代发酵微生物实验技术［M］．北京：化学工业出版社，2011.
[11] 黄高明．食品检验工（中级）［M］．北京：机械工业出版社，2006.
[12] 叶磊，杨学敏．微生物检测技术［M］．第2版．北京：化学工业出版社，2016.
[13] 陈江萍．食品微生物检测实训教程［M］．杭州：浙江大学出版社，2011.
[14] 姚勇芳．食品微生物检验技术［M］．北京：科学出版社，2011.
[15] 魏明奎，段鸿斌．食品微生物检验技术［M］．北京：化学工业出版社，2010.
[16] 李卫华．安全食品微生物学［M］．北京：中国轻工业出版社，2007.
[17] 江汉湖．食品微生物学［M］．第2版．北京：中国农业出版社，2005.
[18] 郝涤非．微生物实验实训［M］．第2版．武汉：华中科技大学出版社，2016.
[19] 孙勇民，张新红．微生物技术及应用［M］．武汉：华中科技大学出版社，2012.
[20] 刘兰泉、刘建峰．食品微生物检测技术［M］．重庆：重庆大学出版社，2013.
[21] 陈红霞，李翠华．食品微生物学及实验技术［M］．北京：化学工业出版社，2008.
[22] 张青，葛菁萍．微生物学［M］．北京：科学出版社，2004.
[23] I. E. 阿喀莫著．微生物学［M］．林稚兰译．北京：科学出版社，2003.
[24] 张胜华．水处理微生物学［M］．北京：化学工业出版社，2005.
[25] 黄秀梨．微生物学［M］．北京：高等教育出版社，2001.
[26] 周凤霞，高兴盛．工业微生物［M］．北京：化学工业出版社，2013.
[27] 闵航．微生物学［M］．杭州：浙江大学出版社，2005.
[28] 陈建军．微生物学基础［M］．南京：江苏科学技术出版社，2007.
[29] 蔡信之，黄君红．微生物学［M］．北京：高等教育出版社，2002.
[30] 邢来君，李明春等．普通真菌学［M］．北京：高等教育出版社，2010.
[31] J. 尼克林等著．微生物学［M］．林稚兰译．北京：科学出版社，2004.
[32] 李平兰，贺稚非．食品微生物学实验原理与技术［M］．北京：中国农业出版社，2005.
[33] 丁立孝，赵金海．酿造酒技术［M］．北京：化学工业出版社，2008.
[34] 吴根福．发酵工程实验指导［M］．北京：高等教育出版社，2006.
[35] 沈萍，陈向东．微生物学实验［M］．北京：高等教育出版社，2007.
[36] 潘春梅，张晓静．微生物技术［M］．北京：化学工业出版社，2010.
[37] 张利平．微生物学［M］．北京：科学出版社，2012.
[38] 王绍树．食品微生物实验［M］．天津：天津大学出版社，1996.
[39] 谢正旸，吴挹芳．现代微生物培养基和试剂手册［M］．福州：福建科学技术出版社，1994.
[40] 石鹤．微生物学实验［M］．武汉：华中科技大学出版社，2010.
[41] 诸葛健．工业微生物实验与研究技术［M］．北京：科学出版社，2007.
[42] 张文治．新编食品微生物学［M］．北京：中国轻工业出版社，2010.
[43] 杨洁彬．食品微生物学［M］．北京：北京农业大学出版社，1995.
[44] 吕美云等．微生物学实验指导．北京：化学工业出版社，2017.
[45] 李莉等．微生物基础技术．北京：化学工业出版社，2016.
[46] 雅梅．食品微生物检验技术．第2版．北京：化学工业出版社，2015.
[47] 于淑萍等．应用微生物技术．第3版．北京：化学工业出版社，2015.
[48] 柴新义．食品微生物学实验简明教程．北京：化学工业出版社，2016.

参考文献